W0263868

Theodor H. Erismann

Prüfmaschinen und Prüfanlagen

Hilfsmittel der zerstörenden Materialprüfung

Mit 193 Abbildungen

Springer-Verlag
Berlin Heidelberg New York
London Paris Tokyo
Hong Kong Barcelona Budapest

Dr. sc. techn. Theodor H. Erismann

Professor i.R. an der Eidg. Technischen Hochschule Zürich,
ehem. Direktionspräsident der Eidg. Materialprüfungs- und Forschungsanstalt (EMPA), Dübendorf/Schweiz

CIP-Kurztitelaufnahme der Deutschen Bibliothek:
Erismann, Theodor H.: Prüfmaschinen und Prüfanlagen: Hilfsmittel der zerstörenden Materialprüfung / Theodor H. Erismann – Berlin; Heidelberg; New York; London; Paris; Tokyo; Hong Kong; Barcelona; Budapest: Springer, 1992
ISBN 978-3-642-50224-8 ISBN 978-3-642-50223-1 (eBook)
DOI 10.1007/978-3-642-50223-1

Dieses Werk ist urheberrechtlich geschützt. Die dadurch begründeten Rechte, insbesondere die der Übersetzung, des Nachdrucks, des Vortrags, der Entnahme von Abbildungen und Tabellen, der Funksendung, der Mikroverfilmung oder der Vervielfältigung auf anderen Wegen und der Speicherung in Datenverarbeitungsanlagen, bleiben, auch bei nur auszugsweiser Verwertung, vorbehalten. Eine Vervielfältigung dieses Werkes oder von Teilen dieses Werkes ist auch im Einzelfall nur in den Grenzen der gesetzlichen Bestimmungen des Urheberrechtsgesetzes der Bundesrepublik Deutschland vom 9. September 1965 in der jeweils geltenden Fassung zulässig. Sie ist grundsätzlich vergütungspflichtig. Zuwiderhandlungen unterliegen den Strafbestimmungen des Urheberrechtsgesetzes.

© Springer-Verlag Berlin, Heidelberg 1992
Softcover reprint of the hardcover 1st edition 1992

Die Wiedergabe von Gebrauchsnamen, Handelsnamen, Warenbezeichnungen usw. in diesem Werk berechtigt auch ohne besondere Kennzeichnung nicht zu der Annahme, daß solche Namen im Sinne der Warenzeichen- und Markenschutz-Gesetzgebung als frei zu betrachten wären und daher von jedermann benutzt werden dürften.

Sollte in diesem Werk direkt oder indirekt auf Gesetze, Vorschriften oder Richtlinien (z.B. DIN, VDI, VDE) Bezug genommen oder aus ihnen zitiert worden sein, so kann der Verlag keine Gewähr für Richtigkeit, Vollständigkeit oder Aktualität übernehmen. Es empfielt sich, gegebenenfalls für die eigenen Arbeiten die vollständigen Vorschriften oder Richtlinien in der jeweils gültigen Fassung hinzuzuziehen.

Satz: Datenkonvertierung durch update, Berlin;

62/3020-5 4 3 2 1 0-Gedruckt auf säurefreiem Papier. – **K**

Vorwort

Voglio dimostrativamente accertarvi, e non con solamente probabili discorsi persuadervi.

Conviene che avanti ogni altra cosa consideriamo, qual'effetto sia quello, che si opera nella frazzione di un legno,ò di un altro solido, le cui parti saldamente sono attacate.

GALILEO GALILEI

Ich will Euch durch das Experiment Gewißheit geben, nicht durch nur möglicherweise zutreffende Worte überzeugen.

Es ist zweckmäßig, vor allem die Vorgänge zu betrachten, die sich beim Bruch eines hölzernen oder anderweitigen Festkörpers mit solid eingespannten Enden abspielen.

Freie Übersetzung in moderner Terminologie

Dieses Buch soll drei Gruppen von Lesern dienen. Es soll dem „kommerziellen" (für den Verkauf auf dem Markt tätigen) Hersteller von Prüfsystemen mit nützlichen Winken zur Seite stehen; es soll dem Benützer dieser Geräte Wissen vermitteln, das ihm bei deren Anschaffung und Betrieb zustatten kommt; und es soll auch dem „laboreigenen" (in einer Prüfstelle tätigen) Hersteller helfen, der beispielsweise vor der Aufgabe steht, auf dem Markt nicht erhältliche Geräte für den Eigenbedarf zu beschaffen. Die gewählten Bezeichnungen „kommerzieller Hersteller", „Benützer" und „laboreigener Hersteller" stehen hier für alle an der einschlägigen Tätigkeit Beteiligten, vom Zeichner oder Laboranten bis zum Direktor.

Der Verfasser fühlt sich berufen zur Erfüllung einer derartigen Aufgabe, weil er, seit mehr als einem Vierteljahrhundert im Prüfwesen tätig, alle drei Rollen nicht nur kennengelernt, sondern selber auch gespielt hat, so daß ihm deren recht unterschiedliche Blickwinkel aus eigener Anschauung vertraut sind: Er leitete zunächst das Ressort Technik einer bekannten Prüfmaschinen-Fabrik und war später Direktionspräsident der Eidgenössischen Materialprüfungs- und Forschungsanstalt (EMPA), wo er einerseits den Einkauf zu beaufsichtigen hatte, andererseits die gerätebezogene laboreigene Infrastruktur (Konstruktionsbüro, Elektronikabteilung, Werkstätten) stark ausbaute und einige Neukonstruktionen persönlich maßgebend beeinflußte.

Die soeben postulierte Dreiteilung des Zielpublikums mag auf den ersten Blick wenig logisch erscheinen. Gehören nicht die Hersteller von Prüfgeräten einer und derselben Zunft an, unabhängig davon, ob sie in einer Fabrik für solche Geräte arbeiten oder in einem Prüflabor? Gewiß sind nicht wenige Gemeinsamkeiten vorhanden; die Aufgabestellungen sind aber doch sehr unterschiedlich.

Der *kommerzielle Hersteller*, der Prüfgeräte für den Markt entwickelt, arbeitet normalerweise im Rahmen einer langfristig ausgelegten Strategie, deren Grundlagen heute durch ein systematisches Marketing bereitgestellt werden. Mit anderen Worten: Voraussetzung für die konstruktive Arbeit ist eine Analyse der Nachfrage sowie deren Auswertung im Sinne eines optimalen Sortimentes, also einer möglichst breiten Abdeckung der Nachfrage mit einem möglichst geringen Aufwand. Dieses Bestreben hat erst ziemlich spät (vor wenig mehr als 25 Jahren) eine immer entschiedenere Hinwendung zu Baukasten-Systemen bewirkt. Man bedenke: Als der Verfasser 1962 die technische Leitung der Firma Amsler übernahm, waren die hydraulischen Drücke der dort hergestellten Prüfmaschinen nicht vereinheitlicht, weil man von alters her für die Kolbendurchmesser runde Werte bevorzugte. Da die Kraftmessung über den hydraulischen Druck erfolgte, mußte also jedes Meßgerät individuell an die dazugehörige Maschine angepaßt werden!

Ganz anders ist die Aufgabestellung beim *laboreigenen Hersteller*. Das ins Auge gefaßte Gerät ist – wenigstens in der Vorstellung des daran interessierten Benützers, manchmal aber auch schon in der Form eines einigermaßen ausführlichen Pflichtenheftes – von vorneherein festgelegt. Es handelt sich also keineswegs darum, eine Neukonstruktion optimal in ein Sortiment „hineinzukomponieren", sondern darum, einen mehr oder weniger klar ausgedrückten Wunsch möglichst rasch und mit einem möglichst geringen Aufwand zu verwirklichen. In der Regel ist der Benützer so kurzfristig erreichbar, daß Rückfragen jederzeit (etwa im Falle unvorhergesehener Schwierigkeiten) möglich sind. Der Hersteller genießt auch den Vorteil, daß improvisierte Lösungen, wenn sie keine allzu wesentlichen Nachteile bedingen, meist nicht als gravierend empfunden werden, ganz im Gegensatz zur weit kritischeren Beurteilung der auf dem Markt unter Konkurrenzdruck angebotenen Produkte. Der Benützer seinerseits pflegt die Erreichbarkeit des Herstellers zu häufigen Besuchen auszunützen, die allerdings nicht unbedingt dessen Erbauung förderlich sind: Gefürchtet sind vor allem die in letzter Minute verkündeten neuen Ideen, die zu Änderungen an möglicherweise schon in der Herstellung stehenden Baugruppen zwingen; auch ein Crescendo nervenaufreibender Ungeduld kann es in sich haben. Kurzum, die Hautnähe gereicht dem laboreigenen Hersteller in ganz anderer Weise zum Segen wie auch zum Fluch als seinem kommerziellen Kollegen (dem selbstverständlich die zweifelhaften Freuden des Änderns und des Zeitdruckes keineswegs erspart bleiben). Nur in – heute meist kleinen – Herstellerwerken, die sich auf die Anfertigung maßgeschneiderter Produkte spezialisiert haben, ist die Situation einigermaßen vergleichbar mit der soeben geschilderten. Aber derartige Betriebe stehen, sofern sie nicht Exklusives zu bieten haben, unter einem von Jahr zu Jahr zunehmenden Konkurrenzdruck, so daß ihre Bedeutung am Markt als marginal einzustufen ist.

In einem Aspekt der längerfristigen Geschäftspolitik zeigt der *Benützer* von Prüfgeräten überraschende Ähnlichkeiten mit deren kommerziellem Hersteller: Auch der Benützer, also in der Regel der Prüfer, muß die Nachfrage nach seinen Dienstleistungen kennen und analysieren, um sie mit dem geringsten möglichen Aufwand an Geräten optimal abdecken zu können. Es darf ohne weiteres behauptet werden, daß die Zusammenstellung eines guten Maschinenparks für ein Labor in ähnlichem Sinne Marketing ist wie die Zusammenstellung eines guten Sortimentes auf Herstellerseite: Die Unsicherheiten der Vorhersage zukünftiger Entwicklungen sind vergleichbar. Und auch die Evaluation für die Anschaffung eines größeren Einzelgerätes ist auf ähnliche (wenn auch aus anderem Blickwinkel betrachtete) Überlegungen abgestützt wie bei der Festlegung eines neuen Maschinen- oder Apparatetyps im

Rahmen eines Sortimentes. Ob dabei nach quantitativen Verfahren oder vorwiegend intuitiv vorgegangen wird, ist vielleicht weniger entscheidend, als man auf den ersten Blick annehmen möchte. Letztlich hat man es stets mit Fragen zu tun, die psychologisch mitbeeinflußt sind und daher einer lückenlosen Erfassung durch die Mittel der Informatik nur bedingt zugänglich bleiben. Ja sogar etwas wie Mode gibt es auf einem wissenschaftlich und technisch so stark durchdrungen erscheinenden Gebiet, wie es der Prüfgerätebau (um nicht zu sagen: die Materialprüfung selbst) ist.

Was kann nun ein Buch wie das vorliegende im soeben dargestellten Umfeld an positiven Impulsen vermitteln? Die Antwort, wie sie sich aus der Schau des Verfassers präsentiert, sei in der Folge mit groben Strichen skizziert.

Es ist sein Bestreben, Gesamtaufbau und Einzelheiten der Prüfgeräte nach Möglichkeit aus der Schau invarianter Gegebenheiten zu betrachten, die durch die Natur der Sache bestimmt sind. Nichts schützt in einer Zeit rasanter Entwicklung besser vor raschem Überaltern als eine solche Denkungsweise. Mit anderen Worten: Wo Prognosen über die künftige Entwicklung gestellt werden, wird systematisch versucht, sie auf möglichst invariante Beurteilungskriterien abzustützen. Ein derartiges Vorgehen hat sowohl für den kommerziellen Hersteller als auch für den Benützer von Prüfgeräten eine eminente Bedeutung. Denn beide sind für ihre langfristigen Maßnahmen in hohem Maße auf Prognosen angewiesen. Stehen diese auf einem einigermaßen soliden Fundament, so werden die unerläßlichen Korrekturen späterer Jahre geringfügiger sein als bei einem leichthin erfolgenden Nachgeben gegenüber jedem neuen Trend, der sich als Ausfluß dessen erweisen könnte, was soeben respektlos als „Mode“ bezeichnet wurde.

Handelt es sich bei der oben angeschnittenen Frage um die Vermittlung von *Entscheidungshilfen* an Direktoren und deren Berater (Marketingteams beziehungsweise Labor- und Gruppenleiter), so gehen die zahlreichen *konzeptionellen und konstruktiven Hinweise* zu einem bescheidenen Teil an die Adresse vor Ort arbeitender Prüfer, hauptsächlich aber an diejenige der Entwicklungsteams, unabhängig davon, ob es sich um kommerzielle oder um laboreigene Hersteller handelt. Gerade den letztgenannten, vornehmlich, wenn sie Prüfgeräte nur gelegentlich zu bearbeiten haben, dürften die eingestreuten abschreckenden Beispiele ebenso nützlich sein wie mustergültige. Beides fördert das Gespür für das Vernünftige und schützt vor unangenehmen Überraschungen. Sonst kann es dem Ungeübten so ergehen wie dem Oberingenieur eines Lieferwerkes, das einmal (und zum Glück nie wieder) eine Prüfmaschine baute, die der Verfasser abzunehmen hatte. Die Maschine war regeltechnisch nicht einwandfrei, und die Kraftanzeige schwankte beständig und unregelmäßig um etwa ein Prozent. Natürlich wurde ein solches Verhalten als unbrauchbar zurückgewiesen. Der betreffende Herr berief sich nun prompt auf das Pflichtenheft, worin keine ruhige Anzeige, sondern nur eine Fehlertoleranz postuliert war, die in der Tat nicht (oder doch nur ausnahmsweise) überschritten wurde. Der Verfasser informierte ihn über die branchenüblichen Gepflogenheiten, die, weil als selbstverständlich empfunden, nicht im Pflichtenheft festgehalten waren, und er konnte sich die boshafte Bemerkung nicht verkneifen: „Sie wollen mir ein Automobil mit Holzreifen verkaufen und berufen sich darauf, daß im Pflichtenheft Gummireifen nicht ausdrücklich postuliert sind…“

Sollte dieses Buch sich als hilfreich erweisen bei der Vorbeugung derartiger (und gewiß auch weniger spektakulärer) Fehlgeburten; sollte es einen Beitrag leisten zu besserem Verstehen zwischen Herstellern und Benützern von Prüfgeräten; sollte es die Freude an hervorragenden Leistungen früherer Zeiten wecken; sollte es schließlich, als vornehmstes Ergebnis, hie und da den Funken zu *kreativer Tätigkeit* auf Neuland anzuregen vermögen: dann war das Bemühen seines Verfassers kein vergebliches.

Neuhausen am Rheinfall, im Frühjahr 1992 Theodor H. Erismann

Inhaltsverzeichnis

Erstes Kapitel: Einführung
1.1 Zweck des Prüfens ... 1
1.2 Einige Definitionen ... 2

Zweites Kapitel: Einschlägige Probleme der zerstörenden Prüfung
2.1 Vorbemerkungen ... 4
2.2 Zerstörende und zerstörungsfreie Prüfung ... 6
2.3 Beanspruchung in Raum und Zeit ... 7
2.4 Labor und Realität ... 13
2.5 Prüfung zwischen Qualitätssicherung und Forschung ... 22
2.6 Schlußfolgerungen ... 29

Drittes Kapitel: Gesamt- und Teilsysteme
3.1 Das Ganze und seine Teile ... 32
3.2 Krafteinleitung ... 34
3.2.1 Vorbemerkungen ... 34
3.2.2. Druck- und Knickprüfung ... 35
3.2.3 Biegeprüfung ... 44
3.2.4 Zug- und Zug-Druck-Prüfung ... 48
3.2.5 Sonderfälle und Schlußbemerkungen ... 69
3.3 Antrieb und Steuerung ... 70
3.3.1 Vorbemerkungen ... 70
3.3.2 Rein mechanische Antriebe ... 72
3.3.3 Partiell mechanische Antriebe ... 79
3.3.4 Elektromagnetische Antriebe ... 87
3.3.5 Hydraulische Antriebe ... 92
3.3.6 Pneumatische Antriebe ... 108
3.3.7 Nicht-translatorische Antriebe ... 113
3.3.8 Kritischer Überblick und Anregungen ... 120
3.3.9 Regeltechnische Probleme der Steuerung ... 135
3.4 Reaktionsstruktur ... 142
3.4.1 Vorbemerkungen ... 142
3.4.2 Prüfmaschinen-Rahmen ... 145
3.4.3 Besonderheiten großer und kleiner Prüfmaschinen ... 161
3.4.4 Reaktionsstrukturen für Prüfanlagen ... 177
3.4.5 Wirkungen auf das Gebäude ... 191
3.5 Energieversorgung ... 193

3.6 Meßgeräte und Datenausgabe 198
3.6.1 Vorbemerkungen 198
3.6.2 Verformungsmessung 200
3.6.3 Kraftmessung 206
3.6.4 Bemerkungen zur Datenausgabe 220
3.7 Programmierung 223
3.8 Vom Zusatzgerät zum Roboter 226
3.9 Computer 237

Viertes Kapitel: Beschaffung von Prüfsystemen
4.1 Spezifikation 245
4.2 Abnahme 248
4.3 Praktische Winke zur Beschaffung 256

Dank 260

Literatur 263

Sach- und Namenverzeichnis 267

Erstes Kapitel

Einführung

1.1 Zweck des Prüfens

Seit der Mensch begonnen hat, seine Umgebung nach seinen Vorstellungen zu verändern, steht er vor der Frage, ob die vorgesehenen Maßnahmen – beispielsweise Herstellung und Einsatz eines Gerätes oder eines sonstigen Produktes – zur Erreichung der angestrebten Ziele geeignet seien. Solange dabei keine wesentlichen Risiken eingegangen werden, kann man das Mißlingen einfach in Kauf nehmen: Ist der Stecken, mit dem man Früchte von einem Baum schlagen möchte, nicht fest genug, so daß er beim ersten Schlag zerbricht, so wirft man ihn weg und sucht einen besseren. Soll der Stecken aber dazu dienen, sich eines Raubtiers zu erwehren, liegt es im ureigensten Interesse des Benützers, sich von der Tauglichkeit der Waffe zu überzeugen, ehe der Ernstfall eintritt. Ja schon das Risiko eines erheblichen Verlustes an Arbeitszeit kann einen hinreichenden Grund für die vorherige Feststellung der maßgebenden Eigenschaften eines Produktes abgeben: Erweist sich das Holz eines mit großer Mühe angefertigten Totempfahls als morsch, so muß der Schnitzer bald erneut ans Werk gehen und fällt für die Sippe lange Zeit als Jäger oder Sammler aus.

Prüfung ist nichts anderes als die erwähnte Feststellung der Tauglichkeit zum Gebrauch vor Eintreten des Ernstfalles. So darf man mit Fug behaupten, daß der Mensch sich mit Prüfung befaßt, seit er den Schritt zum homo demiurgos unternommen hat.

Jede Maßnahme, die der Prüfung dient, jedes Hilfsmittel, das dabei eingesetzt wird, muß demgemäß selber tauglich zur Erfüllung des Prüfzweckes sein. Damit sind verschiedene an solche Maßnahmen und Hilfsmittel zu stellende Anforderungen eo ipso gegeben:

- Die Prüfung muß so erfolgen, daß sie das im praktischen Einsatz (im Ernstfall) sich einstellende Verhalten des geprüften Objektes mit genügender Genauigkeit erkennen läßt.
- Bei der Prüfung darf das für den praktischen Einsatz vorgesehene Objekt nicht in einer Weise geschädigt werden, die seine Tauglichkeit zum Gebrauch in Frage stellt.

Es ist eine wesentliche Aufgabe des vorliegenden Buches, eine der wichtigsten Klassen moderner Hilfsmittel der Material-, Bauteil- und Strukturprüfung im Blick auf diese elementaren Forderungen darzustellen. Die Grundlagen dazu werden im zweiten Kapitel aus der fundamentalen Problematik des Prüfens abgeleitet.

1.2 Einige Definitionen

Verschiedene Ausdrücke werden in der Folge regelmäßig verwendet, und es erscheint daher zweckmäßig, ihren Inhalt ein für allemal eindeutig zu umschreiben. Dies ist umso wesentlicher, als in der Literatur keineswegs eine lückenlose Einheitlichkeit der Terminologie besteht.

Prüfung = Verfahren zur Ermittlung der Tauglichkeit eines Objektes für den Gebrauch;

Zerstörende Prüfung = Prüfung mit kontrollierter mechanischer Verformung der Probe, in der Regel unter Inkaufnahme eines Versagens der Probe;

Versagen = Verlust der Tauglichkeit für den vorgesehenen Gebrauch;

Probe = der Prüfung unterworfenes Objekt (Normprobekörper aus dem zu prüfenden Werkstoff, Bauteil, Struktur usw.);

Prüfsystem = aus allen zur Durchführung bestimmter Prüfungen erforderlichen Teilsystemen bestehendes Gesamtsystem;

Prüfmaschine = Prüfsystem mit fester räumlicher Anordnung der kraftführenden Teile;

Prüfanlage = Prüfsystem mit von Versuch zu Versuch veränderlicher räumlicher Anordnung der kraftführenden Teile;

Teilsystem = zur Durchführung einer bestimmten Prüfung notwendiges, aber allein nicht ausreichendes technisches System.

Diese Definitionen bedürfen einiger Kommentare:

Es mag auffallen, daß das Wort *„Materialprüfung“* (oder „Werkstoffprüfung“) im Gegensatz zu „Prüfung“ weder hier definiert noch im übrigen Text regelmäßig verwendet wird. Damit soll die Breite des behandelten Bereichs unterstrichen werden, wie sie bei Definition des Wortes „Probe“ stipuliert wird. Daß die Materialprüfung im engeren Sinne eines der wichtigsten angesprochenen Gebiete darstellt, versteht sich ohne weitere Erläuterung.

Aus einem anderen Grund bleibt auch das Wort *„Prüfgerät“* undefiniert und wird nur sporadisch verwendet: Es paßt nicht nahtlos in die hier gewählte Terminologie, weil es zwar für viele Dinge – vom Teilsystem bis zur Prüfmaschine – anwendbar ist, kaum aber für die Gesamtheit einer Prüfanlage.

Eine *kontrollierte Verformung* bedingt die Möglichkeit, die Probe gemäß einem festgelegten Programm zu verformen. Dabei muß die Verformung selber nicht notwendigerweise die Rolle der programmierten Größe spielen. Diese Größe kann ebenso gut eine Kraft, eine Spannung, eine Dehnung oder jede andere mit der Verformung kausal zusammenhängende Größe sein. Übrigens schließt die Verformung als Kriterium bei der Definition der zerstörenden Prüfung die verschiedenartigen Geräte zur Abnützungsprüfung von der Behandlung im vorliegenden Buch aus.

Die Definition des *Versagens* ist von besonderer Wichtigkeit. Sie verlangt keineswegs eine Zerstörung, etwa in Form eines Bruches. Beispielsweise versagt ein Stab, der bis zum Knicken beansprucht wird. In der Tat ist dann seine Tragfähigkeit erschöpft, selbst wenn das Knicken rein elastisch erfolgt, also keinerlei Schädigung des Materials mit sich bringt. Mehr noch: Erfährt eine Brücke, die selbstverständlich nicht bis zur Zerstörung, ja nicht einmal bis zu einer ernsthaften Schädigung geprüft werden darf, im Verlauf einer Abnahmeprüfung eine größere Verformung als unter den gegebenen Umständen vorgesehen, so darf auch hier von einem Versagen die Rede sein, da entweder Mehrkosten für Verstärkungen oder Minderleistungen wegen Gewichtsbeschränkung entstehen. Die geforderte Tauglichkeit für den vorgesehenen Gebrauch wird also nicht erreicht.

Am Rande sei vermerkt, daß auch beim Vorliegen von Schädigungen des Materials das Versagen im Sinne der obigen Definition nicht mit der Zerstörung gleichzusetzen ist. Beispielsweise verliert der Flügel eines Flugzeuges seine Tauglichkeit zum Gebrauch nicht etwa beim Bruch infolge einer starken Böe, sondern früher, nämlich in dem Augenblick, wo seine Tragfähigkeit nicht mehr ausreicht, der stärksten im Betrieb denkbaren Beanspruchung standzuhalten. Die laufende Überwachung beginnender Schädigungen (Rißbildung usw.) im Flugwesen ist ein Mittel, diesen Augenblick nicht zu verpassen.

Die Unterscheidung zwischen *Prüfmaschinen* und *Prüfanlagen* ist im Unterabschnitt 3.4.1 eingehend kommentiert.

Zweites Kapitel
Einschlägige Probleme der zerstörenden Prüfung

2.1 Vorbemerkungen

Es kann hier natürlich nicht eine vollständige Übersicht (und schon gar nicht eine detaillierte Abhandlung) der Probleme gegeben werden, denen das Prüfwesen heute gegenübersteht. Trotzdem ist es unerläßlich, auf einige Grundfragen einzugehen. Denn sinnvolle *Anforderungsprofile* für Prüfsysteme lassen sich nur aus einer Analyse der zur Prüfung erforderlichen Verfahren und der damit verknüpften Problematik ableiten. Ein anderes Vorgehen wäre unvereinbar mit der erklärten Zielsetzung des vorliegenden Buches, die nicht so sehr auf die Darlegung des augenblicklichen Standes der Technik wie auf die Auseinandersetzung mit längerfristigen Gegebenheiten ausgerichtet ist.

Dabei wird ein wesentlicher Anteil der Information notwendigerweise aus der Betrachtung einzelner *historischer Gegebenheiten* zu entnehmen sein, weil die Technik seit je apparative Lösungen anbieten mußte, die den Bedürfnissen ihrer Zeit entsprachen und somit auch als Antworten auf die jeweils anstehende Problematik angesehen werden dürfen. Es wird sich im Zuge dieser Betrachtungen zeigen, daß die grundsätzliche Problematik weit geringeren Schwankungen ausgesetzt ist als der soeben erwähnte augenblickliche Stand der Technik.

Allerdings wird gleichzeitig auch deutlich werden, wie sehr die methodischen und apparativen Techniken des Prüfens sich seit jenen frühen Zeiten entwickelt haben. Aber selbst in diesem Wandel wird eine *fundamentale Invariante* festzustellen sein: das Aufsteigen vom kaum spezifizierten qualitativen Urteil zu präzis formulierter, quantitativ faßbarer Beschreibung der geprüften Eigenschaften. Die Bedeutung solcher Veränderung liegt auf der Hand: Ohne derart vertieftes Wissen wäre die weitgehende Ausnützung der einem Material innewohnenden Möglichkeiten ausgeschlossen, und eine der wichtigsten Grundlagen moderner Technik wäre inexistent.

Um bei dem oben erwähnten Steinzeit-Stecken zu bleiben: Vom „Gut" oder „Schlecht" nach dessen primitiver Biegeprüfung mit Muskelkraft bis zu den hochdifferenzierten, mit zahlreichen Parameter-Angaben ergänzten, oft probabilistisch gestützten Aussagen moderner Prüfberichte war der Weg weit. Er war aber auch erfolgreich, wovon man sich leicht überzeugen kann, wenn man bedenkt, wie nahe man sich heute an die Grenzen der Materialfestigkeit herangetastet hat, ohne die Gebote der Sicherheit leichtfertig zu verletzen. In diesem Sinne hatte jener Professor der vierziger Jahre gewiß recht, der behauptete, „Sicherheitskoeffizient" sei eine irreführende Bezeichnung und man sollte von „Unsicherheits-", besser noch von „Unwissenheits-Koeffizienten" sprechen.

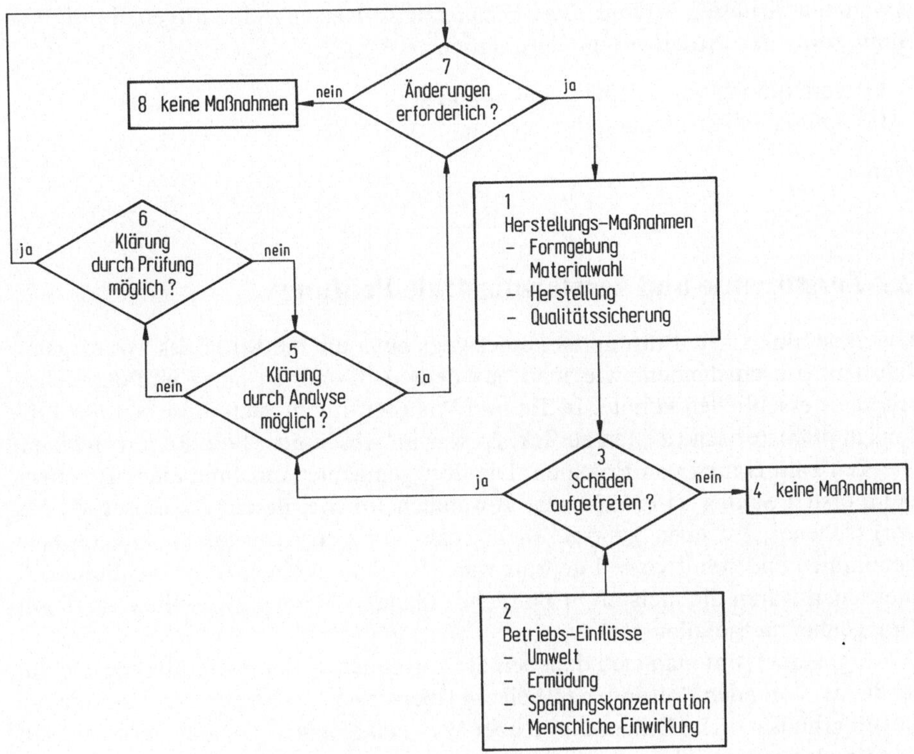

Abb. 1. Verbesserung einer Konstruktion aufgrund der Erfahrung mit bekannten Schäden, als Regelkreis dargestellt. Beispiel eines auf kürzestem Weg erledigten Falles: Analyse (5) zeigt menschliches Versagen (2) als Ursache; konstruktive Änderungen (7) bleiben somit aus (8). Beispiel für mißglückten Nachweis der Ursache in der Prüfung (6): Wiederholung der Analyse (5) und Prüfung (6) mit neuem Ansatz. Rückkoppelung = Verbindung (7) - (1) = Verbesserung der Herstellungs-Maßnahmen

Neben dem eben geschilderten Streben nach besserer Ausnützung, also nach Leistungssteigerung, ist es leider immer wieder auch das Versagen von Material oder Konstruktion, das zum Prüfen Anlaß gibt. Jeder ernsthafte Unfall, ja oft schon die erkannte Gefahr eines solchen, löst mit gutem Grund eine Reaktion unter dem Motto aus: „Das darf nicht mehr passieren!“ Und auch diese Reaktion ist wohl so alt wie die Menschheit selbst: Brach ein als Speer zugespitzter Stecken im Kampf, so war die Bereitschaft zu sorgfältigerer Prüfung bei der Auswahl gewiß stimuliert, auch wenn der Träger der Unglückswaffe mit dem Schrecken davongekommen war. Heute stellt die *Schadensuntersuchung* einen außerordentlich wichtigen Zweig des Prüfwesens dar und kann im Sinne von Abb. 1 als Teil eines Regelkreises zur Vermeidung späterer Schäden aufgefaßt werden.

Im Abschnitt 1.1 wurde der Zweck des Prüfens unter der Voraussetzung gegebener Kriterien für die Tauglichkeit des geprüften Objektes umschrieben. Nach den obigen Überlegungen wird es möglich, die Prüfung – und mit ihr auch die erwähnten Kriterien – einer *übergeordneten Zielsetzung* einzufügen. In diesem Sinne sollte das Prüfen wo immer möglich

- der Vermeidung von Schäden und zugleich
- der optimalen Ausnützung der verwendeten Materialien

dienen.

2.2 Zerstörende und zerstörungsfreie Prüfung

Die zerstörungsfreie Prüfung ist keineswegs etwa um die Mitte des zwanzigsten Jahrhunderts entstanden, wie man aus dem Aufkommen einer umfangreichen Literatur erschließen könnte. In Tat und Wahrheit reicht auch diese Art des Prüfens in prähistorische Zeiten zurück. Es war im Abschnitt 1.1 die Rede von einem Stecken zum Ernten von Früchten. Die dort gemachte Annahme eines Brechens beim ersten Schlag ist eine höchst unwahrscheinliche, da ein für diesen Zweck vorgesehener Ast eben „vor-gesehen", also vor der Auswahl in Augenschein genommen und somit visuell geprüft war. Und dem geübten Auge des Steinzeitmenschen wären die meisten in Betracht fallenden Mängel zweifellos bei dieser Gelegenheit aufgefallen.

Vergegenwärtigt man sich daneben die zur gleichen Zeit wohl übliche Methode der zerstörenden Prüfung, nämlich ein Über-das-Knie-Biegen des Steckens, so liegen grundsätzliche Erkenntnisse über *Vor- und Nachteile beider Verfahren* auf der Hand: Einerseits konnte ein vielleicht etwas dümmlicher Steinzeit-Herkules seinen Stecken in übertriebener Kraftentfaltung nur zu leicht brechen, obwohl dessen Festigkeit für den vorgesehenen Gebrauch durchaus genügt hätte; andererseits hätte der gleiche ungeschickte Prüfer möglicherweise bei rein visueller Inspektion des Steckens eine faule oder anderweitig geschwächte Stelle unbeachtet gelassen.

Mit anderen Worten: Die zerstörungsfreie Prüfung hat, wie ihr Name sagt, den gewaltigen Vorteil, *der Probe keinen Schaden anzutun*, also ein Risiko zu vermeiden, das bei der zerstörenden Prüfung häufig eingegangen werden muß; auf der anderen Seite liefert die zerstörende Prüfung in der Regel den Nachweis dafür, „daß es hält". Mit anderen Worten: Der zerstörungsfreien Prüfung fehlt die Möglichkeit der direkten *Aussage über die Festigkeit* einer Probe; aber gerade diese Möglichkeit schließt, weil mit dem Zerstörungsrisiko behaftet, die zerstörende Prüfung von einem allumfassenden Einsatz aus.

Diese Feststellung gilt heute wie vor zehntausend Jahren, nur haben sich die Verfahren vollständig gewandelt: Es ist möglich geworden, selbst geringfügige Mängel wie Risse oder Lunker in einem Material zerstörungsfrei erkenntlich zu machen und damit eine wesentliche Aussage über allfällige Unterschiede in der Festigkeit äußerlich gleichartiger Produkte zu erhalten. Damit ist zugleich eine Basis gegeben für den Einsatz der zerstörenden Prüfung. Denn wenn für alle Stücke aus einer Serie mit genügender Sicherheit die Voraussetzungen für gleiche Festigkeit bekannt sind, so liefert die kontrollierte Zerstörung eines einzigen (oder – aus probabilistischen Gründen – einiger weniger) dieser Stücke auch die erforderliche Sicherheit für die Festigkeit aller übrigen. So ist das *Zusammenwirken der beiden Verfahren* aus der Natur der Sache heraus vorgezeichnet, wenigstens für den Fall einer Fertigung in genügend großen Serien und für Materialien, die sich dank ihrer Struktur zur zerstörungsfreien Prüfung eignen (vor allem für Metalle).

Bei kleinen Stückzahlen oder gar Einzelanfertigung ist ein solches Zusammenspiel zweifellos ebenso wichtig (man denke beispielsweise an Teile von Kernkraftwerken), aber nicht mit der gleichen Leichtigkeit zu verwirklichen, weil man in der Regel nicht gut aus einer Dreierserie ein Stück zerstören kann, um die Festigkeit der übrigen beiden nachzuweisen (obwohl auch dieser Fall unter bestimmten Umständen nicht auszuschließen ist, etwa in der Raumfahrt). Hier hat erst die *Kombination zerstörungsfreier Prüfung mit Bruchmechanik und Finitelement-Rechnung* einen gangbaren Weg gewiesen, indem sie sowohl die quantitative Erfassung von Spannungskonzentrationen an kompliziert geformten Körpern als auch die Bestimmung bemessungsrelevanter Materialkennwerte an zerstörend geprüften Normproben möglich machte. Die Kunst besteht also nicht, wie im Falle der Massenfertigung, im Herausgreifen einer repräsentativen Anzahl zerstörend zu prüfender Proben, sondern in der Herstellung von Normproben, deren Materialeigenschaften für das zur Diskussion stehende Objekt repräsentativ sind, sowie in einer genügend genauen Erfassung der geometrischen Form allfälliger Schwachstellen in diesem Objekt. Endgültig vorbei sind die Zeiten, in denen das Material sich bei der zerstörungsfreien Prüfung als „fehlerfrei" zu erweisen hatte, um bei der Abnahme Gnade zu finden. Denn „fehlerfrei" hieß in Wirklichkeit nichts anderes als „frei von mit den verfügbaren Mitteln feststellbaren Schwachstellen", eine quantitativ nicht eben perfekt umschriebene Fehlertoleranz.

Trotz der Breite ihrer praktischen Anwendung ist einiges an der Bruchmechanik nicht allgemein bekannt, in erster Linie der eigenartige Gang der historischen Entwicklung, der mit der wegweisenden Arbeit von GRIFFITH (1920) schon sehr früh begann, worauf eine Zeit der Vergessenheit folgte, bis IRWIN (1958) den Durchbruch zur Ingenieurpraxis ermöglichte. Die Literatur über Bruchmechanik und deren Zusammenwirken mit der Finitelement-Rechnung liegt größtenteils in englischer Sprache vor. Es gibt aber auch eine Anzahl guter deutschsprachiger Veröffentlichungen mit Überblicks-Charakter (Beispiele: HECKEL, 1970; ROSSMANITH, 1982).

Auf diese Zusammenhänge wird in den folgenden Abschnitten noch näher eingegangen. Dabei wird die in Abb. 1 enthaltene Systematik von Nutzen sein.

2.3 Beanspruchung in Raum und Zeit

Wenn in Abb. 2 einige der üblichen *Beanspruchungsarten im Raum* dargestellt sind, so geschieht dies einerseits, um an sich Bekanntes in Erinnerung zu rufen, andererseits aber, um schon früh auf die Schwierigkeiten hinzuweisen, die selbst bei scheinbar einfachen Prüfungen so häufig auftreten, daß man versucht ist, die damit ver-

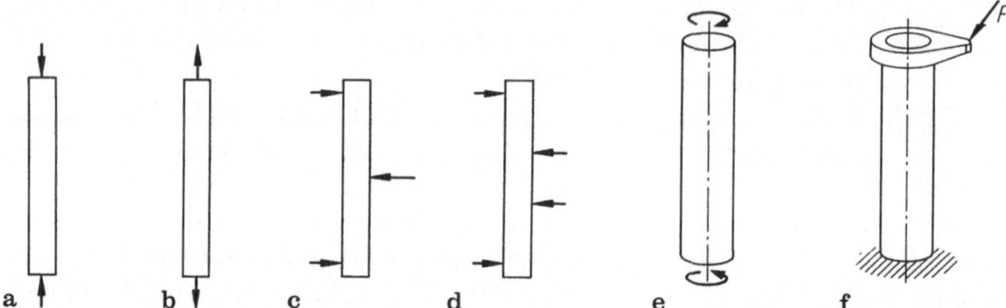

Abb. 2a-f. Die für Prüfsysteme wichtigsten Arten der Beanspruchung. **a** Druck und Knickung; **b** Zug; **c** Dreipunkt-Biegung; **d** Vierpunkt-Biegung; **e** Torsion (ebene Beanspruchung auf Schub bedarf spezieller Maßnahmen); **f** kombinierte Beanspruchung mit nur einer wirkenden Kraft F (in der dargestellten Lage wird die zylindrische Probe gleichzeitig auf Druck, Biegung and Torsion beansprucht)

bundenen Probleme als die Regel, nicht als die Ausnahme zu bezeichnen. Mehr darüber ist dem Abschnitt 3.2 zu entnehmen, in dem von der Krafteinleitung in die Probe die Rede ist. Hier sei lediglich erwähnt, daß jede Beanspruchung notwendigerweise ein *dreidimensionales Geschehen* ist, daß also alle in diesem Belang idealisierenden Annahmen (etwa das Eben-Bleiben ebener Querschnitte betreffend) nur mehr oder weniger zutreffende Näherungen darstellen und daß die resultierenden Fehler sich insbesondere dort bemerkbar machen, wo die Probe selber von einer idealisierten Form weit entfernt ist, was naturgemäß in erster Linie für die *Bauteilprüfung* gilt. Am Rande sei noch vermerkt, daß die bereits im vorhergehenden Abschnitt erwähnte Bedeutung der Bruchmechanik (und im Zusammenhang mit ihr auch der Finitelement-Rechnung) eng mit dem Auftreten von Verformungsbehinderungen im Material und folglich auch mit dem dreidimensionalen Charakter des Geschehens verknüpft ist.

Daneben ist die triviale Tatsache zu vermerken, daß jedes Prüfsystem jene räumlichen Beanspruchungsarten anbieten muß, für die es vorgesehen ist, und daß man speziell an eine Prüfmaschine (im Gegensatz zu einer modularen Prüfanlage) in dieser Hinsicht keine übertriebenen Forderungen stellen sollte. Auch auf diesen Punkt soll zurückgekommen werden, wenn im Abschnitt 2.5 eine Gegenüberstellung von Ein- und Mehrzwecksystemen präsentiert wird.

Während also einige Fragen der Beanspruchung im Raum späteren Abschnitten vorbehalten bleiben, soll die *Beanspruchung in der Zeit* hier etwas näher unter die Lupe genommen werden. Drei Aspekte sind dabei vor allem zu beachten. Alle drei zeigen Grenzen der Materialprüfung auf, die es bei der Konzeption und bei der Beschaffung von Prüfsystemen zu berücksichtigen gilt.

Zum ersten: Es ist kein Zufall, wenn die *Schlagprüfung* (und vor allem natürlich die Kerbschlagprüfung) nicht restlos durch bruchmechanische Prüfverfahren abgelöst worden ist, was auf den ersten Blick als verlockende Möglichkeit erscheint. In der Tat stellt die Bruchmechanik dem Konstrukteur auf der Basis bekannter Materialparameter (in erster Linie der Bruchzähigkeit) und einer meist berechenbaren Spannungskonzentration eine Grundlage für die Bemessung von

Bauteilen zur Verfügung, selbst beim Vorliegen von Materialfehlern, sofern deren geometrische Form mit vertretbarer Genauigkeit bestimmt werden kann. Die Schlagprüfung ist einer solchen Leistung aus ihrem Wesen heraus unfähig, zumindest für den wichtigsten Fall zügiger, also nicht schlagartiger Beanspruchung. Die Formulierung „aus ihrem Wesen heraus" ist zum Nennwert zu nehmen, da es sich um ein unter streng genormten technologischen Bedingungen ablaufendes Geschehen handelt, bei dem jede Änderung eines der zahlreichen zu beachtenden Parameter zu einer Änderung des Resultates führt. Konkret ausgedrückt: Im Gegensatz zur Bruchzähigkeit kann die Kerbschlagzähigkeit nicht mutatis mutandis veränderten Umständen angepaßt und damit in eine Festigkeitsrechnung eingebaut werden. Dazu fehlt ihr die bemessungsrelevante, physikalisch fundierte Bedeutung. So ist es auch keineswegs erstaunlich, daß allen Versuchen, eine Brücke von der Kerbschlag- zur Bruchzähigkeitsprüfung zu schlagen, nur Teilerfolge beschieden waren: Für relativ eng umschriebene Materialgruppen konnten innerhalb begrenzter Parameter-Bandbreiten zwar brauchbare Korrelationen zwischen beiden Verfahren formuliert werden; ein Verlassen der dabei gebotenen Grenzen mußte aber zu fühlbaren Abweichungen oder wenigstens zu großer Unsicherheit führen. Ein anderes Resultat konnte auch nicht erwartet werden, weil die im bruchmechanischen Versuch zum Sprödbruch führende Verformungsbehinderung durch Materialanhäufung in der Nähe einer Rißfront etwas ganz anderes ist als die Schnelligkeit des Ablaufs, die beim Schlagversuch die Ausbildung größerer plastischer Zonen verhindert und damit ebenfalls einen Sprödbruch hervorruft.

Diesen gravierenden Mängeln zum Trotz hat die Schlagprüfung bis heute einen wichtigen Platz im Zusammenwirken der verschiedenen Prüfmethoden behauptet. Es gibt nämlich kaum ein Prüfverfahren, das billiger wäre als ein Kerbschlagversuch. Dieses Argument, so unwissenschaftlich es sein mag, hat nun einmal seine praktische Bedeutung, erst recht angesichts der folgenden Tatsache: Bei zähen Materialien sind für eine zuverlässige Bestimmung der Bruchzähigkeit auch heute noch (trotz fühlbaren Verbesserungen) sehr große Proben erforderlich, und gelegentlich – etwa wenn bei einem Schadenfall gar nicht genug vom fraglichen Material verfügbar ist – muß auf eine standartisierte bruchmechanische Prüfung ganz verzichtet werden. Dagegen kann die Schlagprüfung, insbesondere wenn sie in ein Gesamtsystem der Materialbeurteilung eingebunden ist (Beispiel: VARGA, 1972), wertvolle Dienste leisten.

Darüber hinaus ist die Schlagprüfung naturgemäß dort von Bedeutung, wo das Verhalten einer Probe bei Schlagbeanspruchung von Interesse ist. In diesem Kontext sind an einzelnen Laboratorien Bemühungen im Gange, über die übliche Instrumentierung hinaus zu physikalisch aussagekräftigeren Verfahren vorzudringen (FORSTEN et al., 1985). Man darf allerdings die normbedingte Trägheit nicht unterschätzen und muß zugleich vor unbedachten Verallgemeinerungen der Ergebnisse genormter Kerbschlagversuche auf Schlagphänomene unter anderen als den eng umschriebenen normkonformen Bedingungen auf der Hut sein.

Zum zweiten: Geht es bei der Schlagprüfung um schnell ablaufende Vorgänge, so steht die *Standprüfung* am anderen Ende des zeitlichen Größenskala. Hier handelt es sich um Jahre, während dort Millisekunden im Spiel stehen. Und eben die große zu erfassende Zeitdauer bedingt die charakteristische Problematik der Standprüfung (mit gutem Grund auch als „Dauerstandprüfung“ bezeichnet). Diese Problematik sei an einem Beispiel illustriert, das zugleich die Wichtigkeit dieses Zweiges der Materialprüfung anschaulich macht.

Angenommen, ein Produzent von Dampfturbinen-Schaufeln habe eine neue Legierung entwickelt, von der er sich – und seinem Abnehmer – eine wesentlich verbesserte Festigkeit bei hohen Temperaturen verspricht. Natürlich können sich beide Partner ein Versagen des neuen Materials im praktischen Einsatz nicht leisten. Eine zuverlässige Erprobung ist also unerläßlich. Die Lieferfrist für die Turbine sei mit zwei Jahren angesetzt. Es stellt sich folglich die Frage, ob es möglich ist, in der Zeit bis zum Einbau der Schaufeln (gemäß Netzplan vielleicht in anderthalb Jahren) genügende Sicherheit für das befriedigende Verhalten der neuen Legierung im Laufe der nächsten zwei Jahrzehnte zu erhalten. Unter den angenommenen Bedingungen ist diese Frage sofort zu verneinen, sofern es sich um ein völlig neues Material handelt. Aber selbst wenn eine nur geringfügige Änderung gegenüber einem altbewährten Werkstoff vorliegt, wäre das Risiko einer Panne mit schwersten Schädigungen lebenswichtiger Teile der Turbine nicht zu verantworten: Ein Ausweichen auf besser Bekanntes wäre unvermeidlich, womit die Innovation durch Einführung des neuen Materials zwangsläufig um Jahre verzögert würde.

Die Schwierigkeit liegt einerseits in der Höhe des Risikos, andererseits in der Frage, wie der Einfluß einer langen Zeitdauer durch andere Mittel ersetzt werden kann.

Leider bestehen zwischen den entscheidenden Versuchsparametern (Spannung, Temperatur, Zeitdauer, ganz zu schweigen von Nebeneinflüssen wie korrosiver Umgebung usw.) keineswegs lineare Beziehungen, ja die Steigerung etwa der Temperatur kann leicht zu völlig veränderten Prozessen im Material führen, so daß jede praxisbezogene Aussage ausgeschlossen wird. So verbleibt als einzige Chance für eine massive Zeitraffung die Erforschung der Schädigungsmechanismen, verbunden mit dem Ersatz des Versuches durch Computersimulation. Diese Vorgehensweise hat grundsätzliche Bedeutung weit über den Standversuch hinaus. Ihr soll daher ein Teil des Abschnitts 2.4 gewidmet werden. Hier sei nur erwähnt, daß verschiedene Versuche zu einer Verwirklichung bereits unternommen wurden, daß aber die oben dargelegten Schwierigkeiten beim heutigen Stand des Wissens dem experimentellen Vorgehen mit geringfügiger Zeitraffung nach wie vor eine Schlüsselrolle sichern.

Die Standprüfung muß also derart organisiert werden, daß trotz ihrer erheblichen Dauer neue Produkte mit der geringsten möglichen Verzögerung zum Einsatz gebracht werden können.

Am Rande sei noch vermerkt, daß neben der klassischen Standprüfung mit konstanter (oder allenfalls auch programmierter) Spannung auch die Relaxationsprüfung eine erhebliche praktische Bedeutung hat, bei der der Probe eine konstante (oder programmierte) Länge aufgezwungen und das Nachlassen der anfänglich angesetzten Spannung gemessen wird.

Zum dritten: Aus historischer Schau ist die Entwicklung der *Ermüdungsprüfung* von besonderem Interesse, weil an ihr in exemplarischer Weise ein Phänomen veranschaulicht werden kann, das am besten wohl als „Parameterflut“ zu bezeichnen ist und das für die zunehmende Kompliziertheit moderner Materialprüfung charakteristisch ist. Zudem ist der Problemkomplex der Ermüdung von ungeheurer Wichtigkeit: Gäbe es weder diesen Komplex noch die (häufig mit ihm kombinierte) Korrosion, so bliebe im Maschinenbau nicht einmal ein Zehntel der in der Praxis auftretenden Materialschäden übrig. Hier ein stark geraffter Abriß des Geschehens im Laufe von etwas mehr als einem Jahrhundert:

In der Absicht, das Versagen von Eisenbahnmaterialien durch wiederholte Biegebeanspruchung zu beschreiben, führte WÖHLER (1870) eine Versuchs- und Beurteilungs-Systematik ein, die den Ausgangspunkt aller späteren Arbeiten bilden sollte. Die „WÖHLER-Kurve“ (englisch: „s-n curve“) eines bestimmten Materials stellt die konstante Spannungs-Schwingbreite dar, die das Material in Funktion der Lastwechselzahl zu ertragen vermag. Man war damals zur Hauptsache an der Dauerschwingfestigkeit, also der zulässigen Schwingbreite bei sehr hohen Lastwechselzahlen interessiert; auch kannte man zur Hauptsache nur Materialien, deren WÖHLER-Kurven in diesem Bereich einen horizontalen Ast aufweisen (als Voraussetzung einer echten Dauerschwingfestigkeit). So konnte die Ermüdungsfestigkeit in der Regel mit einem einzigen Parameter beschrieben werden, aus heutiger Sicht ein paradiesischer Zustand, der allerdings nur so lange vorhalten konnte, als weitere Verfeinerungen nicht gefragt waren. Etwas überspitzt könnte man sagen, ein auf solch einparametriger Ermüdungsphilosophie fußender Flugzeugbau könnte jeden Absturz verhindern, nicht etwa durch die sich ergebende über jeden Tadel erhabene Festigkeit, sondern durch das unvermeidliche Übergewicht, das schon ein Abheben vom Boden ausschlösse!

Mit der Dauerschwingfestigkeit (und gelegentlicher Anwendung der WÖHLER-Kurve) wurden die Bedürfnisse der Technik längere Zeit befriedigt, weil man die Ausnützung der Materialien noch nicht routinemäßig im Bereich der Zeitfestigkeit betrieb, im Gebiet also, wo die Wöhlerkurve eine markante Abnahme der Festigkeit bei zunehmender Lastwechselzahl anzeigt: Automobil- und Flugmotoren waren angesichts der hohen auftretenden Lastwechselzahlen auf Dauerschwingfestigkeit zu bemessen; Flugzeugzellen wurden rein statisch mit zum Teil sehr hohen sogenannten Sicherheitskoeffizienten berechnet, die aus extremen, als mehr oder weniger einmalig angenommenen Ereignissen abgeleitet waren; und Henry FORD erklärte einem Prüfmaschinen-Produzenten, er brauche keine anderen Prüfgeräte als eine holperige Straße, auf der er ausgedehnte Probefahrten durchführen lasse...

Immerhin wurde schon recht früh die Berücksichtigung einer der Schwingbeanspruchung überlagerten konstanten Spannung erforderlich, etwa zur Simulation einer durch Eigengewicht verursachten Dauerlast (GOODMAN, 1914), womit ein erster zusätzlicher Parameter ins Spiel kam. Wenig später befaßte sich THUM (1929) systematisch mit dem Einfluß der Formgebung und insbesondere mehr oder weniger scharfer Kerben, deren Radius als maßgebender Parameter erkannt wurde. Seither spricht man von einer „Gestaltfestigkeit“. In Analogie dazu führte GASSNER ein Jahrzehnt später (1939; et al., 1964) das Wort „Betriebsfestigkeit“ ein, als er, einem immer dringender werdenden Bedürfnis der auf äußerste Materialausnützung angewiesenen Luftfahrt folgend, die unregelmäßige Beanspruchungs-Geschichte kritischer Bauteile infolge von Böen, Flugmanövern und Start-Lande-Lastumkehr durch eine sinnvoll aufgebaute Abfolge von Lastwechsel-Gruppen („Blöcken“) zu simulieren suchte. Jeder Block umfaßte eine wohldefinierte Anzahl Lastwechsel gleicher Schwingbreite, die bis weit in das Gebiet der Zeitfestigkeit reichen konnte.

An dieser Stelle muß eine Randbemerkung eingeschoben werden, die aus der Sicht des Gerätebauers von Bedeutung ist. Zwar war es mit der soeben beschriebenen Blockprogrammierung möglich, bis auf bescheidene Interpolationsfehler die Häufigkeitsverteilung der Schwingbreiten (das „Spektrum“) wunschgemäß wiederzugeben. Die damaligen technischen Mittel gestatteten es aber nicht, bei annehmbaren Prüffrequenzen von einem Lastwechsel zum nächsten eine beliebige Änderung der Schwingbreite vorzusehen. Dem stochastischen Charakter des wirklichen Geschehens suchte man durch mehrmaliges Abspielen relativ kurzer Blöcke mit steigenden und fallenden Schwingbreiten gerecht zu werden. Während also, wie gesagt, das Spektrum – wenigstens nach den damaligen Begriffen – stimmte, war die „Sequenz“, die Abfolge der Beanspruchungen, stark generalisiert.

Lange bevor diese Entwicklung greifbare Formen angenommen hatte, war, kaum beachtet, eine Theorie entstanden, die auf der Annahme fußte, zwei Beanspruchungs-Geschichten mit gleichen Spektren seien bezüglich ihrer Schädigungswirkung gleichwertig. Zur Lebensdauervorhersage von Wälzlagern hatte sich PALMGREN (1924) diese Annahme zu eigen gemacht, verschärft durch die Bedingung, die von einem Lastspiel gegebener Schwingbreite herrührende Schädigung müsse nicht nur von ihrer sequenziellen Stellung, sondern auch vom Spektrum als solchem unabhängig sein. Damit konnte bei Kenntnis der WÖHLER-Kurve für jedes beliebige Spektrum eine Lebensdauer auf rein rechnerischem Weg bestimmt werden. Ähnlich wie die bruchmechanischen Überlegungen von GRIFFITH geriet dieses Verfahren in Vergessenheit, bis MINER (1946) es neu entdeckte, worauf es, den Bedürfnissen der Zeit entsprechend, rasch weite Verbreitung fand. Der historischen Korrektheit halber sollte man also nicht, wie im Englischen leider üblich, von der „MINER-Regel“, sondern von der „PALMGREN-MINER-Regel“ oder von „linearer Schadens-Akkumulation“ sprechen.

Einige Jahre nach Einführung der genannten Hilfsmittel befreite die technische Entwicklung den Prüfer vom Zwang, mit Blockprogrammen oder der PALMGREN-MINER-Regel arbeiten zu müssen: Der Siegeszug der Servohydraulik hatte begonnen, und man konnte beliebige Beanspruchungs-Geschichten verwirklichen. Das entsprach einer eigentlichen Parameter-Explosion, denn schon mit ein und demselben Spektrum können ungeheuer viele verschiedene Abfolgen von Lastspielen synthetisiert werden. Beispielsweise wurde es möglich, statistische Überlegungen, wie sie unter dem Stichwort „random loading“ angestellt worden waren (FREUDENTHAL et al., 1956), zu überprüfen oder, in eigentlichen „Nachfahrversuchen“, den Ablauf in natura gemessener Beanspruchungsfolgen recht getreu im Versuch zu simulieren (BRANGER, 1972). Diese Auswirkung einer technischen Entwicklung auf die Prüfmethodik fand auch im Sprachgebrauch ihren Niederschlag, indem fortan häufig – und nicht immer korrekt – die Ausdrücke „Betriebsfestigkeit“ und „random loading“ für jede Prüfung mit unregelmäßigen Beanspruchungsfolgen verwendet wurden.

Nicht genug damit: Neben der Programmierung von Kräften mußte auch diejenige von Spannungen sowie globalen oder lokalen Verformungen eingeführt werden; für gewisse Werkstoffe wurde es unerläßlich, mit wohldefinierten und nicht selten mit programmierten Prüffrequenzen zu arbeiten; schließlich mußten die materialrelevanten Umgebungsfaktoren (Korrosion, hohe und tiefe Temperatur, radioaktive und ultraviolette Strahlung usw.) – sei es als konstante, sei es als programmierte Werte – in die Untersuchungen einbezogen werden. All dies ist heute mit entsprechendem Aufwand machbar. Der Traum von einem einfachen Verfahren zur Prognose der Lebensdauer dürfte aber wohl ausgeträumt sein. Daran ändern die zahlreichen in dieser Richtung unternommenen Vorstöße nur wenig, unter denen die Einführung bruchmechanischer Ansätze für das ermüdungsbedingte Wachsen einmal entstandener Risse die größte Bedeutung erlangt hat (ERDOGAN, 1959; PARIS, 1961). Daß ein so einfacher Ansatz wie die PALMGREN-MINER-Regel in dieser Situation nicht einfach verschwand, mag wie Ironie klingen. Es wird aber verständlich, wenn man bedenkt, daß zwischen den Ergebnissen vielparametriger (und entsprechend kostspieliger) Versuche immer wieder in relativ engem Rahmen, also mit bescheidenen Ansprüchen interpoliert werden muß.

Dieser auf ein absolutes Minimum begrenzte Exkurs in die Geschichte der Ermüdungsprüfung sollte, wie schon gesagt, ein Bild davon geben, welcher Fülle von Möglichkeiten der Prüfer am Ende des zwanzigsten Jahrhunderts gegenübersteht und wie schwierig es geworden ist, sich einen Überblick über den gesamten Stand der Dinge zu verschaffen. Daneben zeigte sich aber auch am Beispiel der Blockprogramme, wie die Prüfmethodik vom jeweiligen Stand der apparativen Prüftechnik abhängig sein kann. Die Wahl der Ermüdungsprüfung war somit nicht nur durch ihre bereits erwähnte Bedeutung als Schadensquelle gerechtfertigt. Schließlich sei noch vermerkt, daß aus der Sicht des vorliegenden Buches der Ermüdungsprüfung eine besondere Rolle zukommt, da weltweit ein großer Prozentsatz der für Prüfsysteme eingesetzten Mittel auf diesem Sektor investiert wird.

2.4 Labor und Realität

Schon bei der Besprechung der Standprüfung im Abschnitt 2.3 wurde die Möglichkeit der *Computersimulation von Prüfungen* an großen Proben erwähnt. Dieses Problem ist von ungemeiner Wichtigkeit, weil die Kosten großkalibriger (und meist auch entsprechend komplizierter) Versuche außerordentlich hoch sein können, eine erfolgreiche Simulation somit ein überaus großes Sparpotential zu erschließen verspricht.

Die Erfolgschance eines derartigen Vorgehens liegt in der Tatsache, daß auch bei großen Strukturelementen der Schädigungsprozeß in der Regel auf kleinstem Raum seinen Anfang nimmt. Erst durch die dabei entstandene lokale Schwächung des Materials kann der Schaden anfänglich auf die nächste, anschließend auch auf die weitere Umgebung übergreifen und schließlich zum Versagen der gesamten Struktur (das Wort stehe hier auch für einen komplexen Einzelteil) führen. Es erscheint also sinnvoll, die Materialeigenschaften unter Beanspruchung an kleinen, nach Möglichkeit genormten Proben zu erforschen und anschließend das Verhalten der Struktur während ihrer voraussichtlichen Lebensdauer in finiten Elementen unter Verwendung der experimentell gewonnenen Materialeigenschaften auf dem Computer zu simulieren.

Dies ist beileibe kein neues Gesamtkonzept, denn der klassische statische Festigkeitsnachweis fußt auf dem nämlichen Grundgedanken, obschon er als Kind des Rechenschieber-Zeitalters von einer eigentlichen Simulation noch weit entfernt ist. In der Tat wird die Lebensdauer der Struktur auf eine einmalige extreme Beanspruchung und das räumliche System auf eine kleine Zahl von gefährlichen Querschnitten komprimiert. Mit anderen Worten: Ermüdung, Kriechen, Relaxation und in vielen Fällen auch das Verhalten redundanter Strukturen bei lokalem Versagen bleiben unberücksichtigt. Zudem wird ausschließlich mit Spannungshypothesen gearbeitet, so daß die dreidimensionalen Verformungsbehinderungen und die daraus sich ergebenden lokalen Spannungskonzentrationen wenigstens in der streng klassischen Methode ebenfalls vernachlässigt werden.

Das letztgenannte Manko darf heute angesichts des Siegeszuges der bereits im Abschnitt 2.2 erwähnten Bruchmechanik (GRIFFITH, 1920; IRWIN, 1957, 1958) als weitgehend überwunden gelten. Der historischen Korrektheit zuliebe sei aber erwähnt, daß manche Ideen der Bruchmechanik in etwas anderer Form auch in der wohl ohne Kenntnis der Arbeiten von GRIFFITH entstandenen Kerbspannungslehre nach NEUBER (1937) zum Ausdruck kommen und daß es in der Literatur Arbeiten gibt, die die Gemeinsamkeiten der beiden Verfahren behandeln (WEISS, 1971).

Will man die Grenzen der Computersimulation abstecken, so muß man vor allem die Voraussetzungen festlegen, die erfüllt sein müssen, damit das Verfahren erfolgreich eingesetzt werden kann. Es handelt sich darum,

- die für ein allfälliges Versagen maßgebenden Materialveränderungen durch Beanspruchung kleiner Proben quantitativ festzustellen, also zu messen;
- Algorithmen für die Zusammenhänge zwischen der lokalen Beanspruchungsgeschichte und den festgestellten Veränderungen zu formulieren;
- Rechenprogramme aufzustellen, die sowohl den Aufbau und die voraussichtliche Beanspruchungsgeschichte der Struktur als auch die aus den Versuchen abgeleiteten Algorithmen beinhalten und derart miteinander verknüpfen, daß sich eine wirklichkeitsnahe Simulation es voraussichtlichen Schädigungsverlaufes ergibt.

Jede dieser Voraussetzungen trägt begrenzende Faktoren in sich, teils durch den Stand der Technik bedingte, teils grundsätzliche.

Bei der ersten Voraussetzung ist die Frage von großer Wichtigkeit, auf welchem Niveau das Wissen um die untersuchten Materialveränderungen angesiedelt ist. Denn je näher man den einer Veränderung zugrunde liegenden physikalischen und/oder chemischen Mechanismen kommt, um so sicherer ist das Fundament, auf dem man steht. Um ein Beispiel zu nennen: Die Kenntnis einer zulässigen Spannung als Versagenskriterium ist zunächst rein phänomenologischer Natur. Es kann daher sehr leicht geschehen, daß – etwa bei starker Verformungsbehinderung im Bereich einer Kerbe – ein Versagen unter völlig anderen Bedingungen auftritt als den angenommenen. Kennt man dagegen den Vorgang des Versagens eingehender, etwa im Sinne der Bruchmechanik, so ist ein solch primitiver Fehlschluß kaum mehr möglich. Es muß aber im gleichen Atemzug festgehalten werden, daß damit noch bei weitem nicht der eigentliche Versagensmechanismus physikalisch durchleuchtet ist. Das in Wirklichkeit diskontinuierliche Material wird ja auch in der Bruchmechanik zum Kontinuum hochstilisiert. Am Rande sei vermerkt, daß ein vor Jahren unternommener Anlauf des Verfassers, Forschungen in der Richtung auf eine Abkehr von dieser Betrachtungsweise anzuregen, damals zur Hauptsache bei Keramikern auf Interesse stieß, die mit dem im Falle eines Kontinuums unvermeidlichen Postulat einer plastischen Zone begreiflicherweise ihre Probleme haben (ERISMANN, 1974; 1977).

Ein weiteres Problem im Zusammenhang mit der ersten Voraussetzung besteht in der Schwierigkeit, gewisse für die Simulation erforderlichen Parameter zu messen. Eine Grenze ist hier durch die Unzugänglichkeit gewisser Partien gegeben. Handelt es sich beispielsweise nur um die Messung einer sehr kleinen Länge (wie in der Bruchmechanik für bestimmte Zwecke gefordert), so entscheidet der jeweilige Stand der Technik über die Grenze des Möglichen. Schwieriger ist es bei Größen, die notwendigerweise im Inneren einer Probe gemessen werden müßten, wie dies für die plastische Zone in der Nähe einer Rißfront gilt. Hier kann man in der Regel nur aus einer Vielzahl von Untersuchungen der zugänglichen Oberflächen Schlüsse auf die Vorgänge im Inneren ziehen. Zu diesem Problemkreis gehört auch das häufig zu wenig beachtete Gebiet der Eigenspannungen, die für das Versagen eines Bauteils oder einer Struktur entscheidend sein können, aber mit den heute verfügbaren Mitteln entweder nur an der Oberfläche oder unter Inkaufnahme eines erheblichen Aufwandes erfaßbar sind.

Ein wichtiger Vorteil des oben postulierten möglichst tiefen Eindringens in die dem Versagen zugrunde liegenden Mechanismen besteht naturgemäß im leichteren und sichereren Zugang zu einer einwandfreien, also genügend wirklichkeitsnahen algorithmischen Beschreibung des experimentell erfaßten Geschehens. Im Idealfall wäre ja ein lückenlos transparent gemachter Mechanismus eo ipso auch mathematisch formulierbar. Die Erfolge der Bruchmechanik beruhen zu einem wesentlichen Teil darauf, daß der erwähnte Idealfall für scharfe Kerben in spröden Materialien recht gut angenähert ist und daß die meisten anderen Fälle auf der sicheren Seite liegen, in der Regel also keine unmittelbare Gefahr beinhalten.

Äußerst bedauerlich im Sinne einer verbesserten Erfüllung der zweiten Voraussetzung ist die Tatsache, daß bisher keine Versuchsanordnung bekannt geworden ist, die es gestattet, ein kleines Volumen hochfesten Materials auf definierte Weise einem dreidimensionalen Spannungszustand des Typs Zug-Zug-Zug mit beliebigen Spannungen in den drei Achsen zu unterwerfen. Könnte eine solche Versuchsanordnung bis zu plastischer Verformung verwirklicht werden, so könnte im Verein mit der Methode der finiten Elemente eine verbesserte Simulation nicht nur an Strukturen, sondern auch in der Bruchmechanik erreicht werden. Noch zwei Randbemerkungen: An wenig zugfesten Materialien sind derartige Versuche durch Ankleben der Proben an Bürstenplatten (Abschnitt 3.2) möglich, wenn der Kleber zugfester ist als das Probenmaterial (etwa Beton). Und der Beweis der absoluten Unmöglichkeit der Realisierung einer Versuchsanordnung für hochfeste Materialien wurde, so weit dem Verfasser bekannt, nie unternommen. Zumindest zeigten unveröffentlichte theoretische Untersuchungen an der EMPA, daß sich durch plötzliche Erwärmung der Oberflächen stählerner Kugeln und Zylinder Zug-Zug-Zug-Spannungen in bruchmechanisch relevanten Bereichen erzielen lassen, eine Technik, deren experimentelle Weiterverfolgung möglicherweise nützliche Resultate, wenn auch gewiß nicht eine allgemeine Lösung des gestellten Problems bringen könnte.

Noch besser als die erwähnten (eben doch schon recht große Bereiche erfassenden und zum Teil phänomenologisch ausgerichteten) Methoden wäre natürlich eine direkte Ableitung des Festigkeitsverhaltens aus molekularen und atomaren Mikroprozessen, deren Abläufe heute zu einem wesentlichen Teil bekannt, deren Auswirkungen auf die makroskopischen Materialparameter aber noch keineswegs vollständig erforscht sind. Dieses Mißverhältnis hat verschiedene Gründe. Beispielsweise wird bei den Metallen die Festigkeit in der Regel weniger durch die atomaren Bindungskräfte als durch Fehlstellen der Struktur (Versetzungen) bestimmt, deren festigkeitsrelevante algorithmische Beschreibung schwierig ist. Selbst im Grenzgebiet zwischen mikroskopischen und makroskopischen Phänomenen kann die Kompliziertheit der auftretenden Wechselwirkungen (etwa zwischen Matrix und Fasern in einem armierten Kunststoff oder zwischen Zementstein und Zuschlag in einem Beton) zu ernsten Problemen führen. Immerhin dürfen gerade auf diesem „semi-mikroskopischen" Sektor vielversprechende Ansätze festgestellt werden, beispielsweise im Falle des sogenannten „Computerbetons" (Wittmann, 1985). Es ist gewiß kein Zufall, wenn hier dank einfacherem Systemaufbau ein Vorsprung gegenüber einem Vordringen bis zu noch kleineren Bereichen besteht. Ohne Zweifel werden aber auch dort mit der Zeit greifbare Erfolge zu verzeichnen sein.

So ist es offensichtlich, daß die Schwierigkeiten bei der Aufstellung geeigneter Rechenprogramme keineswegs etwa geringer sind als diejenigen bei der Feststellung der versagensrelevanten Materialveränderungen oder bei deren algorithmischer Verknüpfung mit der Beanspruchungsgeschichte. Man bedenke, daß sich die Simulation auf praxiskonforme Gegebenheiten zu stützen hat, daß also beispielsweise die folgenden Einzelheiten Berücksichtigung erheischen, deren jede durch ein Beispiel illustriert sei:

- Bei weitem nicht alle statisch überbestimmten Strukturen lassen sich aus den im Spiele stehenden Elastizitäten einwandfrei berechnen, weil unvorhersehbare Einspannverhältnisse und Reibung eine Rolle spielen können. Wer schon die an ein Schützenfest gemahnende akustische Begleitung bei der Draht um Draht voranschreitenden Zerstörung eines in einer starren Maschine geprüften schweren Kabels miterlebt hat, weiß hier Bescheid.
- Allfällig vorhandene Eigenspannungen sind mit den heutigen Mitteln nur unzureichend feststellbar. Sie stellen vor allem bei abgeschreckten Metallen ein nicht zu unterschätzendes Gefahrenpotential dar.

– Alle Nebenparameter müssen nicht nur quantitativ bekannt, sondern auch in ihrer Wirkung auf das zu simulierende System erforscht sein. Es kann sich geradezu um eine Parameterflut handeln, wie dies im kurzen Exkurs über die Geschichte der Ermüdungsprüfung (Abschnitt 2.3) dargelegt wurde, wo bereits die wichtigsten dieser Parameter Erwähnung fanden: Korrosion, Temperatur und Strahlung.

All dies muß zwangsläufig eingebaut sein in das auf keinen Fall einfache eigentliche Simulationsprogramm. So kann sich unter Umständen – da solche Software bis auf weiteres noch nicht im Warenhaus zu kaufen ist – ein Programmieraufwand ergeben, der in Konkurrenz mit einer geschickt aufgezogenen Folge von Prüfungen einen schlechteren Kosten-/Nutzen-Faktor verspricht.

Rechnet man noch die Risikohöhe hinzu, die für einen Versuch in der Regel geringer ist als für eine Simulation (man denke an die entsprechenden Bemerkungen zur Standprüfung im Abschnitt 2.3), so darf man mit Fug behaupten, daß selbst die Hersteller großkalibriger Prüfgeräte und Prüfanlagen auf recht lange Sicht nicht um Aufträge zu bangen haben werden. Das eingangs erwähnte Sparpotential und die Möglichkeit, mit einem einmal entwickelten Programm in kürzester Zeit beliebig viele Varianten einer Simulation durchzuspielen, werden aber einen konstanten Druck in der Richtung auf den Ersatz der Prüfung durch die Rechnung und auf ein Vordringen zur Nutzung immer elementarerer Mikroprozesse ausüben. Es wird daher zweckmäßig sein, in der Folge die Möglichkeiten zu betrachten, die sich heute schon als Mittel zur Verbilligung des Prüfens anbieten. Dabei sei in erster Linie an eine Reduktion des apparativen Aufwandes gedacht.

Offensichtlich wird die Simulation wesentlich erleichtert, wenn man das hohe Ziel einer Abstützung auf elementare Prozesse zunächst beiseite läßt und sich mit relativ großen Teilbereichen als deren Basis zufriedengibt, wie dies oben schon im Falle des Computerbetons erwähnt wurde, dessen Bestandteile ja in erster Linie als „black boxes" betrachtet werden können, da ihr Verhalten zunächst nur phänomenologisch bekannt zu sein braucht. Geht man in dieser Richtung einen Schritt weiter, so kommt man zur heute ungeheuer wichtigen Bauteil- und Baugruppenprüfung, bei der die Simulation, sofern eine solche überhaupt erforderlich ist, nur noch das Zusammenspiel der Bauteile oder Baugruppen mit der Beanspruchungsgeschichte zu beinhalten hat. Eine weitere Möglichkeit, bei der auf eine Simulation im eigentlichen Sinne überhaupt verzichtet werden kann, ist die Prüfung von Modellen reduzierter Größe, ein Verfahren, das insbesondere für die Untersuchung größerer Bauwerke eingesetzt wird, nicht selten im Zusammenhang mit dynamischen Einflüssen (Erdbeben). Es lohnt sich, beide Verfahren auf ihre Vorzüge und Grenzen hin zu durchleuchten.

Im Grunde sind die Probleme der *Bauteil- und Baugruppenprüfung* nicht unähnlich denen der Computersimulation: In beiden Fällen wird das Verhalten eines Ganzen aus demjenigen seiner Teile abgeleitet. Nur wird hier ein recht großer Bereich, eben der Bauteil (die Baugruppe), als kritische Zone betrachtet und in erster Linie auf sein phänomenologisches Verhalten geprüft. Folglich müssen die Randbedingungen einer solchen Probe bekannt und in der Prüfung mit genügender Praxisnähe darstellbar sein. Das kann erhebliche Vorbereitungsarbeit bei der rechnerischen Analyse des Gesamtsystems, allenfalls auch bei der Programmierung einer realistischen Beanspruchungsgeschichte voraussetzen. Aus der Schau dieses Buches sind die Anforderungen an das zu verwendende Prüfsystem maßgebend: Es muß in der Lage sein, die der Probe in der Praxis aufgedrückten Kräfte und Momente nachzuahmen. Daher ist es kein Wunder, wenn für diesen Zweck heute in erster Linie modulare Prüfanlagen (Aufspannböden, Aufspannfelder) zum Einsatz kommen, die baukastenartig an die Gegebenheiten eines Versuchs angepaßt werden können. Damit ist vor allem den Anforderungen der Baugruppenprüfung (wie natürlich auch denjenigen der Prüfung ganzer Strukturen) Genüge getan. Für einzelne Bauteile ist der dabei getriebene Vorbereitungsaufwand in vielen Fällen nicht eben bescheiden, weshalb das fast vollständige Fehlen von Mehrkomponenten-Prüfmaschinen als Lücke in der heutigen Angebotspalette anzusehen ist (Unterabschnitt 3.3.7).

Gesamthaft darf die Bauteil- und Baugruppenprüfung, die sich häufig auf einem sehr beachtlichen Niveau abspielt, als eine der wichtigsten Formen moderner zerstörender Prüfung angesehen werden. Ihre Entwicklung ist weder auf methodischem noch auf apparativem Gebiet abgeschlossen. Sie wird sich ohne Zweifel im Sinne der erwähnten raffinierteren Prüfgeräte sowie des Vordringens zu kleineren kritischen Zonen bewegen. Man muß sich aber im klaren darüber sein, daß diese Entwicklung nicht immer in kleinen Schritten wird erfolgen können. Will man beispielsweise die Prüfung eines Bohrplattform- Knotenpunktes durch die Untersuchung kleinerer Einheiten ersetzen, so ist ein eigentlicher „Quantensprung“ in der Richtung auf die prüfungsgestützte Computersimulation erforderlich, verbunden mit unvermeidlichen Unsicherheiten und Risiken, ein Unterfangen also, das nicht von heute auf morgen zu verwirklichen ist.

Ganz anders ist die Problematik der *Prüfung mit verkleinerten Modellen.* Hier müssen vor allem die Modellgesetze bekannt sein, die den Einfluß der Größe auf das Verhalten umschreiben und damit den Bezug zwischen geprüftem Modell und zu untersuchender Wirklichkeit herstellen. Um zwei Beispiele zu nennen: Will man im Falle einer Erdbebensimulation an einem im Maßstab 1/M verkleinert modellierten Bauwerk wirklichkeitskonforme Resonanzverhältnisse und Spannungen entstehen lassen, so muß man die Prüffrequenz gegenüber der Realität um den Faktor M erhöhen, womit – bei gegebener Frequenzcharakteristik der Prüfanlage – eine kleinste zulässige Modellgröße definiert ist. Handelt es sich dagegen um ein Modell, bei dem die Bruchzähigkeit des Materials eine Rolle spielt, so muß das Modell bruchmechanisch mit der Wirklichkeit konform sein, was bei zähen Werkstoffen die Verkleinerung drastisch begrenzen kann. Eine weitere Einschränkung kann in der Struktur des Materials selber liegen: Ein Betonmodell darf beispielsweise nicht mit einem Zuschlagstoff wirklichkeitsgetreuer Granulometrie ausgeführt werden, wenn dessen Körner in die Größenordnung der herzustellenden Wandstärken fallen; und dennoch muß ein praxiskonformes Zusammenspiel zwischen Zementmatrix und Zuschlag verlangt werden. Natürlich müssen derartige Bedingungen, wenn deren mehrere vorliegen (man denke an die

Vielfalt der Verbundwerkstoffe und der aus mehreren Materialien zusammengesetzten Stoffverbunde), gleichzeitig erfüllt sein.

Aus dem Gesagten ist leicht zu erkennen, daß die Begrenzungen der Modellsimulation einer Struktur in erster Linie auf die Frage der Modellgröße hinauslaufen: Weicht das Modell in seiner Größe nicht allzu stark vom wirklichen Objekt ab, so darf seine Prüfung in der Regel als brauchbares Abbild einer Prüfung in Naturgröße angesehen werden. Je stärker man das Modell verkleinert, desto mehr trägt die Simulation einen extrapolierenden Charakter, desto sorgfältiger müssen also die vergrößerten Risiken durch einen lückenlosen Nachweis der Praxiskonformität ausgeschaltet werden. Und da ein derartiger Nachweis sehr oft nicht ohne weiteres zu erbringen ist, sind sehr kleine Modelle zwar vielfach zum gezielten Studium gewisser Verhaltensweisen eines Objektes von großem Wert, selten aber geeignet, als alleinige Basis für einen entscheidenden Festigkeits- oder Lebensdauernachweis zu dienen. Es ist nicht wahrscheinlich, daß diese Situation, der die heutige Prüfpraxis in vollem Umfang Rechnung trägt, sich in Zukunft rasch ändern wird. Dazu ist die von den maßgebenden Ingenieuren zu übernehmende Verantwortung meist zu hoch.

Insgesamt darf festgestellt werden, daß jedes der erwähnten Verfahren ein mehr oder weniger großes Sparpotential in sich birgt. Die eingehende Analyse läßt aber die Chance für rasche Durchbrüche und radikale Änderungen als eher gering erscheinen. Es ist also gewiß eine Entwicklung in der Richtung auf den „Ersatz von Hardware durch Software" (sprich: teure Prüfung durch billige prüfungsgestützte Rechnung) zu erwarten, wobei vor allem kombinierte Methoden mit Einsatz aller sich bietenden Möglichkeiten – von der Strukturprüfung in Naturgröße, allenfalls in situ, über Bauteil-, Baugruppen- und Modellprüfung bis zur Computersimulation – gute Aussichten haben dürften.

In den Zusammenhang des vorliegenden Abschnittes gehören neben den oben skizzierten Fragen noch einige weitere Überlegungen, die für jede Prüfung Gültigkeit haben, unabhängig davon, ob diese an einer naturgroßen oder verkleinerten, einer vollständigen oder partiellen Struktur erfolgt, unabhängig auch davon, welchen Anteil kleine und kleinste Normproben oder Rechenkünste zum Endresultat beitragen. Im Abschnitt 1.1 wurde gefordert, eine Prüfung müsse das im praktischen Einsatz sich einstellende Verhalten des geprüften Objektes mit genügender Genauigkeit erkennen lassen. Um diese fundamentale Forderung zu erfüllen, müssen die *Bedingungen des praktischen Einsatzes* genügend vollständig und genügend genau bekannt sein. Das ist bei weitem nicht so einfach, wie es auf den ersten Blick erscheinen mag. Ohne Anspruch auf Vollständigkeit seien hier einige Beispiele aus der Praxis aufgezählt:

- Schon die bloße Kenntnis einer repräsentativen Beanspruchungsgeschichte ist häufig nicht leicht zu ermitteln, was besonders in der Ermüdungsprüfung eine Vielzahl von Teilproblemen aufwirft, die bis zur heiklen Frage reichen, wann eine Beanspruchungsgeschichte überhaupt repräsentativ sei. Soll man beispielsweise bei einem eher kurzlebigen Objekt das Überstehen eines sehr seltenen Ereignisses (etwa des berüchtigten „Jahrhundertsturmes" oder eines besonders starken Erdbebens) in der Endphase der geplanten Lebensdauer als repräsentativ erklären? Irgendwo muß eine Grenze des Vernünftigen gezogen werden, sonst käme man zur Vorstellung, ein Bauwerk müsse dem Aufprall eines mittleren Meteoriten standhalten können, was dem sicheren Todesurteil für jede künftige Bautätigkeit gleichkäme. Bemerkenswert in diesem Kontext ist die Aussage eines dem Verfasser bekannten italienischen Erdbebenfachmannes, der Sicherheitskoeffizient von Gebäuden in Erdbebengegenden sei durchschnittlich nur ganz knapp höher als eins, wenn man von den lokal im Jahrhundert vorkommenden stärksten Beben ausgehe.

- Zur Kenntnis einer Beanspruchungsgeschichte gehört unter anderem die Messung der auftretenden Beanspruchungen. Auch hier stellt sich eine Gretchenfrage: Wieviele Meßwerte müssen bekannt und wie müssen sie gemessen sein, damit eine repräsentative Beanspruchungsgeschichte daraus abgeleitet (und allenfalls mit dem Computer synthetisiert) werden kann? Die Zeiten sind vorbei, als man etwa die Prüfprogramme für Kampfflugzeug-Zellen aus den Häufigkeiten mehrerer Beschleunigungs-Grenzwerte zusammenmixte, die von einigen mehr oder weniger charakteristischen Flügen stammten und deren Reihenfolge einem Zufallsgenerator entnommen wurde. Aber auch bei strengster Nachfahrtreue des Versuches besteht keine Gewißheit über die Praxisnähe. Denn der künftige Einsatz eines Flugzeuges kann selbst in Friedenszeiten nur schwer vorausgesagt werden, es sei denn, man gleiche – etwa durch systematische Rotation der Einsatztypen – die wirkliche Beanspruchungsgeschichte so gut als möglich an die im Versuch durchgespielte an (dem Verfasser ist mindestens eine Armee bekannt, die in gewissen Fällen so vorging). Auf der anderen Seite ist beispielsweise die Vernachlässigung als irrelevant eingestufter Lastzyklen – etwa nach der bekannten „Rain-flow"-Methode nach MATSUISHI und ENDO (DOWLING, 1972) – bei vernünftiger Anwendung sinnvoll, bei übertriebenem Gottvertrauen aber risikobehaftet.
- Auch das im Zusammenhang mit der Standprüfung (Abschnitt 2.3) angeschnittene Problem der Zeitraffung birgt grundsätzliche Schwierigkeiten. Der Parameter Zeit ist nämlich gelegentlich fest mit den im Spiel stehenden Schädigungsmechanismen verknüpft und kann nicht ohne weiteres vernachlässigt oder durch erhöhte Intensität eines geeigneten Parameters substituiert werden. Zum Beispiel sind Verweilzeiten immer dann von Bedeutung, wenn in Kombination mit einer mechanischen Beanspruchung ein chemischer oder thermischer Angriff auftritt. Es besteht keine Garantie dafür, daß durch eine höhere Konzentration des Korrosionsmittels oder durch Steigerung der Temperatur eine berechenbare (oder gar lineare) Beschleunigung der Schädigung erfolgt. Nur zu leicht können sogar völlig veränderte Mechanismen das Geschehen fundamental verfälschen. Vor allem extrem zeitsparende Methoden (etwa die Ermüdungsprüfung mit Ultraschallfrequenzen) bergen stets die Gefahr veränderter Mechanismen in sich. Dagegen sind Frequenzen im Deka- und Hektohertz-Bereich meist nur bei großen Proben oder stark dämpfenden Materialien bedenklich. Um das Problem etwas brutal zu umschreiben: Das durch die Raschheit des Vorganges bedingte spröde Verhalten eines Materials im Schlag-

versuch hat kaum etwas zu tun mit der Versprödung durch Abkühlung der Probe.

- Handelt es sich um die Prüfung eines Bauteils, die auf einer Prüfmaschine erfolgen soll, so können die auftretenden Reaktionen (im Gegensatz zu denjenigen der meist gut an die Maschine angepaßten Normproben) zu einer Verfälschung der Resultate durch unvorhergesehene Kräfte führen, die nicht von allen Meßeinrichtungen fehlerfrei ertragen werden. Und nicht in jedem Fall ist ein solches Verhalten der Probe so leicht zu erkennen wie am Hebel gemäß Abb. 3. Leider wird dem geschilderten Sachverhalt bei der Konstruktion von Maschinen für die Bauteilprüfung noch zu wenig Rechnung getragen.

Ganz allgemein darf mit Fug behauptet werden, daß die Wirklichkeit nun einmal immer komplexer ist als der Versuch, so daß es des Prüfers beständiges Bemühen sein muß, sich zu überlegen, ob er bei einer Versuchsanordnung wirklich alles Bedeutsame adäquat berücksichtigt habe. Zum Abschluß als Illustration noch ein eher belustigender Fall aus der Praxis des Verfassers:

Die Prüfung der Nutzlastverschalungen für verschiedene Weltraumraketen wurde natürlich stets mit modernsten technischen Mitteln durchgeführt. In einem Fall mußte aber von dieser Maxime abgegangen werden: Die Verschalungs-Hälften klafften unter gewissen Umständen infolge der simulierten Luftkräfte während des Aufstieges etwas auseinander, so daß allfällig auftretendes Regenwasser die empfindliche Fracht der Rakete gefährden konnte. Unter dem Spitznamen „Pinkeltest“ wurde daher ein mit vielen kleinen Löchern versehenes Leitungsrohr, am Kran hängend, über die Verschalung gezogen, die solcherart wie ein Rasen besprengt wurde. Die in ihrem Inneren befindlichen Beobachter konnten so die undichten Stellen auf einfachste Weise ausfindig machen…

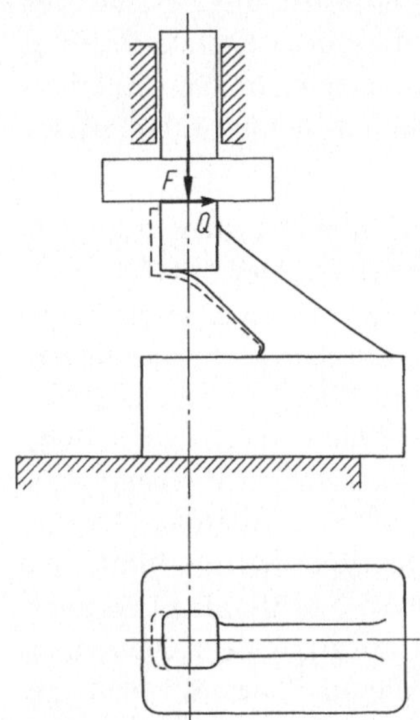

Abb. 3. Maschinenteil, das bei der Druckprüfung zwischen einer festen und einer senkrecht geführten Platte nicht nur in der Richtung der Prüfkraft F, sondern auch quer dazu verformt wird. Durch Reibung entsteht eine Querkraft Q, die zu Meßfehlern führen kann (siehe auch Abb. 23)

2.5 Prüfung zwischen Qualitätssicherung und Forschung

Eine Prüfung muß, wie im Abschnitt 1.1 gefordert, das im praktischen Gebrauch sich einstellende Verhalten (und natürlich vor allem die Mängel) des geprüften Objektes erkennen lassen. Das ist gleichbedeutend mit der Feststellung, daß Prüfen ein wesentliches Mittel der Qualitätssicherung ist. Wie sollte man Mängel vermeiden, wenn man sie nicht erkennen könnte?

Dieser ziemlich triviale Gedankengang leitet von den bis dahin angestellten wissenschaftlich-technischen Betrachtungen über zur rein praktischen Frage, wie *das Prüfen am besten zu organisieren* sei. Denn Qualitätssicherung ist seit je (nicht etwa erst seit dem Aufkommen des Wortes) ein entscheidender Faktor der handwerklichen oder industriellen Produktion und verlangt somit nach Lösungen mit optimalem Kosten-/Nutzen-Faktor. Es ist also angesichts der Zielsetzung des vorliegenden Buches unerläßlich, auch dieser Frage die nötige Aufmerksamkeit zu widmen. Denn je nach der in einem gegebenen Fall gewählten Organisationsform können die Anforderungen an die einzusetzenden Prüfsysteme (und damit auch deren optimale Konzeption) sehr verschiedenartig sein.

Zwei Aspekte sind vordergründig für die qualitätssichernde Funktion der Prüfung maßgebend:

- Die Prüfung ist ein wichtiges Mittel der laufenden Qualitätskontrolle, wobei meistens eine große Anzahl von Prüfvorgängen erforderlich ist. Für einen hieb- und stichfesten Festigkeitsnachweis liefert in der Regel die zerstörende Prüfung in dieser oder jener Form – vielfach im Verein mit zerstörungsfreien Verfahren (Abschnitt 2.2) – die letzte Grundlage. Wesentlich ist vor allem eine unverzügliche Beeinflussung der Produktion, um festgestellte Mängel sofort zu korrigieren.
- Die Prüfung ist in vielen Fällen geeignet als Hilfsmittel für die Abnahme eines Objektes. Sie dient dabei der objektiven Feststellung der Erfüllung vereinbarter Leistungen. Insbesondere bei großen Objekten ist die vorzusehende Prüfung gleichzeitig mit der Einigung über das Pflichtenheft festzulegen. Ein Unterlassen dieser Maßnahme oder deren unsorgfältige Durchführung hat schon oft zu unerfreulichen gerichtlichen Nachspielen geführt.

Dies ist aber nur die Spitze eines Eisberges. Ein erfahrener Prüfer beschrieb dem Verfasser vor Jahren sein Berufsethos mit den Worten: „Der mit Schadenfällen konfrontierte Materialprüfer soll sich stets so verhalten, daß er selber möglichst bald arbeitslos wird." Und in der Tat: Wie schon in den Vorbemerkungen zum vorliegenden Kapitel (Abschnitt 2.1) erwähnt und in Abb. 1 veranschaulicht, ist die Prüfung maßgebend an der Vorbeugung vermeidbarer Schäden beteiligt. Die Bedeutung dieses Aspektes sei anhand eines hypothetischen Zahlenbeispiels illustriert: Ein Land mit einem jährlichen Umsatz von 100 Milliarden DM im Bauhauptgewerbe (was der Größenordnung nach Deutschland um 1980 entspricht) erleide Bauschäden von 5 % dieses Betrages, also 5 Milliarden DM (was keineswegs etwa unrealistisch ist). Gelingt es, durch konsequente Auswertung untersuchter Fälle und intensive Wissensvermittlung nur 10 % des Schadens zu vermeiden, so steht ein volkswirtschaftlicher Gewinn von 500 Millionen DM zu Buch, eine Summe, die mit dem für Erforschung und Prophylaxe von Bauschäden getriebenen bescheidenen Aufwand gar nicht zu vergleichen ist. Was noch wichtiger ist: Eine beträchtliche Anzahl von Unglücksfällen mit tödlichen oder anderweitigen schweren Folgen findet nicht statt. Und wer sollte besagte Erforschung betreiben und deren Ergebnisse der Fachwelt weitergeben, wenn nicht der einschlägig spezialisierte Prüfer, dessen Nützlichkeit somit höchst anschaulich demonstriert ist? Und darf die Vermeidung von Schäden nicht im besten Sinne als Qualitätssicherung für die Zukunft bezeichnet werden? Voraussetzung ist nur, daß er sein Wissen nicht im stillen Kämmerlein hütet, sondern auf angemessene Weise „verkauft". Und Ähnliches, wenn auch nicht in jedem Fall mit ebenso dramatischen Zahlen, ließe sich zu jeder wesentlichen Klasse von Schäden sagen. Hier seien nur Ermüdung und Korrosion im Maschinen-, Schiff- und Flugzeugbau in Erinnerung gerufen.

Nicht genug damit: Die forschungsbezogene Prüfung ist unerläßlich bei der Entwicklung neuer Materialien, sie bringt laufend neue Prüfmethoden und gelegentlich auch neue Prüfsysteme hervor, und sie ist geeignet, die einschlägigen Fachkreise mit einem ständigen Fluß von Informationen über Materialprobleme zu versehen (sofern dies angesichts allfällig bestehender Diskretionsverpflichtungen zulässig ist). Es sind dies Funktionen, die den Rahmen der Qualitätssicherung sprengen, und es ist eine für die Zielsetzung dieses Buches wesentliche Aufgabe, die optimalen organisatorischen Voraussetzungen zur Verwirklichung derartiger Funktionen festzustellen.

Betrachtet man die historische Entwicklung des Prüfwesens im zwanzigsten Jahrhundert, so stellt man eine deutliche Verschiebung vom universitären zum industriellen Laboratorium fest. Die Zeiten sind längst vorbei, als nur einige wenige Institutionen (meist solche der öffentlichen Hand) überhaupt die personellen und apparativen Voraussetzungen für eine effiziente Prüfung besassen. Schon früh wurde es den Industriefirmen klar, daß durch Einbeziehung eines zweckmäßig organisierten Prüfwesens in den Produktionsprozeß eine unverzügliche Korrektur beim Auftreten von Mängeln möglich ist. Gleichzeitig wuchs der Bedarf an Prüfungen auf diesem Sektor so stark an, daß an seine Befriedigung durch die bestehenden zentralen Prüfanstalten nicht mehr zu denken war. Und die Entwicklungs- und Forschungsstellen großer Betriebe drängten danach, ein möglichst umfassendes Wissen über die verwendeten Materialien „unter einem Dach" zu konzentrieren. So kam es, daß heute die große Mehrheit der weltweit eingesetzten Prüfer und Prüfsysteme nicht in eigentlichen Prüfanstalten, sondern in der Industrie zu finden ist, ohne Zweifel eine im Blick auf optimale Qualitätssicherung richtige Entwicklung.

In Abb.4 sind die Einsatzprofile verschiedener in der Praxis aktiver Arten von Prüfstellen dargestellt. Von Vollständigkeit kann allerdings angesichts des weltweit bestehenden Variantenreichtums nicht die Rede sein. Für die folgenden Gedankengänge werden im übrigen nur die beiden Klassen von Institutionen näher behandelt, die heute wohl als wichtigste Benützer von Prüfsystemen zu betrachten sind und einen wesentlichen Teil des gesamten Marktes ausmachen.

Charakter des Einsatzes / Institution	Qualitäts-sicherung (Routine)	qualifizierte Untersuchung (Schadenfälle, Interdisziplinäres u.s.w.)	Forschung und Entwicklung			Vermittlung des gewonnenen Wissens
			produkt-bezogen	prüfungs-bezogen	frei	
Forschungslabor (Hochschule)	◔	◔	◔	◔	●	●
Forschungslabor (Industrie)	◔	◑	●	◔	◑	◕
Prüfanstalt	◑	◕	◔	◕	◑	◕
Überwachungs-Verein	●	◑	◔	◔	◔	◑
Dienstleistungs-Prüfbetrieb	●	◔	◔	◔	◔	◔
fertigungsgebundene Prüfstelle	●	◔	◔	◔	◔	◔

◔ Nicht . . . wenig ◑ Wenig . . . mäßig ◕ Mäßig . . . viel ● Viel . . . ausschließlich

Abb. 4. Generalisierte Einsatzprofile der Prüftätigkeit verschiedener Institutionen. Angesichts der Unschärfe der Definitionen ist nur eine grobe Darstellung ohne Anspruch auf allgemeine Gültigkeit möglich

Es handelt sich um die fertigungsbezogenen (also firmeneigenen) Prüfstellen und um die von der öffentlichen Hand oder anderen starken Organisationen (z.B. Hochschulen, Kontrollorganisationen oder Stiftungen) getragenen Prüfanstalten beträchtlichen Kalibers. Zwischen diesen beiden sehr verschiedenartigen Gruppen spannt sich fast das gesamte aus der Schau dieses Buches relevante Bezugsfeld auf. In der Tat betreiben Hochschul- und Industrielabors Materialprüfung meist nicht als eigenständige Aufgabe, sondern nur sporadisch im Dienste übergeordneter Lehr- und Forschungstätigkeit; Technische Überwachungsvereine und ähnliche Organisationen nehmen eine Zwischenstellung ein, wobei es weltweit zahlreiche Übergangstypen zwischen ihnen und den Prüfanstalten gibt; und reine Dienstleistungs-Prüfbetriebe decken in der Regel nur schmale (vorzugsweise besonders lukrative und wenig kapitalintensive) Sektoren ab, was in den meisten Fällen die Firmengröße auf natürliche Weise begrenzt.

Die Zielsetzung bei der Errichtung einer *fertigungsgebundenen Prüfstelle* bedarf kaum einer näheren Umschreibung. Dagegen ist es unerläßlich, etwas auf Sinn und Zweck der Prüfanstalten einzugehen.

Unter einer *Prüfanstalt* sei in der Folge eine Institution verstanden, deren Größe die Abdeckung eines breiten Spektrums von Prüfaufgaben auf einem dem Stand von Wissenschaft und Technik entsprechenden Niveau gestattet. Ihre Träger-Organisation soll stark und glaubwürdig genug sein, um ihr volle Unabhängigkeit und Neutralität zu sichern. Insbesondere muß jede Beeinflussung der Prüfberichte und jeder Zusammenhang zwischen deren Ergebnissen und dem materiellen Wohlergehen der Prüfanstalt oder ihrer Mitarbeiter ausgeschlossen sein. Im übrigen sollten – dies deckt sich nicht unbedingt mit der landläufigen Vorstellung von einer Prüfanstalt, liegt aber im Interesse einer gesunden Konkurrenzlage – die Einnahmen den gesamten (industriekonform kalkulierten) Aufwand für Dienstleistungen an Dritte zumindest annähernd decken. Dagegen sollten Forschung und Entwicklung sowie der Allgemeinheit dienende Wissensvermittlung von der Träger-Organisation finanziert werden.

Natürlich kann eine derartige Prüfanstalt viele Leistungen erbringen, die für die fertigungsgebundene Prüfstelle entweder außerhalb der Reichweite liegen oder doch meist nur im Rahmen des Unternehmens sich voll auswirken können:

- Sie kann durch Analyse von Schadenfällen maßgebend zur Verhütung gleichartiger Schäden beitragen.
- Sie kann dank ihrer Neutralität Qualitätssicherung auch an Nahtstellen betreiben, wo Mißtrauensbarrieren eine betriebseigene Prüfung ausschließen, also vor allem bei gewissen Abnahmeprozeduren. Dies gilt nicht zuletzt im Rahmen der sich anbahnenden grenzüberschreitenden Anerkennungspolitik, die den Prüfstellen eine Treuhänderfunktion auf diesem Sektor bringen wird.
- Sie kann in Streitfällen der Schlichtungsinstanz (etwa einem Gericht) neutrale Fachberatung zukommen lassen oder (bei Einigung auf schiedsgerichtliche Lösung) selber die Schlichtung übernehmen.
- Sie kann den für viele Wirtschaftsbranchen wichtigen kleinen und mittleren Unternehmen mit Beratungs- und Prüftätigkeit auf einem Niveau und in einer multidisziplinären Breite dienen, die diese Firmen sich nicht selber leisten könnten. Hier eine Randbemerkung: Diese Art der Dienstleistung wird gar nicht selten auch von großen Unternehmen beansprucht, speziell wenn deren eigene Laboratorien für eine bestimmte Aufgabe zu spezialisiert sind.
- Sie ist in der Lage, besonders kostspielige Prüfsysteme („nationale Wallfahrtsobjekte") zu betreiben, selbst wenn deren Rentabilität sich erst nach langer Zeit oder nie einstellt.
- Sie ist in der Lage, neben ihrer Dienstleistungsfunktion auch eigenständige Forschung und Entwicklung zu betreiben und das erworbene Wissen in geeigneter Weise weiterzugeben. Dies gilt nicht nur für Kurse, Vorträge und Publikationen, sondern auch für die Mitwirkung bei der Formulierung gesetzgeberischer, normativer und anderer ähnlicher Texte, in gewissen Fällen sogar für Lizenzvergabe.
- Sie ist – insbesondere im Rahmen internationaler Anerkennung und der in steigendem Maß benötigten Vergleichsmöglichkeit für Versuchsergebnisse – prädestiniert als Referenzlaboratorium und als Leitstelle für die Organisation von Ringversuchen. Dies gilt naturgemäß vor allem für Prüfanstalten der öffentlichen Hand.

Es ist natürlich kein Zufall, wenn die Umschreibung der Aufgaben für die fertigungsgebundene Prüfstelle einen einzigen Satz, für die Prüfanstalt eine gute Seite in Anspruch genommen hat. Dieser Unterschied bedeutet in keiner Weise ein Werturteil über die Bedeutung dieser beiden vielleicht wichtigsten Arten von

Prüfstellen. Er basiert einfach auf der extremen Verschiedenheit der Aufgabestellungen: im einen Fall eine einzige exakt umschriebene Funktion, im anderen ein stark diversifizierter Kreis von nur teilweise voraussehbaren Funktionen.

Es braucht wohl nicht speziell hervorgehoben zu werden, daß keiner dieser beiden Typen von Prüfstellen den anderen zu ersetzen oder zu verdrängen vermag. Vielmehr wird man ein *Nebeneinander von Prüfanstalten und fertigungsgebundenen Prüfstellen* auch auf lange Sicht zu erwarten haben. Als Entwicklungstrend darf auf der einen Seite ein weiteres Vordringen fertigungsgebundener Prüfung in den Produktionsprozeß mit zunehmender Integration in das übergeordnete fabrikatorische Geschehen vorausgesagt werden, auf der anderen Seite ein Bestreben, die oben aufgezählten Vorzüge zum Tragen zu bringen, was gleichbedeutend ist mit einer fortschreitenden Hinwendung zu anspruchsvollen, häufig multidisziplinären Aufgaben.

Es ist nicht verwunderlich, wenn der dargelegte markante Unterschied sich mit aller Deutlichkeit im Bedarf an Prüfsystemen niederschlägt:

Fertigungsgebundene Prüfung in Reinkultur bedeutet die häufige Wiederholung eines ein für allemal festgelegten Prüfvorganges. Von einem für einen derartigen Einsatz vorgesehenen *Einzweck-Prüfsystem* erwartet man eine äußerst rationelle, weitgehend automatisierte Arbeitsweise und möglichst vollständige

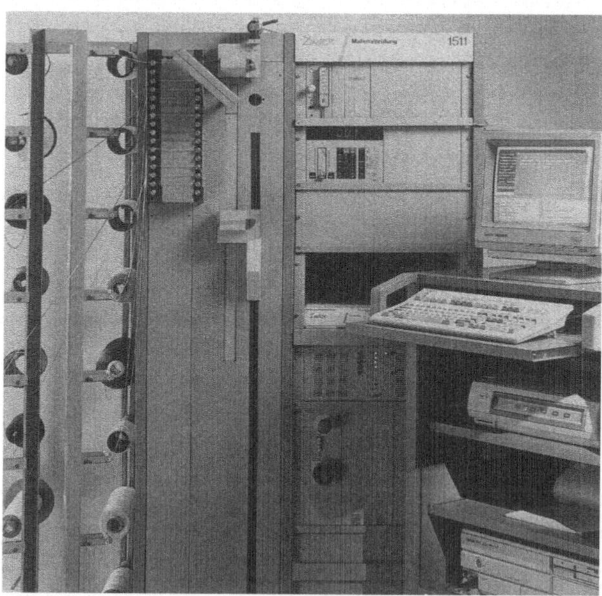

Abb. 5. Garn- und Bandprüfautomat als Beispiel eines Einzwecksystems zur extrem rationalisierten Prüfung einer eng umgrenzten Klasse von Objekten. Die Beschränkung auf hochflexible Proben geringer Breite (bis 4 mm) und bescheidener Festigkeit (bis 1 kN) ermöglicht es, Material von bis zu 40 Spulen in beliebig programmierter Weise zu prüfen, wobei von jeder Spule mehrere Proben entnommen werden. Die Verwendung eines Computers ist für die (zum Teil statistische) Auswertung der Resultate ebenso wichtig wie für die Programmierung. (Produkt und Bild ZWICK)

Einordnung in den Produktionsgang (beispielsweise in Form von Ein- und Ausgängen, die mit denjenigen anderer Fertigungseinheiten kompatibel sind). Der Bedarf an solchen Systemen ist zwar außerordentlich groß, für deren Hersteller ist aber der sehr hohe Spezialisierungsgrad ein erhebliches Hindernis: Die Anpassung an die Gegebenheiten einer ganz bestimmten Fabrikationsanlage bedingt häufig einen so unverhältnismäßig großen Aufwand, daß das Interesse des Prüfgeräteherstellers erlahmen und es für den Benützer unerläßlich werden kann, das System mit eigenen Mitteln (oder mit denen eines die gesamte Anlage liefernden Generalunternehmers) „maßgeschneidert" herzustellen. So ist es kein Zufall, wenn die in den Prospekten der Hersteller beschriebenen Systeme dieser Familie meist für Proben vorgesehen sind, deren Prüfung weit verbreitet und dank strikter Normung landes- oder weltweit vereinheitlicht ist, womit ein einigermaßen tragfähiger Markt sichergestellt ist. Dies gilt zum Beispiel für Fäden, Drähte, Zementprismen und Betonwürfel (Abb. 5, 6, 7).

Der Verantwortliche in einer Prüfanstalt (oder in einem ähnlich gelagerten anderen Laboratorium) steht bei der Beschaffung eines neuen Prüfsystems vor einer völlig anderen Aufgabe. Er muß ja fast täglich neue fachliche Probleme (aber gewiß nicht täglich neue Kredite) erwarten, weshalb er weit mehr als sein Kollege im Produktionsbetrieb auf vielseitige Einsatzmöglichkeiten erpicht sein

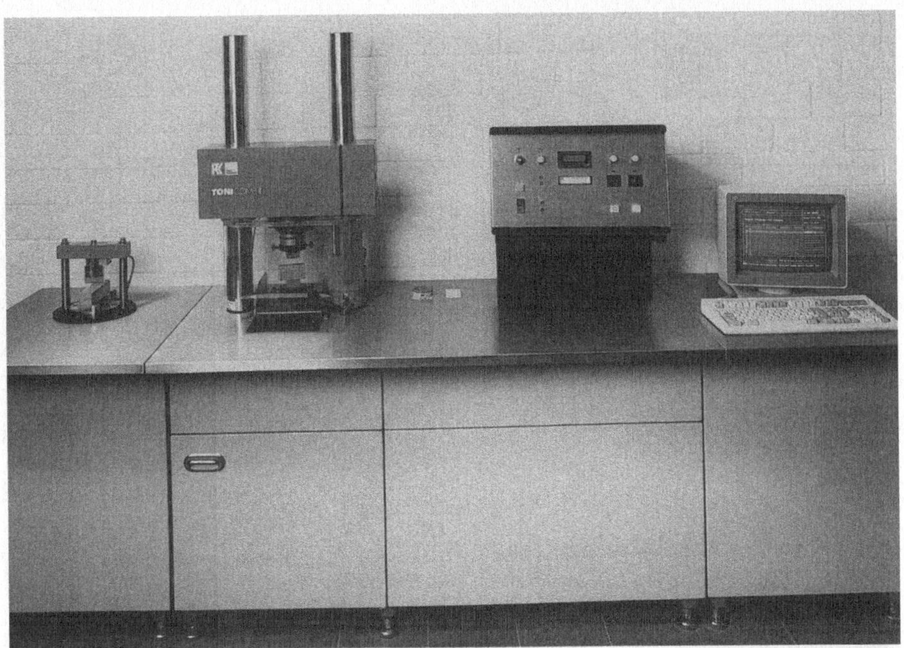

Abb. 6. Prüfstand für Zementprismen. Von links nach rechts Biegeprüfmaschine, Druckprüfmaschine, Steuerstand, Computer. Angesichts der geringen Abmessungen der Proben und der einfachen Krafteinleitungen sind keine automatischen Beschickungsmittel vorgesehen. Dagegen ist die zeitraubende Auswertung durch Computereinsatz voll automatisiert. (Produkt und Bild RK TONI TECHNIK)

wird. Vielleicht wird zwar auch er hie und da ein spezialisiertes System für eine häufig vorkommende Arbeit ins Auge fassen, ganz besonders dann, wenn die Anschaffung zweier Einzwecksysteme preislich mit derjenigen eines für beide Aufgaben geeigneten Universalsystems vergleichbar ist; in erster Linie wird er aber den Markt nach *Mehrzwecksystemen* absuchen, die auch beim Auftauchen völlig neuer Probleme Chancen für gangbare Lösungen versprechen.

Dieser Situation auf Benützerseite entspricht sinngemäss abgewandelt diejenige auf Herstellerseite. Natürlich sind – sofern ein leistungsfähiges Marketing zur Verfügung steht – die Bedürfnisse der Benützer zumindest für die Gegenwart und die nähere Zukunft mehr oder weniger genau bekannt. So stellt sich das Problem, wie man bei erträglichem Preis möglichst viele Funktionen mit ein und demselben System ohne übermäßigen Zeitverlust für das Umrüsten verwirklichen kann – eine äußerst reizvolle Herausforderung für den Konstrukteur.

Es liegt – wie schon im Vorwort bemerkt – auf der Hand, daß das wichtigste Mittel zur Meisterung dieses Problemkomplexes in einem konsequent verwirklichten Baukastensystem besteht, wie es heute von den meisten Herstellerfirmen praktiziert wird. Vor allem durch Kompatibilität der Nahtstellen wird es möglich, mit einer minimalen Zahl von Teilsystemen eine maximale Zahl von Gesamtsystemen zusammenzustellen, was Vorteile für den Hersteller (Straffung des Fabrikationsprogramms) wie für den Benützer (Freiheit in der Wahl von Konfiguratio-

Abb. 7. Prüfstand für Betonwürfel. Rechts Druckprüfmaschine, auf dem Tisch links Messung der Proben (Abmessungen und Gewicht), darüber Computer für die Auswertung und Drucker für die Ausfertigung der Prüfatteste. Transport der Würfel auf Rollenstrasse. (Produkt und Bild RK TONI TECHNIK)

nen) bringt. Daß der Prüfgerätebau in dieser Hinsicht erst weit später als andere Branchen einen kompromißlosen Weg einschlug, wird verständlich, wenn man ein ebenfalls im Vorwort erwähntes Beispiel aus der Praxis eingehender unter die Lupe nimmt. Es ging dort um die erschreckende Uneinheitlichkeit der hydraulischen Drücke in einer damals führenden Firma des Prüfmaschinenbaus. Aus historischer Sicht präsentiert sich der Fall wie folgt: In einer Zeit, als von einem Baukastensystem noch nicht die Rede sein konnte, als Einzelanfertigung eine Selbstverständlichkeit war und als dementsprechend auch jede Maschine als Gesamtsystem kalibriert werden mußte, hatte man im Interesse minimaler Fabrikationskosten die Zahl der Meßlehren begrenzt, die für die Durchmesser der Zylinder und Kolben, aber auch anderer zylindrischer Teile benötigt wurden. Inzwischen hatte die Entwicklung der Meßtechnik zwar die Abhängigkeit von Lehren für alle benötigten Durchmesser relativiert; zudem hatte der stark angestiegene Umsatz den prozentualen Anteil der genannten Meßmittel an den gesamten Herstellkosten massiv reduziert. Trotzdem hatte das seinerzeit richtige, neuerdings unzweckmäßige System der „runden" Durchmesser überlebt und hemmte den entscheidenden Schritt zum Baukasten. Dieser Fall wäre an sich kaum des Erzählens wert, wenn dahinter nicht ein Phänomen stünde, das immer wieder zu beobachten ist: die menschliche Trägheit, die ein einmal eingespieltes Vorgehen beizubehalten sucht, auch wenn dieses den gewandelten äußeren Umständen nicht mehr gerecht wird.

Daß auch nach Vereinheitlichung der Drücke die Konzeption extrem vielseitiger Prüfsysteme ihre Tücken hatte, läßt die folgende Episode erkennen: An einer Konferenz der führenden Mitarbeiter zählte der Verkaufsleiter die Funktionen auf, die nach seiner Ansicht ins Pflichtenheft einer neu zu entwickelnden Universalprüfmaschine gehörten. Als die Liste nicht enden wollte, unterbrach der Chefkonstrukteur den Sprecher mit dem ärgerlichen Zwischenruf: „Und soll Ihre Maschine auch Karotten schälen können?"

Selten wurde die Problematik der Entwicklung polyvalenter Prüfsysteme treffender karikiert.

2.6 Schlußfolgerungen

In der Folge sei der Versuch unternommen, aus den Aussagen der vorangehenden Abschnitte dieses Kapitels die für die *Zukunft des Baues und Einsatzes von Prüfsystemen* maßgeblichen Schlüsse zu ziehen. Wie jede Prognose ist auch diese mit der gebotenen Vorsicht aufzunehmen, obwohl – wie im Vorwort postuliert – nach Möglichkeit invariante Gegebenheiten als Basis verwendet wurden. Ein absoluter Schutz gegen Irrtümer ist naturgemäß auch eine solche Denkungsweise nicht.

Zunächst einige Bemerkungen *zu den Prüfverfahren*:

- Es ist anzunehmen, daß die Zahl der im Prüfwesen zu berücksichtigenden Parameter eher weiter zu- als abnehmen wird. Dies gilt insbesondere für Prüfungen, die der Ermittlung des Langzeitverhaltens einer Probe dienen (Ermüdungs- und Standprüfung).

- Als „Kreuzprobe“ für die Festigkeit wird die zerstörende Prüfung ihre Bedeutung auf weite Sicht behalten, auch wenn der zerstörungsfreien Prüfung eine weitere Ausbreitung bevorstehen dürfte. Vor jeder Einschränkung der zerstörenden Prüfung ist das einzugehende Risiko abzuschätzen.
- Verfahren, die als Festigkeitsnachweis verwendbar sind (Musterbeispiele: Bruchmechanik, Bauteilprüfung), werden sich immer mehr durchsetzen. Daneben werden besonders billige, schnell anwendbare Verfahren (Schlagprüfung, Modellprüfung) einen Platz als „Interpolationsmittel“ – speziell im Rahmen kombinierter Verfahren – zu halten vermögen. Entscheidend für ihren Erfolg ist die Frage, in welchem Maß die auftretenden Mechanismen sich von den in Wirklichkeit zu erwartenden unterscheiden.
- Der Ersatz der Prüfung durch Computersimulation wird Fortschritte machen. Allerdings ist man von einem Vorgehen auf der Basis physikalischer und chemischer Elementarprozesse noch sehr weit entfernt, so daß in absehbarer Zukunft vor allem makroskopische Systeme simuliert werden dürften (Beispiel: Computerbeton). Über die Risiken ist Ähnliches zu sagen wie im Falle der zerstörungsfreien Prüfung.
- Die Forderung nach Praxisnähe wird auch auf weite Sicht eigentliche Großversuche notwendig machen, namentlich bei besonders hohem Risiko und in Fällen, in denen die Prüfung von Teilsystemen Unsicherheiten hinsichtlich der im Spiele stehenden Mechanismen bedingt.
- Gelegentlich kann ein Verfahren in seiner Verwirklichung durch das Fehlen der erforderlichen Geräte begrenzt sein (historisches Beispiel: Unmöglichkeit eines Nachfahrversuches vor dem Erscheinen der Servohydraulik; aktuelles Beispiel: ungenügende Erfassung des Verhaltens von Bauteilen in Prüfmaschinen).

Die Konsequenzen für die *Organisation des Prüfwesens* lassen sich, sofern die etwas generalisierende Optik des Abschnittes 2.5 verwendet und der Hinweis auf die bestehende Vielfalt von Möglichkeiten ernst genommen wird, kurz fassen:

- Prüfung als intergraler Bestandteil der Qualitätssicherung in der Fabrikation wird sich immer mehr innerhalb der Produktionsfirmen abspielen. Sie wird sich dem Produktionsgang optimal anzupassen haben und wo immer möglich zerstörungsfrei sein.
- Prüfung als multidisziplinäre Aufgabe im Rahmen von Forschung und Entwicklung, als treuhänderische Tätigkeit im Auftrag von Behörden oder an Nahtstellen zwischen Firmen, als Mittel zur Schaffung neuer Prüfmethoden und Prüfsysteme, als Basis für Wissensvermittlung auf verschiedenen Ebenen wird auch weiterhin zu einem wesentlichen Teil Sache größerer Prüfanstalten sein, deren Träger-Organisationen stark und glaubwürdig sein müssen, wenn der Erfolg sichergestellt sein soll.
- Prüfung als Kontrollaufgabe auf wohldefinierten, vorzugsweise lukrativen und wenig kapitalintensiven Gebieten wird, wo dies die politischen Gegebenheiten (etwa solche der Anerkennungspolitik) zulassen, zu einem erheblichen Teil von spezialisierten Prüfunternehmen betrieben werden.

Schließlich lassen sich auch die *Resultate bezüglich der Prüfsysteme* in wenigen Sätzen zusammenfassen:

- Für die laufende Qualitätssicherung werden in zunehmendem Maße spezialisierte (wo dies möglich ist, zerstörungsfreie) Systeme zum Einsatz kommen, die das Tempo der Fertigungsprozesse zu halten vermögen, hinsichtlich ihrer Ein- und Ausgänge mit den übrigen Einrichtungen des Betriebes kompatibel sind und durch Automation menschliche Eingriffe (und Fehler) nach Möglichkeit ausschalten. Zerstörende Systeme dieser Art sind für den Prüfgerätebauer ein schwieriges Gebiet, sofern nicht viele verschiedene Benützer gleichartig auszurüsten sind (etwa angesichts einer Norm).
- Mehrzwecksysteme werden sowohl für die Prüfung von Normproben als auch von Bauteilen, Baugruppen, Modellen und ganzen Systemen in allen Kaliberklassen benötigt werden. Als Maß für die Konkurrenzfähigkeit werden vorab Vielseitigkeit und ergonomische Qualität bei angemessenem Preis zu betrachten sein. Das Baukastendenken wird sich, wo dies noch nicht geschehen ist, durchsetzen. Angesichts ständig steigender Lohnkosten werden alle zeitsparenden Maßnahmen (einschließlich Computereinsatz in den verschiedensten Kombinationen) an Bedeutung gewinnen.
- Neben den erwähnten werden sich auch einfachere, im Einsatz bequeme Prüfsysteme auf gewissen Gebieten (Beispiele: Schlagprüfung; Betonprüfung, DURAND, 1985) in dem Maße auf dem Markt zu halten vermögen (und vielleicht auch neu einführen), als sie für die Beurteilung von Materialien im Rahmen kombinierter Verfahren geeignet sind.

Kein Zweifel ist möglich: Der Bedarf an Prüfsystemen wird in gleichem Maße zunehmen wie der Bedarf an Prüfung. Und dessen rapides Wachstum ist – einigermaßen stabile Wirtschaftsverhältnisse vorausgesetzt – dank dem Auftauchen immer neuer Materialien ebenso programmiert wie dank dem wachsenden Sicherheitsbedürfnis der Menschen.

Drittes Kapitel

Gesamt- und Teilsysteme

3.1 Das Ganze und seine Teile

Ein Anflug von Willkür liegt in der Natur jeder Unterteilung eines mehr oder weniger organisch gewachsenen Ganzen. Dennoch ist die Problematik eines auch nur einigermaßen komplexen Gebietes kaum zu meistern, wenn man sie angeht, ohne zuvor übersichtlichere Teilgebiete umschrieben zu haben. Der Gegenstand des vorliegenden Buches kommt glücklicherweise einem derartigen Unterfangen dank dem bereits im Abschnitt 2.5 erwähnten Trend zum Baukastensystem recht gut entgegen. Trotzdem wird sich in der Folge gelegentlich zeigen, daß die Zuweisung eines bestimmten Elementes zu diesem oder jenem Teilsystem bis zu einem gewissen Grade Ermessenssache ist. So ist es dem Verfasser ein Anliegen, den logischen Hintergrund der hier gewählten Unterteilung darzulegen.

Eine erhebliche Vorarbeit wurde übrigens schon im Abschnitt 1.2 mit den ersten drei Definitionen („Prüfung", „Zerstörende Prüfung", „Versagen") geleistet, die für die Unterteilung wohl mehr an verbindlicher Information hergeben, als auf den ersten Blick ersichtlich ist. In der Tat braucht man sich nur die Frage zu stellen, was zur Befriedigung dieser Definitionen erforderlich ist, um zumindest die wichtigsten Teilsysteme ableiten und damit auch definieren zu können.

Ein derartiges Vorgehen ist nicht neu. Schon in den siebziger Jahren beauftragte die internationale Gesellschaft der Prüflaboratorien, die RILEM (Réunion Internationale des Laboratoires d'Essais des Matériaux et des Constructions), ihre vom Verfasser geleitete Technische Kommission 30-TE (Testing Equipment) unter anderem mit der Aufstellung einer derartigen Systematik. Die aus dieser Arbeit hervorgegangene RILEM-Empfehlung (1983) enthält verschiedene Ideen, die im vorliegenden Buch und namentlich in den Abschnitten 3.2 bis 3.9 verarbeitet sind. Das gilt sowohl für die Übersicht der Abb.8 als auch für die hinter den nachfolgenden Ableitungen stehenden Gedanken. Die hier gewählte Reihenfolge hat übrigens auch ihre Logik, indem zentrifugal von den mit der Probe im Kontakt stehenden zu den peripheren Teilsystemen vorgegangen wird:

- Um die bei der mechanischen Verformung der Probe entstehenden Reaktionen zu überwinden, müssen die erforderlichen Kräfte und/oder Momente an mindestens zwei Stellen durch *Krafteinleitungen* auf die Probe übertragen werden (Abschnitt 3.2).
- Um die zur Verformung erforderliche Energie auf die Probe übertragen zu können, muß ein *Antrieb* mindestens eine Krafteinleitung gegenüber den übrigen in Relativbewegung versetzen (Abschnitt 3.3).

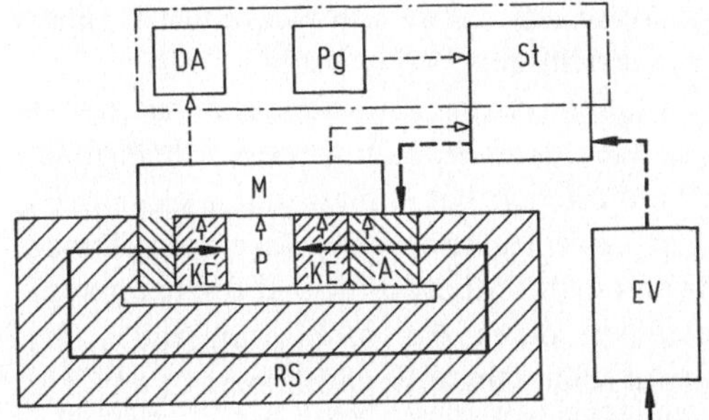

Abb. 8. Schema der unerläßlichen Teilsysteme eines kompletten Prüfsystems. P = Probe; KE = Krafteinleitungen; A = Antrieb; RS = Reaktionsstruktur; St = Steuerung; EV = Energieversorgung; Pg = Programmierung; M = Meßgeräte; DA = Datenausgabe. Linien: dick ausgezogen = kraftführend; dick gestrichelt = energieführend; dünn gestrichelt (Pfeile konturiert) = informationsführend; strichpunktiert = allenfalls in einem Computer zusammengefaßt

- Um eine kontrollierte Verformung der Probe zu ermöglichen, muß die Energiezufuhr zum Antrieb durch eine *Steuerung* beeinflußt werden (Abschnitt 3.3).
- Um die bei der Prüfung entstehenden Reaktionen aufzunehmen, müssen sich alle nicht rein dynamisch angetriebenen Krafteinleitungen – wo vorhanden, über deren Antriebe – auf eine gemeinsame *Reaktionsstruktur* abstützen (Abschnitt 3.4).
- Um der Probe die zu ihrer Verformung erforderliche Energie zuführen zu können, muß der Antrieb von einer *Energieversorgung* gespeist werden (Abschnitt 3.5).
- Um die Tauglichkeit der von der Probe repräsentierten Objekte für den Gebrauch zu ermitteln und um der Steuerung die nötige Information über den Ist-Zustand der Probe zu liefern, müssen *Meßgeräte* die relevanten Versuchsparameter erfassen (Abschnitt 3.6).
- Um die Tauglichkeit der von der Probe repräsentierten Objekte für den Gebrauch zu ermitteln, müssen die von den Meßgeräten erfaßten Daten durch eine *Datenausgabe* nach außen abgegeben werden (Abschnitt 3.6).
- Um der Steuerung den Vergleich zwischen Soll- und Ist-Zustand der Probe zu ermöglichen, muß eine *Programmierung* die nötigen Soll-Daten liefern (Abschnitt 3.7).

Damit sind die in dieser oder jener Form für die Bildung jedes funktionstüchtigen Prüfsystems unerläßlichen Teilsysteme umschrieben. Es gibt aber noch eine große Anzahl von Systemen, die für gewisse Versuche erforderlich sind, für andere nicht. Obwohl ihre Aufgaben und technischen Eigenschaften ungemein verschiedenartig sein können, seien sie hier unter den Sammelnamen „*Zusatzgeräte*“ und „*Roboter*“ etwas willkürlich in einer Gruppe vereinigt (Abschnitt 3.8).

Schließlich muß einer Entwicklung Rechnung getragen werden, die sich mit wachsender Dynamik des Prüfwesens (wie so vieler anderer Gebiete) bemächtigt und die gelegentlich ganze Teilsysteme zu einem polyvalenten und damit übergeordneten Teilsystem, dem *Computer*, vereinigt. Diese Entwicklung hat manchen Zweigen der Prüftechnik ein neues Gesicht gegeben (Abschnitt 3.9).

Bei der Lektüre der obigen Definitionen dürfte die Verwendung wenig gebräuchlicher Fachausdrücke auffallen, wie „Krafteinleitung" oder „Reaktionsstruktur". Dieses Abgehen vom Branchenüblichen hat seinen guten Grund: Es geht ja darum, für sehr verschiedene, in ihrer Funktion aber verwandte Dinge gemeinsame Bezeichnungen zu finden (im einen Fall etwa für den Einspannkopf einer Zugprüfmaschine und die Radstützen eines Automobilprüfstandes, im anderen Fall für einen Aufspannboden samt seinen modularen Elementen und den Rahmen einer Prüfmaschine). Es versteht sich bei diesem Vorgehen von selbst, daß die üblichen Bezeichnungen durch die Einführung der neuen Sammelbegriffe in ihrer Bedeutung keineswegs in Frage gestellt werden.

3.2 Krafteinleitung

Um die bei der mechanischen Verformung der Probe entstehenden Reaktionen zu überwinden, müssen die erforderlichen Kräfte und/oder Momente an mindestens zwei Stellen durch Krafteinleitungen auf die Probe übertragen werden.

3.2.1 Vorbemerkungen

Würde dem Verfasser das Privileg zuteil, einen und nur einen Abschnitt seines Buches zur Pflichtlektüre für alle Hersteller und Benützer von Prüfsystemen erklären zu dürfen, würde er die Auszeichnung kaum einem anderen als dem hier beginnenden Abschnitt zuerkennen. Diese Bevorzugung mag zunächst merkwürdig erscheinen, liegen doch die aktuellen Entwicklungsfronten heute weit eher beim Zusammenwirken zwischen Prüfgerät und Computer oder anderen Aspekten automatischer Funktion als bei so „trivialen" Dingen wie Druckplatten oder Biegestützen. Der Schein der Aktualität trügt aber: Die Krafteinleitung ist das Teilsystem, das unmittelbar auf die Probe einwirkt, und jeder Fehler, der bei seiner Konstruktion oder Anwendung begangen wird, trägt potentiell die *Möglichkeit eines falschen Resultates* der Prüfung in sich, ja er kann unter Umständen diese Prüfung überhaupt verunmöglichen. Das Tückische an solchen Fehlern ist die Tatsache, daß sie immer wieder neu begangen werden, selbst wenn das Wissen um ihre Möglichkeit (und häufig auch um die im Spiele stehenden Mechanismen) schon seit Jahrzehnten bekannt ist. Dieser Sachverhalt kommt nicht von ungefähr, weil das Entstehen der erwähnten Fehler oft unbemerkt bleibt, sofern nicht offensichtliche funktionelle Mängel auftreten oder durch geeignete Mittel (beispielsweise Ringversuche) das Bestehen von Unstimmigkeiten aufgedeckt wird. Diese Feststellung behält ihre volle Gültigkeit auch dann, wenn die verwendeten Geräte regelmäßig kalibriert und für gut befunden werden. Denn vielfach handelt es sich um Mängel, die unter den genormten Bedingungen der Kalibrierung nicht in Erscheinung treten, die praktische Prüfung – beispielsweise an einem Bauteil – aber nachhaltig beeinflussen. Daß dem so ist, wird aus den in der Folge anzuführenden Beispielen mit aller Deutlichkeit hervorgehen.

Ehe auf die einzelnen *Arten von Krafteinleitungen* eingegangen wird, sei noch erwähnt, daß deren Einwirkung auf die Probe in der Regel durch mechanischen Kontakt erfolgt, wobei die ausgeübte Druckspannung entweder unmittelbar zum Aufbau der Prüfspannung in der Probe oder aber zur Übertragung einer dafür benötigten Schubspannung dient. Diese Arten der Krafteinleitung sind aber nicht die einzig möglichen. Beispielsweise wird bei dreiachsigen Druckversuchen die zylindrische Probe meist nur in einer Richtung mit Platten beansprucht, während sie in den beiden anderen, eingehüllt in einen elastischen Trennschlauch, direkt einem hydraulischen Druck ausgesetzt ist (Abb.13). Theoretisch wäre es auch möglich, ferromagnetische Proben direkt elektromagnetisch, elektrostatisch aufladbare elektrisch zu beanspruchen. In den beiden letztgenannten (technisch allerdings kaum diskutablen) Fällen könnte man nicht mehr von einer Krafteinleitung als selbständigem Teilsystem sprechen; im erstgenannten wäre der Trennschlauch ein letztes Rudiment davon.

3.2.2 Druck- und Knickprüfung

Die einfachste Form der Krafteinleitung ist diejenige durch Druckplatten, wie sie in erster Linie zur Druckprüfung benützt werden. Hier ist die von den Platten in die Probe eingeleitete mittlere Druckspannung für den oberflächlichen Betrachter identisch mit der Prüfspannung, und man könnte meinen, etwas Primitiveres als etwa das *Zerdrücken eines Betonwürfels* könne man sich in der Prüftechnik schwerlich vorstellen. Diese vordergründige Betrachtungsweise ist grundfalsch. Schon die immer wieder aufkommende Diskussion darüber, ob die Prüfung von Würfeln oder diejenige von Prismen (allenfalls Zylindern) „richtig" sei, sollte nachdenklich stimmen.

In der Tat ist die Würfelprüfung geradezu ein Paradebeispiel dafür, wie komplex manche einfach scheinenden Phänomene in Wirklichkeit sein können (BORN, 1985). Ehe auf die wichtigsten Einflußparameter eingegangen wird (Abb. 9), sei aber kurz die klassische Konfiguration dieses Prüfvorganges beschrieben, die auch für zahlreiche andere Druckprüfungen in gleicher oder doch analoger Form Anwendung findet (Abb. 9 a): Die Hauptachse der verwendeten Prüfmaschine (vielfach „Presse" genannt) ist vertikal. Die in der Regel angetriebene untere Druckplatte ist so geführt, daß sie stets horizontal und damit parallel zu sich selber bleibt. Die obere Platte ist während des Versuches (also unter Druckkraft) mittels einer Kugelkalotte gelagert, deren Mittelpunkt mit demjenigen der auf die Probe wirkenden Druckfläche zusammenfällt. Vor Beginn des Versuches ist die obere Platte so aufgehängt, daß sie sich beim Absenken ohne wesentlichen Widerstand bündig an die Oberfläche der Probe anlegen kann, wobei die Kalottenmitte in der Maschinenachse bleibt.

Eine erste mögliche Fehlerursache zeigt Abb. 9 b. Liegt die *Kalottenmitte nicht auf der Maschinenachse* (sei es durch exzentrische Aufhängung, sei es durch Schräglage in Kombination mit falscher Höhenlage), so kann die Kalot-

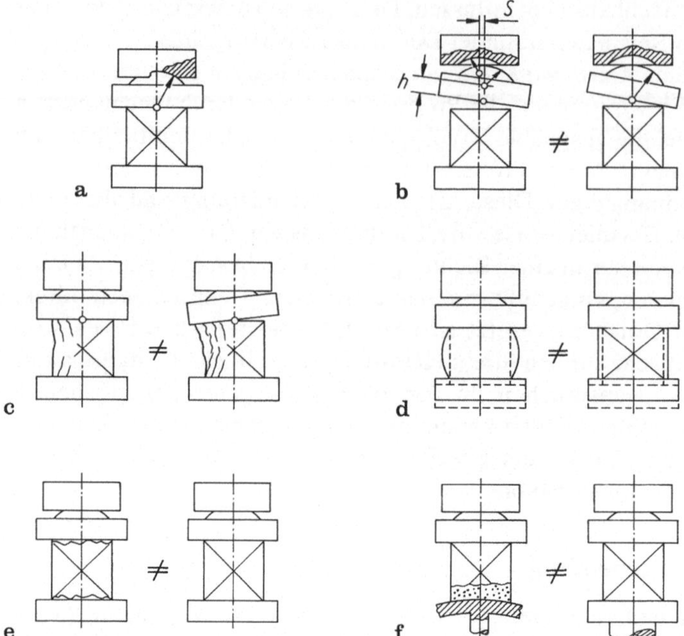

Abb. 9a-f. Einflüsse der Krafteinleitung auf das Ergebnis einer „einfachen" Betonwürfelprüfung. **a** Ausgangssituation (man beachte die Lage des Kalottenzentrums in der Mitte der Druckfläche); **b** reibungsbedingte Querkraft durch seitliche Auslenkung s des Kalottenzentrums (allenfalls infolge Höhenfehlers h); **c** Einfluß der Lagerreibung bei Unsymmetrie der Probe; **d** Einfluß der Reibung zwischen Druckplatten und Probe; **e** Einfluß unebener Proben-Oberfläche; **f** Einfluß der Steifigkeit der Druckplatten. Bei den Paaren **c** und **d** ergibt das linke Beispiel, bei **b**, **e** und **f** das rechte eine höhere Festigkeit

tenfläche bei einsetzender Prüfkraft nur unter Überwindung der Reibung zentrisch in ihren Sitz gedrückt werden. Das führt unweigerlich zur Bildung einer Querkraft, die das Versuchsergebnis signifikant verfälschen kann.

Die fehlerträchtige Rolle der *Reibung zwischen Kalotte und Sitz* ist damit noch nicht erschöpft: Von einem bestimmten Augenblick an tritt nämlich als Folge der Prüfkraft in der Kalottenlagerung eine genügend große Reibung auf, um die obere Platte in der einmal eingenommenen Stellung zu fixieren, so daß sie fortan zu keiner Änderung ihrer beiden Lagewinkel mehr fähig ist (Abb. 9 c). Ist die Probe inhomogen und gibt sie einseitig nach, so besteht von dem erwähnten Umschlagpunkt an keine gleichmäßige Verteilung der Spannung mehr. Es braucht nicht viel Phantasie, um sich zu vergegenwärtigen, daß der Prüfvorgang sich in der Folge völlig anders abspielen kann als im Falle freier Einstellung der Platte. Man könnte wiederum lange Diskussionen darüber führen, welche der beiden Versuchsführungen (oder welche Mischung davon) „richtig" sei, und man fände mit Sicherheit praxisbezogene Argumente zugunsten dieser wie jener. Denn auch in der Wirklichkeit kann die Einleitung von Kräften in ein Bauelement auf sehr verschiedene Weise erfolgen. Das eigentliche Problem liegt aber darin, daß das Risiko schlechter Reproduzierbarkeit bestehen bleibt, solange der Umschlagpunkt – wo immer er auch sei – nicht eindeutig festliegt. Und selbst die auf diesem Gebiet an sich vorbildliche Normung kann hier nicht viel mehr anbieten als eine Vorschrift über den Durchmesser der Kalotte und allenfalls über deren Oberflächengüte und Schmierung. Damit ist aber das Reibungsmoment nur recht ungenau bestimmt, das den Umschlagpunkt und damit unter Umständen auch die gemessene Festigkeit beeinflussen kann. Erneut begegnet man der Reibung als wesentlichem Unsicherheitsfaktor im Prüfwesen. Bei der Betonprüfung ist diese Unsicherheit besonders störend, weil das Material als solches schon eine erhebliche Streuung der Festigkeit aufweist, so daß es nicht leicht ist, die gemessene Gesamtstreuung nach ihren Ursachen aufzuschlüsseln.

Um bei der Reibung zu bleiben: Ein weiterer nicht selten vernachlässigter Parameter ist die *Reibung zwischen Probe und Druckplatten* (Abb. 9 d). Dabei ist dieser Einfluß auf das Ergebnis nichts weniger als vernachlässigbar. Ja es gibt sogar geriebene Prüfer, die durch bewußte (wenn auch nicht normkonforme) Veränderung dieses Parameters eine fragwürdige „künstliche Verfestigung" der Proben bewerkstelligen. Man muß sich nämlich vergegenwärtigen, daß ein unter Längsdruck stehender Betonwürfel infolge der entstehenden Querdehnung auf Querzug beansprucht wird, der die eigentliche Versagensursache darstellt. Wird nun dieser Querzug durch hohe Reibung an den Druckflächen (im Extremfall durch Ankleben) behindert, so kann er sich auch in der Mitte der Probe nur in vermindertem Maße entfalten, und die Festigkeit nimmt zu. Es ist klar, daß der Effekt beim Würfel nur vom Reibungskoeffizienten, beim Prisma – angesichts des Prinzips von SAINT VENANT – zur Hauptsache von der Länge der Probe abhängt. Mit anderen Worten: Bei hoher Reibung ergibt der Würfel bessere, jedoch stärker streuende Festigkeitswerte als bei niedriger, während das Prisma von der Reibung wenig beeinflußt wird und bei entsprechender Länge ähnliche Festigkeiten liefert wie ein Würfel mit niedriger Reibung. Der erwähnte Streit um die Frage „Würfel oder Prisma" ist also nichts anderes als ein Streit um „bessere" Festigkeit oder bessere Reproduzierbarkeit der Ergebnisse. Und da in der Praxis sowohl gedrungene als auch schlanke Betonteile vorkommen, ist die Frage nach der „richtigen" Prüfmethode auch hier nur für den konkreten Einzelfall beantwortbar.

Es ist gewiß nicht erstaunlich, daß eine infolge *unebener Probenoberfläche* ungleichmäßige Verteilung der Spannungen zu lokalen Konzentrationen und damit zu einer Einbuße an Festigkeit führen muß (Abb. 9 e). Weniger naheliegend ist der Umstand, daß der stochastische Charakter der Unebenheiten eine fühlbare Erhöhung der Streuung bewirkt. Laboratorien, die eine routinemäßige Bearbeitung der Würfelflächen vornehmen, erhalten daher nicht nur höhere (und richtigere) Festigkeitswerte, sondern auch deutlich reduzierte Streuungen der Resultate.

Schließlich ist es eine triviale Tatsache, daß die *Verformbarkeit der Platten* mit derjenigen der Probe in einem richtigen Verhältnis zu stehen hat, weil eine zu nachgiebige Platte (Abb. 9 f) in ähnlicher (wenn auch nicht in ebenso stochastischer) Weise Spannungskonzentrationen und scheinbar reduzierte Festigkeiten bewirkt wie eine unebene Oberfläche der Probe. Trotzdem machte kein Geringerer als H. RÜSCH den Verfasser in den frühen siebziger Jahren darauf aufmerksam, daß damals viele Hersteller von Prüfmaschinen aus Ersparnisgründen die Platten zu schwach dimensionierten und damit den geprüften Betonwürfeln einige Prozente ihrer Festigkeit „vorenthielten".

Es lohnt sich vielleicht, nach dieser eingehenden Darlegung der Tücken eines häufig als trivial empfundenen Elementes der Krafteinleitung noch ein Teilproblem herauszugreifen, das geeignet ist, wenigstens punktuell einen noch etwas tieferen Einblick in die Zusammenhänge zu gewähren.

Offensichtlich besteht ein Interesse daran, die Streuung zu reduzieren, ohne auf die bei vergleichbarer Größe recht sperrigen Prismen übergehen zu müssen. Eine Möglichkeit liegt in der Anwendung sogenannter *Bürstenplatten*, wie sie ursprünglich für die dreidimensionale Prüfung von Beton entwickelt wurden. Bei dieser Bauart besteht die Platte nicht aus einem einzigen Bauteil, sondern ist schachbrettartig in quadratische Felder unterteilt, die zu Beginn des Versuches einander berühren und damit wie eine zusammenhängende Platte wirken. Sie sind aber durch geeignete Mittel (elastische Glieder oder hydraulische Lagerung) fähig zu einer sehr reibungsarmen seitlichen Verschiebung (Abb. 10). Betrachtet man die durch eine Querdehnung ε bewirkte Verschiebung eines Flächenelementes dA im Abstand R vom Mittelpunkt einer quadratischen Platte und nimmt eine gleichmäßig verteilte Spannung σ sowie einen Reibungskoeffizienten μ an, so ist die auf der gesamten Fläche A durch die Querdehnung überwundene Reibungsenergie W offenbar durch

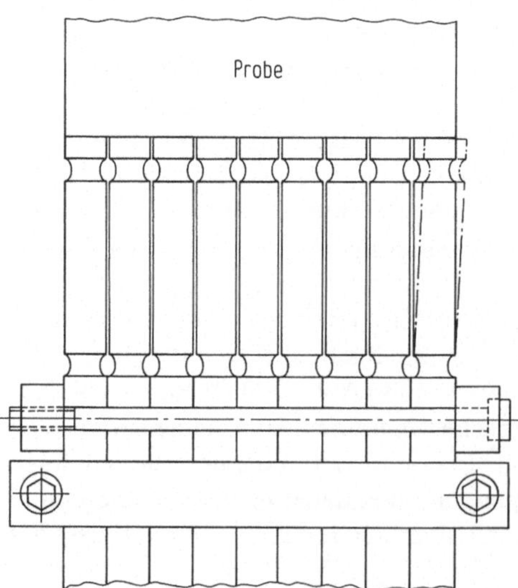

Abb. 10. Mögliche Ausführungsform einer Bürstenplatte. Die stabförmigen „Borsten" sind unten zu einem Block zusammengepreßt und tragen oben je zwei Hälse, die eine geringfügige seitliche Beweglichkeit gestatten. Die strichpunktiert dargestellte Auslenkung einer Borste ist zur Verbesserung der Anschaulichkeit übertrieben

$$W = \varepsilon \cdot \sigma \cdot \mu \cdot \int R dA \tag{1}$$

gegeben. Verkleinert man dieses Quadrat um den linearen Faktor n (in Abb. 11 ist n = 2 angenommen), so wird R linear und dA quadratisch verkleinert, so daß W eine kubische Verkleinerung erfährt. Das bedeutet, daß die gesamte Reibungsenergie bei Unterteilung der Platte in seitlich frei bewegliche Teilfelder um den Faktor n abnimmt, der das Verhältnis der Seitenkanten der gesamten Platte und eines Teilfeldes ausdrückt. So wird der Fall der reibungsfreien Lagerung bei genügend feiner Unterteilung gut angenähert, und die Streuung kann wirksam vermindert werden. Als Nachteil sind kleine parasitäre Fehler in Kauf zu nehmen, bedingt durch die im eindimensionalen Versuch unter Spannung sich öffnenden (im dreidimensionalen Versuch sich schließenden) engen Spalte, bei manchen Bauarten auch durch ein minimes Verkanten der Oberflächen der Felder.

Bis auf weiteres haben solche Platten zwar in der Forschung, nicht aber in der allgemeinen Praxis Eingang gefunden, zum Teil wohl wegen der „optisch" störenden (wenn auch bei sachlicher Beurteilung verständlichen) scheinbaren Reduktion der Festigkeit, zur Hauptsache aber gewiß angesichts des erforderlichen Aufwandes. Das mag aus wissenschaftlicher Sicht bedauerlich sein. In der Tat wäre durch zweimalige Prüfung, einmal mit Bürstenplatten, einmal mit an die Proben angeklebten starren Platten, eine bessere Kenntnis des geprüften Materials erhältlich als durch die heute üblichen (übrigens weitgehend genormten) Prüfmethoden. Andererseits ist der Standpunkt des Praktikers nur zu verständlich: Betonprüfung ist nun einmal in der Regel ein handfestes Geschäft, bei dem

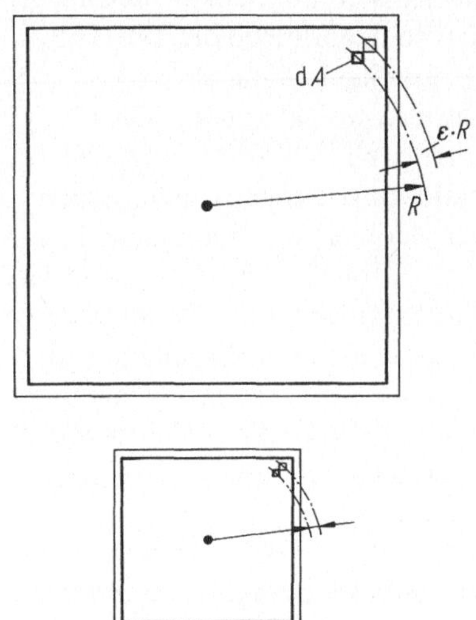

Abb. 11. Querdehnung der Druckfläche einer Probe im Druckversuch. Verschiebung eines Flächenelementes dA gegenüber der völlig starr gedachten Druckplatte: Oben bei durchgehender Druckplatte gegebener Größe; unten bei deren linearer Halbierung, entsprechend einer Unterteilung in vier seitlich verschiebbare Teilfelder (n = 2). Dick ausgezogen = unbeanspruchter Zustand; dünn ausgezogen = beanspruchter Zustand. Weitere Erläuterungen im Text

man eine gewisse zusätzliche Streuung der Ergebnisse lieber in Kauf nimmt als ein umständliches Prüfverfahren.

Am Rande sei noch vermerkt, daß Bürstenplatten auch in ihrem ursprünglichen Aufgabenbereich, der dreidimensionalen Prüfung von Beton und anderen steinartigen Materialien, stark an Bedeutung eingebüßt haben, seitdem es üblich geworden ist, zylindrische Proben zu verwenden, die in einer Richtung über starre Platten und quer dazu durch hydraulischen Druck beansprucht werden, wie eingangs des vorliegenden Abschnittes bereits erwähnt. Natürlich hat dieses Verfahren den vor allem bei anisotropen Materialien wesentlichen Nachteil gleicher Drücke in zweien der drei Richtungen. Durch Ausschneiden mehrerer Proben mit verschieden orientierten Achsen kann hier aber leicht Abhilfe geschaffen werden. Der dabei erforderliche Mehraufwand spielt im Vergleich zur fast perfekten Versuchsführung und der markanten Vereinfachung der erforderlichen Geräte (Abb. 12, 13) keine Rolle, da es sich vorwiegend um wissenschaftlich orientierte oder doch anspruchsvolle praxisbezogene Versuche handelt. Immerhin dürften Bürstenplatten die einzige bekannte Möglichkeit bieten, wenigstens Beton einigermaßen einwandfrei dreidimensional auf Zug zu prüfen, wie dies im Abschnitt 2.4 angedeutet wurde.

Natürlich könnte auch die Betrachtung der anderen in Abb. 9 dargestellten Fälle in analoger Weise vertieft werden wie diejenige der Reibung zwischen Probe und Platte. Dies würde aber den Rahmen des vorliegenden Buches sprengen. Erwähnt sei nur, daß die Frage der Reibung in der Kalottenlagerung von Druckplatten einer untadeligen Lösung zugeführt werden könnte, wenn es gelänge, mit vertretbarem Aufwand eine Konstruktion zu verwirklichen, bei der bis zu einer beliebig wählbaren Prüfkraft reibungsfreie Einstellmöglichkeit bestünde, gefolgt von einem unverrückbaren Parallel-zu-sich-selber-Bleiben der Druckplatte. Auf diese Frage wird im Unterabschnitt 3.3.7 zurückgekommen.

Am Beispiel der Würfelprüfung wurde demonstriert, welch eingehender Überlegungen es bedarf, um die Funktion der Druckplatte, eines auf den ersten Blick extrem simpel erscheinenden Mittels der Krafteinleitung, einigermaßen transparent zu machen. Es ist offensichtlich, daß die eben dargelegten Probleme keineswegs auf die Prüfung von Betonwürfeln beschränkt bleiben müssen, sondern mutatis mutandis auch bei anderen Arten der Druckprüfung eine Rolle spielen können. Beispielsweise ist die Frage, ob die Platte sich an die Probe anlegen oder parallel zu ihrer Anfangsstellung bleiben soll, in jedem Fall zu klären, wenn man das Risiko vermeiden will, bei der Prüfung nichtsahnend eine Frage beantwortet zu erhalten, die man nicht gestellt hatte. Nach alledem braucht die Bedeutung des vorliegenden Abschnittes wohl nicht erneut betont zu werden.

Als Sonderfall sei hier die *Knickprüfung* kurz gestreift. Es handelt sich im Grunde um eine normalerweise vertikal geführte Druckprüfung an einer meist schlanken Probe, wobei die Art der an beiden Probenenden erfolgenden Krafteinleitung von entscheidender Bedeutung ist. Verlangt wird entweder ein völlig starres Parallel-zu-sich-selber-Bleiben, meistens aber völliges Fehlen jedes dem seitlichen Ausweichen der Probe entgegenwirkenden Momentes. Dabei wird die Ebene des Knickens in der Regel vorgegeben (sie fällt gewöhnlich mit der Rich-

Abb. 12. Triaxiale Maschine für Betonprüfung. Man erkennt deutlich die drei Antriebszylinder. Die Bürstenplatten sind im Bild nur zum Teil montiert. Besonderheit der gezeigten Ausführung: Maschinenrahmen aus Beton. (Produkt und Bild TU MÜNCHEN)

Abb. 13. Triaxialer Versuch an bituminösem Material zur Simulation der Beanspruchung durch Verkehrslasten. In der Klimakammer der Maschine links erkennt man das zylindrische Druckgefäß, das die ebenfalls zylindrische Probe enthält. Diese Maschine arbeitet auf Druck in vertikaler Richtung. Den Druck für die horizontalen Spannungskomponenten liefert die Maschine rechts mittels des als „Probe“ eingesetzten Metallbalges, der mit dem Druckgefäß über eine Leitung verbunden ist (Anschlüsse an Balg und Gefäß unten, Öffnungen in den Oberseiten der Klimakammern). Freie Programmwahl durch unabhängige, aber koppelbare Servohydrauliken. Beispiel: Phasenverschiebung zwischen ein- oder mehrmaliger vertikaler und horizontaler Beanspruchung. (Produkt und Bild EMPA)

tung des kleinsten Proben-Trägheitsmomentes zusammen); es kann aber auch erforderlich sein, daß sie sich frei ergeben darf.

In der Praxis wird wohl am häufigsten die Konfiguration des Typs II nach EULER (Abb. 14), also momentfreies Ausknicken in einer gegebenen Ebene, gewählt, sofern nicht zwingende Gründe für einen anderen Typ sprechen. Dies ist kein Zufall: Die freie seitliche Beweglichkeit der oberen Krafteinleitung beim Typ I ist technisch nicht leicht zu verwirklichen; und nicht jede Probe läßt sich ohne weiteres so einwandfrei einspannen, daß die für die Typen III und IV geforderte Starrheit sichergestellt ist. Dagegen gibt es seit langer Zeit spezielle Knickvorrichtungen, die in einer Ebene eine weitgehend momentfreie Krafteinleitung gestatten und als Zusatzgeräte in bestehende Prüfmaschinen eingebaut werden können. Einzelne Maschinen, insbesondere solche großen Kalibers, verfügen auch über hydraulisch gelagerte Kalotten oder andere analog wirkende Mittel, die bei Bedarf eine freie Einstellung der Druckplatten in zwei Richtungen gestatten (Abb. 15, 16). Diese recht seltenen Einrichtungen bieten naturgemäß dann einen Vorteil, wenn die Knickebene sich frei ergeben soll. Bei vorgeschriebener Knickebene sind sie trotz der Gewährung eines nicht benötigten Freiheitsgrades nicht unbedingt hinderlich, weil viele auf dem Sektor der Knickprüfung wesentlichen Proben (insbesondere Mauern und Schalenelemente) derart unterschiedliche Trägheitsmomente in den beiden fraglichen Ebenen besitzen, daß keine Gefahr des Knickens in der „falschen" Richtung besteht.

Bei der Konstruktion von Knickvorrichtungen muß in erster Linie auf zwei Dinge geachtet werden. Zum einen sind *kleinste Reibungsmomente* unter hoher Kraft unerläßlich, weil schon eine geringfügige Behinderung zu einer nicht unerheblichen Erhöhung der Knickkraft führt: Theoretisch wäre ja selbst eine minimale Reibung ausreichend, um dem Typ II die gleiche Knickfestigkeit zu vermitteln, wie sie den Typ IV auszeichnet, und nur die unvermeidlichen Unsymmetrien des gesamten Systems leiten das Versagen der Probe ein. So ist es verständlich, daß Lagerungen mit abrollenden Körpern für diese stets heiklen Versuche bevorzugt werden (die oben erwähnten hydraulischen Lagerungen

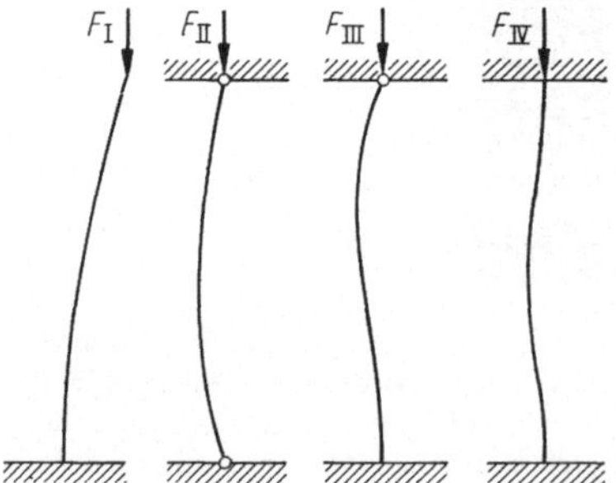

Abb 14. Die vier Knickfälle nach EULER. Meistens werden Prüfungen nur mit Knickmöglichkeit in einer Ebene ausgeführt (also mit Fall IV für die zweite Ebene). Doch können auch Anordnungen für räumliche Knickmöglichkeit, ja sogar gemischte Fälle (etwa II in der einen und III in der zweiten Ebene) erforderlich sein

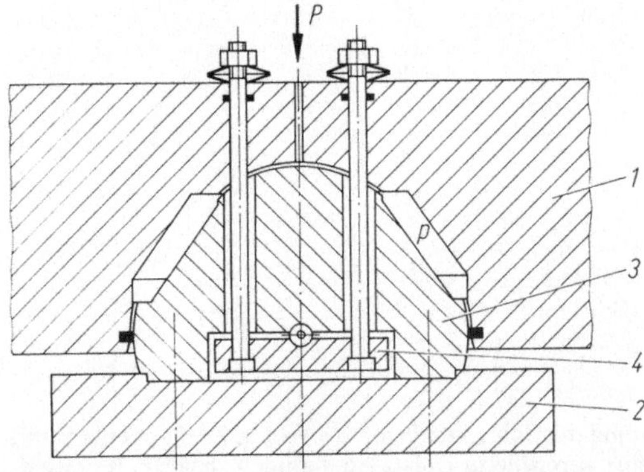

Abb. 15. In Abb. 106 gezeigte Maschine: Funktionsprinzip der hydraulisch gelagerten oberen Druckplatte. *1* = Traverse; *2* = Druckplatte; *3* = Kalotte; *4* = an Tellerfedern hängende Traverse (trägt Gewicht von *2* und *3*). Bei Druck p = 0 bleiben *2* und *3* infolge Reibung parallel zu sich selbst. Bei genügendem Druck p schwebt *3* unter einem Ölfilm (Dicke ca. 0,05 mm, wird servohydraulisch geregelt) und *2* wird frei einstellbar. Achtung: Vertikalabstand zwischen Drehpunkt und Plattenoberfläche beeinflußt wirksame Knicklänge

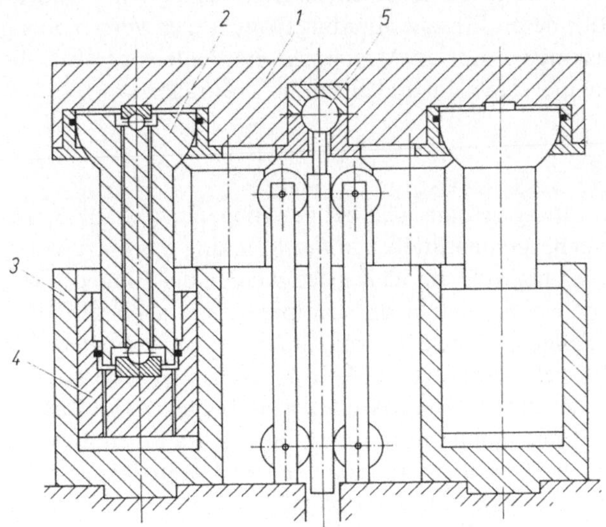

Abb. 16. In Abb. 106 gezeigte Maschine: Funktionsprinzip der unteren Krafteinleitung. Sechs im Kreis angeordnete Antriebszylinder. *1* = Platte (trägt Druckplatte); *2* = Kalotte mit Stelze; *3* = Zylinder; *4* = Kolben; *5* = Zentrierkugel. Durchmesser der Kalotte knapp unter dem des Kolbens, daher wirksame hydraulische Entlastung und minimale Reibung der Kugel zwischen *1* und *2*. Bei hydraulisch gekoppelten Zylindern wird so *1* um *5* frei drehbar (Drehung um Maschinenachse wird verhindert). Servosteuerung je zweier gekoppelter Zylinder macht Parallelverschiebung von *1* möglich. Vorteil gegenüber System gemäß Abb. 15: stoßfreier Übergang von einem Betriebsmodus zum anderen (kein Aufbau eines Ölfilms). Achtung: auch hier Drehpunkt außerhalb der Plattenoberfläche

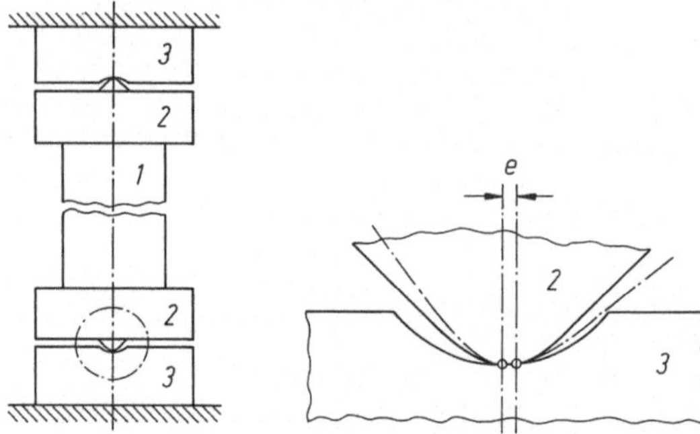

Abb. 17. Funktionsprinzip einer Knickvorrichtung mit Schneidenlager. *1* = Probe; *2* = Druckplatte mit Lagerschneide; *3* = Lagerplatte mit Nut. Rechts vergrößerte Darstellung einer Schneide. Im ausgeknickten Zustand (strichpunktierter Umriß) ergibt das Abrollen der Schneide in der Nut eine kleine Verschiebung e der Kontaktstelle

haben dagegen angesichts des erheblichen Aufwandes bisher kaum Eingang in die Praxis gefunden).

Zum anderen darf die Knickvorrichtung zu keiner wesentlichen *Verfälschung der wirksamen Knicklänge* führen. Glücklicherweise ist es angesichts der geringen Biegemomente an den Probenenden meist zulässig, an sich starre Teile der Krafteinleitungen in die Knicklänge einzubeziehen. Dies ermöglicht einfache Schneidenlager (Abb. 17, 18), deren Einsatz allerdings wegen der Verschiebung der Kontaktstelle beim Ausknicken nur an Maschinen empfehlenswert ist, die exzentrische Kräfte ohne unzulässige Genauigkeitseinbuße ertragen.

3.2.3 Biegeprüfung

Ähnlich wie bei der Druckprüfung erfolgt auch bei der Biegeprüfung die Krafteinleitung durch Einrichtungen, die unmittelbar in der Richtung der einzuleitenden Kräfte auf die Probe drücken. Wohl am häufigsten werden der Biegeprüfung Baumaterialien unterworfen, wobei sowohl der Dreipunkt- als auch der Vierpunkt-Versuch (dieser für Fälle, in denen das maximale Moment nicht nur in einem Schnitt auftreten soll) weit verbreitet ist (Abb. 2). Biegeversuche mit einseitig fest eingespannter Probe sind eher im Maschinenbau üblich als im Bauwesen; dabei handelt es sich oft um Bauteilprüfung, um Konfigurationen also, bei denen die Krafteinleitung durch Form und Funktion der Probe weitgehend vorgegeben ist (ein Beispiel wurde schon in Abb. 3 vorgestellt).

Die für viele Biegeversuche unerläßlichen *Biegebalken* sollen hier nicht eingehend zur Sprache gebracht werden, da sie, obwohl nicht selten zusammen mit den eigentlichen Krafteinleitungsorganen als Biegezubehör geliefert, ihrem Wesen nach doch eher zur Reaktionsstruktur gehören (deren integrierenden Bestandteil sie denn auch vielfach bilden). Hier sei lediglich erwähnt, daß in jenen Fällen, in denen rasche und stark beschleunigte Bewegungen unerläßlich sind, also in erster Linie bei der Ermüdungsprüfung, ein allfällig erforderlicher

Abb. 18. Knickversuch an Mauerwerk. Die Knickvorrichtungen entsprechen dem Schema von Abb. 17; an der unteren erkennt man die Lage der Schneide. (Produkt AMSLER, Bild EMPA)

Abb. 19. Zweiraum-Ermüdungsprüfmaschine gemäß Abb. 107 b mit obenliegendem Biegebalken. Die Probe (eine Eisenbahnschiene) „balanciert" bis zum Anlegen der äußeren Biegestützen auf der mittleren (Produkt AMSLER, Bild EMPA)

Biegebalken angesichts der im Spiele stehenden Massenkräfte nach Möglichkeit unbeweglich bleiben sollte. Ferner ist es insbesondere bei großen Biegeproben vorteilhaft, die außen angreifenden Kräfte von unten, die mittlere(n) von oben einzuleiten, weil auf diese Weise eine optimale Bereitstellung der auf zwei Stützen ruhenden Probe möglich ist. An obenliegenden Biegebalken hängende Biegestützen , wie sie an älteren Maschinen gelegentlich noch zu sehen sind (Abb. 19), erschweren naturgemäß das Einführen der Proben und werden aus diesem Grunde voraussichtlich gänzlich verschwinden.

Die Krafteinleitung im engeren Sinne bedarf bei der Biegeprüfung vor allem in zwei Belangen einer besonderen Aufmerksamkeit. Erstens bewirkt sie unweigerlich eine Spannungskonzentration an den fraglichen Stellen; zweitens kann sie durch Reibung einen Versuch verfälschen oder gar verunmöglichen.

Der *Spannungskonzentration im Bereich der Krafteinleitungen* wird in der Regel durch geeignete Form der unmittelbar auf die Probe einwirkenden Teile Rechnung getragen. Beispielsweise sind bei vielen Geräten Rollen oder Schneiden mit zylindrisch geformten Kontaktflächen üblich, die sich häufig sehr gut bewähren. Es ist aber in jedem Fall vor Beginn einer Prüfung zu überlegen, inwieweit die mit solchen Standard-Elementen bewerkstelligte Krafteinleitung den Versuch verfälschen könnte. Beispielsweise kann ein zu kleiner Radius, namentlich an einem relativ weichen Material, unzulässige lokale Verformungen oder Zerstörungen bewirken. Dieses Manko wird in der Regel durch geeignete Zwischenlagen mit ebener oder nur leicht gekrümmter Kontaktfläche behoben. Zu große ebene Kontaktflächen sind in gewissen Fällen ebenfalls unerwünscht, weil sie innerhalb einer stark verformten Probenoberfläche Reibung hervorrufen können.

Der zweite Punkt ist für die Biegeprüfung von besonderer Wichtigkeit. Denn wie wohl bei keiner anderen Form der Prüfung (mit Ausnahme der Knickprüfung) ist bei ihr die einwandfreie Versuchsführung durch den *Einfluß der Reibung* gefährdet. Der Grund läßt sich aus Abb. 20 ablesen: Die äußeren Fasern eines Biegekörpers werden, weil auf Zug beansprucht, verlängert. Das bedeutet, daß die dazugehörigen Krafteinleitungen eine Verschiebung von innen nach außen erfahren. Wird diesem Umstand nicht durch angemessene Nachgiebigkeit Rechnung getragen, so üben die Krafteinleitungen eine parasitäre Druckkraft auf die Probe aus. Als Ergebnis wird eine zu große Steifigkeit und – wenigstens bei Materialien mit schlechter Zugfestigkeit wie Beton – eine übertriebene Biegefestigkeit gemessen. Natürlich gehört das Wissen um diesen Sachverhalt zum ehernen Bestand eines zünftigen Materialprüfers (Abb. 46) und geeignete Rollen-, Schneiden- oder Federbandlager an Biegestützen werden von jeder einschlägigen Firma in brauchbarer Form angeboten, zum Teil mit kompletten Biegevorrichtungen (Abb. 21). Bei improvisiert zusammengestellten Versuchen kann es aber trotzdem vorkommen, daß der Effekt vergessen oder doch unterschätzt wird.

Daß diese Bemerkung einen durchaus realen Hintergrund hat, mag das folgende Ereignis aus der persönlichen Erfahrung des Verfassers belegen: Bei der Inbe-

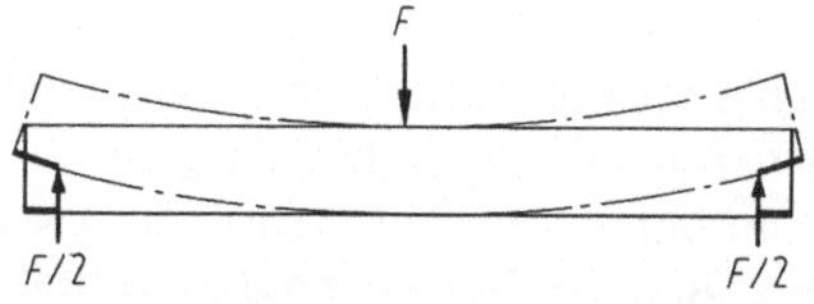

Abb. 20. Gefahr des Reibungseinflusses im Biegeversuch. Wird nicht für ausreichende Nachgiebigkeit der Lagerungen gesorgt, so verschieben sich die Auflager gegenüber der Probe. Dieser Effekt wird durch die Verlängerung der dick ausgezogenen Abstände von den Probenenden anschaulich gemacht

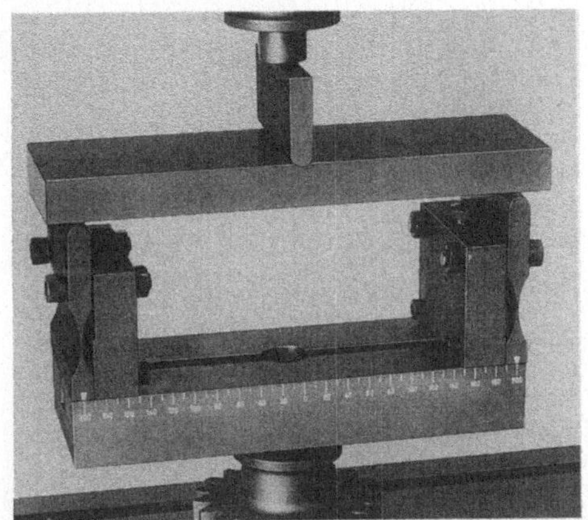

Abb. 21. Biegevorrichtung, in einen Hochfrequenzpulsator als Zusatzgerät eingebaut. Eine Besonderheit der gezeigten Konstruktion sind die als Federkörper ausgebildeten seitlichen Biegestützen. (Produkt und Bild RUMUL)

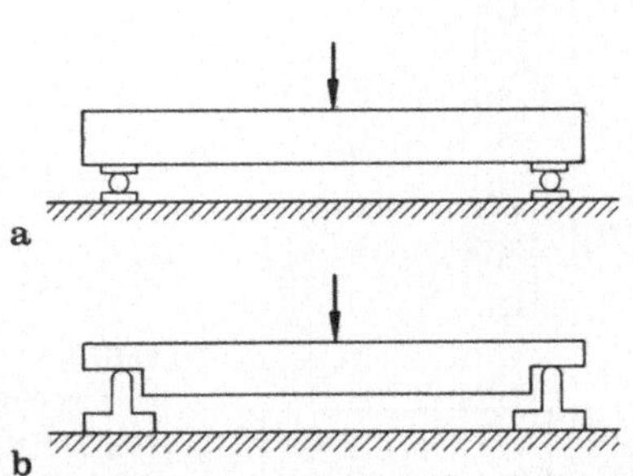

Abb. 22. a Rollenlagerung als übliche Methode zur Vermeidung der in Abb. 20 gezeigten Reibungseinflüsse bei Biegeversuchen; **b** im Text beschriebene improvisierte Alternative

triebnahme einer neuen Resonanzprüfmaschine sollte der größtmögliche Arbeitshub durch Prüfung eines Biegekörpers erprobt werden. Da dieser Hub bei der gegebenen Maschine klein war, hatte der zuständige Konstrukteur auf nachgiebige Biegestützen verzichtet. Nicht gering war dann allerdings seine Überraschung, als die Maschine überhaupt nicht angefahren werden konnte. Sofort vermutete man Reibung als Ursache der Panne, weil Resonanzprüfgeräte allgemein mit außerordentlich geringen Antriebsleistungen auskommen, so daß ein vollständiges Aufzehren der eingespeisten Energie durch die Reibung keineswegs unmöglich erschien. Da keine passenden Rollen zur Hand waren, wurde die Probe behelfsmäßig derart abgefräst, daß die Krafteinleitung an der neutralen statt an der unter Zug stehenden Faser ansetzte (Abb. 22). Sofort funktionierte der Versuch anstandslos.

Der Einfluß der Reibung bei der Biegeprüfung von Bauteilen ist im Maschinenbau mindestens ebenso bedeutsam wie im Bauwesen. Man stelle sich das in Abb. 3 wiedergegebene Bauteil einmal mit einer starr in der Maschinenachse geführten, einmal mit einer seitlich reibungsfrei nachgiebigen oberen Krafteinleitung (Abb. 23) vor: Man wird sofort erkennen, daß es sich um zwei grundverschiedene Versuche handelt, von denen, je nach den funktionellen Gegebenheiten der Wirklichkeit, der eine oder der andere (eventuell auch keiner) als praxiskonform zu bezeichnen ist. War die dazu erforderliche Beurteilung falsch angesetzt, so kann auch der Versuch, selbst wenn er in jeder anderen Hinsicht vorbildlich geplant und durchgeführt wurde, nicht als gültig angesehen werden. Wird etwa gemäß Abb. 3 eine starr in der Maschinenachse geführte Druckplatte als Krafteinleitung benützt, während in der Praxis eine lange, am oberen Ende gelenkig gelagerte Stange so gut wie querkraftfrei auf das Bauteil wirkt (Abb. 23), so ent-

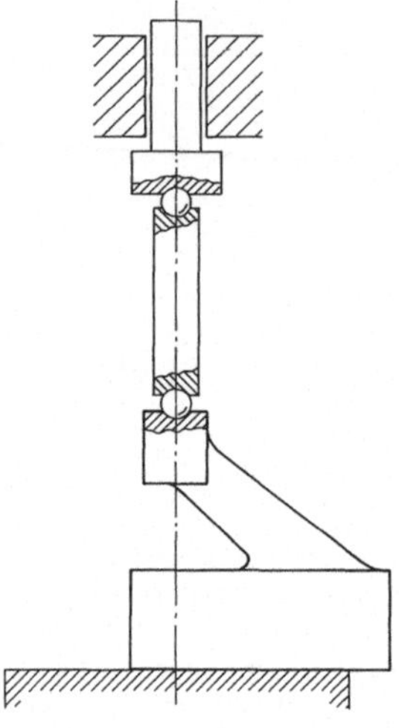

Abb. 23. Beispiel für die Reduktion der in Abb. 3 gezeigten reibungsbedingten Querkraft Q. Achtung: Ist die Kugelstelze nicht lang genug, so kann die Verminderung der Reibung ungenügend sein und/oder durch die Schrägstellung der Stelze eine weitere nicht vernachlässigbare Querkraft entstehen (daß diese der Reibungskraft entgegenwirkt, ist ein geringer Trost)

steht im schrägen Teil der Probe eine in natura nicht auftretende reibungsbedingte Druckkomponente, die das Biegemoment reduziert und folglich eine zu große Festigkeit vortäuscht. Die Folgen können also unter ungünstigen Umständen katastrophal sein. Schlimmer noch: Handelt es sich um eine Prüfmaschine, deren Kraftmessung unter parasitärer Querkraft eine Einbuße an Genauigkeit erleidet, so ist das Ergebnis der Prüfung um einen Unsicherheitsfaktor reicher; und ist gar eine Resonanzprüfmaschine im Spiel, so droht die Undurchführbarkeit des Versuches infolge der oben dargelegten Aufzehrung der Antriebsenergie durch die Reibung.

Dies ist nur ein möglicher von zahllosen Fällen. So hätte jede Variante des gewählten Beispiels, etwa starr geführte, auch in Querrichtung formschlüssig am Bauteil angreifende Krafteinleitung in natura, Reibungsschluß im Versuch, ebenfalls bedenkliche Folgen: Die Reibung könnte bei weitem nicht die in der Realität auftretenden hohen Querkräfte erzeugen, so daß erneut eine an sich richtige Antwort auf eine nicht gestellte Frage erteilt würde.

Die Moral von der Geschichte ist einfach, und sie gilt für alle Prüfungen, wobei die Biegeprüfung an Bauteilen lediglich als „prima inter pares" anzusehen ist: Ehe man an die Durchführung einer Prüfaufgabe geht, überlege man in allen Details, namentlich unter Berücksichtigung der Reibung, wie der Versuch zu erfolgen hat, damit aus ihm brauchbare Schlüsse auf das Verhalten der geprüften Objekte im praktischen Einsatz gezogen werden können.

3.2.4 Zug- und Zug-Druck-Prüfung

Im Gegensatz zu den bis dahin besprochenen Fällen ist bei der Zug- und der Zug-Druck-Prüfung neben der formschlüssigen häufig auch eine reibungsschlüssige Krafteinleitung ins Auge zu fassen, bei der die unmittelbar auf die Probe einwirkenden Druckspannungen nicht selber die Beanspruchung bewerkstelligen, sondern nur der Erzeugung von Reibung dienen, die ihrerseits Schubspannungen in der Probe auslösen, welche die angestrebte Beanspruchung erst ermöglichen. Naturgemäß wird die Krafteinleitung durch einen derartigen zweistufigen Mechanismus komplizierter. Dieser Umstand erklärt die Tatsache, daß Zugprüfmaschinen (früher meist als „Zerreißmaschinen" bezeichnet) für die Krafteinleitung normalerweise mit eigentlichen Einspannköpfen ausgerüstet werden, die einen wesentlich komplexeren Aufbau haben als Druckplatten oder Biegestützen. Immerhin gibt es aber auch im Bereich der Zugprüfung Fälle *formschlüssiger Krafteinleitung* und entsprechend einfachem Aufbau. Angesichts dieses Sachverhaltes sei die Detailbesprechung mit ihnen begonnen.

Voraussetzung für eine formschlüssige Krafteinleitung im Zugversuch ist das Vorhandensein geeigneter Druckflächen an der Probe. Dies kann entweder auf natürliche Weise gegeben sein, wenn es sich um ein Bauteil handelt, das auch im praktischen Einsatz mit Mitteln für die Krafteinleitung versehen ist, oder es muß durch die spezielle Anfertigung von Proben mit Köpfen künstlich ermöglicht werden. Im erstgenannten Fall ist es übrigens ein großer Vorteil, die im praktischen Einsatz zum Bauteil gehörenden Befestigungsmittel (etwa die Verankerungen eines Brückenkabels) ebenfalls der Prüfung zu unterwerfen, da gerade diese Elemente sich nicht selten als die schwächsten Teile des Systems herausstellen. Einige Beispiele charakteristischer Probenformen aus der Praxis sind in Abb. 24 zusammengestellt.

Eine äußerst einfache Krafteinleitung ist offensichtlich bei gelochten Proben möglich (Abb. 24 a). Ein Gabelstück mit einem Zapfen von geeignetem Durchmesser ist im Prinzip ausreichend. Allerdings muß man auch hier, ähnlich wie in den oben abgehandelten Fällen, Klarheit darüber schaffen, ob die Krafteinleitung

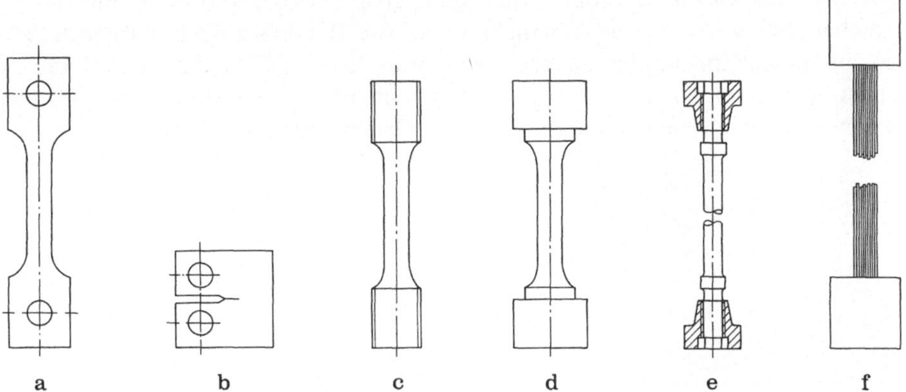

Abb. 24 a-f. Beispiele typischer Proben für Zugversuche. Materialprüfung im engeren Sinn: **a** Flachprobe für Krafteinleitung über Steckzapfen; **b** Bruchmechanik-Kompaktprobe (die Beanspruchung erfolgt hier zwar zur Hauptsache auf Biegung, doch wird der Versuch aus der Schau der Prüfmaschine wie ein Zugversuch gefahren); **c** Probe mit Gewindeköpfen; **d** Schulterprobe. Bauteilprüfung: **e** Zuganker mit Hängemuttern; **f** Paralleldrahtbündel mit Verankerungsköpfen. Achtung: Die einzelnen Beispiele sind in verschiedenen Maßstäben dargestellt

dem Zweck des Versuches entspricht. Fluchten die beiden Gabelstücke beispielsweise nicht einwandfrei oder erlaubt ein bestehendes Spiel zwischen ihren Innenflächen und der Probe eine Schräglage der letztgenannten, so ist in der Probe die meist angestrebte gleichmäßige *Spannungsverteilung gestört* und das Resultat nicht exakt. Immerhin muß festgestellt werden, daß solche Unvollkommenheiten im Zugversuch weit weniger Probleme mit sich bringen als im Druckversuch und daß sie umso harmloser werden, je schlanker die Probe ist. Bei hohen Anforderungen kann der Zapfen natürlich auch mit einem zweiten Freiheitsgrad und (etwa mit Wälzlagern) reibungsarm aufgehängt werden (Abb. 25). Man muß sich aber darüber im klaren sein, daß das einwandfreie Fluchten damit zwar erleichtert, jedoch nicht automatisch sichergestellt ist: Wohl werden Ungenauigkeiten der Maschine überspielt (sofern eine allfällige Querkraft nicht zu einer Fehlmessung führt); Ungenauigkeiten der Krafteinleitung selbst bleiben aber wirksam. Im übrigen ist bei solchen Spezialkonstruktionen immer auf angemessene Dimensionierung zu achten, damit parasitäre Mängel (etwa Kantenpressung infolge Verbiegung eines zu dünnen Zapfens oder Reibung infolge ausgeschlagener Lager-Wälzkörper) vermieden werden.

Es bleibe nicht unerwähnt, daß die gelegentlich beklagten Streuungen bei Messung der Bruchzähigkeit, etwa mit Kompaktproben (Abb. 24 b), nicht in jedem Fall ausschließlich materialbedingt sind, sondern nicht selten von Mängeln der beschriebenen Art mit beeinflußt werden.

Die Frage des Fluchtens kann bei Gewindeproben (Abb. 24 c) ebenfalls eine wesentliche Rolle spielen. Da diese Proben vor allem für Ermüdungsprüfung verwendet werden, ist besondere Sorgfalt am Platz. Eine gut zentrierte Lage des maßgebenden Teils der Probe reicht nicht eo ipso aus, und nur zentrischer Schnitt der Gänge sichert einwandfreie Krafteinleitung. Glücklicherweise fällt der erforderliche Aufwand bei den ohnehin kostspieligen Ermüdungsversuchen nicht allzu sehr ins Gewicht. Problemfrei zentrierbare Schulterproben (Abb. 24 d) brauchen dickere Köpfe als Gewindeproben. Am Rande sei noch vermerkt, daß sowohl bei Gewindeköpfen als auch bei den in der Folge behandelten reibungsschlüssigen Krafteinleitungen die Bezeichnungen „Einspannung“ und „Einspannvorrichtung“ offensichtlich mit gutem Grund verwendet werden.

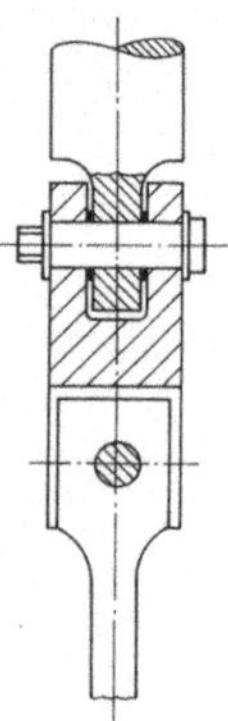

Abb. 25. Vorrichtung für eine möglichst momentfreie Krafteinleitung in eine Flachprobe (unten). Die dargestellten Gleitlager können nötigenfalls durch Wälzlager ersetzt werden

Die in Abb. 24 e und f vorgestellten Beispiele sind charakteristisch für das natürliche Vorliegen von Druckflächen an zugbeanspruchten Bauteil-Systemen: Sowohl die im Maschinenbau viel verwendeten Zuganker als auch die aus dem Bauwesen bekannten Vorspann-, Anker- und Brückenkabel werden in der Praxis stets mit den dazugehörigen Hängemuttern bzw. Verankerungsköpfen eingesetzt, so daß für eine Prüfung des gesamten Systems lediglich ebene und zur Maschinenachse senkrecht stehende Auflageflächen als Krafteinleitung benötigt werden. Da es sich normalerweise um schlanke bis sehr schlanke Proben handelt, ist der Einfluß geringfügiger Ungenauigkeiten auf das Endresultat geringer als in den oben besprochenen Fällen. Immerhin sollte man, speziell bei Zugankern, nicht blind auf diese Regel vertrauen. Zudem ist im Interesse eines gleichmäßig verteilten Kraftflusses für genügende Starrheit der zur Krafteinleitung dienenden Elemente zu sorgen (Abb. 26).

Auf die nun schon mehrfach erwähnte Frage mangelhaften Fluchtens und der dabei auftretenden parasitären Biegespannungen wird bei der Besprechung reibungsschlüssiger Krafteinleitungen nochmals eingegangen.

Krafteinleitungen mit Reibungsschluß – wie schon erwähnt, meist als Einspannvorrichtungen und bei kohärenter Bauart als Einspannköpfe bezeichnet – existieren für sehr verschiedene Arten von Zugversuchen, so daß ein Überblick über die Problematik auf den ersten Blick fast unmöglich erscheint (Abb.27). Versucht man aber, aus dieser verwirrenden Vielfalt die eigentlichen Grundfragen herauszulesen, so erkennt man schnell, daß ihrer nur einige wenige bestehen und daß Erfolg und Mißerfolg eines Systems von deren mehr oder weniger geglückter Lösung abhängen.

Diese Grundfragen lassen sich in die Stichworte „Bruch in der Prüfstrecke", „parasitäre Spannungen", „Zug-Druck-Prüfung" und „Benützerfreundlichkeit" komprimieren. Jede von ihnen ist einer kurzen Besprechung wert.

Es wurde schon erwähnt, daß der Reibungsschluß an der Oberfläche einer Probe in deren Innerem Schubspannungen hervorruft. Ist die Probe ein Stab mit verbreiterten oder verdickten Enden (Probenköpfen) und sind die Übergänge zur prismatischen oder zylindrischen „Prüfstrecke" (dem der Prüfung zu unterwerfenden Teil) genügend stetig (Abb. 28 a), so gehen die Schubspannungen in den Probenköpfen allmählich in eine beinahe homogen verteilte Zugspannung in der Prüfstrecke über, womit sichergestellt ist, daß ebene Querschnitte in der Prüfstrecke so gut wie eben bleiben und – sofern nicht andere Störfaktoren im Spiele stehen – der *Bruch in der Prüfstrecke*, schlimmstenfalls in den ersten Millimetern des Überganges auftritt. Und selbst eine Erhöhung des Reibungskoeffizienten durch Zahnung der an die Probenköpfe gedrückten krafteinleitenden Teile (der Einspannbacken) ruft angesichts des geringen Spannungsniveaus in ihrer Umgebung trotz allfälliger Kerbwirkung keine unerwünschten Folgen hervor. All dies gilt nicht nur für die einmalige (zügige) Beanspruchung, sondern ebenso auch für die hinsichtlich des Einflusses unerwünschter Spannungskonzentrationen besonders empfindliche Ermüdungsprüfung. Offensichtlich ist das Problem des Bruches in der Prüfstrecke nach dem bisher Gesagten einwandfrei lösbar, allerdings auf Kosten einer Probe, die mit Köpfen versehen sein muß.

Abb. 26. Prüfmaschine für schwere Kabel nach Versuch. Im Vordergrund Krafteinleitungselemente (zur Probe gehöriger Kopf, Unterlage, Zwischenstück zum Ausgleich der Probenlänge). Man beachte deren massive Bauweise als Mittel für eine gute Verteilung der auf die Traverse wirkenden Spannungen. Für Besonderheiten der Maschine siehe Abschnitte 3.3.5 und 3.4.3. (Produkt und Bild EMPA)

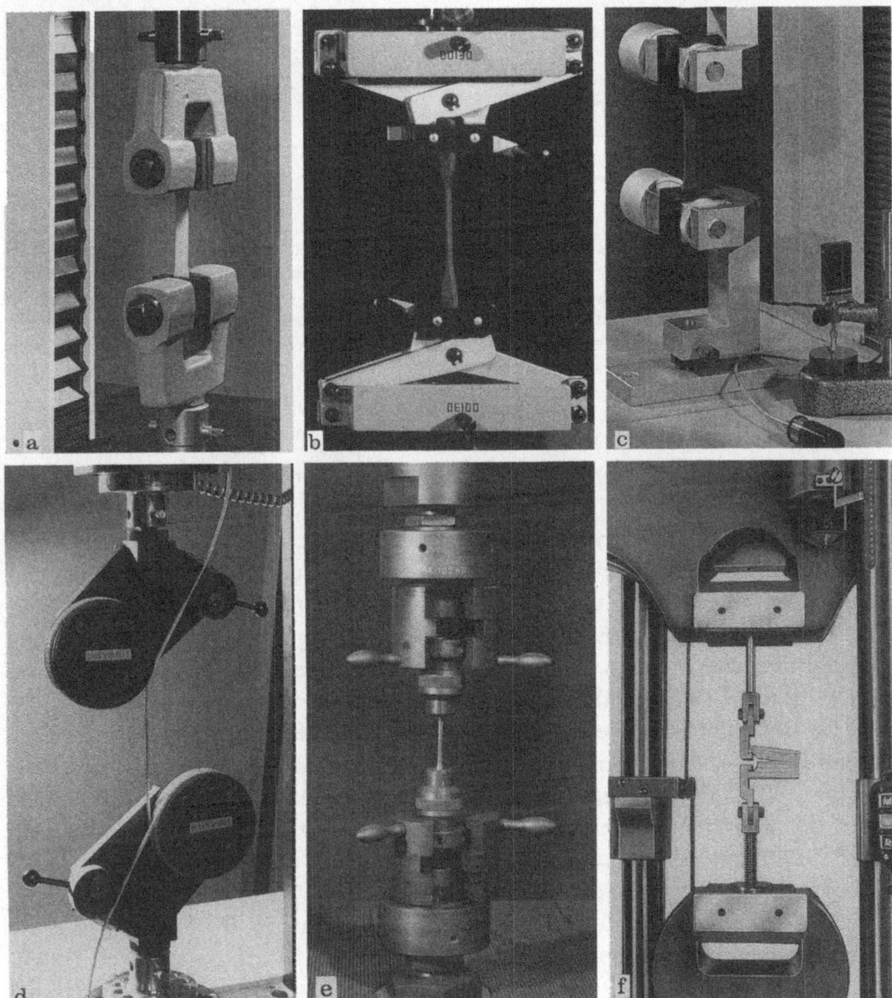

Abb. 27 a-f. Einspannvorrichtungen für Zug- und Spezialversuche. Man beachte die Maßnahmen zur Anpassung an die Probenmaterialien (etwa bezüglich der Nachgiebigkeit) sowie an Belange der Versuchsführung (Raschheit der Bedienung). **a** Einfache „Schraubstock"-Köpfe mit Einspannung durch Anziehen einer Schraube (Produkt und Bild INSTRON); **b** Zangen-Einspannköpfe mit automatischer mechanischer Nachstellung bei nachgiebigen Proben (Produkt und Bild FRANK); **c** Köpfe für nachgiebige Proben mit pneumatischer Betätigung und Nachstellung sowie (vorne rechts) computer-kompatiblem Meßgerät für die Probendicke (Produkte und Bild FRANK); **d** probenschonende Köpfe für Drähte und Schnüre mit Ausnützung des Umschlingungswinkels (Produkt und Bild INSTRON); **e** aufklappbare Köpfe zum schnellen Einspannen von Proben mit (im vorliegenden Fall angeschraubten) Schultern (Produkt und Bild WOLPERT); **f** offene Einspannköpfe (oben als Teil der Traverse ausgebildet) mit Vorrichtung für Spaltversuche an Holz (Produkt und Bild AMSLER WOLPERT). Aus naheliegenden Gründen sind die Maßstäbe der Bilder unterschiedlich

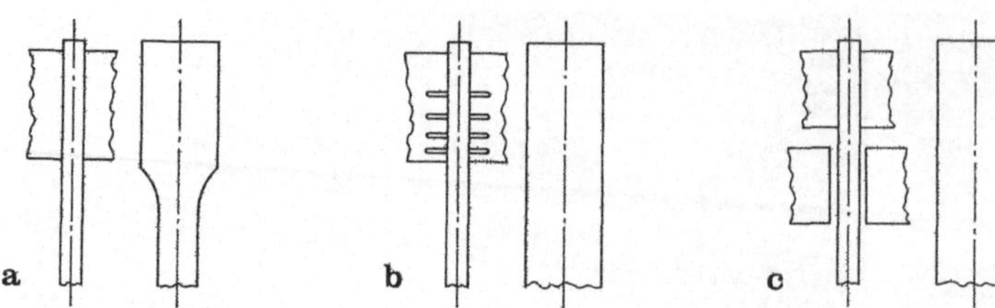

Abb. 28 a-c. Maßnahmen, um – vor allem bei Ermüdungsprüfung oder nachgiebigem Material – den Bruch in einer prismatischen (oder zylindrischen) Prüfstrecke mit annähernd reiner, homogen verteilter Zugspannung auftreten zu lassen, demonstriert an Flachproben (analoge Lösungen bestehen für Rundproben). **a** Probe mit verbreiterten Köpfen und sanften Übergängen zur Prüfstrecke; **b** Probe ohne Kopf, dafür Backen mit elastischen Lamellen; **c** Einspannkopf mit Doppelklemmen (jedes Backenpaar kann separat betätigt werden)

Nun gibt es natürlich zahlreiche prüfungswürdige Objekte, die einem nicht den Gefallen tun, sich ohne weiteres mit „angewachsenen“ Köpfen oder konstruktiv gegebenen Verankerungen versehen zu lassen. Gurten, Drähte, Armierungseisen und Bergseile werden nun einmal mit konstantem Querschnitt hergestellt, und eine Einspannung der in Abb. 28 a gezeigten Art müßte unweigerlich Spannungskonzentrationen im Bereich des brüsken Überganges von Schub zu Zug bewirken und damit das Auftreten des Bruches in der Prüfstrecke verhindern. Auch Prüfkniffe (Kühlen der Einspannstelle) haben ihre Grenzen. Dem Konstrukteur stellt sich also die Aufgabe, den allmählichen Übergang vom Probenkopf zur Prüfstrecke aus der Probe herauszunehmen und im Einspannkopf unterzubringen. Besonders wesentlich ist die Lösung dieser Aufgabe bei Proben aus Materialien geringer Plastizität sowie in der Ermüdungsprüfung, bei der noch ein weiteres Problem hinzukommt: Es sei als idealisierte Arbeitshypothese angenommen, die eingeleitete Schubkraft sei gleichmäßig über die Kontaktlänge der Probe mit den Backen verteilt. Dann muß die Zugkraft in der Probe über diese Länge linear und die daraus resultierende Längenänderung quadratisch zunehmen. Andererseits sind die Backen angesichts ihrer größeren Querschnitte bei weitem starrer als die Probe. Sie werden sich also unter den auftretenden Kräften kaum wesentlich verformen. Ja es gibt Anordnungen, bei denen diese Formänderung derjenigen der Probe entgegengesetzt ist, da die Backen eine Druckspannung erleiden. Mit anderen Worten: Eine günstige Krafteinleitung in die Probe ist bei der gegebenen Konfiguration nur möglich, wenn eine Relativbewegung, ein Gleiten zwischen Probe und Backen sich einstellt. Dies mag bei einmaliger Beanspruchung angehen (wenn es auch da nicht immer die reinste Freude bereitet). Im Ermüdungsversuch aber bedeutet die entstehende Reibung nicht nur einen Energieverlust, der das Abwürgen eines Resonanzantriebes bewirken kann (wie dies für einen Biegeversuch oben beschrieben wurde); es kann auch zur unter dem Namen „Fretting“ bekannten Reibungskorrosion führen, einer nicht zu unterschätzenden Gefahr für Probe und Einspannbacken.

Bezeichnenderweise entstanden schon kurz nach dem Zweiten Weltkrieg für die damals neugeschaffenen Hochfrequenzpulsatoren (RUSSENBERGER, 1946)

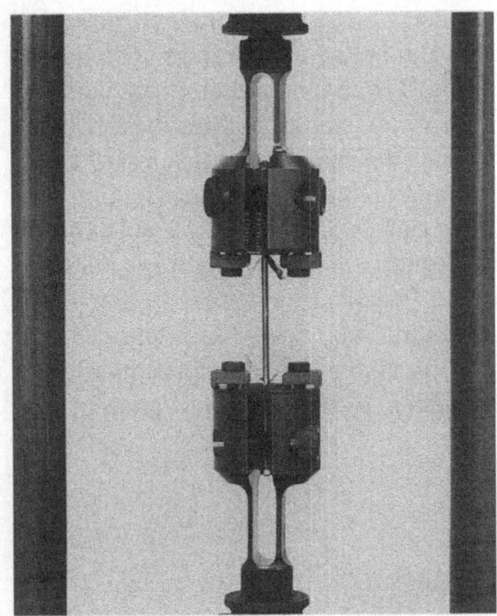

Abb. 29. Einspannköpfe für die Ermüdungsprüfung glatter Drähte. Die Backen sind im Sinne von Abb. 28 b lamelliert, um eine möglichst sanfte Krafteinleitung zu sichern. Überdies sind die Köpfe elastisch aufgehängt, was eine Verbesserung des Fluchtens bewirkt. (Produkt und Bild RUMUL)

Einspannvorrichtungen gemäß Abb. 28 b, deren Einspannbacken mehrere Lamellen umfassen, wobei die Elastizität dieser Lamellen vom Probenende gegen die Prüfstrecke hin zunimmt. Durch zweckmäßige Dimensionierung kann dafür gesorgt werden, daß die von den Backen auf die Probe übertragenen Teil-Schubkräfte einigermaßen gleichmäßig verteilt sind, so daß der Aufbau der Zugkraft in der Probe in vertretbarer Abstufung erfolgt. Gleichzeitig wird ein nennenswertes Gleiten der Backen auf der Probenoberfläche vermieden, so daß das gefürchtete Fretting ausbleibt. Hier ist der oben dargelegte quadratische Verlauf der Längenänderung (und damit auch der Relativbewegung) sehr willkommen, da schon bei Halbierung der starren Backenlänge das Gleiten um 75 % reduziert wird. Dank den dargelegten Vorzügen hat sich diese Bauart bis heute als Standardlösung für die Prüfung von Drähten bewährt (Abb. 29).

Leider ist dieses sehr einfache Konzept naturgemäß nur für ziemlich starre Proben anwendbar, da nachgiebiges Material wegen der langen Federwege zwangsläufig zu außerordentlich großen Abmessungen der Einspannköpfe führen müßte, die überdies eine erhebliche elastische Energie aufnehmen könnten, was in vielen Fällen ein unwillkommenes Phänomen ist (Unterabschnitte 3.4.2, 3.4.3). Eine radikale Lösung für hochelastische Proben verschiedener Form und aus verschiedenen Materialien existiert erst seit wenigen Jahren (Abb. 28 c). Es handelt sich dabei allerdings um eine ziemlich aufwendige Konstruktion, die sogenannten „Doppelklemmen" (EMPA, 1986). Jeder Einspannkopf der betreffenden Maschine umfaßt nicht nur eine, sondern zwei unabhängig betätigte, in Serie angeordnete Klemmen. Das äußere Paar wird vom Beginn des Versuches an zur Einspannung der Probe verwendet. Die Backen des inneren bleiben zunächst ohne Kontakt mit der Probe. Sobald eine gewisse Zugkraft erreicht ist (der Größenordnung nach etwa die Hälfte der erwarteten maximalen Prüfkraft), wird die Probe automatisch auch vom zweiten Backenpaar erfaßt. Dieses hat somit nur noch ungefähr die halbe Kraft in die Probe einzuleiten, was dank der oben erwähnten quadratischen Beziehung zu einer bemerkenswerten Entschärfung der Problematik führt. In der Tat lassen sich auf diese Weise auch sehr nachgiebige Proben (die früher von der Einspannung schon vor Versuchsbeginn „erdrosselt" wurden) einwandfrei zerreißen, ohne daß Brüche in den Einspanköpfen befürchtet werden müßten (Abb. 30). Am Rande sei noch beigefügt, daß der Anpassung der Klemmkraft an das jeweilige Material eine wesentliche Rolle beim erfolgreichen Betrieb dieser Krafteinleitung zukommt. Angesichts des für derartige Konstruktionen erforderlichen Aufwandes ist es allerdings nicht erstaunlich, daß in der Regel einfachere Lösungen zum Einsatz kommen, die

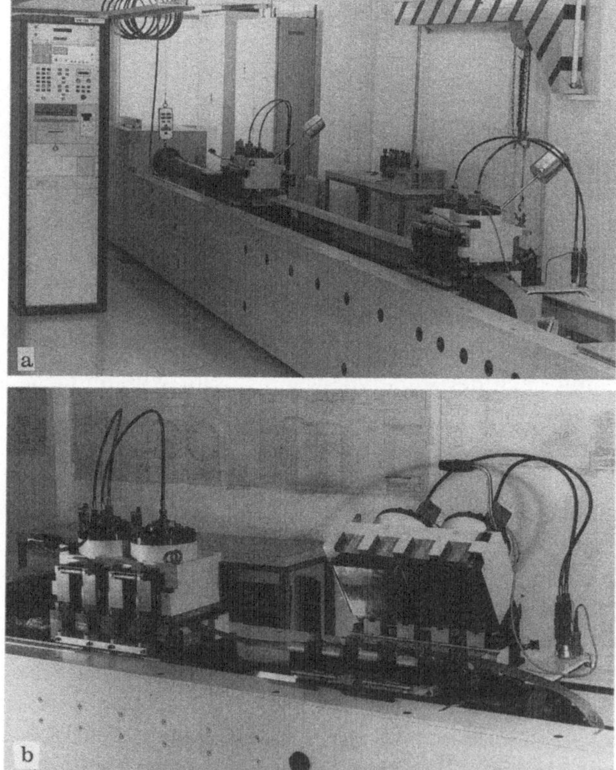

Abb. 30 a, b. Einspannköpfe mit Doppelklemmen gemäß Abb. 27c. **a** Gesamtansicht der horizontalen Spezialprüfmaschine für Seile und Gurten; **b** Kopf mit Klemmenpaar, linke Klemme in Arbeits-, rechte in Beschickungs-Stellung. Man erkennt links die beiden hydraulischen Klemmzylinder, rechts das großflächige Backenpaar mit der eingelegten Probe. (Produkte EMPA und Walter + Bai, Bild EMPA)

zwar nicht die gleiche Vielseitigkeit aufweisen, aber häufig den Bedürfnissen eines Teilgebietes vollauf genügen (Abb. 27 b, c, d).

Parasitäre Spannungen entstehen beim Zugversuch vorzugsweise in der Folge schlechten Fluchtens der Krafteinleitungen (Abb. 31). Je nach den geometrischen Verhältnissen, dem Probenmaterial und der Starrheit der vorhandenen Führungen ergeben sich sehr verschieden große Schub- und Biegespannungen in der Probe sowie Dynamen in der Krafteinleitung. Je schlanker die Probe und je nachgiebiger ihr Material ist, desto geringer fallen diese Störgrößen in der Regel aus, und von bestimmten Schlankheitsgraden an können bei gegebenem Material in der Probe zunächst die parasitären Schubspannungen, dann, bei noch höherer Schlankheit, eventuell auch die Biegespannungen vernachlässigt werden. Das gleiche gilt für die Krafteinleitung, zuerst hinsichtlich der Querkräfte und dann der Momente. Hier hängen die Grenzen zur Hauptsache davon ab, in welchem Maße die Kraftmessung durch Querkräfte oder Momente verfälscht werden kann. Daß analoge Fälle wie der in Abb. 3 und 23 gezeigte ebenso gut im Zug- wie im Druckversuch auftreten können, muß wohl nicht speziell betont werden. Es sei dazu lediglich festgehalten, daß damit in erster Linie das Gebiet der Bauteilprüfung angesprochen ist und daß gerade bei Bauteilen gelegentlich auch parasitäre Schubspannungen infolge Torsion auftreten können.

Ähnlich wie beim Problem des Bruches in der Prüfstrecke ist auch hier die Ermüdung beträchtlich heikler als die zügige Beanspruchung, namentlich wenn die in die Probe eingeleitete pulsierende Zugkraft auch eine Pulsation der parasitären Spannung hervorruft (was übrigens meistens in bescheidenem Maß der Fall ist). Welche Irrtümer aus der Mißachtung der Möglichkeit parasitärer Spannungen entstehen können, zeigen Publikationen aus den sechziger Jahren, in denen ein markanter Einfluß der Prüffrequenz auf die Ermüdungs-Lebensdauer von Metallen bekanntgegeben wurde (CALDERALE, 1963), ein Ergebnis, das sich bei eingehender Überprüfung an der EMPA für verschiedene Stähle und Leichtmetalle im Frequenzbereich zwischen 4 und 150 Hz als Effekt eines überlagerten

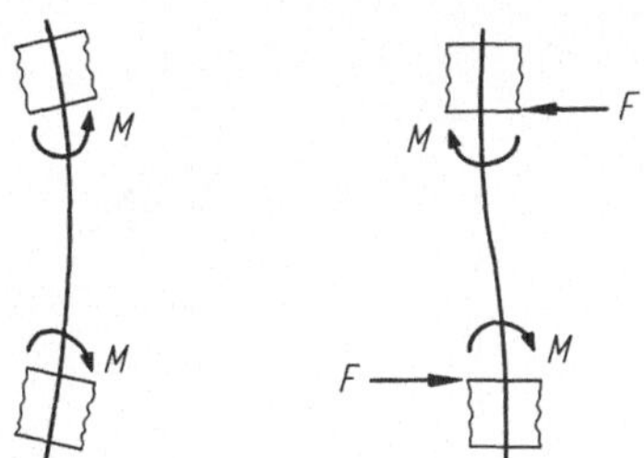

Abb. 31. Stark übertrieben dargestellte parasitäre Verformungen einer Zugprobe durch schlechtes Fluchten des Prüfsystems. Links verschiedene Achsrichtungen der Krafteinleitungen (mit Schnittpunkt der Achsen in Probenmitte); rechts seitliche Verschiebung zwischen parallelen Achsen. Da analoge Ungenauigkeiten auch quer zur Bildebene auftreten können und beliebige Kombinationen möglich sind, decken die beiden Fälle alle Fehlermöglichkeiten durch schlechtes Fluchten ab (vier Freiheitsgrade, zu denen als fünfter die hier meist irrelevante Torsion und als sechster der zum Versuch erforderliche Zug hinzukommt)

Biegeeinflusses, also einer parasitären Spannung, erwies (leider wurde diese Untersuchung nicht veröffentlicht). Damit war natürlich keineswegs die Frequenzabhängigkeit der Resultate von Ermüdungsprüfungen unter ungewöhnlichen Bedingungen in Frage gestellt, etwa im Bereich der Fließgrenze, bei Kriechtemperatur oder an Materialien mit hoher innerer Dämpfung. Es war damit auch nichts ausgesagt über den Einfluß noch wesentlich höherer Frequenzen – etwa im Ultraschallbereich –, wo das Überlagerungsfeld durch die Probe laufender Wellen und ihrer Reflektionen recht unübersichtliche Verhältnisse bewirkt.

Die Behandlung der beiden letzten Fragen, betreffend die *Zug-Druck-Prüfung und die Benützerfreundlichkeit*, soll gemeinsam erfolgen, da in beiden Fällen eine entscheidende Rolle der konstruktiven Gestaltung des Einspannkopfes zukommt, die in der Folge einer kurzen Analyse unterzogen sei.

Lange Zeit beherrschten *Einspannköpfe mit Keilbacken* (Abb. 32 a) fast ausschließlich das Gebiet der reinen Zugprüfung. Bei ihnen entsteht die für das Einklemmen der Probe erforderliche Querkraft auf die Backen automatisch als Folge des von der einsetzenden Zugkraft bewirkten Gleitens der Backen in ihren Lagerungen. Dies bringt einen wesentlichen Vorteil mit sich: Die Klemmkraft steht ohne weiteres Zutun in einer einigermaßen sinnvollen Relation zur Zugkraft. Es ist aber zu bedenken, daß die Reibung auch bei diesem Gleitvorgang – einmal mehr – einen Unsicherheitsfaktor darstellt. Aus den geometrischen Gegebenheiten läßt sich beispielsweise berechnen, daß das Verhältnis der Klemmkraft zur

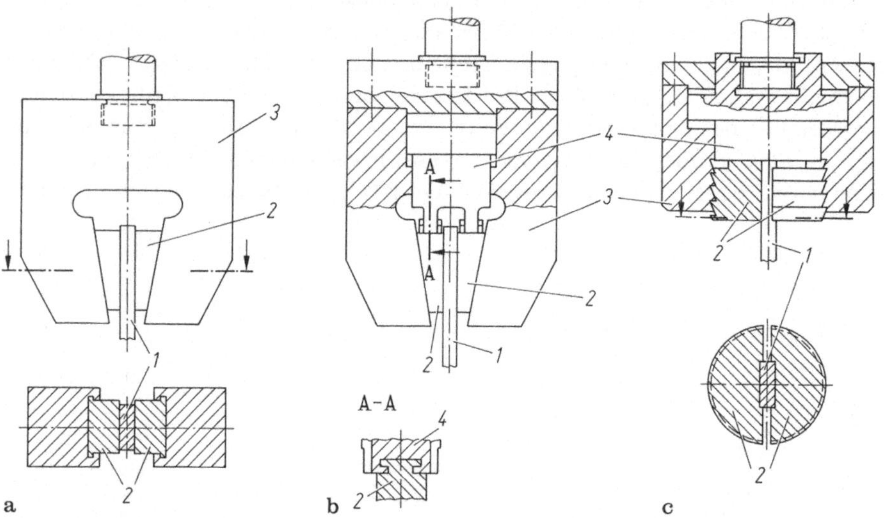

Abb. 32 a-c. Schematische Darstellung einiger Formen von Einspannköpfen für Zug- (zum Teil auch für Zug- und Druck-) Versuche. **a** Mechanischer Keilbacken-Kopf (nur Zug); **b** hydraulisch betätigter Keilbacken-Kopf (bei genügend starker Hydraulik auch Druckversuche möglich; Achtung: Knickrisiko beim Einspannen dünner Proben); **c** Kopf mit Spannfutter-Backen (Achtung: Bei der dargestellten Konstruktion mit feststehendem Kolben muß die Hydraulik eine höhere Kraft als die Prüfkraft aufbringen; daher auch Druckversuche möglich). *1* = Probe; *2* = Backen; *3* = Basis des Kopfes; *4* = Kolben

Zugkraft in Funktion des halben Keilwinkels und des Reibungskoeffizienten zwischen den Backen und ihren Führungen die folgenden Werte annimmt:

Halber Keilwinkel (Bogenmaß)	1/6	1/6	1/9	1/9
Reibungskoeffizient	0,05	0,2	0,05	0,2
Klemmkraft/Zugkraft	2,29	1,32	3,09	1,57

Man erkennt aus diesen wenigen Zahlen die Bedeutung der Reibung, die unter ungünstigen Umständen (vornehmlich bei sehr harten und glatten Proben) eine zuverlässige Einspannung verunmöglichen kann. Hier hat sich die Einführung moderner Schmiermittel (vor allem auf Molybdänbasis) vorteilhaft ausgewirkt, so daß spezielle Kniffe (wie das Einlegen von Schmirgelpapier zwischen Probe und Backen) seltener geworden sind.

Die klassische Bauweise des Einspannkopfes mit Keilbacken, die wegen ihrer Einfachheit keineswegs vom Markt verschwunden ist, besitzt keine andere Betätigung als eine primitive Vorrichtung zur Sicherstellung des Gleichlaufes der Backen vor dem eigentlichen Einspannvorgang, also vor Einsetzen der Zugkraft (Abb. 33). Denn die Klemmkraft wird ja ausschließlich in der geschilderten Weise von der Zugkraft aufgebracht. Dies ist in dreifacher Hinsicht nicht unproblematisch. Zum einen kann es bei ungleicher Reibung der Backen in ihren Lagerungen oder bei nicht gleichzeitigem Fassen der Backen auf der Oberfläche der Probe zu einer leichten Relativverschiebung zwischen den Backen führen, womit

Abb. 33. Konventionelle hydraulische Zweiraum-Prüfmaschine (gemäß Abb. 107 b) mit geschlossenen Einspannköpfen, die völlig in die Lauftraverse (Mitte) und die Sockeltraverse (unten) integriert sind und somit praktisch keinen Raum beanspruchen. Die Bedienungshebel links an der Lauf- und vor der Sockeltraverse sichern eine symmetrische Führung der Backen beim Einspannen. Rechts Federkraftanzeiger. (Produkte AMSLER und WALTER + BAI, Bild EMPA)

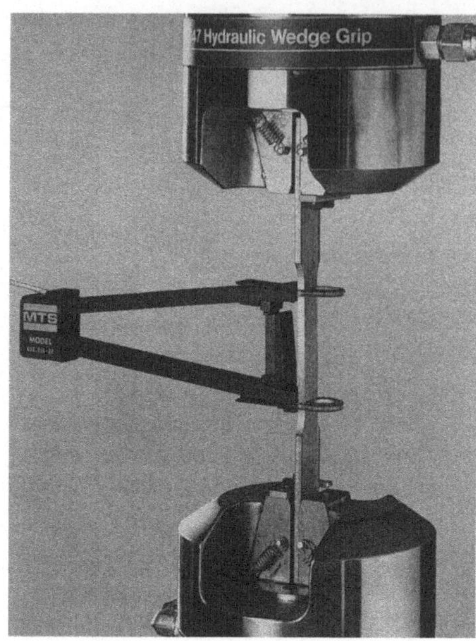

Abb. 34. Offene Einspannköpfe mit Keilbacken und hydraulischer Betätigung analog zu Abb. 32b, jedoch feststehendem Kolben und beweglicher Basis, also senkrecht zur Maschinenachse bewegten Backen zur Vermeidung von Druckkräften auf die Probe beim Einspannen. Eingespannt ist eine flache Zugprobe mit Dehnungsmesser für große Verformungen. (Produkte und Bild MTS)

das Entstehen einer parasitären Biegespannung eingeleitet wird. Zum zweiten ergibt sich im Ermüdungsbetrieb unter Umständen ein unerwünschtes Scheuern der Backen in ihren Lagern, und zwar gerade bei besonders kleiner Reibung, also guter Schmierung. Zum dritten ist natürlich an Zug-Druck-Versuche nicht zu denken, da die Probe beim Übergang zur Druckkraft selbsttätig „ausgespannt" würde. So entstanden schon in der Zwischenkriegszeit *Köpfe mit hydraulischer Betätigung* der nach wie vor keilförmigen Backen (Abb. 32 b, 34).

Hier ist bei der Zug-Druck-Prüfung (etwa Ermüdung unter Wechsellast) ein interessantes Phänomen zu beobachten, indem die Reibung für einmal eine die Versuchsführung begünstigende Rolle spielt: Tritt die höchste Zugkraft vor der höchsten Druckkraft auf, so braucht der die Backen betätigende Kolben nicht etwa eine wesentlich höhere Kraft aufzubringen als diese Druckkraft. Denn ein Zurückschieben der Backen ist nur möglich, wenn die von der Probe kommende Druckkraft sowohl die Kraft des Betätigungskolbens als auch die Reibungskraft der durch Zug- und Betätigungskraft stark verkeilten Backen überwindet. Beispielsweise genügt bei realistischen Annahmen über den halben Keilwinkel (1/6) und den Reibungskoeffizienten (0,2) theoretisch eine Betätigungskraft von 46 % der maximalen Kraftamplitude, um in einem symmetrischen Wechsellastversuch ein Lösen der Einspannung zu vermeiden. Vernünftigerweise werden aber wesentlich stärkere Kräfte gewählt (etwa in der Höhe der maximalen Kraftamplituden), da der Reibungskoeffizient auch hier einen Unsicherheitsfaktor darstellt.

Daß die hydraulische Betätigung der Backen neben dem erwähnten Vorteil auch als benützerfreundlich zu bezeichnen ist, braucht wohl nicht speziell hervorgehoben zu werden. Im gleichen Atemzug muß aber auch auf ihre Gefährlichkeit aufmerksam gemacht werden: Angemessene Sicherheitsvorkehrungen müssen insbesondere das Einklemmen von Fingern bei der Bedienung derartiger Maschinen zuverlässig ausschließen.

Neben den soeben beschriebenen existieren auch hydraulisch betätigte Einspannköpfe mit mehreren konischen Gleitflächen für jede der zwei oder (bei runden Probenenden) drei Backen. Die äußerst kompakte *„Spannfutter"-Bauart* dieser Köpfe wird durch einen geringen Arbeitsbereich des Backensatzes erkauft: Wünscht man einen weiten Bereich für die Abmessungen der Probenenden, so muß man mehrere Backensätze anschaffen (Abb. 32 c, 35). Für kleinere Kräfte ist auch eine mechanische Betätigung denkbar, wobei in einem speziellen Fall eine einfache dreidimensionale Waage das gleichzeitige und gleichmäßige Spannen dreier Spannschrauben gestattet (Abb. 36; LEUTERT et al.,1980).

An sich ist es naheliegend, die Backen direkt mit hydraulischen Zylindern zu betätigen, deren Achsen quer zur Zugrichtung liegen (Abb. 37, 38). Eine solche *„Schraubstock"-Anordnung* bietet den bedeutenden Vorteil identischer Bedingungen in Zug- und Druckrichtung und eines „gutmütigen" Überganges zwischen den beiden Beanspruchungsrichtungen. Die hohen erforderlichen Klemm-

Abb. 35. Geschlossene Einspannköpfe in „Spannfutter"-Bauweise gemäß Abb. 32c mit mehreren Gleitflächen und hydraulischer Betätigung. Anstelle einer Probe sind warmfeste Adapter für die Krafteinleitung bei hohen Temperaturen eingespannt. Man beachte die kleinen Abmessungen der Köpfe. (Produkte und Bild MTS)

Abb. 36. Einspannköpfe für Ermüdungsprüfung von Rundproben mit glatten zylindrischen Enden. Elastische Backen gemäß Abb. 28b. Das Spannfutter wird durch Anziehen einer von drei Schrauben gespannt, die durch eine sternförmige dreidimensionale Waage (oben im Bild) miteinander verbunden sind. (Produkt und Bild EMPA)

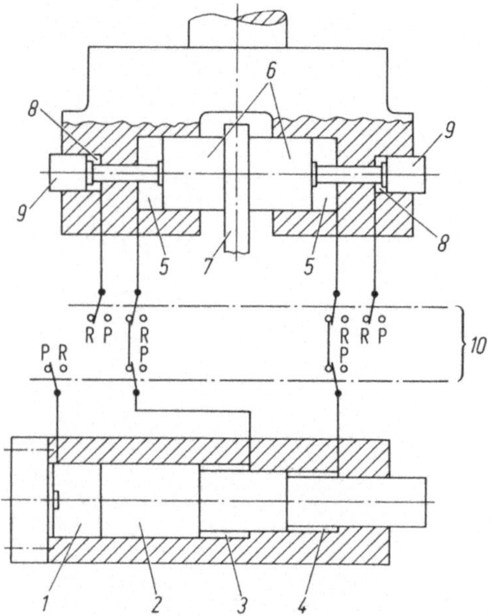

Abb. 37. Schema eines hydraulischen „Schraubstock"-Einspannkopfes. P = Drucköl-Anschluß; R = Reservoir-Anschluß; *1* = Primärkammer des Druckübersetzers; *2* = Kolben des Druckübersetzers; *3, 4* = Sekundärkammern des Druckübersetzers, als Basis für den Gleichlauf der Backen dienend; *5* = Kammern für das Klemmen; *6* = Backen, als Kolben ausgebildet; *7* = Probe; *8, 9* = Kammern und Kolben für das Lösen; *10* = Ventilbetätigung für Klemmen und Lösen. Achtung: Im vorliegenden Buch werden hydraulische Ventile in unüblicher Weise wie elektrische Schalter dargestellt, unabhängig davon, ob es sich um eine Ein-aus-Funktion oder um kontinuierliche Betätigung handelt. Diese Vereinfachung dient der Übersicht

Abb. 38. „Schraubstock"-Einspannköpfe für Kräfte bis 10 MN. Der hohe Aufwand für eine Maschine dieses Kalibers läßt die Kosten eines Druckübersetzers unerheblich erscheinen. Man beachte das Geleise, auf dem der untere Kopf ausgefahren und mit dem Kran beschickt werden kann. (Produkt und Bild SCHENCK)

kräfte (etwa zweieinhalbfache Zugkraft) bedingen aber – sofern vertretbare Abmessungen der Köpfe eingehalten werden sollen – eine Druckübersetzung zwischen dem Hydrauliksystem der Maschine und der Einspannung. Zudem muß die wohlzentrierte Backenbewegung entweder durch eine mechanische Gleichlaufvorrichtung oder durch Zufuhr gleicher Ölmengen zu beiden Zylindern, ausgehend von streng symmetrisch liegenden Anschlagpositionen, sichergestellt werden. Nur selten – vor allem bei starrer Maschine, nachgiebigen Proben und unempfindlicher Kraftmessung – kann auf solchen Mehraufwand verzichtet werden (Beispiel: Abb. 27 a), allenfalls mit Justierbarkeit der anschlagseitigen Backe (Abb. 27 c).

Stehen nur kleine Kräfte im Spiel und besitzt das Prüfsystem keine Hydraulik, so kommt für Einspannvorrichtungen des soeben beschriebenen „Schraubstock"-Typs auch *mechanische oder pneumatische Betätigung* in Betracht (Abb. 27 a, c, 101). In diesem Zusammenhang ist die Bemerkung angebracht, daß eine ad hoc vorgesehene Pneumatik wesentlich billiger zu stehen kommt als eine Hydraulik. Doch sind ihre Möglichkeiten durch den um mehr als eine Zehnerpotenz geringeren Arbeitsdruck begrenzt, sofern nicht der zusätzliche Aufwand einer pneumatisch/hydraulischen Druckübersetzung in Kauf genommen wird. Dazu kommen noch die im folgenden Abschnitt zu besprechenden Probleme.

Im Zusammenhang mit Zug-Druck-Versuchen sei noch erwähnt, daß bei erhöhten Anforderungen (etwa geringer Antriebsleistung, hoher Ermüdungsfrequenz und/oder strengen meßtechnischen Ansprüchen) eine *Verspannung der Probe* als besonders günstige Lösung zu betrachten ist, weil selbst geringe Spiele sich als prohibitive Hindernisse herausstellen können. In Kombination mit Gewindeproben existieren schon seit Jahrzehnten ausgezeichnete Einspannvorrichtungen, bei denen die Verspannung rein mechanisch vermittels eines Zahnschlüssels erfolgt (Abb. 39). Für größere Kräfte ist das mechanische Einspannen nur noch unter Verwendung mehrerer Spannschrauben möglich (Abb. 40), erfordert also etwas mehr Sorgfalt (zur Erzielung gleichmäßig verteilter Spannkräfte) und Zeit. In dieser Hinsicht bequemer, in der Anschaffung aber auch entsprechend teurer sind hydraulisch verspannte Einspannköpfe für Kopfproben (Abb. 24 d, 41).

Zur soeben gestreiften Frage der Benützerfreundlichkeit ist eine Bemerkung von grundsätzlicher Bedeutung unerläßlich: Der *Zeitaufwand für die Vorbereitung eines Versuches* und insbesondere für die Einspannung einer Probe sollte in einem vernünftigen Verhältnis stehen zu den übrigen Gegebenheiten des durchzuführenden Versuches sowie zu den Kosten für die Anschaffung der Ausrüstung und die Herstellung der Proben. Es ist in diesem Sinne keineswegs gleichgültig, ob ein routinemäßiger Zerreißversuch ansteht oder eine Ermüdungsprüfung im Dauerfestigkeitsbereich.

Im erstgenannten Fall müssen manchmal Dutzende oder Hunderte gleichartiger Proben in möglichst kurzer Zeit untersucht werden. Die Einspannzeit kann einen erheblichen Anteil der gesamten Prüfzeit in Anspruch nehmen, von der die

Abb. 39. Einspannköpfe für die Ermüdungsprüfung von Proben mit Gewindeköpfen. Die Zahnräder erlauben mit Hilfe passender Zahnschlüssel (gelagert in den rechts vor den Zahnrädern angebrachten Zapfen) ein rasches Verspannen der Probe und damit eine einwandfreie Arbeit mit Wechsellast bis zu 100 kN. (Produkt und Bild RUMUL)

Abb. 40. Einspannköpfe für die Ermüdungsprüfung von Proben mit Gewindeköpfen bei Kräften über 100 kN. Die für Wechsellast erforderliche Verspannung erfolgt hier durch das Anziehen mehrerer Schrauben mit dem Momentschlüssel. Der erhöhte Zeitaufwand ist angesichts der relativ langen Prüfdauer nicht entscheidend. (Produkt und Bild RUMUL)

Abb. 41. Geschlossene Einspannköpfe mit Keilbacken, genügend starker hydraulischer Vorspannung für Zug- und Druckversuche sowie manueller Verstellmöglichkeit zur Anpassung an die Probendicke. (Produkt und Bild MTS)

Gesamtkosten (bei nicht allzu teuren Maschinen mit überwiegendem Personalanteil) annähernd proportional abhängen. Eine zeitsparende Einspannvorrichtung wird also in vielen Fällen eine gute Investition darstellen.

Ganz anders liegen die Verhältnisse bei der Ermüdungsprüfung: Da die eigentliche Prüfung zumindest bei Ermittlung der Dauerschwingfestigkeit weit länger dauert als die Vorbereitung (für die klassischen zwei Millionen Lastwechsel braucht man bei 5 Hz gut viereinhalb Tage, bei 30 Hz 18,5 Stunden und bei 200 Hz immer noch fast deren drei) und da die Maschine größtenteils unbeaufsichtigt läuft, spielen normalerweise die Personal- und somit auch die Einspannkosten eine untergeordnete Rolle. Eine Einsparung durch Rationalisierung des Einspannens schlägt sich folglich in den Gesamtkosten nur in sehr bescheidenem Ausmaß nieder. Man wird also im Einzelfall – sofern nicht andere Gründe zwingend für diese oder jene Lösung sprechen – mit Vorteil zumindest eine Kopfrechnung darüber anstellen, ob eine bequemere, aber teurere Einspannvorrichtung sich innert nützlicher Frist auch auszahlt. Wie eine solche Rechnung im Einzelfall aussieht, hängt naturgemäß von einer ganzen Reihe weiterer Faktoren ab. Beispielsweise ist die zu erwartende Lastwechselzahl im Zeit- oder Dauerfestigkeitsbereich von großer Bedeutung, und die damit gekoppelte Frage des Budgets für die jährlich herzustellenden Proben kann im Sinne gewindefreier Probenköpfe und entsprechender Einspannvorrichtungen wirken.

Unabhängig von den Voraussetzungen für die Optimierung des Einzelfalles gilt hier wie andernorts in der Technik die Regel, daß Rationalisierung dort einzusetzen hat, wo etwas zu holen ist, und nicht dort, wo spektakuläre (und nicht selten kostspielige) Lösungen einen Vorteil vermuten lassen.

Ein Wort noch zur Benützerfreundlichkeit von Einspannköpfen: Es ist, speziell wenn viele Zugversuche in kurzer Zeit durchzuführen sind, nicht gleichgültig, ob man eine Probe seitlich zwischen die Backen einschieben kann, oder ob vorher ein Auseinanderschieben der Köpfe und anschließend deren erneutes Zusammenschieben unerläßlich ist (Abb. 42). Damit ist der alte Streit um *„offene" und „geschlossene" Einspannköpfe* angesprochen, der heute noch nicht als entschieden gelten darf, obwohl er zumindest durch die weite Verbreitung servohydraulischer Maschinen einiges von seiner Brisanz verloren hat: Dank der Schnelligkeit und der bequemen Programmierbarkeit ihres Antriebes lassen sich bei diesen Maschinen die erforderlichen Relativbewegungen zwischen den Köpfen mit einem drastisch reduzierten Zeitverlust ausführen.

Daß es sich tatsächlich um ein noch nicht definitiv gelöstes Problem handelt, läßt sich schon aus der Existenz beider Bauarten auf dem Markt entnehmen. In der Tat wurden bereits in den Illustrationen der vorangegangenen Betrachtungen sowohl offene (Abb. 27 a, c, 30, 34, 38) als auch geschlossene (Abb. 29, 33, 35, 36,39, 40, 41) Ausführungen vorgestellt. Aus diesem Sachverhalt läßt sich unschwer auf das Bestehen eindeutiger Vorteile jeder Bauart schließen, zugleich auch auf erhebliche Schwierigkeiten einer Vereinigung der Vorteile beider in einer einzigen Konstruktion.

Der bereits erwähnte maßgebende Vorteil des offenen Kopfes liegt im raschen, bequemen Austauschen der Proben, namentlich wenn deren viele mit gleichen

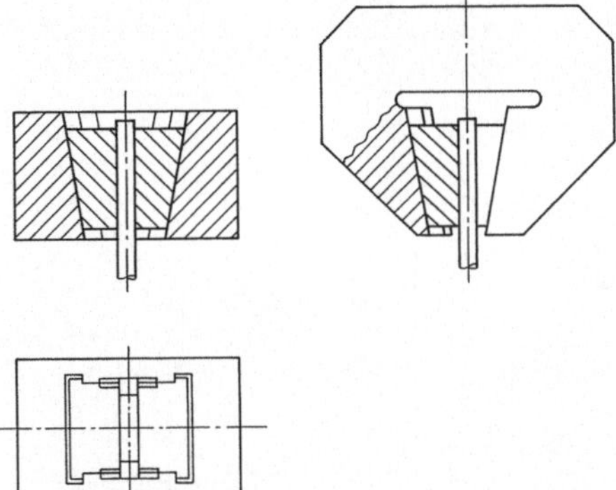

Abb. 42. Wettstreit zwischen kompakter Bauart und Bedienungskomfort: links geschlossener, rechts offener Einspannkopf

Abmessungen zu prüfen sind. Daß auch für eigentliche Automationsmaßnahmen, beispielsweise die Beschickung mit Robotern, bessere Voraussetzungen bestehen als bei geschlossenen Köpfen, ist zwar offensichtlich, darf aber bei den heute verfügbaren Möglichkeiten kaum als entscheidend betrachtet werden.

Diesem Vorteil stehen zwei wesentliche Nachteile gegenüber, die beide mit dem notwendigerweise längeren Weg der Klemmkräfte von Backe zu Backe zusammenhängen: Erstens müssen zur Aufnahme der entstehenden hohen Biegemomente große Querschnitte verwendet werden, was zu schweren und sperrigen Formen führt. Zweitens ist es trotzdem nicht möglich, dem Kopf die gleiche Starrheit zu verleihen wie einem weit kompakteren geschlossenen. Das bewirkt bei Keilbacken das bereits erwähnte Scheuern im Ermüdungsbetrieb (mit erhöhter Schädigungsgefahr für den Kopf selber) und gleichzeitig das sogenannte „Maulaufmachen“: Durch das Biegemoment wird der Kopf so verformt, daß die Parallelität der die Probe klemmenden Backenflächen nicht mehr streng sichergestellt ist, was eine ungleichmäßige Anpressung zur Folge hat.

Es hat nicht an Versuchen gefehlt, die geschilderten Nachteile zu beheben. Zunächst entstanden halboffene Köpfe, bei denen der Kraftschluß wenigstens einseitig auf kurzem Weg erfolgte. Es stellte sich aber heraus, daß man den Teufel mit Beelzebub ausgetrieben hatte: Die Klemmflächen der Backen wurden erneut in ihrer Parallelität gestört, diesmal in Querrichtung, was besonders bei der Ermüdungsprüfung von Flachproben unannehmbar war. So mußte man wohl oder übel für heikle Fälle durch Einbau von Zugankern den Kopf wieder schließen. Heute darf diese Bauart als überholt bezeichnet werden (Abb. 43). Eine einigermaßen befriedigende, aber kaum bekannte Lösung ist gekennzeichnet durch die Verwendung eines schräg angeordneten, bezüglich der Klemmflächen aber symmetrischen Rahmens für die Aufnahme der Sprengkräfte an einem anderweitig in Querrichtung ausgesprochen nachgiebigen Kopf. So ist das „Einfädeln“ einer Probe zwar nicht ebenso bequem wie bei völlig offener Bauart, aber immerhin ohne Bewegung des angetriebenen Einspannkopfes möglich (Abb. 44, 105, 108).

Daß die im Zusammenhang mit gelochten Proben erwähnte Möglichkeit einer *quasi-kardanischen Aufhängung* (Abb. 25) grundsätzlich auf alle Typen von

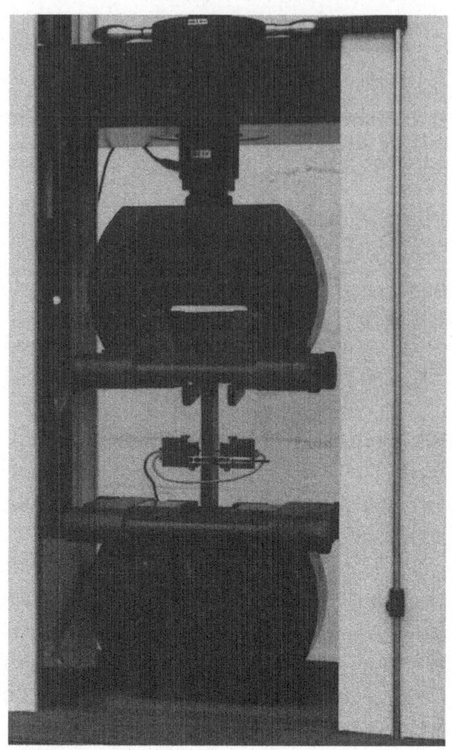

Abb. 43. Einspannköpfe mit Zugankern zur Aufnahme der Sprengkräfte. Diese heute nicht mehr hergestellten Köpfe wurden in der Regel für statische Versuche offen (ohne Anker), für Ermüdungsversuche geschlossen (mit Ankern) eingesetzt. (Produkt und Bild AMSLER WOLPERT)

Abb. 44. Zwei Krafteinleitungen in einem Bild: Fest montierte Einspannköpfe mit schrägen Rahmen zur Aufnahme der Sprengkräfte bei guter Zugänglichkeit. Daran angehängt Zusatzvorrichtungen zur sekundenschnellen Beschickung mit Schulterproben. Vor den Säulen zwei simultan zu bedienende Hebel zur Vermeidung von Verletzungen beim Hantieren mit der hydraulischen Betätigung der Einspannköpfe. (Produkt und Bild AMSLER)

Einspannvorrichtungen für Zugversuche anwendbar ist, braucht hier nicht speziell hervorgehoben zu werden. In der Praxis des Prüfmaschinenbaues wird davon aber nur selten Gebrauch gemacht. Das hängt einerseits mit dem stark erhöhten Risiko unbeabsichtigten Knickens und störenden Spiels im Zug-Druck-Versuch zusammen, andererseits mit dem großen Aufwand und Raumbedarf solcher Aufhängungen, namentlich an Maschinen schweren Kalibers. Für besonders empfindliche Versuche kann aber auf die dabei gebotene Konzentration der Genauigkeitserfordernisse in einem begrenzten und leicht beherrschbaren Raum nicht verzichtet werden.

Schließlich sei noch vermerkt, daß gelegentlich mangels geeigneter Ausrüstung ein Bedarf für die Durchführung von Zug- oder Zugbiegeversuchen großen Kalibers mit Hilfe von Druckprüfmaschinen besteht. Beispiele für geeignete Lösungen werden in anderem Zusammenhang gezeigt (Unterabschnitte 3.4.2, 3.4.3, Abb. 113, 125).

3.2.5 Sonderfälle und Schlußbemerkungen

Zunächst sei kurz die Frage der Krafteinleitung auf *Torsion* gestreift. Aus zwei Gründen erscheint eine ebenso eingehende Behandlung wie in den Fällen von Druck und Zug nicht am Platz: Torsionsprüfung wird in weit geringerem Umfang betrieben; und die technischen Probleme lassen sich weitgehend – mutatis mutandis, wie es sich versteht – aus dem über die Zugprüfung Gesagten ableiten. Insbesondere gilt dies für die Überlegungen, die unter den Stichworten „Bruch in der Prüfstrecke", „parasitäre Spannungen" und „Benützerfreundlichkeit" (unter Ausschluß der hier gegenstandslosen Frage offener Einspannköpfe) angestellt wurden. Aber auch die unter „Zug-Druck-Prüfung" behandelte Problematik findet in denjenigen Fällen ein Gegenstück, wo Torsionsprüfung, vor allem auf Ermüdung, zwischen rechts- und linksdrehenden Maximalwerten erfolgt.

Die Verwandtschaft der Krafteinleitung auf Torsion zu derjenigen auf Zug wird anschaulich durch die Tatsache illustriert, daß es auf dem Markt Maschinen gibt, die in ein und demselben Versuch für Zug, Druck und Torsion eingesetzt werden können (Abb. 84). Die Einspannvorrichtungen dieser Maschinen geben keinen Anlaß zu besonderen Problemen.

Nebenbei ist zu vermerken, daß Proben mit verstärkten Köpfen in der Torsionsprüfung einer geringeren Erhöhung des Querschnittes bedürfen als in der Zugprüfung, weil das polare Trägheitsmoment mit der vierten Potenz des Durchmessers zunimmt und nicht mit deren Quadrat wie die Fläche.

Im übrigen entspricht die geringe Zahl angebotener Torsionsprüfmaschinen (Unterabschnitt 3.3.7) dem bescheidenen Bedarf, weshalb Aufspannfeldern und improvisierten Einrichtungen eine erhebliche Bedeutung auf diesem Sektor zukommt.

Es wird gelegentlich vergessen, dass die Torsionsprüfung im Grunde eine Schubprüfung ist, die sich durch die Ausnützung der zentrischen Symmetrie und die daraus sich ergebende Einfachheit auszeichnet. Das hängt mit den bei reinem Schub unweigerlich auftretenden Momenten zusammen. Eine korrekte Schubprüfung kann daher zu einem erheblichen maschinellen Aufwand führen (VAN STEKELENBURG, 1985).

Einer kurzen Betrachtung bedarf der Sonderfall der Krafteinleitung bei *Schlagprüfung*, die meist (aber keineswegs ausschließlich) auf Biegung erfolgt. Als Problem sind die durch den Aufprall ausgelösten Schwingungen in Probe und Krafteinleitungsorganen zu beachten, die beispielsweise bei der instrumentierten Kerbschlagprüfung als Störfaktor auftreten. Die Instrumentierung besteht in einer schnell ansprechenden Kraftmeßvorrichtung an der Hammerfinne, die wichtige Aufschlüsse über das Materialverhalten gestattet (die klassische Kerbschlagprüfung lieferte nur die beim Schlag umgesetzte Energie). In den solcherart aufgenommenen Diagrammen wird aber die Kraft von den erwähnten Schwingungen überlagert, was eine gewisse Unsicherheit bezüglich der in der Probe wirklich auftretenden Spannungen bewirkt.

Einige *Gedanken allgemeineren Charakters* mögen diesen schwergewichtigen Abschnitt beschließen.

Kein Teil eines Prüfsystems ist so sehr wie die Krafteinleitung geeignet, den Erbauer wie den Benützer hautnah mit zwei grundsätzlichen Schwierigkeiten der zerstörenden Prüfung zu konfrontieren: zum einen mit der allgegenwärtigen, meist unwillkommenen, vielfach aber (etwa für die Einspannung) auch unerläßlichen Reibung; zum anderen mit dem Problem, jeden Versuch so zu gestalten, daß er eine Antwort auf die bei seiner Planung gestellte Frage erteilt. Zwei weitere Erkenntnisse weisen in ihrer Allgemeingültigkeit über das in diesem Buch behandelte Gebiet hinaus. Sie betreffen einerseits die nicht selten mangelhafte Kongruenz von spektakulärem Aufwand und Rationalisierung, andererseits die Tatsache, daß ein angestrebter Vorteil in der Technik meist seinen Preis hat. Diese Erkenntnisse werden im Verlaufe der nachfolgenden Betrachtungen noch deutlicher hervortreten.

3.3 Antrieb und Steuerung

Um die zur Verformung erforderliche Energie auf die Probe übertragen zu können, muß ein Antrieb mindestens eine Krafteinleitung gegenüber den anderen in Relativbewegung versetzen.

Um eine kontrollierte Verformung der Probe zu ermöglichen, muß die Energiezufuhr zum Antrieb durch eine Steuerung beeinflußt werden.

3.3.1 Vorbemerkungen

Mit gutem Grund werden in diesem Abschnitt zwei Teilsysteme zusammen behandelt. In der Tat sind der Antrieb und die dazugehörige Steuerung derart eng miteinander verknüpft, daß es keineswegs unsinnig wäre, beide als ein einziges Teilsystem aufzufassen. Hier tritt die zu Beginn des vorliegenden Kapitels erwähnte willkürliche Komponente, die jeder Unterteilung innewohnt, deutlich zutage. Wenn der Verfasser sich für die Beibehaltung zweier Teilsysteme entschieden hat, so geschah dies angesichts der funktionellen und technischen Unterschiede zwischen beiden: Gelegentlich wird *der Antrieb als Muskel, die Steuerung als Nerv* des Prüfsystems bezeichnet. Es ist auch in der Regel – zumindest bei nicht allzu einfachen Steuerungen – eine eindeutige physische Trennung feststellbar, und beim heute vorherrschenden Baukastensystem wäre es eigenartig, wenn nicht ein und derselbe Antrieb einmal mit dieser, ein andermal mit jener Steuerung kombiniert würde und vice versa.

Einzeln wie in ihrem Zusammenwirken bestimmen Steuerung und Antrieb weitgehend die Leistungsfähigkeit eines Prüfsystems, dieser im Sinne der energetischen Möglichkeiten, jene im Sinne der logistischen Rafinesse und des Automationsgrades .

Neben der in der Folge verwendeten Charakterisierung der Antriebe nach den verwendeten Energieformen ist auch eine solche nach *Bewegungsformen* von Interesse. Dabei handelt es sich in erster Linie um die drei folgenden Kriterien:

- *Geometrie*: Fast alle im Einsatz stehenden Antriebe sind translatorisch, bewirken also eine Relativbewegung in gerader Richtung. Im Blick auf diese dominierende Stellung sollen hier rotatorische und kombinierte translatorisch-rotatorische Antriebe nur am Rande gestreift werden.
- *Richtung*: Einfachwirkend ist ein Antrieb, der unter Entfaltung der Prüfkraft (allenfalls des Prüfmomentes) zu Bewegungen in nur einer Richtung fähig ist. Doppeltwirkend ist ein Antrieb, der unter Entfaltung der Prüfkraft zu Bewegungen in beiden Richtungen fähig ist.
- *Lastspielzahl*: Ein Antrieb kann im Rahmen eines Versuches für eine einmalige Beanspruchung (single shot) oder für wiederholte Beanspruchungen (namentlich zur Durchführung von Ermüdungsversuchen) eingerichtet sein. Die einmalige Beanspruchung kann dauernd, zügig oder stoßartig sein.

Auf diese drei Punkte wird im Laufe der weiteren Ausführungen bei Bedarf zurückzukommen sein, insbesondere dort, wo erhöhte Anforderungen (beispielsweise doppeltwirkender und/oder für wiederholte Lastspiele eingerichteter Antrieb) ihren Preis fordern.

Im übrigen wird, sofern vorhanden, in jedem Unterabschnitt mit universellen Konzepten begonnen, während speziellere in der Reihenfolge der auftretenden Geschwindigkeiten (stehende – zügige – schwingende – stoßartige Beanspruchung) behandelt werden. Den Abschluß bilden allfällige Bemerkungen zu nicht oder nur in Ausnahmsfällen verwendeten Systemen.

Läßt man die zur Erzeugung von Kräften denkbaren physikalischen Systeme Revue passieren, so stellt man bald fest, daß nicht alle für den Einsatz beim Antrieb von Prüfsystemen geeignet sind. Es müssen ja meistens erhebliche Kräfte über nennenswerte Wege aufgebracht werden, was entsprechende *Leistungsdichten* bedingt. Diesen Erfordernissen genügen zum Beispiel – zumindest bei vertretbarem technischem Aufwand – die Effekte der Festkörper-Wärmedehnung, der elektrostatischen Aufladung und der Piezoelektrizität nicht oder nur in sehr bescheidenem Ausmaß. Über eng umgrenzte Randgebiete hinaus ist von derartigen Systemen kaum ein Durchbruch zu erwarten, erst recht nicht, wenn anderweitige technische Probleme sich einstellen, zum Beispiel die Isolation hoher Spannungen oder die inhärente Trägheit von Temperaturregelungen. Sie werden daher in der Folge höchstens marginal zur Sprache gebracht.

Am Ende des Abschnittes werden die am weitesten verbreiteten Antriebe einem Vergleich unterzogen, aus dem sich ihre gegenwärtigen und zukünftigen Domänen mit einiger Deutlichkeit erkennen lassen.

3.3.2 Rein mechanische Antriebe

Als rein mechanisch gelte ein Antrieb, dessen gesamte Funktion während des eigentlichen Versuchsablaufes mechanisch erfolgt. Insbesondere soll der Antrieb während des Versuches nicht von nichtmechanischen Mitteln in Gang gehalten werden.

Rein mechanische Antriebe standen begreiflicherweise am Anfang des Prüfwesens. Schon GALILEI (1638) betrachtete Totlasten als das geeignete Mittel für die Festigkeitsprüfung und formulierte damit das wissenschaftlich fundierte Konzept des *gravitatorischen Antriebs*. Es darf aber mit Sicherheit angenommen werden, daß gravitatorische Prüfung von Bauwerken schon im Altertum üblich war. Was lag näher, als etwa einer Brücke nach ihrer Fertigstellung eine gegenüber der erwarteten Betriebspraxis etwas erhöhte Spitzenlast zuzumuten und sich damit gegen unangenehme Überraschungen zu sichern? Notabene, diese Überraschungen konnten sehr dramatische Formen annehmen, wie aus dem Kodex HAMMURABIS bekannt ist. Damals riskierte ein Baumeister, dessen Werk zusammenbrach, unter Umständen sein eigenes Leben oder das eines seiner Kinder! Übrigens ist die gravitatorische Prüfung von Bauwerken, namentlich von Brücken, heute wie ehedem eine weit verbreitete Methode, und der Fortschritt besteht zur Hauptsache in der gründlichen Vermessung der eintretenden Verformungen, die eine Nachprüfung der gerechneten Ergebnisse wenigstens für den elastischen Bereich gestattet.

Die grundsätzliche Stärke gravitatorischer Antriebe hat ihre Basis in der hohen Konstanz der Erdbeschleunigung. Es ist kein Zufall, daß metrologische Kraftnormale mit Totlasten augestattet werden. Die dabei verwendeten Meß- oder Kalibriermaschinen gehören aber, einigen Ähnlichkeiten mit Prüfmaschinen zum Trotz, nicht in den Rahmen dieses Buches. Der genannten Stärke steht als Schwäche eine gewisse (zum Teil buchstäblich zu verstehende) Schwerfälligkeit gegenüber. Mit schweren Massen sind elegante Steuerungen nicht leicht zu bewerkstelligen. Das hat dazu geführt, daß diese Art von Antrieben vorzugsweise für Prüfungen Verwendung findet, die entweder einer konstanten Kraft oder, beim Fallenlassen der Masse, einer wohldefinierten kinetischen Energie bedürfen. So findet man den gravitatorischen Antrieb an beiden Enden der Geschwindigkeitsskala, beim Stand- und beim Schlagversuch.

In der Tat gibt es zahlreiche *Standprüfmaschinen*, bei denen die Beanspruchung der Probe durch die Schwerkraft einer Masse erfolgt. Zur Aufrechterhaltung einer vorgegebenen Kraft ist dieses System geradezu ideal, speziell wenn die Schwerkraft für eine Prüfung ohne Übersetzung ausreicht. Beispiele mit und

Abb. 45. Standprüfmaschinen mit Öfen für Warmversuche sowie gravitatorischem Antrieb und Hebelübersetzung. Die Gewichte rechts dienen dem Ausgleich des vom langen Hebelarm erzeugten Momentes. (Produkt und Bild RK AMSLER)

ohne eine solche zeigen Abb. 45 bis 47 (LEUTERT et al., 1980). Hier muß übrigens mit Nachdruck festgestellt werden, daß es sich im Sinne der diesen Abschnitt einleitenden Definition eindeutig um einen Antrieb handelt, obwohl das System während des Versuches stillzustehen scheint. In Wirklichkeit ist ja gerade die sehr langsame bleibende Verformung, das Kriechen, bei den meisten Standversuchen von entscheidender Bedeutung, obwohl die aufgebrachte Antriebsleistung selbst bei recht hohen Kräften sehr gering bleibt (Größenordnung 1 mW für eine Kraft von 100 kN und ein „schnelles" Kriechen von 1 mm im Tag!). Handelt es sich um einen Versuch zur Prüfung der Relaxation oder des Verhaltens bei vorgegebener Kriechgeschwindigkeit, so ist im Gegensatz zum gewöhnlichen Standversuch eine Steuerung der Antriebskraft unerläßlich, um die konstante oder sich langsam ändernde Länge zu erzwingen. Bei Relaxation ist dann tatsächlich der Extremfall eines „Null-Antriebes" erreicht, dessen Aufgabe es ist, die Probe – abgesehen vom Versuchsbeginn – nur einer Kraft, aber keiner Verformung (und damit auch keiner Energiezufuhr) zu unterwerfen.

Interessanterweise spielt eine gravitatorische Krafterzeugung eine wesentliche Rolle bei den sogenannten *Umlaufbiegemaschinen*, einer wichtigen Gruppe von Ermüdungsprüfmaschinen. Diese besitzen aber noch einen zweiten (rotierenden elektrischen) Antrieb, welcher den Wechsel der Beanspruchung bewirkt. So erschien es richtig, ihm den Vorzug zu geben und das System als elektromechanisches einzustufen.

Abb. 46a, b. Massenprüfung der Biegestandfestigkeit von Kunststoffen mit gravitatorischem Antrieb. **a** Teilansicht des Prüfraumes mit den an Stangen aufgehängten Gewichten; rechts von den Prüfmaschinen der mobile Computer für die Auswertung und die Elektronik für die Abfrageeinheiten; **b** einzelne Probe, auf Vierpunktbiegung beansprucht, mit aufgesetzter Abfrageeinheit für die Verformungsmessung. (Produkte EMPA und HEIDENHAIN, Bilder EMPA)

Von größter Bedeutung ist der Einsatz gravitatorischer Antriebe bei der *Schlagprüfung*, also bei Pendelschlagwerken (Abb. 48) und Fallmaschinen (Abb.49). Das Prinzip ist im Grunde stets ein und dasselbe: Eine definierte Masse (der Hammer oder die Fallmasse) wird, ausgehend von ihrer Ruhelage, auf eine bestimmte Höhe angehoben und anschließend freigegeben, worauf sie unter dem Einfluß der Schwerkraft eine geradlinig oder kreisförmig geführte Bahn beschreibt und ihre kinetische Energie ganz oder teilweise an eine Krafteinleitung abgibt. Über die Problematik der Schlagprüfung wurde schon im Abschnitt

Abb. 47. Vierpunkt-Biegeversuch an Betonbalken mit gravitatorischem Antrieb. Besonderheit der Probe: Klebarmierung mit CFK-Streifen. Über Jahrzehnte gehende Standversuche an solchen Proben sind aus Sicherheitsgründen von großer Bedeutung

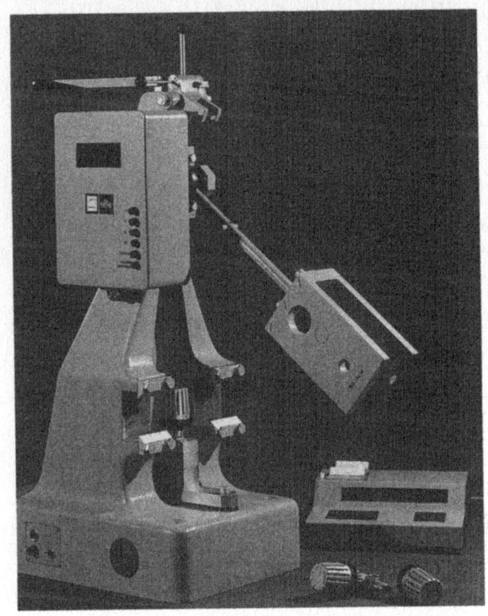

Abb. 48. Pendelschlagwerk mit 50 J Schlagenergie, im vorliegenden Fall speziell ausgerüstet zur Prüfung von Heizkörper-Ventilköpfen. Im Hintergrund Rechner zur Auswertung der Resultate. (Produkt und Bild FRANK)

2.3 kurz gesprochen. Hier seien nur die besonderen Eigenschaften des Antriebskonzeptes stichwortartig umschrieben: Vorteilhaft sind die Einfachheit und die genaue Kenntnis der Verformungsgeschwindigkeit bei Beginn des eigentlichen Versuches. Ein Nachteil liegt in den begrenzten Möglichkeiten zur Beeinflussung des zeitlichen Ablaufes eines einmal begonnenen Versuches. Gerade bei

Abb. 49. Fallmaschine. Bei laborgängigen Fallhöhen von wenigen Metern sind einstellige Werte der Geschwindigkeiten (in m/s) möglich. Mit der heutigen Instrumentierung ist die Auswertung im Computer (vorne im Bild) von großer Bedeutung. (Produkt EFFECTS TECHNOLOGY, Bild EMPA)

den mit Abstand am weitesten verbreiteten gravitatorisch angetriebenen Prüfsystemen, den Pendelschlagwerken, spielt dieser Nachteil nur eine untergeordnete Rolle, weil der streng genormte Versuchsablauf die schlagartige Zerstörung der Probe voraussetzt und weil die dafür aufgewendete Energie, die bei der kreisförmigen Bahn des Hammers aus der Höhendifferenz zwischen Start und erstem Umkehrpunkt bestimmt wird, eine zentrale Rolle bei der Auswertung des Versuchsresultates spielt (vor Einführung des instrumentierten Kerbschlagversuches stellte sie sogar das einzige gemessene Ergebnis dar).

Auch die Schlagprüfung ist nicht etwa neu, und auch sie wurde schon früh für In-situ-Prüfungen an Bauwerken eingesetzt. Der Verfasser kann der Versuchung nicht widerstehen, hier ein Beispiel aus dem neunzehnten Jahrhundert wörtlich zu zitieren, das ohne Zweifel für viele ähnliche steht. Es handelt sich um das Bautagebuch eines Schulhausbaues in Schaffhausen (Schweiz). Daraus folgendes Zitat vom 8. Mai 1867: „Sehr schönes Wetter, ganz blauer Himmel und warm wie im August. Heute vormittag wird auf dem Zimmerplatz der Herren Schalch & Frei eine Probe über die Tragfähigkeit der Balkenlage über dem Parterre des Mittelbaues vorgenommen. Herr Stadtbaumeister dirigiert dieselbe in der Weise, daß er die erhöht gelegte Balkenlage zuerst mit Eisenbahnschienen belastete und 77 Mann der Herren Renn & Gelzer (2/3 Maurer, 1/3 Holzer) auf dieselben sich stellen ließ. Auf ein gegebenes Zeichen mußten alle aufspringen und bog sich die

Abb. 50a, b. Aufspannboden mit hydro-gravitatorischer Fallmaschine als Aufbau. **a** Gesamtansicht mit der etwa 5 Tonnen schweren Fallmasse (Fallhöhe bis gut 2 m); **b** Amboß als mechanisch-hydraulischer Wandler: Ein Bär an der Fallmasse trifft auf die runde Platte, deren Fortsetzung nach unten ein Kolben ist. Der dazugehörige Zylinder ist unmittelbar am Deckel des zu prüfenden zylindrischen Behälters angeschlossen. Als Medium dient Wasser. (Produkt und Bild EMPA)

Balkenlage in der Mitte um 9 Linien ein, was in der Weise beobachtet wurde, daß zwischen Balkenlage und einem Stück weichem Ton auf dem Boden ein Stab gespannt, der nach dem Aufspringen der Mannschaft 9 Linien tief in den Lehm eingedrückt wurde." Man wird dem Herrn Stadtbaumeister den Sinn für realistische Qualitätssicherung gewiß nicht absprechen, auch wenn die Verformung von 9 „Linien" (mm) nicht eben gering war…

Heute wie damals wird die trotz Beschränkung auf zwei relativ schmale Teilgebiete beachtliche Vielfalt der Einsatzmöglichkeiten gravitatorischer Antriebe noch erhöht durch die gelegentlich von findigen Prüfern improvisierten Kombinationen mit anderen Mitteln. Als ein Beispiel, das für viele steht, diene das in Abb. 50 dargestellte System zur Prüfung hydraulischer Komponenten auf stoßartige Beanspruchungen. Seine Besonderheit besteht darin, daß es als *„hydro-gravitatorisch"* betrachtet werden darf: Eine Fallmasse von mehreren Tonnen wirkt nach einem Fall von einigen Metern auf den als Amboß dienenden Kolben eines hydraulischen Zylinders, der die erhaltene Energie an das Hydrauliköl weitergibt. Natürlich mußte dieses Prüfsystem so konzipiert werden, daß der Einfluß unbeabsichtigter Stoßwellen und ihrer Reflektionen innerhalb der zulässigen Fehlertoleranzen blieb.

Zum Abschluß sei noch erwähnt, daß der gravitatorische Antrieb nicht die einzige Möglichkeit darstellt, über lange Zeit eine konstante Kraft auf eine Probe auszuüben. Eine Feder großer Nachgiebigkeit, deren Kraft sich bei geringfügiger Längenänderung (Kriechen, Temperaturschwankungen) nur um einen vernachlässigbaren Betrag ändert, kann diese Aufgabe ebenfalls erfüllen. So gibt es denn

Abb. 51. Standprüfmaschinen mit Öfen für Warmversuche und untenliegendem Federantrieb. Besonderheit der dargestellten Gruppe: Verwendung eines Computers für die laufende Auswertung von Dauerstand- und Relaxationsversuchen. (Produkt und Bild RK AMSLER)

Abb. 52. Aufspannboden-Aufbau als Prüfmaschine für schwere Drahtseile. Speicherantrieb: Doppel-T-Träger im unteren Teil, auf Biegung vorgespannt und wesentlich nachgiebiger als die Probe (ortsfeste Krafteinleitung zuoberst im Bild), bringen den statischen Anteil der Prüfkraft (bis rund 4 MN) fast zur Gänze auf. Der schwingende Anteil (bis 3 MN) wird von Pulsatoren geliefert, die an sechs Zylindern angeschlossen sind. (Produkt und Bild EMPA)

auch verschiedene Standprüfmaschinen mit *Federantrieb* (Abb. 51). Im Kraftbereich, in dem Totlasten zweckmäßigerweise nur mit Hebelverstärkung einzusetzen sind (und damit sperrig werden), die Kräfte aber den Einsatz hydraulischer Mittel noch nicht rechtfertigen, haben diese Maschinen eine gewisse Bedeutung erlangt.

Ja selbst von einem passiven Ermüdungsantrieb mittels Federenergie kann mit einem gewissen Recht gesprochen werden. Dazu muß man allerdings den Begriff eines *Speicherantriebes* einführen. Darunter sei der Einsatz eines Antriebselementes verstanden, das während eines Prüfvorganges zeitweilig Antriebsfunktionen übernimmt, mit der dafür erforderlichen Energie aber zu anderen Zeiten versehen (aufgeladen) wird. Solche Energiespeicher können in der Ermüdungsprüfung dort eine Rolle spielen, wo sich einer pulsierenden Kraft eine konstante überlagert. Häufig werden sie allerdings als hydropneumatische Speicher ausgeführt, weshalb sie im Zusammenhang mit den hydraulischen Antrieben zur Sprache kommen sollen (Unterabschnitt 3.3.5). Speicher-Hilfsantriebe mit Federn sind bei elektromagnetisch angetriebenen Resonanzmaschinen die Regel (Unterabschnitt 3.3.4). Und in mindestens einem Fall wurde auch bei einer großen improvisierten Prüfmaschine ein solcher Speicher mit Stahlfedern ausgerüstet (Abb. 52). Man hatte für einen dringend benötigten Versuch zwar die hydraulische Ausrüstung, um die erforderliche Schwingbreite zu erzeugen, nicht aber, um auch eine hohe Totlast des betreffenden Bauwerkes zu simulieren. So wurden rasch erhältliche Doppel-T-Träger als Vierpunkt-Vorspannfedern eingesetzt. Die Maschine wurde oben als „improvisiert" bezeichnet. Das gilt für ihre eilige Bereitstellung, nicht aber für ihren Einsatz, da sie im Zeitpunkt der Niederschrift dieser Zeilen seit gut zwei Jahrzehnten im Betrieb steht...

3.3.3 Partiell mechanische Antriebe

In diesem Unterabschnitt sollen Antriebe behandelt werden, die zur Hauptsache aus mechanischen Elementen bestehen, die aber durch einen nichtmechanischen Primärantrieb in Bewegung gesetzt werden.

Solche Antriebe waren in der Frühzeit des Prüfwesens nicht selten *„biomechanisch"*, indem der Mensch, meist durch Drehen einer Handkurbel, ein Prüfsystem in Gang setzte. Maschinen dieser Art sind heute nur noch selten anzutreffen (es gibt gewiß erfreulichere Möglichkeiten zur Erhaltung der Fitness!).

Das Feld beherrschen seit Jahrzehnten die *elektromechanischen* Antriebe, die in ihrer universellen Form zu den meistverwendeten gehören. Das ist kein Zufall: Die entscheidenden Komponenten elektromechanischer Antriebe sind zur Hauptsache Serienprodukte, die für ein breit gefächertes Anwendungsgebiet (vor allem für den Werkzeugmaschinenbau) in großen Stückzahlen und verschiedenartigen Varianten hergestellt werden. Ein Blick auf das Prinzipschema eines mit Servosteuerung ausgerüsteten elektromechanischen Antriebs üblicher Bauart (Abb. 53) bestätigt diesen Sachverhalt: Ein Regelverstärker verarbeitet die von einem Sollwert-Geber (Programmierung) und einem Istwert-Geber (Messung des zur Steuerung verwendeten Parameters) kommenden Signale und leitet das Resultat

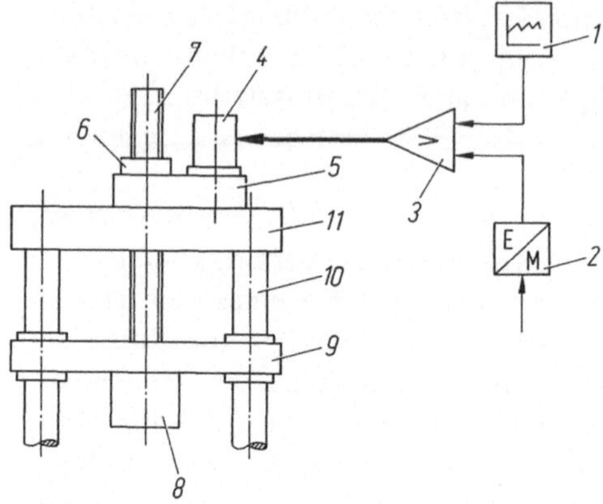

Abb. 53. Schema eines einfachen elektromechanischen Einspindel- Antriebes. *1* = Sollwert-Geber für die Regelgröße (Kraft, Weg, Verformung usw.); *2* = Istwert-Geber für die Regelgröße; *3* = Regelverstärker; *4* = Servomotor; *5* = Getriebe; *6* = Mutter; *7* = Spindel; *8* = bewegte Krafteinleitung; 9 = bewegte Traverse; 10 = Säulen; 11 = feste Traverse. Die Elemente *7, 8, 9* sind verschiebbar, aber nicht verdrehbar, während *6* verdrehbar, aber nicht verschiebbar ist

dem Antriebsmotor zu. Dieser bewegt über die erforderlichen Zwischenglieder (Getriebe, Spindel, Mutter) eine Krafteinleitung derart, daß der Istwert des betreffenden Parameters dem Sollwert folgt. Die für den elektromechanischen Antrieb charakteristischen Elemente (Motor samt geeigneter Verstärker-Endstufe, Getriebe, Spindel und Mutter) sind tatsächlich Serienprodukte, die übrigen unerläßliche Teile jedes Servosystems (und in der Regel ebenfalls keineswegs Einzelanfertigungen).

Die Verankerung im Marktgängigen sichert diesen Antrieben eine Sonderstellung, denn dank ihr können neue Systeme rasch und mit einem Minimum an grundlegender Entwicklung herausgebracht und zu interessanten Preisen angeboten werden. So erklärt sich die Tatsache, daß es sich hier um die einzigen Antriebe handelt, die es an Breite des praktischen Einsatzes mit den hydraulischen (Unterabschnitt 3.3.5) aufnehmen können. Im übrigen ist der Automationsgrad zunächst noch durchaus offen: Es kann sich ebenso gut um die Beschränkung auf konstante Geschwindigkeiten der Krafteinleitungsorgane handeln wie um das Durchspielen hochkomplexer Funktionsabläufe.

Natürlich begann die Entwicklung elektromechanischer Antriebe nicht mit servo-, sondern mit *handgesteuerten Systemen*, doch nimmt deren Zahl angesichts der ständig sinkenden Preise für die Elektronik laufend ab, so daß der Hinweis auf ihre Existenz hier genügen dürfte. Vermerkt sei nur, daß in Abb. 53 lediglich die folgenden Teile ersetzt werden müssen, um aus der Servo- eine Handsteuerung zu machen: das Programmgerät durch eine Tabelle anzusteuernder Werte und das darauf gerichtete Auge; der Istwert-Meßwandler durch ein anzeigendes Meßgerät und das darauf gerichtete Auge; der Verstärker durch einige afferente und efferente Nervenstränge, Teile des Zentralnervensystems und die einen Bedienungsknopf drehende Hand.

Zur dargelegten günstigen Ausgangslage kommt noch die (nur mit den im Unterabschnitt 3.3.4 behandelten elektromagnetischen geteilte) Direktheit der Energieversorgung und der Ansteuerung hinzu. Während beispielsweise bei einem hydraulischen Antrieb zuerst die vom Netz kommende elektrische Energie durch einen elektrohydraulischen Wandler (Motor-Pumpen-Gruppe) umgeformt und dann die elektrische Ansteuerung durch einen weiteren Wandler (elektrohydraulisches oder handbetätigtes Ventil) in die hydraulisch brauchbare Form gebracht werden muß, besitzt der elektromechanische Antrieb bis zu seinen notwendigerweise mechanischen Ausgangselementen (Getriebe, Spindel und Mutter) nur elektrische Komponenten, was den Gesamtaufbau naturgemäß vereinfacht. Daß der Regelverstärker die volle Antriebsleistung erbringen muß, ist beim heutigen Stand der Elektronik ein geringeres Handycap als die Verwendung zweier verschiedener energietragender Medien anstelle eines einzigen.

Es wurde eben auf die Marktgängigkeit der wesentlichen *Elemente elektromechanischer Antriebe* hingewiesen. Das bedeutet natürlich nicht, daß an diese Elemente nicht zum Teil sehr hohe Anforderungen zu stellen sind. Angesichts der Bedeutung des Konzeptes lohnt es sich, etwas näher auf einige Einzelheiten einzugehen.

Die Wahl eines dem Servobetrieb gut angepassten *Motors* ist vor allem dann wesentlich, wenn ein System für Ermüdungsprüfung eingesetzt werden soll, wo die Umkehrzeit des Motors zum begrenzenden Parameter für die erreichbare Frequenz wird. Motoren mit einem günstigen Verhältnis zwischen Trägheitsmoment und Anlauf- bzw. Bremsmoment sind daher bevorzugt, also Stab- und vor allem Scheibenläufermotoren. Die hier wie andernorts erfolgte Ablösung des früher üblichen Kollektors durch elektronische Kommutation oder Frequenzwandlung (bei Asynchronmotoren) ist im Blick auf die Erfordernisse höchster Zuverlässigkeit selbstverständlich. Daß für kleine Leistungen kaum Schrittmotoren angeboten werden (die einer digitalen Steuerung besonders gut angepaßt wären), mag durch das Streben nach möglichst einheitlichen technischen Mitteln für verschiedene Leistungsstufen zu erklären sein.

An das *Getriebe* müssen – abgesehen von den unabdingbaren Kriterien der Langlebigkeit und Wartungsfreundlichkeit – in zweifacher Hinsicht wesentliche Anforderungen gestellt werden. Da es sich stets um eine starke Reduktion der Drehzahl handelt, sind die zu erfüllenden Bedingungen am Ein- und am Ausgang verschieden: Die hochtourigen Eingangselemente müssen so ausgeführt sein, daß sie nicht durch zu hohe Trägheit die regeltechnische Qualität des Systems ungünstig beeinflussen. Schon bei relativ schwach untersetzten Elementen ist dieser Effekt in der Regel vernachlässigbar, da das Untersetzungsverhältnis ja mit seinem Quadrat in die Trägheitsbilanz eingeht. Stark untersetzte Elemente müssen jedoch so spielfrei wie möglich konstruiert sein (und ihre Spielfreiheit auch über lange Zeit beibehalten), damit nicht eine unerwünschte zusätzliche Umkehrspanne („backlash“) entsteht, die wiederum das regeltechnische Verhalten des Gesamtsystems verschlechtert. Das kann für die letzten Stufen die Verwendung vorgespannter Elemente bedeuten. Natürlich gelten die beiden obigen Bedingungen sowohl für das Getriebe im engeren Sinn als auch für allfällige weitere Übertragungselemente zwischen Motor und Spindel, bei Ausführungen mit mehreren Spindeln auch für die zwischen diesen angeordneten Synchronisationselemente.

Lange Zeit wurden Schaltgetriebe mit mehreren Untersetzungsstufen bevorzugt. Heute ist das regeltechnische Verhalten eines als Servoantrieb arbeitenden Elektromotors bei sachgerechter Ausführung derart günstig, daß der gesamte praktisch erforderliche Geschwindigkeitsbereich (bei einer Spanne von etwa vier bis fünf Zehnerpotenzen) mit einer festen Übersetzung abgedeckt werden kann. Voraussetzung ist natürlich eine geeignete Drehmomentcharakteristik, um bei allen Arbeitsgeschwindigkeiten die jeweils geforderten Kräfte aufbringen zu können. Der Wegfall des Schaltgetriebes ermöglicht übrigens originelle Lösungen wie beispielsweise den hinsichtlich des Raumbedarfs und der mechanischen Einfachheit bemerkenswerten zweimotorigen Antrieb von Maschinen mit zwei Spindeln (Abb. 54). Deren Gleichlauf muß bei einer solchen Konstruktion durch spezielle mechanische oder elektronische Mittel erzwungen werden.

Die letzte Stufe eines elektromechanischen Antriebes besteht aus *Spindel* und *Mutter*. Übrigens ist die Verwendung der Einzahl hier beinahe fehl am Platz, weil die Mehrheit der auf dem Markt angebotenen Maschinen vom Zweispindeltyp sind. Das hängt mit der besseren Ausnützung des verfügbaren Raumes zusammen, die beim Vergleich mit dem hydraulischen Antrieb noch zur Sprache kommen soll. Immerhin gibt es einige kleine bis mittlere Maschinen mit nur einer Spindel (Abb. 55, 102, 116), und bei größeren Kalibern beherrscht diese Bauart weitgehend das Gebiet des Hilfsantriebes für elektromagnetisch angetriebene

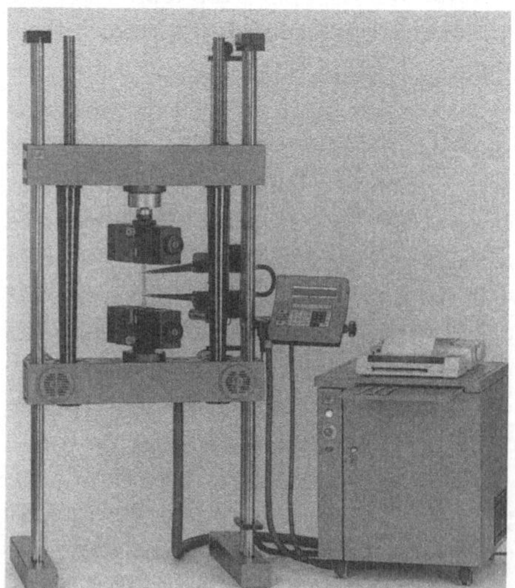

Abb. 54. Elektromechanisch angetriebene Universalprüfmaschine mit zwei elektronisch synchronisierten Motoren. Man erkennt deren runde Deckel in der unteren Traverse zwischen den Säulen und den durch elastische Stahlspiralen geschützten Spindeln. Besonderheiten des gezeigten Modells: Digitalelektronik; vom Elektronikpult getrennte Befestigung der Bedienungsorgane direkt an der Maschine; fest eingebauter Dehnungsmesser gemäß Abb. 157 b. (Produkt und Bild UTS)

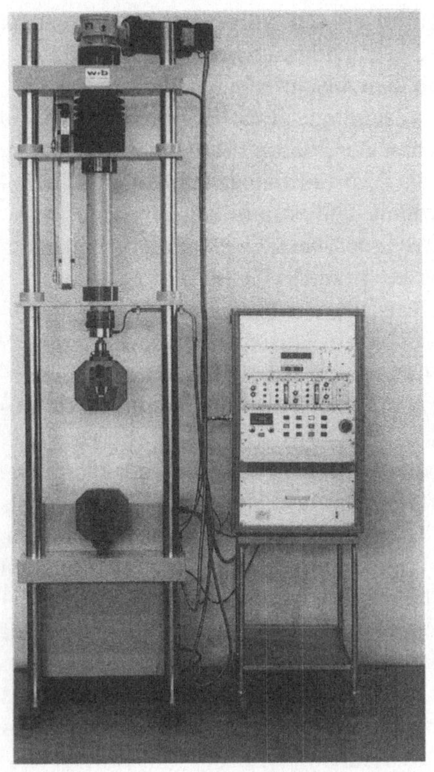

Abb. 55. Elektromechanisch angetriebene Universalprüfmaschine mit obenliegender zentraler Spindel. Die durch Rohr und Balg geschützte Spindel läuft im Ölbad, was bei Zweispindelantrieb nicht ohne Schwierigkeiten zu verwirklichen wäre. Besonderheit des gezeigten Modells: Digitalelektronik. (Produkte WALTER + BAI und BRÜTSCH, Bild WALTER + BAI)

Resonanzprüfmaschinen, bei denen die extreme Raumnutzung als Verkaufsargument nicht absolut entscheidend ist (Abb. 60, 61, 62, 63).

Bis in die sechziger Jahre wurden ausschließlich Konstruktionen verwendet, wie sie damals auch im Werkzeugmaschinenbau üblich waren: Die Spindeln bestanden aus Stahl, und das Gewinde der Muttern wurde in ein Material mit gutem Gleitverhalten (beispielsweise Lagerbronze) geschnitten oder geschliffen. Damit war eine ernsthafte Begrenzung der Einsatzmöglichkeiten verbunden, weil beim Nulldurchgang (Übergang von Zug zu Druck oder vice versa) selbst bei sehr genauer Passung eine kleine Unstetigkeit unvermeidlich war, die mit fortschreitender Abnützung ohne ständiges Nachstellen rapid wuchs. An eine Vorspannung war angesichts des ohnehin bescheidenen Wirkungsgrades und der erhöhten Abnützung nicht zu denken. So ist es kein Wunder, daß die Prüfmaschinenhersteller seit dem Erscheinen präziser und erschwinglicher Kugelumlaufspindeln sich mehr und mehr auf diese ausgerichtet haben. Gleitspindeln sind nur noch bei kleinen Maschinen für einfache Versuche als sinnvoll zu betrachten. Die hohe Präzision erstklassiger Umlaufspindeln löst bei Zweispindelmaschinen ein weiteres Problem, mit dem sich die Hersteller früherer Zeiten auseinanderzusetzen hatten: Die von den beiden Spindeln bewegte Traverse bleibt über ihren gesamten Hub mit guter Genauigkeit parallel zu sich selber, so daß parasitäre Biegemomente in der Probe normalerweise vernachlässigt werden dürfen.

Die Universalität, die der Servoantrieb den beschriebenen elektromechanischen Maschinen sichert, ist eine weitere Grundlage ihres Erfolges. In der Tat können sie im gesamten Spektrum zwischen der Standprüfung und langsamer Ermüdung (im Frequenzbereich bis zu etwa 2, in besonders günstigen Fällen 4 Hz) zum Einsatz kommen. Es sei aber erwähnt, daß extrem langsame und einfache Ausführungen *elektromechanischer Standprüfmaschinen* (einem von manchen Laboratorien für Eigenkonstruktionen bevorzugten Gebiet) existieren.

Neben dieser Klasse von Antrieben gibt es auch *elektromechanische Ermüdungsantriebe* im eigentlichen Sinn, bei denen ein Kurbeltrieb (bzw. Exzenter) oder ein Paar gekoppelter rotierender Unwuchten zur Erzeugung einer pulsierenden Kraft verwendet wird oder aber ein umlaufendes Biegemoment durch Rotation der statisch belasteten Probe entsteht.

Unter diesen Systemen fand die mit Abstand größte Verbreitung die schon von WÖHLER (1870) benützte sogenannte *Umlaufbiegemaschine* (Abb. 56), die bis zum Erscheinen des elektromagnetisch erregten Resonanzantriebes – in den angelsächsischen Ländern auch noch darüber hinaus – wohl den Löwenanteil aller Ermüdungsversuche bewältigte. Ihre Beliebtheit verdankte sie beileibe nicht etwa besonderer Vielseitigkeit. Im Gegenteil: Man war so gut wie angewiesen auf rotationssymmetrische Proben; die Beanspruchung war als umlaufende (also symmetrische) Wechsellast ein für allemal festgelegt; die Probe war während des Versuches nur mit dem Stroboskop zu beobachten; und an eine Befestigung von Meßeinrichtungen an der Probe war nicht zu denken. Dafür übertraf die Arbeitsfrequenz mit bis zu rund 100 Hz (in Sonderfällen auch mehr) das bis etwa 1950 Übliche erheblich, und bezüglich ihrer Einfachheit und Billigkeit war die Umlaufbiegemaschine nicht zu schlagen. Es ist kein Zufall, wenn der Abb. 56 kein erklärender Text beigefügt ist, da ein solcher schlicht und einfach überflüssig wäre. Man trifft auch heute noch in recht zahlreichen Laboratorien derartige Maschinen verschiedener Bauart und Provenienz an, obwohl ihre Bedeutung fühlbar zurückgegangen ist. Daß die Krafterzeugung meist gravitatorisch erfolgt, wurde schon im Unterabschnitt 3.3.2 erwähnt.

Der *Kurbeltrieb*, der früher an verschiedenen Maschinen eingesetzt wurde, ist heute vor allem bei improvisierten Prüfsystemen anzutreffen. Ein Beispiel zeigt Abb. 57, und in den sechziger Jahren hatte der Verfasser Gelegenheit, die auf dieser Basis arbeitende Anlage einer amerikanischen Bahngesellschaft zur Prüfung von Schienen zu sehen.

Mit *rotierenden Unwuchten* lassen sich auf elegante Art durch verschiedenartige Verkoppelung der beiden Massen nicht nur pulsierende Kräfte in einer Achse (Rotation gegenläufig-symmetrisch), sondern auch rotierende Kräfte (gleichläufig-gleichphasig) oder pulsierende Momente (gleichläufig-gegenphasig) erzeugen (Abb. 58).

Diese gegenwärtig nicht stark verbreiteten Antriebe kommen sowohl für die direkte Krafterzeugung wie auch als *Erreger für Resonanzsysteme* in Frage. Im Gegensatz zu den elektromagnetisch erregten Systemen arbeitet man in der Regel nicht auf der Kuppe der Resonanzkurve, sondern auf einem Ast, was die Modula-

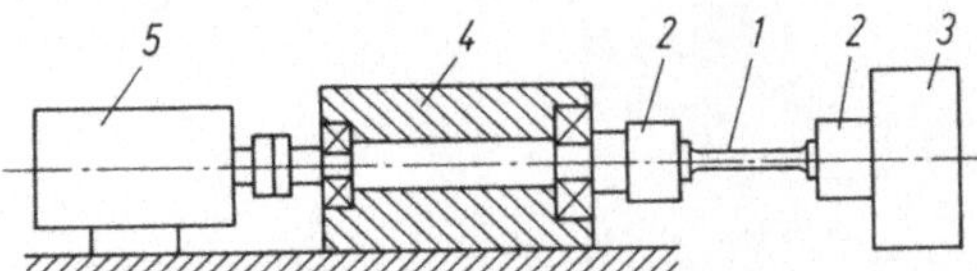

Abb. 56. Schema einer einfachen Ermüdungsmaschine für Umlaufbiegung. *1*= Probe; *2* = Krafteinleitungen; *3* = mitrotierendes Gewicht; *4* = Lagerbock; *5* = Antriebsmotor

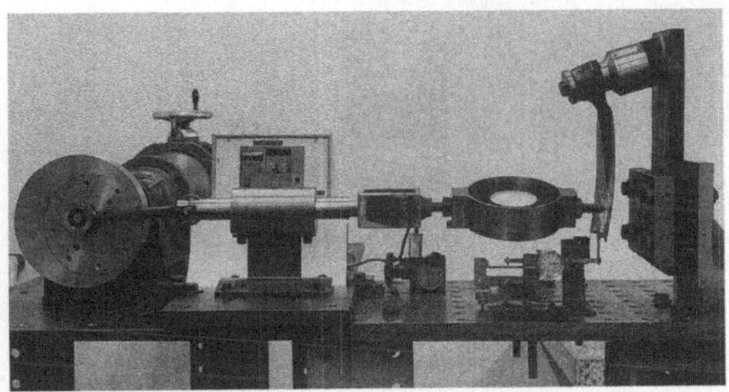

Abb. 57. Ermüdungsprüfung mit improvisierten Mitteln liegt nicht unter der Würde einer großen Prüfanstalt. Kurbeltrieb-Maschine. Von links nach rechts: Antriebsmotor mit Getriebe und Kurbel (der Leser errate das System zur Hubeinstellung!), Führung und Vorwahlzähler, Kraftmeßring (darunter Hub-Meßuhr), schräg montierte Probe. (Produkt und Bild EMPA)

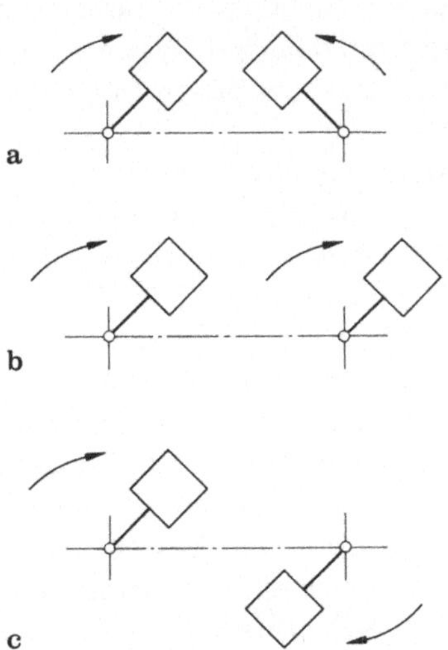

Abb. 58a-c. Funktionsprinzip eines Antriebes mit zwei rotierenden Unwuchten: Je nach Bedarf sind diese gleich- oder gegenläufig, phasengleich oder in Gegenphase gekoppelt. Ergebnisse der dargestellten Schaltungen: **a** auf- und abschwingende Kraft; **b** Kraft mit rotierendem Vektor konstanter Länge; **c** um drehachs-parallele Achse in Systemmitte schwingendes Moment

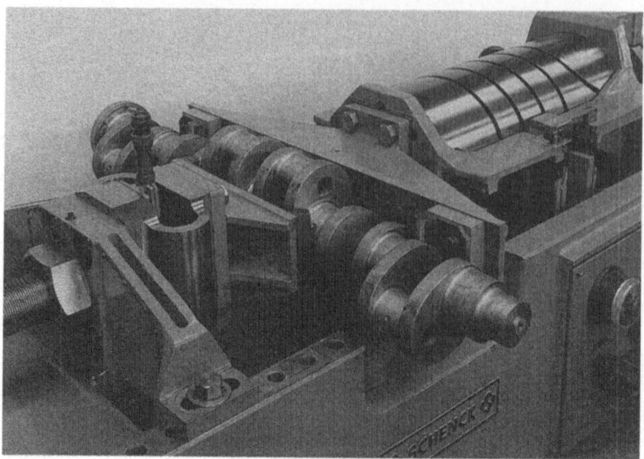

Abb. 59. Horizontale Resonanzprüfmaschine mit Antrieb durch Unwucht. Von links nach rechts: Traverse mit Spindel zur Einstellung der Probenlänge, Bügelfeder zur Kraftmessung (man beachte das Meßmikroskop), Krafteinleitungen mit Kurbelwelle als Probe; Schwingfeder zur Einhaltung einer von der Probe einigermaßen unabhängigen Eigenfrequenz. Nicht sichtbar: Unwucht mit Motorantrieb, am freien (im Bilde linken) Ende der Schwingfeder angreifend; Vorspannfeder zur Erzeugung der statischen Kraft, konzentrisch innerhalb der Schwingfeder angeordnet und mittels Spindel verstellbar. Als Schwingmassen dienen die Metallteile am freien Ende der Schwingfeder und das Maschinenbett (unten). Einstellung der Schwingbreite durch ursprünglich manuelle, später automatische Regelung der Motordrehzahl. (Produkt und Bild SCHENCK)

tion der Schwingbreite durch die Erregerfrequenz (also die Drehzahl) bedingt. Das war vor Einführung fortgeschrittener elektronischer Steuerungen nicht ganz unproblematisch, besonders wenn man den falschen Ast der Kurve erwischte und damit in eine instabile Situation geriet. Diese Probleme konnten aber bei verschiedenen Produkten befriedigend gemeistert werden. Nicht umsonst arbeiteten zwei der um die Jahrhundertmitte erfolgreichsten Ermüdungsprüfsysteme nach dem beschriebenen Prinzip (FORREST, 1962, Fig. 11, 12). Eines davon ist in Abb. 59 wiedergegeben (ERLINGER, 1943).

Als Kuriosum sei zum Abschluß noch eine wohl aus den sechziger Jahren stammende Patentschrift erwähnt, worin als weiteres mögliches System ein *Kreisel* vorgeschlagen wurde, dem eine Schwingung um die eine Achse seiner kardanischen Aufhängung aufgezwungen werden sollte mit dem Zweck, das Kreiselmoment um die andere Achse zur pulsierenden Krafterzeugung zu nutzen...

Nicht unerwähnt sei auch der Einsatz elektromechanischer Antriebe zur *Schlagprüfung*. Es handelt sich dabei um ein Verfahren, das in seiner biomechanischen Form (DAVIDS Schleuder) schon in der Bibel erwähnt ist: Ein Projektil wird mittels eines in schnelle Rotation versetzten Rades auf eine erhebliche Geschwindigkeit gebracht und anschließend auf die Probe geschossen. Damit wurde der Geschwindigkeitsbereich oberhalb desjenigen der gravitatorischen Schlagprüfung erschlossen (100 m/s können ohne weiteres überschritten werden), doch haben diese Antriebe angesichts der Beschränkung auf recht kleine Proben nie eine große Bedeutung erreicht. Für bestimmte Zwecke sind übrigens pneumatische Lösungen geeigneter (Unterabschnitt 3.3.6).

3.3.4 Elektromagnetische Antriebe

Als elektromagnetisch sei ein Antrieb bezeichnet, bei dem die von einem Elektromagneten auf einen eisernen Anker oder auf einen stromdurchflossenen Leiter wirkende Kraft ohne wesentliche Zwischenglieder zur Bewegung einer Krafteinleitung verwendet wird.

Fragt man sich nach einer Möglichkeit, auf diese Weise ein universelles Prüfsystem anzutreiben, so sind neben den erforderlichen Kräften genügende Hübe unerläßlich. So denkt man zunächst wohl an *Tauchspulen* oder an die im Transportwesen häufig genannten, aber vorderhand noch wenig verwendeten elektrischen *Linearmotoren*. Beiden dürfen zweifellos gute Regeleigenschaften attestiert werden. Die im Prüfwesen üblicherweise geforderte Kraftdichte werden aber wohl beide so lange nicht erreichen, als nicht mit Supraleitung extreme magnetische Feldstärken erzeugt werden können. Damit sind solche Antriebe beim heutigen Stand der Technik offensichtlich weniger zweckmäßig als rotierende Motoren, deren Bewegung durch geeignete Getriebe auf einfache Art beliebig untersetzt werden kann, was gleichbedeutend ist mit einer bliebigen Erhöhung der aufgebrachten Kraft. Es ist aber gewiß nicht auszuschließen, daß vor allem Linearmotoren, sollten sie in marktgängiger Form und verschiedenen Größen erhältlich werden, für Sonderzwecke eine gewisse Bedeutung erlangen könnten.

Daß man mit einem Elektromagneten bei genügend kleinem Luftspalt eine große Anziehungskraft auf einen in dessen Feld befindlichen Anker ausüben kann, ist eine bekannte Tatsache. Der in der Praxis zugängliche Einsatzbereich eines elektromagnetischen Antriebes ergibt sich zwingend aus diesem Umstand sowie aus der hohen Flexibilität einer elektrischen Ansteuerung: Einerseits besteht die Möglichkeit, in kurzer Zeit beträchtliche Kräfte auf- und wieder abzubauen; andererseits darf der Hub des Ankers ein gewisses Maß nicht überschreiten, da sonst durch den erweiterten Luftspalt eine dramatische Abnahme der Antriebsleistung unvermeidlich wird. Damit ist der elektromagnetische Antrieb prädestiniert für die hochfrequente Ermüdungsprüfung mit kleinen Schwinghüben.

Eine erste Anwendung fand das Konzept in einem *direkt wirkenden elektromagnetischen Antrieb* (FORREST,1962). Ein kräftiger Elektromagnet wurde von einer rotierenden Motorgeneratorgruppe mit Wechselstrom versehen. Heute ist dieses Konzept bedeutungslos.

Seine volle Bedeutung gewann der elektomagnetische Antrieb erst durch den Einsatz für die mit geringer Leistung mögliche *Erregung von Resonanzschwingungen*. Auf diesem Sektor kommt ihm denn auch eine führende Stellung zu.

Abb. 60 zeigt das Funktionsschema des solcherart angetriebenen *Hochfrequenzpulsators*. Die Probe mit den an ihr befestigten Krafteinleitungen und der Kraftmeßdose dient als elastisches Glied, das an jedem Ende starr mit einer Masse verbunden ist. Damit liegt ein Zweimassenschwinger vor. An einer der beiden Massen ist der Elektromagnet, an der anderen dessen Anker befestigt. Wird nun der Magnet mit der Eigenfrequenz des Schwingers und mit einer zur

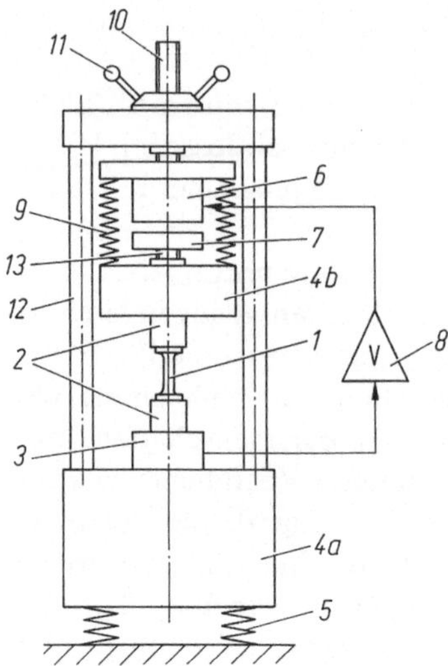

Abb. 60. Schema eines Hochfrequenzpulsators mit elektromagnetischem Resonanzantrieb. *1* = Probe; *2* = Krafteinleitungen; *3* = Kraftmessung; *4a, 4b* = Schwingmassen; *5* = Federn für die elastische Aufstellung; *6* = Elektromagnet; *7* = Anker; *8* = Verstärker mit Phasendrehung und Amplitudenregelung; *9* = Federn zur Erzeugung des statischen Kraftanteils; *10, 11* = Spindel und Mutter zur Anpassung an die Probenlänge und zum Spannen der Federn 9; *12* = Säulen; *13* = Justierschraube für den Luftspalt. Bei den ersten Maschinen dieser Art war der Geber für die Rückkoppelung zum Verstärker getrennt von der Kraftmessung und Amplitudenregelung. Elemente *1* bis *4* = Schwinger; Elemente *6* bis *8* (initiiert durch *3*) = Hauptantrieb; Elemente *9, 10, 11* = Hilfsantrieb (allenfalls automatisch)

Deckung der Verluste ausreichenden Leistung erregt, so schwingt das System mit der gewünschten Amplitude. Es ist klar, daß die Erregung phasenrichtig gedreht und von einer Meßeinrichtung beeinflußt sein muß. Dabei kann die Dosierung der mechanischen Wirkleistung grundsätzlich mit jedem geeigneten Modulationsverfahren (Phasenanschnitt, Amplitude usw.) erfolgen.

Dieses Konzept ist seit seinem Erscheinen um die Mitte der vierziger Jahre unverändert geblieben (RUSSENBERGER, 1946). Gewiß mußte in der Zwischenzeit die damalige Röhrenelektronik immer weiter vervollkommneten Transistorschaltungen weichen, und die ursprünglich photoelektrische Adaptation eines Spiegeltensometers für die Kraftmessung wäre im Zeitalter hochpräziser Strain-gauge-Kraftmeßdosen fehl am Platz. Das hat aber wenig mit dem Grundprinzip zu tun, das nichts von seiner Aktualität als energetisch perfektestes Antriebskonzept für Ermüdungsversuche verloren hat.

Die inhärenten Vorzüge des elektromagnetischen Resonanzantriebes sind mit seinen Grenzen untrennbar verknüpft, deren offensichtlichste in der Beschränkung auf die Ermüdungsprüfung liegt. Es gibt aber noch andere wesentliche Probleme.

Da die magnetische Zugkraft wegen der Resonanzvergrößerung weit kleiner ist als die Prüfkraft, könnte nur mit annäherungsweise symmetrischer Wechsellast gefahren werden, wenn keine Möglichkeit bestünde, mit einem Speicher-

Hilfsantrieb eine mittlere Prüfkraft ohne nennenswerte Störung des Hauptantriebes in das System einzubringen. Dies läßt sich elegant durch eine parallel zum Magneten wirkende Feder bewerkstelligen, die weich genug ist, um während des Schwingungsvorganges eine praktisch konstante Kraft abzugeben. Damit ist auch gesagt, daß die Feder von der Erregung nicht in Resonanzschwingungen erster Ordnung versetzt werden kann. Selbstverständlich muß sie aber auch so konstruiert sein, daß störende Resonanzerscheinungen höherer Ordnung ebenfalls ausgeschlossen sind. Auf dem Markt werden heute fast ausschließlich Hilfsantriebe mit Elektromotoren angeboten (Abb. 61), doch stehen noch viele Maschinen mit Handbedienung im Einsatz (Abb. 62).

Dieser Sachverhalt hat seine Folgen. Es ist klar, daß die Einwirkung des Hilfsantriebes bei der in Abb. 60 dargestellten Bauweise zu Änderungen des Luftspaltes führen muß. So wäre ohne spezielle Maßnahmen die Erregung des Schwingers in hohem Grade von der mittleren wirksamen Kraft abhängig, und ein Ausregeln dieses Einflusses wäre bei groß werdendem Luftspalt nur mit einem extrem starken Magneten möglich, womit der Vorteil einer kleinen Antriebsleistung illusorisch würde. Solange der Hilfsantrieb nur selten (und womöglich von Hand oder doch unter menschlicher Aufsicht) betätigt wird, ist es unproblematisch, den Luftspalt mit einer Stellschraube stets im gewünschten Bereich zu halten. Sollen aber mehrstufige Blockprogramme gefahren oder Proben im Kriech-

Abb. 61. Zwei Hochfrequenzpulsatoren aus den fünfziger Jahren mit elektromechanischem Hilfsantrieb zur Wahl der mittleren Kraft (Getriebekasten am oberen Ende des Maschinenrahmens). Übrige Antriebselemente gemäß Bildlegende zu Abb. 62. Proben: links in Hochtemperaturofen, rechts in Korrosionszelle. (Produkte AMSLER, Bild EMPA)

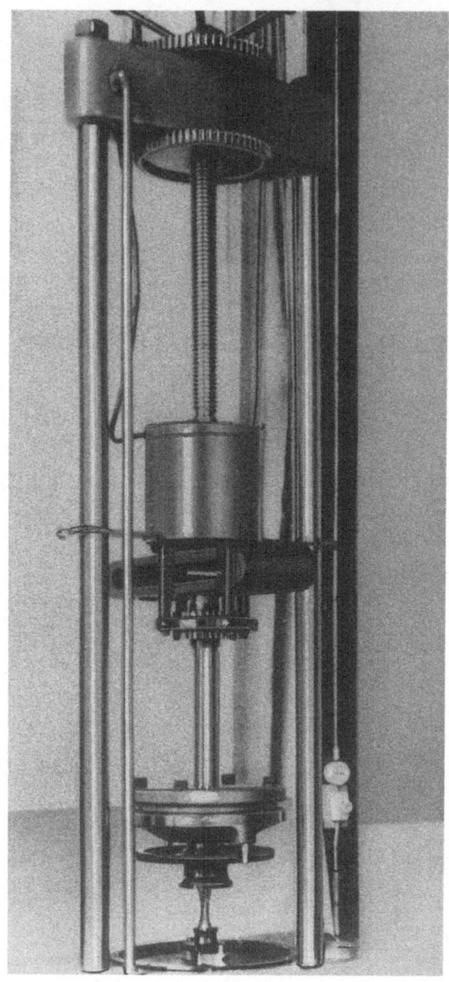

Abb. 62. Antriebselemente eines älteren Hochfrequenzpulsators. Von oben nach unten: manueller Hilfsantrieb zur Wahl der mittleren Kraft, Spindel, Elektro-Topfmagnet des Ermüdungsantriebes, Feder zur Erzeugung der mittleren Kraft mit (nicht erkennbarer) manueller Luftspalteinstellung, Rohr für Kraftübertragung, Schwingmasse, Probe mit Krafteinleitungen gemäß Abb. 39. (Produkt und Bild AMSLER)

bereich geprüft werden, so ist eine automatische Nachführung der mittleren Kraft unerläßlich, und die automatische Imitation des beschriebenen Nachstellverfahrens ist gleichbedeutend mit einem servogesteuerten zweiten Hilfsantrieb, der einzig der Aufrechterhaltung eines angemessenen Luftspaltes zu dienen hat. Am Rande sei vermerkt, daß ein Ausweichen auf langhubige Alternativen (Schubmagnete oder Tauchspulen) ebenfalls eine stark erhöhte Leistung der elektrischen Ansteuerung bedingen würde. Es gibt aber auch Möglichkeiten, das Problem ohne speziellen Hilfsantrieb zu lösen. Die eleganteste ist in Abb. 63 dargestellt.

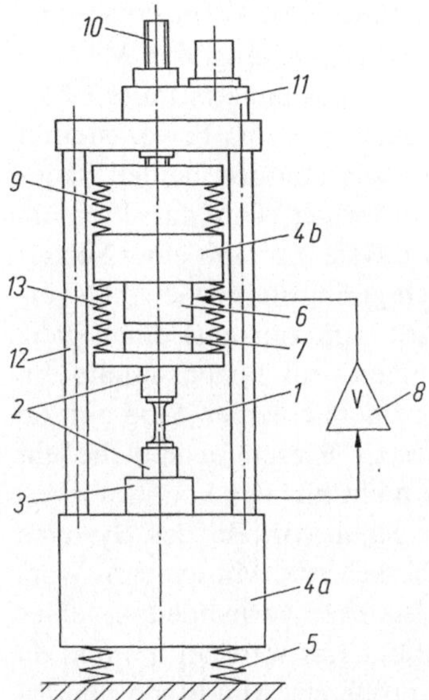

Abb. 63. Moderner Hochfrequenzpulsator mit automatischer Stabilisierung des Luftspaltes. *1* = Probe; *2* = Krafteinleitungen; *3* = Kraftmessung; *4a, 4b* = Schwingmassen; *5* = Federn für elastische Aufstellung; *6* = Elektromagnet; *7* = Anker; *8* = Verstärker; *9* = Federn zur Erzeugung des statischen Kraftanteils; *10* = Spindel; *11* = Motorgetriebe des Hilfsantriebs; *12* = Säulen; *13* = harte Federn zur Schwingungserregung mit stabilisiertem Luftspalt

Der Magnet ist hier starr mit der einen, sein Anker über die Krafteinleitungen, die Probe und die Kraftmeßvorrichtung mit der anderen Masse verbunden. Zwischen Magnet und Anker ist eine Feder eingeschaltet, die starr genug ist, um auch bei den größten auftretenden Kräften den Luftspalt in annehmbaren Grenzen zu halten. Maschinen dieser Art sind durch programmierte Überlagerung der beiden Antriebsfunktionen in der Lage, recht komplizierte Beanspruchungsfolgen ohne menschlichen Eingriff durchzuspielen (Abschnitt 3.7, Abb. 172).

Es können aber auch verschiedene Proben untersucht werden, die nicht auf den ersten Blick als geeignet für eine Resonanzprüfung mit relativ hoher Frequenz zu erkennen sind. Dabei ist im vorliegenden Kontext nicht die Verwendung spezieller Mittel für die Krafteinleitung gemeint (die Biegevorrichtung in Abb. 21 gehört zu einer elektromagnetisch angetriebenen Maschine), sondern der besondere Einsatz des Antriebes. Beispielsweise ist es möglich, eine Spiralfeder, deren Eigenfrequenz erster Ordnung für einen Resonanzbetrieb üblicher Art zu gering ist, in einer höheren Ordnung stabil schwingen zu lassen, und es wurden auch schon spezielle Maschinen auf der Basis dieses Konzeptes gebaut. Dabei wird in der Probe eine stehende Welle mit einem oder mehreren Knoten und den entsprechenden Schwingungsbäuchen erzeugt.

Den dargelegten Vorzügen des elektromagnetischen Resonanzantriebes steht ein wesentlicher Nachteil gegenüber, der in der Natur des Systems liegt. Da die

Energie in kurzer Zeit (meist 2 bis 10 ms) zwischen elastischer Form (Spannung in Probe und Kraftmeßvorrichtung) und kinetischer (Bewegung der Massen) wechselt und die Antriebsleistung sehr gering ist, kann der unvermittelte Übergang von einer Amplitude zu einer anderen nicht ohne weiteres bewerkstelligt werden. Dazu wäre ja eine plötzliche Eingabe der zwischen den beiden Spannungszuständen bestehenden Energiedifferenz erforderlich. Um das Problem anschaulicher darzustellen: Man hat ein Resonanzprüfsystem oft mit einer Schaukel verglichen, die von einem schwachen Kind durch geringfügige Gewichtsverlagerungen zu gewaltigen Schwüngen gebracht wird. Um zunächst einen ganz kleinen Schwung auszuführen und gleich darauf einen sehr hohen, müßte ein Riese mit übermenschlicher Kraft die Schaukel mit einem einzigen Stoß auf die erforderliche Geschwindigkeit beschleunigen. Diesem Riesen entspräche ein superstarker Antrieb, mit dem man sich allerdings nicht nur des konkurrenzlos niedrigen Energieverbrauchs und damit eines der Hauptvorteile des Systems begäbe, sondern auch seine technischen Grenzen überschritte. Mit anderen Worten: Man kann zwar, sofern der oben erwähnte Hilfsantrieb vorhanden ist, einer Serie gleichgroßer oder sich relativ langsam ändernder Lastwechsel hie und da ein einzelnes Lastspiel beliebiger (normalerweise größerer) Amplitude überlagern, man kann auch durch angemessene Verstärkung des Antriebes den Übergang von einer Schwingbreite zu einer anderen relativ kurz machen. Man kann aber nicht eine Lastspielfolge erzeugen, deren Verlauf der Kontur des Berner Oberlandes ähnelt.

Angesichts der in mittelfristiger Sicht wohl vermehrt zu beachtenden energetischen Spitzenposition und des hohen Leistungsniveaus (Frequenzen zwischen 50 und 250 Hz überwiegen) ist diese eingrenzende Eigenschaft gewiss bedauerlich. Auf diese Problematik soll später noch näher eingegangen werden (Unterabschnitt 3.3.8).

3.3.5 Hydraulische Antriebe

Als hydraulisch gelte ein Antrieb, dessen energietragendes Medium eine im wesentlichen inkompressible Flüssigkeit (meist Hydrauliköl) ist.

Begonnen sei mit *biohydraulischen Antrieben*, wie sie noch weit ins zwanzigste Jahrhundert hinein für Prüfungen auf Baustellen eingesetzt wurden, in früheren Zeiten aber auch in universellen Prüfmaschinen Verwendung fanden. Ein Paradepferd aus diesem Stall war die von WERDER um 1865 konstruierte, ihrer Zeit in mehreren Belangen weit vorauseilende Universalprüfmaschine, der man die gewünschte Prüfkraft durch Wahl einer passenden Kombination von Gewichtssteinen eingab. Diese wurden auf eine Waageplattform gelegt, die mit der bewegten Krafteinleitung über sehr ungleiche schneidengelagerte Hebelarme verbunden war. Der Kolben eines mit einer Handpumpe betätigten hydraulischen Zylinders verschob die Krafteinleitung. Dadurch wurde die Probe beansprucht und gleichzeitig die Plattform mit den Steinen angehoben, bis eine auf dem langen Arm der Waage angebrachte Libelle das korrekte Gleichgewicht der Kräfte anzeigte. Der Verfasser hatte noch 1970 das Vergnügen, eine derartige Maschine

Abb. 64. WERDER-Universalprüfmaschine. In Bildmitte der aus U-förmigen modularen Elementen bestehende Rahmen. Im Vordergrund zwei Biegebalken und zwei weitere Rahmenelemente (anscheinend zur Verkürzung aus der Lücke am hinteren Rahmenende entnommen). Im Hintergrund (schlecht sichtbar) Antrieb und Meßvorrichtung. Die wichtigsten übrigen Maschinen dieses bis 1964 betriebenen Laboratoriums: an der linken Wand zwei Druckprüfmaschinen mit Pendelmanometern; in der Mitte der Rückwand Fallmaschine. (Produkte KLETT und AMSLER, Bild EMPA)

an einem bekannten europäischen Laboratorium im Einsatz zu sehen, und die wenigen bis heute erhaltenen Exemplare werden als wertvolle Museumsstücke gehütet (Abb. 64). Ihre Meßgenauigkeit soll derjenigen moderner Prüfmaschinen keineswegs nachstehen.

Universell könnte auch ein System eingesetzt werden, das als naher Verwandter der elektromechanischen Antriebe zu betrachten ist, der *hydromechanische Antrieb*. In einem gewissen Sinne darf er als Gegenstück zum elektrischen Linearmotor betrachtet werden. Dort handelte es sich um die translatorische Abart eines üblicherweise rotatorischen Antriebes; hier ist die Rede vom Ersatz der klassischen translatorischen Kombination Zylinder/Kolben durch einen ebenfalls hydraulischen, aber rotierenden Motor, der seine Leistung über eine geeignete Mechanik (beispielsweise eine oder mehrere Leitspindeln) an die Krafteinleitung weitergibt. Eine solche Konzeption erscheint verlockend für einen Hersteller, der an sich auf hydraulische Antriebe spezialisiert ist und deren regeltechnische Vorteile wenigstens teilweise auch für die größeren Hübe nutzbar machen möchte, die mit Spindeln erreichbar sind (Näheres ist im Unterabschnitt 3.3.8 beim Vergleich zwischen den vorherrschenden Bauarten nachzulesen). Dem Verfasser ist zwar keine auf dem Markt angebotene Prüfmaschine auf dieser Basis bekannt; eigene Vorstudien lassen ihn aber vermuten, daß hier möglicherweise eine offene Marktnische besteht. Ob dem wirklich so ist, hängt einerseits von finanziellen Überlegungen ab: Eine hydromechanische Maschine samt Druckölversorgung wäre wohl fühlbar teurer als eine gleich starke elektromechanische; vielerorts könnte aber von einem bereits bestehenden Druckölnetz ausgegangen werden. Andererseits wäre zugunsten des langsamlaufenden (also trägheitsseitig günstigen) Hydraulikmotors eine kürzere Umkehrzeit in Rechnung zu stellen.

Damit wäre wohl eine hohe Universalität zu erreichen, gewiß aber nicht auf gleichem Niveau, wie es für die *Servohydraulik* kennzeichnend ist, ein Antriebskonzept, das über eine fast unbegrenzte Programmierbarkeit verfügt. Um diese an Ausstellungen anschaulich zu demonstrieren, pflegten die Erbauer der ersten Prüfsysteme dieser Art ihre Produkte als (nicht gerade hochwertige) Lautsprecher Melodien abspielen zu lassen...

Auf den ersten Blick widerspricht es der historischen Logik, wenn die Besprechung der wichtigsten hydraulischen Antriebe mit deren jüngstem Vertreter beginnt. Dieses unorthodoxe Vorgehen hat aber hier die gleichen Vorteile wie bei den elektromechanischen Antrieben, wo es ebenfalls angewendet wurde: Es erleichtert das Verständnis älterer Systeme

Abb. 65 zeigt das Schema einer einfachwirkenden (und darum besonders einfachen) Servohydraulik in stark generalisierter Form. Aus einem Reservoir wird Hydrauliköl von einer motorgetriebenen Pumpe angesaugt und in einen hydropneumatischen Druckspeicher (kurz: Speicher) gepumpt, der in seiner Größe dem Prüfzweck angepaßt sein muß (Extremfälle Abb. 87, 88). Dieser besteht normalerweise aus einem teils mit komprimiertem Stickstoff, teils mit Öl gefüllten Druckbehälter, wobei die beiden Medien durch eine Folie oder einen Kolben voneinander getrennt sind, um Emulsionsbildung zu verhindern. Ein Regelsystem sorgt dafür, daß der Druck im Speicher stets annähernd konstant (in der Regel unter 30 MPa) gehalten wird. Dank der Elastizität des Gases steht somit jederzeit ein bestimmtes Volumen Drucköl als Energieträger zur Verfügung. Das zentrale Organ des Systems ist ein elektrohydraulisches Regelventil, das die Kammer eines Prüfzylinders entweder mit dem Speicher oder mit dem Reservoir verbindet. Im ersten Fall fließt Öl in die Kammer und bewirkt eine Beanspruchung der Probe, im zweiten drückt die sich entspannende Probe den Kolben in den Zylinder und es fließt Öl ins Reservoir zurück. Die elektrische Ansteuerung des Ven-

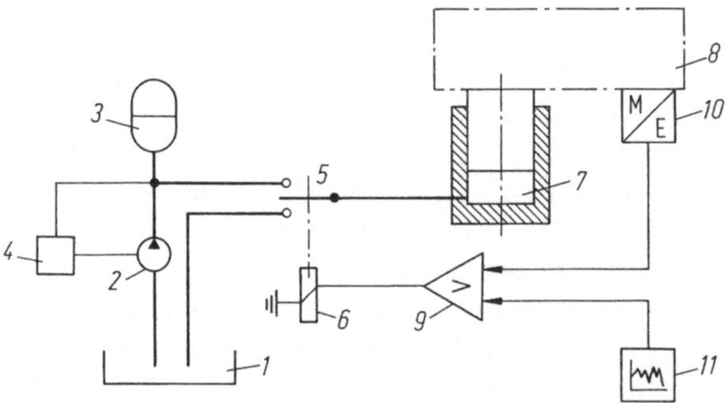

Abb. 65. Funktionsprinzip einer einfachwirkenden Servohydraulik. *1* = Reservoir; *2* = Pumpe; *3* = hydropneumatischer Druckspeicher; *4* = Pumpenregelung für angemessenen Speicherdruck; *5* = Regelventil; *6* = elektromagnetische Ansteuerung des Ventils; *7* = Zylinder; *8* = übriges Prüfsystem mit Probe; *9* = Regelverstärker; *10* = Istwert-Geber für die Regelgröße (Kraft, Weg, Verformung usw.); *11* = Sollwert-Geber für die Regelgröße. Zu den verwendeten Symbolen siehe Figurentext Abb. 37

tils erfolgt durch einen Differentialverstärker, der ähnlich wirkt wie derjenige eines servogesteuerten elektromechanischen Antriebes: Auch er vergleicht das von einem Meßwandler kommende Istwert-Signal mit dem von einer Programmierung gelieferten Sollwert und verarbeitet die Differenz so, daß das Ventil die Hydraulik veranlaßt, den Istwert dem Sollwert nachzuführen.

Natürlich ist mit dieser Kurzbeschreibung noch nichts über die regeltechnischen Einzelheiten gesagt, auf welche noch im Unterabschnitt 3.3.9 eingegangen wird. Immerhin sei schon hier darauf aufmerksam gemacht, daß eine schnelle, stabile und präzise Regelung dreier zu verarbeitender Größen bedarf, nämlich der Differenz zwischen Soll und Ist sowie ihrer Ableitung und ihres Integrals in der Zeit. Der richtigen Abstimmung dieser Größen kommt eine wesentliche Bedeutung zu (Ähnliches gilt übrigens auch für die im Unterabschnitt 3.3.3 besprochenen elektromechanischen Antriebe). Daß die Ventilquerschnitte kontinuierlich betätigt werden müssen, versteht sich von selbst, und auch die geometrischen Verhältnisse im Bereich der Nullstellung (positive oder negative Überdeckung der Querschnitte, Geometrie der Steuerkanten) sind von Bedeutung. Im übrigen mußten die Hersteller beim Aufkommen der neuen Ventile wegen der extrem feinen Passungen den Umgang mit Öl lernen, dessen Verunreinigungen (im Gegensatz zu früheren Zeiten) nur wenige Mikrometer messen durften.

Wenig Probleme bietet der gedankliche Übergang vom einfachwirkenden zum in der Praxis weit häufigeren doppeltwirkenden System (Abb. 66). An der Funktion ändert sich nämlich prinzipiell nichts. Lediglich das Vorhandensein zweier gegenläufig wirkender Zylinderkammern bedingt den Einsatz eines Ventils mit zwei ebenfalls gegenläufigen Ölströmen: Wird die eine Zylinderkammer gefüllt, so entleert sich die andere und umgekehrt. Übrigens sind die auf dem Markt erhältlichen Ventile durchwegs für doppeltwirkenden Antrieb ausgelegt, und bei einfachwirkenden Systemen bleibt eine Hälfte der Anschlüsse ungenutzt.

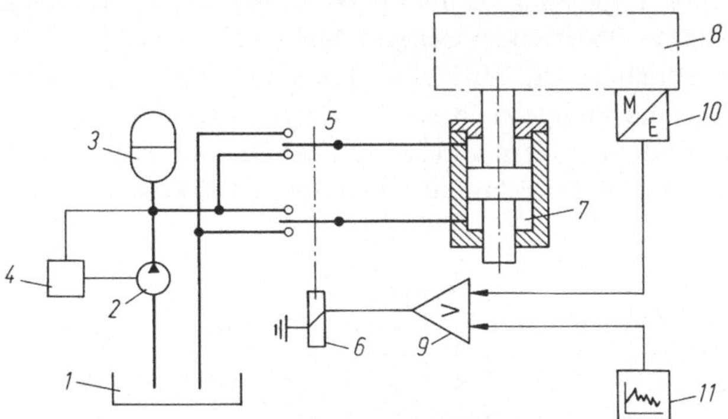

Abb. 66. Funktionsprinzip einer doppeltwirkenden Servohydraulik. *1* = Reservoir; *2* = Pumpe; *3* = hydropneumatischer Druckspeicher; *4* = Pumpenregelung für angemessenen Speicherdruck; *5* = Regelventil; *6* = elektromagnetische Ansteuerung des Ventils; *7* = Zylinder; *8* = übriges Prüfsystem mit Probe; *9* = Regelverstärker; *10* = Istwert-Geber für die Regelgröße (Kraft, Weg, Verformung usw.); *11* = Sollwert-Geber für die Regelgröße. Zu den verwendeten Symbolen siehe Figurentext Abb. 37

Die Bevorzugung doppeltwirkender Antriebe hat einen guten Grund: Sie ermöglichen in einem Arbeitsgang die Prüfung einer Probe in beiden Richtungen gegenüber der Ruhelage (Zug und Druck, Wechselbiegung usw.). Zudem kommt man mit kleineren Ventilquerschnitten aus, weil man nicht auf die bei Entspannung fühlbar abnehmende Federkraft der Probe angewiesen ist, sondern unter allen Umständen eine beträchtliche Druckdifferenz zwischen den beiden Kammern des Zylinders erzeugen kann. Speziell bei Ermüdungsprüfung mit hohen Frequenzen ist dies von Vorteil.

Geschenkt bekommt man diese angenehmen Eigenschaften des doppeltwirkenden Antriebes allerdings nicht. Schon der Zylinder mit seinen drei (bei unsymmetrischer Bauart gemäß Abb. 67 immerhin zwei) Dichtungsstellen und der Notwendigkeit zu einwandfreiem Fluchten mehrerer koaxialer Teile ist erheblich teurer als bei einfachwirkender Bauart. Allerdings wird dieser Mehraufwand durch die wesentlich elegantere Gestaltungsmöglichkeit der Reaktionsstruktur (Abschnitt 3.4) in vielen Fällen mehr als nur wettgemacht. Der eigentliche Vorteil einfachwirkender Systeme liegt denn auch auf einem anderen Gebiet, nämlich auf demjenigen des Energiebedarfs: Wie man sich leicht überzeugen kann, verbraucht bei einem beiden Systemen zugänglichen Versuch das doppeltwirkende doppelt so viel Öl wie das einfachwirkende. Es wird eben auch dann Öl gewaltsam durch enge Spalte gequetscht, wenn dies gar nicht erforderlich wäre, weil die Probe die nötige Energie ohne weiteres hergäbe. Dieser Punkt kann bei großen Ermüdungsprüfsystemen zu wesentlich erhöhten Betriebskosten führen und dürfte mit der weltweit auf lange Sicht nicht aufzuhaltenden Verknappung der Energieressourcen noch erheblich an Bedeutung gewinnen.

Damit ist auch der eigentliche *Pferdefuß der Servohydraulik* angeschnitten: Sie ist – zumindest in ihrer weit verbreiteten Grundform – aus energetischer Sicht das mit Abstand schlechteste Antriebskonzept.

Eine realistische Überschlagsrechnung läßt dies erkennen: Verlangt sei die über 2 Millionen Lastwechsel gehende Ermüdungsprüfung eines schweren Kabels gemäß Abb. 52 im Schwellbereich zwischen 4 MN (Unterlast) und 7 MN (Oberlast) bei einem Antriebshub von 10 mm, einer Frequenz von 6 Hz, einem Gesamtwirkungsgrad (Motor und Pumpe) von 85 %, einem maximalen Arbeitsdruck von 20 MPa in den Zylinderkammern und (wegen des Druckgefälles in den Ventilen) einem Speicherdruck von 27 MPa. Für einen doppeltwirkenden servo-

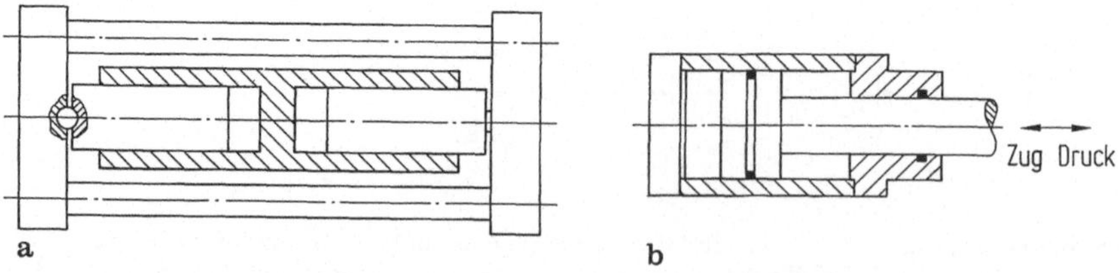

Abb. 67a, b. Seltene doppeltwirkende hydraulische Antriebe. **a** Vom Markt verschwundene (weil sperrige) Bauart mit zwei durch Rahmen gekoppelten eingeschliffenen Kolben (Möglichkeit zur Verwendung des Öldruckes für die Kraftmessung); **b** sehr kompakter und einfacher unsymmetrischer Zylinder, dessen maximale Druckkraft größer ist als die maximale Zugkraft

hydraulischen Antrieb üblicher Art ergibt dieses Pflichtenheft die folgenden Kennwerte:

Kolbenfläche	0,35	m^2
Ölverbrauch	2520	l/min
Leistung (hydraulisch)	1134	kW
Leistung (elektrisch)	1334	kW
Versuchsdauer	92,6	h
Energieverbrauch total	123500	kWh

Der Energieverbrauch verursacht also tatsächlich einen erheblichen Anteil der Versuchskosten. Dazu kommt, daß die aufgewendete Energie letztlich zur Erwärmung von Öl dient, dessen Kühlung unter Umständen beträchtliche Entsorgungskosten bedingt. Auf diese Problematik wird im Abschnitt 3.5 näher eingegangen. Hier sei nur bemerkt, daß die Senkung des Energiebedarfs bei großen Prüfsystemen mehr bedeuten kann als ein an sich gewiß berechtigtes ökologisches Postulat. Damit erscheint auch der gezielte Einsatz der Elastizität zur Erzeugung des statischen Kraftanteils sowie als Entlastungsantrieb im Falle einfachwirkender Zylinder in einem neuen Licht.

Servohydraulik ist heute der *flexibelste Antrieb* für Prüfsysteme. Sie hat daher ältere hydraulische Konzepte auf verschiedenen Sektoren in die Defensive gedrängt. Das mag in gewissen Einzelfällen nicht gerechtfertigt sein; als allgemeiner Trend ist es aber sehr verständlich. In den Abschnitten 2.4 und 2.5 wurde bereits die Bedeutung einer vielseitigen apparativen Ausrüstung für wichtige Sektoren des Prüfwesens hervorgehoben. Hier genügt eine knappe Wiederholung: Bei einer Neuanschaffung weiß man oft nicht, was für Aufgaben vor allem die fernere Zukunft bringt. Das ruft einer oft im Unterbewußten verankerten Tendenz zu Konzepten, die nach Möglichkeit auch mit völlig unerwarteten Problemen nicht überfordert sind. Die Servohydraulik mit ihrer universellen Programmierbarkeit, mit ihrer Fähigkeit, prinzipiell vom Standversuch bis zu hochfrequenter Ermüdung fast jeden Versuchsablauf zu meistern, nimmt in diesem Kontext eine privilegierte Stellung ein.

Die Vorgänger der servohydraulischen waren naturgemäß *manuell gesteuerte hydraulische Antriebe*, die seinerzeit wohl die weltweit verbreitetste Art von Antrieben darstellten. Sie beherrschten in der ersten Hälfte des zwanzigsten Jahrhunderts das Gebiet der zügigen (statischen) Prüfung mit mittleren bis großen Kräften. Und auch heute noch ist die Gattung zwar im Rückzug begriffen, aber – unter anderem wegen der Langlebigkeit einiger Qualitätsprodukte – keineswegs ausgestorben. Es sei daher gestattet, kurz auf ihre funktionellen und technischen Besonderheiten einzugehen. Dabei erweist sich (in Analogie zu der entsprechenden Darlegung über elektromechanische Antriebe) der Bezug zur Servohydraulik als bemerkenswert aufschlußreich.

In der Tat ist das Funktionsprinzip eines manuell gesteuerten elektrohydraulischen Antriebes (Abb. 68) fast identisch mit demjenigen eines servohydraulischen (Abb. 65). Es fallen lediglich einige Elemente weg, die entweder durch menschliche Tatigkeit ersetzt oder angesichts der geringen Antriebsleistung nicht

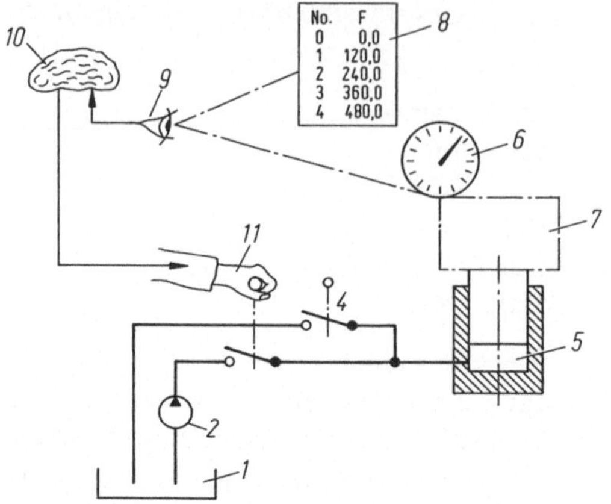

Abb. 68. Funktionsprinzip eines manuell bedienten hydraulischen Antriebes. *1* = Reservoir; *2* = Pumpe; *3* = Belastungsventil (gemäß Abb. 69), *4* = Entlastungsventil; *5* = Zylinder; *6* = Anzeige des Meßgerätes für die Regelgröße (normalerweise Kraft); *7*= übriges Prüfsystem mit Probe; *8* = Sollwert-Tabelle für die Regelgröße; *9* = Auge; *10* = Gehirn; *11* = Hand. Man beachte die Analogien zu Abb. 65. Zu den verwendeten Symbolen siehe Figurentext Abb. 37

benötigt werden. Zur ersten Gruppe gehören der Verstärker, die mechanisch-elektrische Wandlung im Meßgerät und der Programmgeber; zur zweiten die Kühlanlage für das Öl sowie der Speicher samt der zur Aufrechterhaltung seines Druckes erforderlichen Hilfsregelung. Der Mensch hat – um ein konkretes Beispiel zu skizzieren – ein Blatt Papier vor sich, auf dem die anzusteuernden Kräfte in richtiger Reihenfolge aufgelistet sind. Zusammen mit dem lesenden Auge und dem verarbeitenden Zentralnervensystem bildet dieses Blatt die Programmierung des Sollwertes, der im Gedächnis gespeichert wird. So wird das Auge frei für die Beobachtung der Anzeige eines Meßgerätes, das den Istwert liefert. Die Hände – als mechanische Endstufe des menschlichen Verstärkungssystems – betätigen zwei Ventile, die die gleichen Funktionen erfüllen wie das Regelventil der Servohydraulik. Damit ist die enge Wesensverwandtschaft der beiden Systeme offengelegt, und es lassen sich ähnliche Kommentare dazu geben wie beim Vergleich zwischen einem mit Bleistift und Papier rechnenden Menschen und einem Computer: Natürlich ist der Mensch weit vielseitiger und anpassungsfähiger als die Maschine (ganz zu schweigen von kreativen Einfällen); diese ist aber um Größenordnungen flinker, ermüdet nicht und macht fast keine Fehler. Die Ähnlichkeit der beiden Funktionsschemen deutet übrigens an, wie mit der Servohydraulik die menschliche Arbeitsweise nachgeahmt wird, was die Grundlage der erwähnten Flexibilität der Servohydraulik darstellt.

Noch eine in diesem Zusammenhang bedeutungsvolle Bemerkung: Bei heiklen Versuchen werden auch servohydraulische Antriebe gar nicht selten manuell geführt, was als Mischform der beiden Funktionsweisen betrachtet werden kann: Der Mensch ist von sturen und ermüdenden Tätigkeiten entlastet, behält sich aber die Kontrolle über das (natürlich im Tempo seinen Möglichkeiten angepaßte)

Geschehen vor. In vielen Fällen stellt eine solche Arbeitsweise das mit den verfügbaren Mitteln erreichbare Optimum dar. Grundsätzliche Gedanken hierzu sollen im Zusammenhang mit dem Einsatz von Computern dargelegt werden (Abschnitt 3.9).

Einer kurzen Erwähnung ist das manuell betätigte Ventil für den Einlaß wert, wie es bei qualitativ hochstehenden Antrieben Verwendung findet (in vereinzelten Fällen übrigens auch für den Auslaß). An diesem sogenannten *Stromregler* (in älteren Beschreibungen gelegentlich ungenau als „Mengen-" oder „Druckregler" bezeichnet), wurde schon früh eine in ihrer Einfachheit ingeniöse Idee verwirklicht. Natürlich fördern die zum Antrieb dienenden Pumpen eine annähernd konstante Ölmenge je Zeiteinheit. Die Geschwindigkeit der Verformung (und damit auch des Kraftanstieges) muß also durch Abfließenlassen einer bestimmten Teilmenge eingestellt werden. Ein einfaches Ventil mit manuell verstellbarer Öffnung müßte angesichts des während des Versuches zunehmenden Druckes ständig nachgestellt werden, um den Durchfluß konstant zu halten. Diese Nachstellung besorgt der Stromregler automatisch (Abb. 69 b): In die Einlaßleitung ist ein hydraulischer Widerstand eingebaut, der einen Druckabfall zwischen Pumpenseite und Zylinderseite erzwingt. Dieser Druckabfall wird mit einem Differential-Federmanometer erfaßt, das ihn durch sinngemäße Öffnung eines Auslasses konstant hält. Die Ölmenge je Zeiteinheit wird durch Einstellen des Widerstandes, allenfalls der Federspannung, gewählt. Soweit dem Verfasser bekannt, wurde dieses Gerät aus dem analog konzipierten Druckregler (Abb. 69 a) entwickelt, der nur der Konstanthaltung des Arbeitsdruckes für die Standprüfung dient. Ein Querbezug zur Luftfahrt: Der Entwicklungsschritt ist ähnlich demjenigen vom

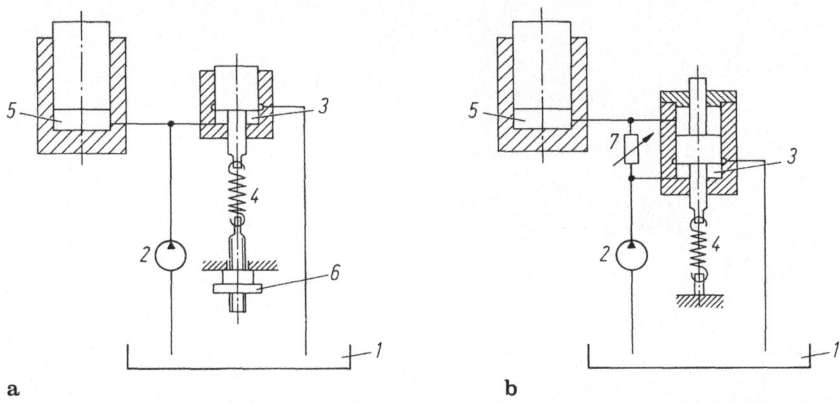

Abb. 69a, b. Vereinfachtes Funktionsprinzip zweier automatischer Ventile für manuell bediente hydraulische Antriebe. *1* = Reservoir; *2* = Pumpe; *3* = Zylinder der Ventilautomatik; *4* = Feder; *5* = Zylinder des Prüfsystems (Durchmesser in Wirklichkeit viel größer als derjenige von *3*); *6* = Spannvorrichtung für Feder; *7* = einstellbarer hydraulischer Widerstand. **a** Druckregler, bei dem der Rücklauf zum Reservoir sich so einstellt, daß der hydraulische Druck und die Feder gleiche Kräfte auf den Kolben des Zylinders *3* ausüben; **b** Stromregler, bei dem das Gleichgewicht zwischen der Feder und dem Druckabfall über den hydraulischen Widerstand entsteht. Daher die Möglichkeit einer Ausführung mit festem Widerstand und verstellbarer Federspannung

Barometer (Druckmessung als Basis der Höhenbestimmung) zum Variometer (Druckänderungsmessung für Bestimmung der Steig- oder Sinkgeschwindigkeit).

Natürlich hat ein derartiger Stromregler seine grundsätzlichen Grenzen: Zum einen regelt er die Kolbengeschwindigkeit, die nur angenähert der Dehngeschwindigket und nur bei elastischem Materialverhalten der Kraftänderungs-Geschwindigkeit proportional ist. Zum zweiten sind hydraulische Widerstände (auch einfache Blenden) stets von der Viskosität des Öls abhängig, so daß dessen Temperatur eine fühlbare Rolle bei der Bemessung der erforderlichen Federkraft spielt, was eine Eichung der Feder in Geschwindigkeitseinheiten ausschließt.

Die ungünstige energetische Natur der Servohydraulik in der Ermüdungsprüfung läßt sich auf verschiedene Arten verbessern. In die Praxis haben bis heute zwei Konzepte Eingang gefunden. Die erste sei als Speicher-, die zweite als Resonanzantrieb bezeichnet.

Der schon zweimal kurz erwähnte *Speicherantrieb* (Unterabschnitte 3.3.2, 3.3.4) stellt keine Besonderheit der Servohydraulik dar. Er soll daher im Unterabschnitt 3.3.8 in allgemeinerem Rahmen besprochen werden. Hier genüge die Bemerkung, daß er je nach den Umständen recht verschiedene Einsparungen gestattet (bei Ursprungslast im besten Falle 1:2).

Der *servohydraulische Resonanzantrieb* darf mit gutem Grund als spezielle Antriebsart angesehen werden, obwohl er an ein und demselben Prüfsystem durch relativ einfache Umschaltoperationen im Wechsel mit normaler Servohydraulik angewendet werden kann. Das Grundprinzip sei auch hier der Anschau-

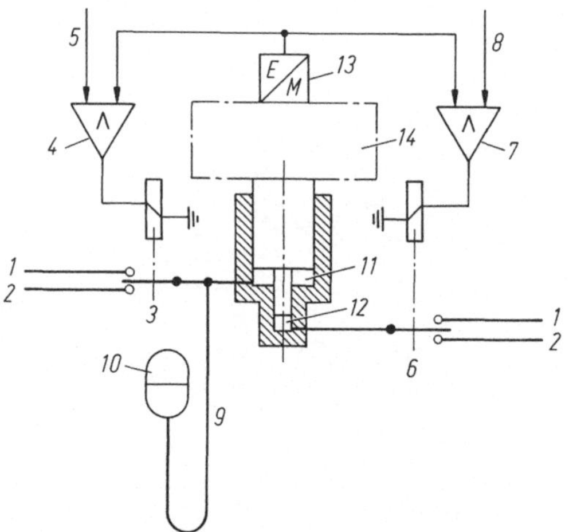

Abb. 70. Funktionsprinzip eines einfachwirkenden servohydraulischen Resonanzantriebes. *1* = Anschluß an Druckspeicher (entsprechend Abb. 65 und 66); *2* = Anschluß an Reservoir; *3, 4, 5* = Ventil, Verstärker und Sollwert-Eingang für die Regelung des statischen Kraftanteils; *6, 7, 8* = Ventil, Verstärker (mit Phasendrehung) und Sollwert-Eingang für die Erregung der Resonanzschwingung; *9* = Rohrleitung mit als Schwingmasse dienender Ölsäule; *10* = Druckspeicher; *11* = Zylinder des Prüfsystems; *12* = Erreger-Zylinder; *13* = Istwert-Geber für die Regelgröße; *14* = übriges Prüfsystem mit Probe. Zu den verwendeten Symbolen siehe Figurentext Abb. 37

lichkeit halber für die einfachwirkende Variante beschrieben (Abb. 70), obwohl die doppeltwirkende wesentlich verbreiteter ist: Wichtigstes Element ist ein im Verhältnis zur Größe des Systems kleinkalibriger servohydraulisch betätigter Erregerantrieb, der in der Regel direkt auf den Kolben des Hauptantriebes wirkt (Alternativen sind denkbar). Dieser Erregerantrieb wird prinzipiell ebenso angesteuert wie der Magnet eines elektromagnetischen Resonanzantriebes. Er sorgt also dafür, daß das System phasenrichtig und mit der erforderlichen Leistung in seiner Eigenfrequenz erregt wird. Besagte Eigenfrequenz (in groberNäherung: Probe und Kraftmeßdose als Elastizität, Kolben, Krafteinleitung und Teile der Probe als Masse) ist meistens aber wesentlich höher als wünschbar, weil bei großen Proben häufig die Bildung von schwer zu kontrollierenden parasitären Schwingungen zu befürchten ist und weil nicht selten auch Reibungsvorgänge in der Probe unerwünschte Erwärmung hervorrufen. Aus diesem Grunde wird entweder die Masse der bewegten Teile oder die Nachgiebigkeit des Systems künstlich erhöht (oder beides). Diese Maßnahmen sind nicht unproblematisch: Eine zusätzliche Masse fiele meist sehr groß aus, wenn sie direkt am Kolben angeschlossen würde; sie muß daher mit hydraulischer Uebersetzung ausgeführt werden (als schwingende Ölsäule oder als von einem kleinen Kolben angetriebene metallische Masse); es muß dabei sowohl für den erforderlichen Vorspanndruck als auch für einen genügenden Massenausgleich zum Schutz schwingungsgefährdeter Gebäude gesorgt werden. Ein am Zylinder angeschlossener hydropneumatischer Speicher (oder auch einfach ein genügendes Ölvolumen) wirkt sich bei Änderungen der mittleren Prüfkraft aus wie eine extrem nachgiebige Probe, was den Zeitaufwand für derartige Niveauwechsel erheblich vergrößert. Es mögen dies die Gründe sein, deretwegen dem servohydraulischen Resonanzantrieb zwar beachtliche Erfolge (Dahl et al., 1981), bis auf weiteres aber keine Durchbrüche auf breiter Front beschieden waren.

In ähnlicher Weise wie der statische hydroelektrische Antrieb beherrschte der ebenfalls hydroelektrisch arbeitende *hydraulische Pulsator* jahrzehntelang das Gebiet der Ermüdung bei mittleren bis schweren Kalibern. Die elegantesten Lösungen stammen hier von Amsler und MFL (Abb. 71, 72). Das Grundprinzip aller Pulsatoren dieser Gattung ist gleich: Ein elektrisch angetriebenes Schwungrad ist mit einem kurbelgetriebenen Kolben verbunden, dessen ventilloser Zylinder an den Zylinder des Prüfsystems (einfachwirkend, für Wechsellast als Hälfte eines doppeltwirkenden Zylinderpaars, Abb. 67) angeschlossen ist. Das Öl wird also in steter Folge vom Pulsator zum Prüfzylinder und zurück verschoben, was eine pulsierende Beanspruchung der Probe ergibt. Mit dem Öl verschiebt sich auch die im System enthaltene Energie, die abwechselnd Teil der kinetischen Energie des Schwungrades und Verformungsenergie der Probe ist. Der Unterschied zwischen den Lösungen besteht in den Mitteln zur Festlegung des – naturgemäß von Versuch zu Versuch und allenfalls auch während eines Versuches zu verändernden – Hubvolumens.

Bei der einzylindrigen Ausführung nach Amsler (Abb. 71) muß offensichtlich der Kolbenhub einstellbar sein. Zu diesem Zweck wirkt das liegende Kurbelpleuel nicht unmittelbar auf den Kolben, sondern setzt eine zweite Kurbel mit wesent-

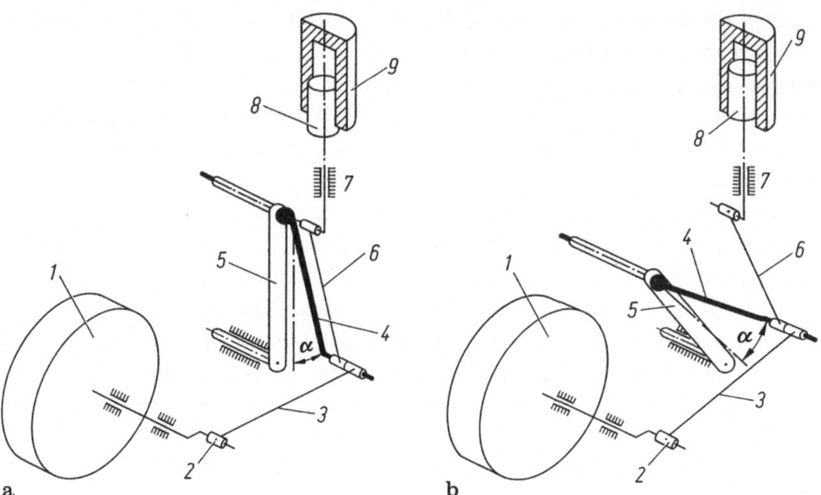

Abb. 71a, b. Funktionsprinzip des hydraulischen Pulsators mit variablem Kolbenhub und Schwingengetriebe. **a** Nullstellung; **b** Pulsierstellung. *1* = Schwungrad; *2* = Kurbel; *3* = Kurbelpleuel; *4* = Schwinge; *5* = Schwingenlagerung; *6* = Kolbenpleuel (man beachte links die koaxiale Lage des oberen Endes mit dem Schwingenlager); *7* = Kreuzkopflagerung; *8* = Kolben; *9* = Zylinder; α Pulsierwinkel der Schwinge (man beachte dessen Veränderung in Lage und Größe)

lich größerem Kurbelradius in schwingende Bewegung. An dieser „Schwinge" ist das senkrecht stehende Kolbenpleuel angeschlossen. Die Achse der Schwinge ist auf einer Kreisbahn verstellbar, deren Achse parallel zur Kurbelwelle liegt. Der Radius dieser Kreisbahn stimmt sowohl mit demjenigen der Schwinge wie auch mit der Länge des Kolbenpleuels überein. In ihrer Nullstellung (Abb. 71a) fällt die Achse der Schwinge mit der oberen Lagerung des Kolbenpleuels zusammen. Schwinge und Pleuel schwingen „blind" um diese Achse, und es entsteht kein Kolbenhub. Bei Auslenkung der Schwingenachse (Abb. 71b) fällt diese Übereinstimmung der Achsen dahin, die Schwinge steht während ihrer ganzen Hin-und-Herbewegung schräg, so daß die untere Lagerstelle des Kolbenpleuels (und mit ihr das ganze Pleuel samt dem Kolben) eine senkrechte Schwingbewegung ausführt. Durch zweckmäßige Auslegung der Geometrie kann man den unteren Totpunkt des Kolbens unabhängig vom Hub stets auf gleichem Niveau halten. Man arbeitet also mit der Unterlast als Basis, was für eine einfache Bedienung nützlich ist.

Die Verwendung zweier Zylinder (Abb. 72) kann sehr verschiedene Gründe haben. Bei MFL steht der Massenausgleich durch gegenläufige Kolben im Vordergrund, während der Kolbenhub durch variable Hebelübersetzung eingestellt wird. Der als Kurbel dienende Exzentertrieb bewirkt eine gewisse Verschlechterung des Rekuperationsgrades. Bei AMSLER handelt es sich – neben vorzüglicher Rekuperation – um eine extrem einfache Bauart: Zwei hydraulisch gekoppelte Zylinder gleichen Hubvolumens werden von einer Kurbelkröpfung angetrieben. Einer ist ortsfest, der andere um die Kurbelwellenachse schwenkbar. So ist zwi-

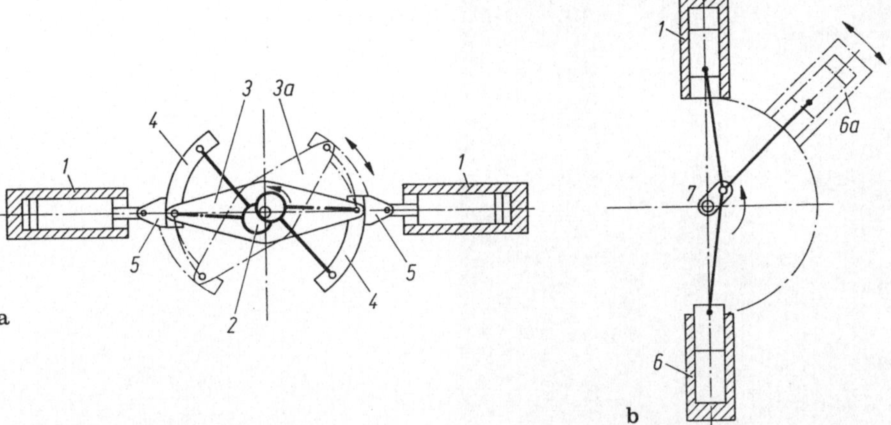

Abb. 72a, b. Zweizylindrige Pulsatoren, Funktionsprinzip. **a** nach MFL mit variablem Kolbenhub; **b** nach AMSLER mit „Phasenmodulation". *1* = ortsfeste Zylinder; *2* = Doppelexzenter; *3* = schwenkbarer Lagerkörper; *4* = Schwinghebel; *5* = Gleitschuhe; *6* = schwenkbarer Zylinder (mit 1 hydraulisch gekoppelt); *7* = Kurbel. Elemente *3, 4, 6* sind in Nullstellung gezeichnet; *3a, 4a, 6a* = dieselben Elemente in Pulsierstellung (Verstellung durch Spindel oder Schneckentrieb)

schen den beiden Zylindern eine hydraulische Phasendifferenz von 0 bis π möglich: Man hat damit eine elegante „Phasenmodulation". In beiden Fällen steht aus Symmetriegründen der Schwingungsmittelwert als bequeme Basis für Änderungen der Amplitude zur Verfügung.

Angesichts ihrer Langlebigkeit stehen weltweit noch zahlreiche dieser nicht mehr fabrizierten Pulsatoren im praktischen Einsatz (Abb. 73, 74). Ihr Verschwinden vom Markt ist angesichts der Investitionskosten zwar verständlich, aus energetischer Sicht aber bedauerlich. Man bedenke: Einerseits werden viele servohydraulische Systeme fast ausschließlich für Prüfungen mit konstanten Schwingbreiten im für Pulsatoren geeigneten Frequenzbereich zwischen 4 und 15 Hz benützt; andererseits werden Veränderungen der mittleren Kraft bei manchen hydraulischen Resonanzantrieben durch parallel geschaltete Speicher verlangsamt. Zur Illustration des Energiebedarfs noch ein Beispiel: Die oben als dessen Basis bei einem servohydraulischen System angeführte Prüfung eines Stahlkabels (Abb. 52) kann (dank Einsatz der Elastizität zur Erzeugung der statischen Prüfkraft) mit vier der fünf in Abb. 73 gezeigten Pulsatoren durchgeführt werden (Anschlußleistung unter 40 kW!). Nach Ansicht des Verfassers ließe sich besonders die „phasenmodulierte" Bauart mit modernen Mitteln zu einem zeitgemäßen Ermüdungsantrieb gestalten.

Neben diesen Systemen, die man als mittelfrequent bezeichnen könnte, entstand um die Jahrhundertmitte ein weiterer elektrohydraulischer Antrieb, der *Niederfrequenzpulsator* (Abb. 75). Es handelte sich dabei um leistungsfähige elektrisch angetriebene Kolbenmaschinen, die – bei der bevorzugten axialzylindrigen Bauart meist durch Schwenken der Steuerebene der Kolben – abwechselnd auf Pumpen- und auf Motorbetrieb geschaltet werden konnten. Beim Belastungshub

Abb. 73. Fünf zur Einheit verkoppelte hydraulische Pulsatoren gemäß Abb. 71 (einer teilweise, einer ganz durch Bedienungsschränke verdeckt). Gesamtes Pulsiervolumen 2 Liter, Frequenz 6 Hz, Antriebsleistung < 50 kW. Servohydraulische Äquivalente bei üblichen doppeltwirkenden Zylindern: Fördermenge 1440 l/min, Antriebsleistung rund 760 kW. Im Hintergrund Maschine gemäß Abb. 52. Rechts vorne Federkraftanzeiger. (Produkte AMSLER und EMPA, Bild EMPA)

Abb. 74. Pulsator mit einem festen und einem schwenkbaren Zylinder. Steuerung des Hubvolumens durch deren vom Schwenkwinkel (Abb. 72) abhängige gegenseitige Phasenlage. (Produkt und Bild AMSLER)

Abb. 75. Niederfrequenzpulsator kleiner Kapazität (etwa 20 l/min) mit Axialzylindern und rein hydraulischer Steuerung. Man beachte die Manometer für Maximal- und Minimaldruck. (Produkt und Bild AMSLER)

pumpte die Kolbenmaschine Öl in das Prüfsystem, beim Entlastungshub drückte die sich entspannende Probe das Öl durch die als Motor arbeitende Maschine und trieb diese samt einem daran angeschlossenen Schwungrad an. So konnten bei bescheidenen Frequenzen (durchwegs unter 2 Hz) sehr große Volumina umgesetzt werden, und dank der Energiespeicherung im Schwungrad war der Energieverbrauch zwar nicht so günstig wie bei den normalen Pulsatoren, aber immerhin wesentlich bescheidener als bei der heute üblichen Servohydraulik.

Im Anschluß an die Beschreibungen der verschiedenen hydraulischen Antriebe seien noch einige Bemerkungen zu deren Endstufe und wichtigstem Organ, dem *System Zylinder-Kolben* gestattet. Es kommen dabei grundsätzliche technologische Aspekte zur Sprache, die möglicherweise für künftige Entwicklungen von Nutzen sein können.

Ihre beherrschende Stellung verdankten die hydraulischen Antriebe während langer Zeit den besonderen Eigenschaften der von den damals führenden Herstellern eingesetzten Zylinder und Kolben. Es war ein in der Geschichte des Prüfwesens einmaliges Zusammentreffen, das für gut sieben Jahrzehnte die Weichenstellung auf diesem wichtigen Teilgebiet bewirkte.

Man schrieb das Jahr 1886, der Beton stand eben im Begriff, seinen Siegeszug um die Welt anzutreten, und der Bedarf nach leistungsfähigen Prüfmaschinen stieg rapid. Diese Situation schilderte TETMAJER (berühmt durch die nach ihm benannte 1887 veröffentlichte Knickformel und damals erster Direktor der „Prüfanstalt für Baumaterialien am Schweizerischen Polytechnikum", der späteren EMPA) einem Bekannten, welcher ausgerechnet tags zuvor gehört hatte, dem Franzosen AMAGAT sei es gelungen, einen Kolben so präzise in einen Zylinder einzuschleifen, daß dieser sich zwar mit minimalem Widerstand bewegen ließ, zugleich aber bei Verwendung eines Öls angemessener Viskosität selbst unter hohem Druck fast vollständig dicht hielt. Dies war der Beginn eines zweiten Siegeszuges: Jener Gesprächspartner, der innerhalb so kurzer Zeit zwei wesentliche Informationen erhalten hatte, war J. AMSLER, damals weltbekannt als Erfinder und Hersteller des Polarplanimeters (1856). Er erkannte sofort die Bedeutung des *eingeschliffenen Kolbens* für den Einsatz im Prüfwesen und wandte unverweilt diese Erfindung zum Bau neuer Prüfmaschinen von bis dahin unbekannter Qualität und Vielseitigkeit an.

Antriebsseitig waren es zwei Vorzüge, die diese damals neue Generation von Maschinen auszeichneten: Zum einen waren sie außerordentlich langlebig, und die Revisionsintervalle waren für heutige Begriffe unglaublich lang. Zum zweiten war die Reibung zwischen Zylinder und Kolben so gering, daß der hydraulische Druck als gültiges Maß der wirkenden Kraft benützt werden konnte. Um die Bedeutung dieser Moglichkeit zu verstehen, muß man sich vergegenwärtigen, daß in jenen Jahren zur Messung großer Kräfte als Alternative nur noch der von WERDER und anderen verwendete Waagebalken in Frage kam, dessen Kraftbereich durch die Schneidenlagerung begrenzt und dessen Bedienung recht zeitraubend war.

Ein ernsthaftes Problem tauchte mit dem stetig zunehmenden Kaliber der Antriebe auf, da der Leckverlust im engen Spalt zwischen Kolben und Zylinder bei geometrisch ähnlicher Konstruktion und gegebenem Öldruck infolge der Aufweitung des Zylinders etwa mit der dritten Potenz der linearen Abmessungen wächst. Doppelter Durchmesser (vierfache Kraft) bedeutet also achtfachen Leckverlust. Man muß bedenken, mit welch bescheidenen Pumpenleistungen damals gearbeitet wurde und wie begrenzt die Möglichkeiten einer automatischen Regelung der Fördermenge waren. Zylinder mit dramatischer Abhängigkeit der Leckverluste vom Arbeitsdruck waren also tabu. Das einzige brauchbare Mittel bestand – sofern man die hydraulische Kraftmessung nicht aufgeben wollte – in der Verwendung wesentlich dickwandigerer Zylinder, als es aus Gründen der Festigkeit erforderlich gewesen wäre.

All das wäre nur Historie, wenn die neuere Entwicklung nichts als den Verzicht auf die geschilderte Technologie gebracht hätte.

In der Tat ist man, seit es kompakte und genaue Kraftmeßdosen gibt, fast ausschließlich auf *Kolben mit Dichtungsringen* übergegangen. Das Bedürfnis nach diesem Wechsel ergab sich aus zwei Gründen, die beide mit dem Aufkommen der Servohydraulik verknüpft sind: Erstens wurden Öle geringerer Viskosität erforderlich, die einer entsprechend wirksameren Dichtung bedurften; zweitens war der doppeltwirkende Antrieb zur Norm geworden, bei dem eine Dichtung der hergebrachten Art unüberwindliche Zentrierungsprobleme der drei Dichtungsstellen (Abb.66) zu bedingen schien. Da die Kolbenringe durch den hydraulischen Druck aufgeweitet und gegen die Zylinderwand gedrückt werden, ist eine einwandfreie Dichtung auch bei starker Aufweitung des Zylinders ebenso sichergestellt wie die Überbrückung geringfügiger Mängel des Fluchtens.

Es ist aber nicht zu übersehen, daß derartige Kolbenringe wegen der systembedingten Reibung weder eine Kraftmessung unter Benützung des Öldruckes gestatten noch abnützungsfrei sind. Beides ist bei kleineren Prüfsystemen von untergeordneter Bedeutung, denn moderne Kraftmeßdosen brauchen wenig

Raum und der Ersatz der Kolbenringe – dank modernen Werkstoffen zu einer relativ seltenen Maßnahme geworden – läßt sich in vertretbarer Zeit bewerkstelligen. Weit schwieriger stellen sich beide Probleme bei großkalibrigen Antrieben: Meßdosen für große Kräfte sind nach wie vor sperrig und kostspielig; und revisionsbedingte Demontagen, bei denen fast jedes Stück mit schwerem Hebezeug bewegt werden muß, sind nicht nur finanziell aufwendig, sondern legen eventuell auch ein dringend benötigtes System wochen-, allenfalls monatelang still.

Durch einen Zufall entdeckten der Verfasser und seine Mitarbeiter schon in den sechziger Jahren das Konzept eines praktisch *abnützungs- und reibungsfreien Kolbenringes*, der zugleich eine billige Bauart des Zylinders gestattet. Bei einer Versuchsreihe zur Optimierung des Reibungsverhaltens von Kolbenringen fiel ein äußerst einfach gestalteter Ring dadurch auf, daß seine Reibung – zunächst ohne ersichtlichen Grund – ebenso inexistent erschien wie der elektrische Widerstand eines Leiters bei der für die Supraleitung erforderlichen Temperatur. Gleichzeitig wies diese Zylinder-Kolben-Einheit über den gesamten in Betracht kommenden Druckbereich einen sehr bescheidenen und vor allem wenig schwankenden Leckverlust auf. Erst die nachfolgende Analyse zeigte, daß man einen Glückstreffer gezogen hatte: Der Ring besaß ganz einfach das annähernd optimale Verhältnis zwischen Außen- und Innendurchmesser.

In Abb. 76 sind die lokalen geometrischen Verhältnisse mit der für ein besseres Verständnis erforderlichen Überhöhung wiedergegeben. Im drucklosen Zustand (Abb. 76 a) haben Ring und Zylindermantel genau zylindrische Oberflächen. Unter Druck weitet sich der Zylinder auf. Da der Ring bei der darge-

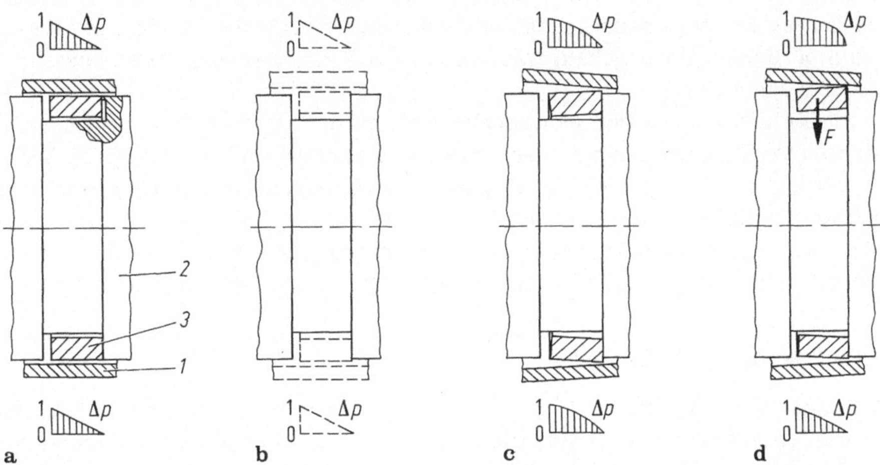

Abb.76a-d. Abnützungs- und reibungsfreier („schwebender") Kolbenring. *1* = Zylinderwand; *2* = Kolben; *3* = Ring; Δp = prozentualer Druckabfall im Ringspalt. Betriebszustände: **a** kleiner Druckabfall, Wand und Ring zylindrisch, Ring ohne hydraulische Querkraft; **b** fiktiver Zustand bei nennenswertem Druckabfall mit Aufweitung von Wand und Ring („atmender Zylinder"); **c** tatsächlicher Zustand mit konischer Verformung von Wand und Ring, dank Symmetrie ohne hydraulische Querkraft auf Ring; **d** Zustand entsprechend c, jedoch mit exzentrischer Lage des Ringes, folglich unsymmetrischer Druckverteilung und Zentrierkraft *F*

stellten Anordnung innen unter dem Arbeitsdruck, außen unter einem vom Arbeitsdruck auf Null (oder einen geringen Gegendruck) übergehenden Druckfeld steht, weitet auch er sich auf. Ist sein Durchmesserverhältnis optimal, so entspricht seine Aufweitung etwa derjenigen des Zylinders, so daß der Spalt zwischen beiden (Größenordnung 0,01 bis 0,02 mm) im Durchschnitt konstant bleibt oder sogar unter Druck etwas abnimmt, um den Leckverlust besser in Grenzen zu halten. So ergibt sich ein „atmender“ Zylinder, der dünnwandig sein darf, weil der Kolbenring seiner Aufweitung (in der Praxis erprobt bis zu 0,30 mm!) folgt.

Nicht genug damit. Abb. 76 b, die den soeben erläuterten Vorgang wiedergibt, hat nämlich nur fiktiven Charakter. Denn in Wirklichkeit ist die Verformung sowohl des Zylindermantels als auch die des Ringes infolge des Druckgefälles im Spalt um wenige Mikrometer konisch (Abb. 76 c). Dadurch verengt sich der Spalt in der Richtung des Leckölflusses, und der Gradient des Druckes nimmt mit dieser Verengung zu (bei der nicht ganz exakten Annahme eines ebenen Strömens umgekehrt proportional zur dritten Potenz der Spaltbreite). Gerät der Ring nun aus seiner zum Zylinder konzentrischen Lage, im Extremfall bis zur Berührung mit einer Stelle der Zylinderwand (Abb. 76 d), so wird fast der gesamte Druckabfall in der Nähe dieser Berührungsstelle konzentriert, während das Druckfeld auf der Gegenseite sich einem linearen Verlauf annähert. Insgesamt treibt die so entstehende Druckverteilung den Ring wieder in eine zum Zylinder konzentrische Lage zurück: Der „atmende“ Zylinder enthält einen „schwebenden“ Ring.

Daß mit einem Kolbenring, der den Zylindermantel nie berührt, das Reibungs- und damit auch das Abnützungsproblem eine radikale Lösung erfährt, braucht wohl nicht näher erläutert zu werden. Und die Bedeutung der hier vorgestellten Lösung für großkalibrige Antriebe geht aus dem weiter oben Gesagten unmittelbar hervor. So ist es bedauerlich, daß bisher nur vereinzelte Systeme auf dieser kaum bekannten Basis gebaut wurden. Abb. 105 zeigt die erste Serienmaschine aus dem Jahre 1969.

Im übrigen machte der schwebende Kolbenring erstmals einen sogenannten Mehrfachzylinder möglich, bei dem mehrere Zylinderkammern koaxial in Reihe angeordnet und ebensoviele Kolbenteller auf einer gemeinsamen Kolbenstange befestigt sind. Auf diese Weise können sehr große Kräfte in ungewöhnlich schlanken, gestreckten Antriebseinheiten untergebracht werden, was für gewisse Zwecke erhebliche Vorteile bietet (Unterabschnitt 3.4.3, Abb. 26, 120).

3.3.6 Pneumatische Antriebe

Als ungewöhnlich dürfen mit Zylindern und Kolben arbeitende Antriebe betrachtet werden, bei denen nicht eine Flüssigkeit, sondern ein Gas als energieübertragendes Medium Verwendung findet. Diese Antriebe seien als pneumatisch bezeichnet.

Zur Hauptsache geht es um *luftpneumatische Antriebe*, die durch ihre Billigkeit und durch die Problemlosigkeit ihres Betriebes bestechen: Luft bedarf keines Behälters; Luft verschmutzt weder Kleider noch Hände; Luft braucht an Leckstellen nicht eingesammelt und zurückgeführt zu werden; Luft läßt sich schneller durch Ventile quetschen als Öl. Leider steht diesen Vorzügen ein entscheidender Nachteil gegenüber: Luft ist wie jedes Gas um Größenordnungen kompressibler als Hydrauliköl. Genau läßt sich das Verhältnis angesichts des Unterschiedes zwischen Flüssigkeits- und Gasgesetzen nicht angeben. Immerhin kann man feststellen, daß auf 20 MPa komprimierte Luft je Volumeneinheit gegenüber Öl unter gleichem Druck etwa das Hundertfache an gespeicherter Energie enthält. Das bedingt eine starke Nachgiebigkeit der in einer Zylinderkammer eingeschlossenen Luftsäule, eine Eigenschaft, über deren ungünstige Folgen in den Unterabschnitten 3.4.2 und 3.4.3 berichtet werden soll. Hier sei nur vermerkt, daß ein pneumostatischer Antrieb die angeschlossenen Krafteinleitungen gewissermaßen über eine recht weiche Feder in Bewegung setzt. Das erschwert die Steuerung und stellt zugleich im Falle plötzlicher Entladungen der gespeicherten Energie eine ernsthafte Gefährdung des Bedienungspersonals dar. Ausweichen kann man nur durch Senkung des Arbeitsdruckes, beispielsweise auf das für gewisse Anwendungen übliche Niveau in der Größenordnung von 1 MPa. Das Resultat sind riesige Kolbenflächen, und bei gleicher Kraft bleibt die Reduktion der gespeicherten Energie überraschend gering. Auch kann die große im Spiel stehende Elastizität durch unerwünschte Senkung der Resonanzfrequenz regeltechnische Probleme hervorrufen. Mit einem Wort: Pneumatik, so verlockend sie auf den ersten Blick erscheinen mag, kommt, insbesondere wenn ein universeller Einsatz zur Diskussion steht, nur für sehr kleine Prüfkräfte in Betracht.

Dennoch sind mit pneumatischen Antrieben auf Sondergebieten beachtliche Leistungen erzielt worden. Interessanterweise ist dies wie bei den gravitatorischen Antrieben zur Hauptsache an den beiden Enden der Geschwindigkeitsskala der Fall, also bei der Stand- und bei der Schlagprüfung.

Als originelles Beispiel sei zuerst ein ungewöhnlicher *pneumatischer Ermüdungsantrieb* vorgestellt, der nur eine sehr kleine Leistung abzugeben hatte und den der Verfasser in den späten sechziger Jahren beim Besuch einer amerikanischen Flugzeugfabrik zu sehen bekam (Abb. 77). Es handelte sich um die Erregung eines einfachen hochfrequenten Resonanzsystems: Ein Luftstrahl wurde durch die kreisförmig angeordneten Löcher einer rotierenden Scheibe geblasen und traf solcherart pulsierend auf der Oberfläche eines als Schwingmasse dienenden Probenkopfes auf. Die Resonanzvergrößerung (und damit die Schwingbreite) wurde durch eine elektronische Drehzahlregelung gesteuert. Es ist offensichtlich, daß unter den dargelegten Verhältnissen die erwähnten Nachteile der Pneumatik nicht zur Auswirkung kamen, da das System pneumodynamisch und nicht pneumostatisch arbeitete. Anscheinend blieb es (unter anderem wohl wegen des sirenenartigen Heulens) bei der Einzelausführung, deren Interesse in der Demonstration der fast unbegrenzten Möglichkeiten für die Konzeption funktionsfähiger Antriebe auf Spezialgebieten liegt.

Die Verwendung der hohen Elastizität von Gasen zur Herstellung besonders weicher „Federn“ für Speicherantriebe wurde nun schon mehrmals erwähnt. Hier bleibt nur noch hinzuzufügen, daß ein Einsatz für die *Standprüfung* natürlich naheliegend ist. Es gibt denn auch eine große Zahl von (vielfach von den Laboratorien im Eigenbau hergestellten) Maschinen, die, an sich hydraulisch angetrie-

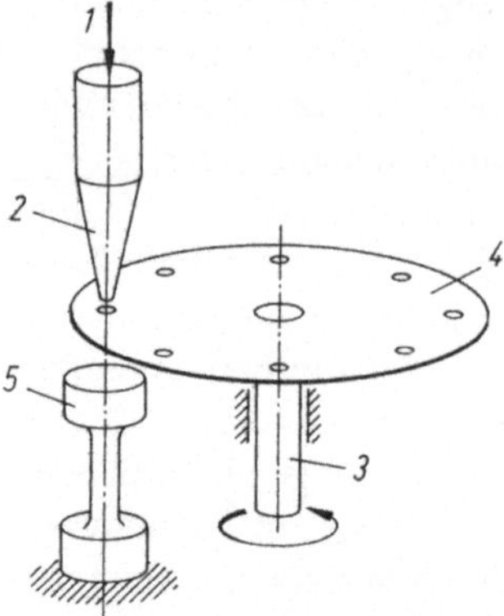

Abb. 77. Pneumatischer Ermüdungs-Resonanzantrieb. *1* = Druckluftzufuhr; *2* = Düse; *3* = Welle des elektronisch gesteuerten Elektromotors; *4* = Lochscheibe; *5* = Probe, oberer Kopf als Schwingmasse ausgebildet, unterer auf großer Gegenmasse montiert. Das vorliegende Prüfsystem besitzt keine geschlossene Reaktionsstruktur, so daß nur symmetrische Wechsellastversuche gefahren werden können

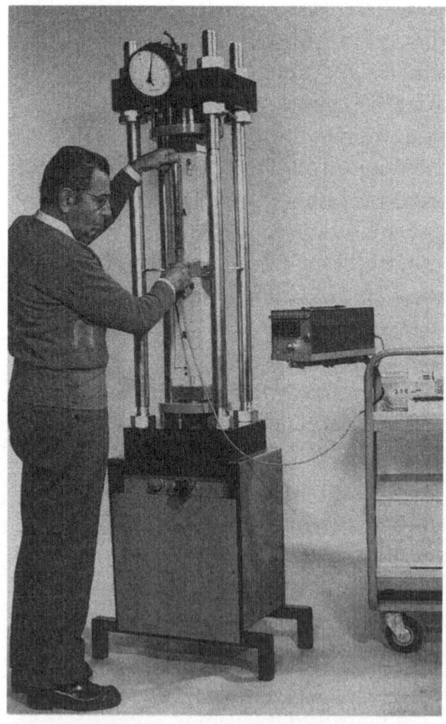

Abb. 78. Beispiel einer unter Zuhilfenahme eines Druckspeichers hydropneumatisch angetriebenen Standprüfmaschine für Beton. Dichtung mit Kunststoffring (bei anderen Ausführungen mit elastischen Membranen). Druckmessung mit BOURDON-Manometer. (Produkt und Bild EMPA)

ben, den erforderlichen Druck von hydropneumatischen Speichern beziehen (Abb. 78; LEUTERT et al., 1980). Der Vorteil der großen gespeicherten Energie liegt darin, daß beim Kriechen des Materials, ja selbst beim Autreten geringfügiger Leckverluste der Druck nur sehr wenig abnimmt, so daß die erforderlichen Intervalle für die Druckkontrolle recht großzügig bemessen werden dürfen.

Aufregender sind natürlich die pneumatischen Antriebe für die *Schlagprüfung*, bei denen die sonst gefürchteten raschen Entladungen als entscheidender Vorteil zur Erreichung hoher Schlaggeschwindigkeiten ausgenützt werden. Als originelles Beispiel seien die „Kanonen“ erwähnt, die in mindestens zwei Laboratorien für die Prüfung der Hagelbeständigkeit von Bedachungen entwickelt wurden. Eine davon (Abb. 79; LEUTERT et al.,1980) ist durch eine Reihe von Besonderhei-

Abb. 79. Pneumatisch angetriebene Kanone für die Simulation von Hagelschlag. Vom zylindrischen Druckluftbehälter in Bildmitte abwärts: Lauf, daneben Magazin mit (sichtbaren) Geschoßkugeln; automatische Nachladevorrichtung (Vorderlader); Geschwindigkeitsmeßgerät; schrägstehende Projektoren des Laser-Zielgerätes; Rolltisch zur Aufnahme der Probe. Rechts neben Lauf und Magazin, an Leitung hängend, Bedienungsorgane. (Produkt und Bild EMPA)

ten charakterisiert, wie die Verwendung von (selbstverständlich in dynamischer Hinsicht „eisähnlichen") kugelförmigen Kunststoffgeschossen, elektronische Messung der Geschoßgeschwindigkeit, automatische Nachladung, Laser-Zielgerät und – am Prototyp – variables Kaliber (dank auswechselbarem Lauf). Die normalen Prüfgeschwindigkeiten liegen bei 25 m/s, doch können bei Bedarf auch wesentlich höhere Werte erreicht werden.

Als großkalibriges Kuriosum auf dem Gebiet der mit Gasen arbeitenden Antriebe sei noch die *pyrotechnische Abart* des pneumatischen Antriebes erwähnt. Auch hier wird das Prüfsystem zur Kanone, wobei die Antriebsenergie von Explosionsgasen (beispielsweise einer Pulverladung) geliefert wird. Der Arbeitsbereich eines solchen Systems ist durch das Bedürfnis gegeben, gelegentlich das Materialverhalten bei extremen Verformungsgeschwindigkeiten zu erfassen (man denke beispielsweise an Zusammenstöße sehr schneller Fahrzeuge). Wie im Unterabschnitt 3.3.2 berichtet, benützt man für derartige Zwecke meist gravitatorische Antriebe. Die damit erreichbare Geschwindigkeit v ist aber durch die Fallhöhe h gegeben, mit der sie durch die bekannte Beziehung

$$h = \frac{v^2}{2g} \qquad (2)$$

verknüpft ist. Darin bedeutet g die Erdbeschleunigung. Man braucht also für 10 m/s Geschwindigkeit etwa 5 m Fallhöhe, für 20 m/s aber 20 m. Wollte man, wie es das Pflichtenheft der in Abb. 80 dargestellten großkalibrigen Prüfmaschine verlangt, Geschwindigkeiten bis 60 m/s erreichen, so müßte man einen Turm von über 180 m Höhe errichten. So zeigt sich, wie sinnvoll auf den ersten Blick ausgefallen Scheinendes dann sein kann, wenn ein konkretes Bedürfnis nach ungewöhnlichen Versuchsbedingungen vorliegt (JULISCH et al., 1989). Allerdings darf man sich gewiß keinen Illusionen über die Aufnahmefähigkeit des Weltmarktes für Sonderkonstruktionen dieser Art hingeben...

Damit ist das prüftechnische Interesse an hohen Geschwindigkeiten bei weitem noch nicht erschöpft. Denkt man an das Materialverhalten bei Flugzeugabstürzen, Granateinschlägen oder Aufprall von Kleinmeteoriten, so muß man Größenordnungen von 300 bis über 10 000 m/s ins Auge fassen, die man auf der Erdoberfläche beim heutigen Stand der Technik nur mit pyrotechnischen Mitteln erreichen kann. Zur Zeit der Drucklegung dieses Buches existierte in einem Laboratorium der BRITISH AEROSPACE eine sich in ein Vakuum entladende Experimentierkanone, die derartige Aufschlagversuche mit Geschwindigkeiten bis zu etwa 3200 m/s durchzuführen gestattet. Es ist eine Definitionsfrage, ob ein derartiges Gerät als Prüfmaschine zu bezeichnen ist oder nicht. Nach den im Abschnitt 1.2 verwendeten Formulierungen wäre diese Frage doch wohl zu bejahen.

Ähnliches gilt für die zu verschiedenartigen Stoßprüfungen und als Katapult einsetzbare Spezialmaschine des französischen COMMISSARIAT A L'ENERGIE ATOMIQUE (BERRIAUD et al., 1985).

Damit ist die bereits erwähnte spezifische Eignung pneumatischer Antriebe für Sonderzwecke wohl zur Genüge dokumentiert.

Abb. 80. Pyrotechnisch angetriebene Großprüfmaschine für Kräfte bis 12 MN und Abzugsgeschwindigkeiten bis 60 m/s. Funktionen der drei Traversen (von vorne nach hinten): Festhalten der (nur schlecht sichtbaren) Probe; Aufnahme des Pulver-Antriebes; Auffangen und Abbremsen des „Geschosses". (Produkt und Bild SCHENCK)

3.3.7 Nicht-translatorische Antriebe

Es wurde bisher nur von translatorischen Antrieben gesprochen, die gemäß der Definition im Unterabschnitt 3.3.1 ausschließlich eine geradlinige Relativbewegung einer Krafteinleitung im Bezug auf die andere(n) zu bewirken vermögen. Zu den per exclusionem definierten nicht-translatorischen gehören somit insbesondere Antriebe mit rotatorischer Bewegung und solche, die mehr als einen Freiheitsgrad abdecken.

Durchsucht man die Kataloge der führenden Hersteller, so findet man, daß die früher von mehreren Firmen angebotenen *Torsionsprüfmaschinen* heute nur noch ein äußerst schmales Segment des Marktes ausmachen (Abb. 81). Es ist nicht leicht, diesen Sachverhalt zu deuten, denn der Bedarf ist gewiß nicht zurückgegangen. Am ehesten ist anzunehmen, daß das erforderliche Wissen um das Verhalten unter Torsionsbeanspruchung (mit anderen Worten: primär unter Schubspannung) in vielen Fällen mit den verfügbaren sehr universellen Systemen anders als über speziell für den einen Zweck konstruierte Maschinen erhältlich ist, sei es durch Zusatzgeräte zu Maschinen mit an sich translatorischem Antrieb (Abb.82), sei es durch entsprechende Aufbauten auf modularen Anlagen.

Antriebe für Torsionsmaschinen sind in der Regel einfach. Bei sehr kleinen Kalibern ist auch heute noch ein biomechanisches Konzept mit Handkurbel nicht schlechterdings überholt, bei größeren ist ein Elektromotor mit Untersetzungsgetriebe und relativ unkomplizierter Steuerung üblich. Für hohe Drehmomente käme auch ein hydraulischer Antrieb mit torusförmigen Zylindern in Frage, der allerdings fabrikatorisch sehr aufwendig ist und – in Parallele zu den Verhältnissen bei gewöhnlichen Antrieben – den Nachteil eines begrenzten Drehwinkels hat. Dies ist insbesondere bei der Prüfung von langen, dünnen Proben (Drähten)

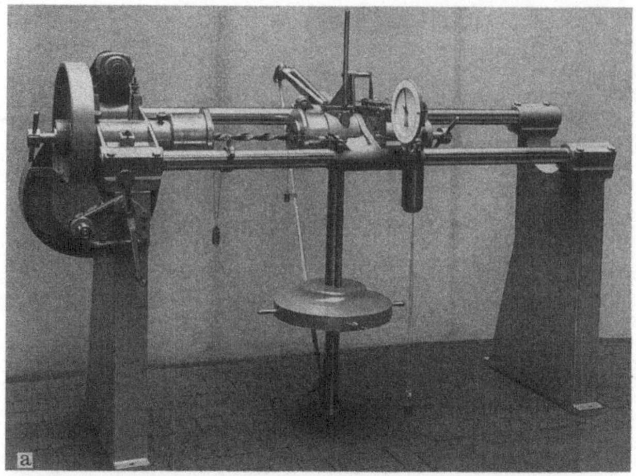

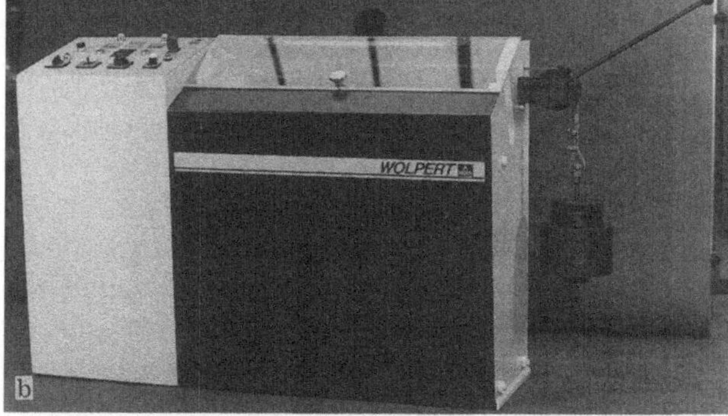

Abb. 81a-c. Torsionsprüfmaschinen für Drähte und Stäbe. **a** Alte Maschine mit elektromechanischem Antrieb, aber gravitatorischer Momenterzeugung durch Ausschlag des an einem Probenende befestigten Pendels. Vorteil: Das Moment wird vom Ständer links direkt auf den Boden übertragen, ohne den Maschinenrahmen zu beanspruchen (Produkt und Bild AMSLER). **b** Gesamtansicht einer modernen Maschine mit vollständiger Verschalung; **c** Prüfraum derselben Maschine mit spiralförmig verdrehter Vierkantprobe und Krafteinleitungen. Antrieb im Korpus links. (Produkt und Bild AMSLER WOLPERT)

Abb. 82. Torsionsvorrichtung, in einen Hochfrequenzpulsator als Zusatzgerät eingebaut. Die Umsetzung der Zug-Druck-Bewegung des Antriebes in eine Drehung erfolgt durch Federband-Gelenke, die Krafteinleitung durch mehrere radial auf die Probenenden wirkende Schrauben. (Produkt und Bild RUMUL)

zu beachten, deren Versagen eine Verformung von mehr als einer vollen Umdrehung erfordern kann. Damit ist hier für das hydromechanische Konzept mit rotierendem Hydraulikmotor eine bessere Chance gegeben als bei translatorischen Antrieben.

Schon im Abschnitt 2.4 wurde im Blick auf die Bauteil- und Baugruppenprüfung der Mangel an brauchbaren *Mehrkomponenten-Prüfmaschinen* beklagt. Es handelt sich dabei naturgemäß schwergewichtig um ein Antriebsproblem, weshalb eine kurze Darlegung im vorliegenden Unterabschnitt angebracht erscheint. Zuerst muß aber der Begriff „Mangel" präzisiert werden, denn es gibt auf dem Markt eine bescheidene Anzahl von Maschinen, die wenigstens zwei der sechs im Raume möglichen Freiheitsgrade auszunützen gestatten. Die Kombination zweier bis dreier translatorischer Antriebe ist allerdings eine eigentliche Seltenheit in Fällen, wo es sich darum handelt, Bauteile für komplexe Beanspruchungen (etwa für Bergbau-, Abb. 83, oder Fahrzeugprüfung, Ball, 1985) zu untersuchen. Zahlreicher sind Maschinen, die eine Prüfung auf Zug, Druck und Torsion (mit gemeinsamer Achse) ermöglichen. Zahlreiche Anwendungsmöglichkeiten bei der Prüfung von Bauteilen (Fahrzeug- und Schiffsantriebe, Tiefbohrmaschinen, Turbinenwellen) machen diese Angebotslage plausibel. Hier wird wegen der erheblichen Momente und des offensichtlichen Bedarfes nach Ermüdungsversuchen meist für Zug-Druck ein hydraulischer, für Torsion ein hydromechanischer Antrieb verwendet (Abb. 84 b). Dank der Gleichachsigkeit ist damit die Konstruktion einer kompakten Gesamteinheit möglich. Gleichzeitig kann ein einheitliches Steuerungskonzept für beide Komponenten Verwendung finden, wobei spezielle Kombinationen wie beispielsweise Phasenverschiebungen zwischen Zug-Druck und Torsion für den praktischen Einsatz von besonderem Wert sein können. Zum Abschluß noch ein Kuriosum von etwa 1900: Antrieb hydraulisch für Zug, biomechanisch für Torsion (Abb. 84 a).

Was nach wie vor auf dem Markt fehlt, ist eine vollständige Sechskomponenten-Prüfmaschine oder, besser noch, ein ortsveränderlicher *Sechskomponenten-Antrieb* für eine modulare Prüfanlage. Ein solches System wäre geeignet, manche Fehlbeurteilungen des Verhaltens komplizierter Bauteile und Baugruppen zu verhindern und gleichzeitig das Herausgreifen eines relativ kleinen Bereiches aus einer Gesamtkonstruktion praxiskonform zu gestalten. Was damit erreichbar ist, sei anhand eines einfachen Beispiels exemplifiziert.

Abb 83. Servohydraulische Zweikomponenten-Prüfmaschine für schweres Bergbaugerät. Die für vertikale Kräfte bis 6,3 MN ziemlich normal konzipierte Maschine mit obenliegendem Antrieb besitzt eine Spezialtraverse für einen horizontalen Antrieb bis 2 MN. Der Rahmen ist zur Aufnahme der horizontalen Kräfte durch Diagonalstützen (hinten im Bild) verstärkt. (Produkt und Bild SCHENCK)

→

Abb. 84a, b. Zweikomponenten-Antriebe. **a** Zug-Torsionsmaschine aus der Zeit um 1900 mit hydraulischem Zug- und biomechanischem Torsionsantrieb über Kurbel (rechts vom unteren Einspannkopf) und Zahnradgetriebe; hydraulische Momentmessung durch zwei Meßzylinder am Gehänge des oberen Einspannkopfes; zwei Quecksilbermanometer im Rahmen links (Produkt und Bild AMSLER). **b** Moderner servohydraulischer Zug-Druck-Torsions-Antrieb mit (von oben nach unten) Anschlußflansch der Krafteinleitung, Maschinentraverse, Zug-Druck-Zylinder (Kolben führt sowohl Translation als auch Rotation aus), Traverse eines Hilfsrahmens, Torsionsantrieb durch hydromechanischen Motor. (Produkt und Bild INSTRON)

a

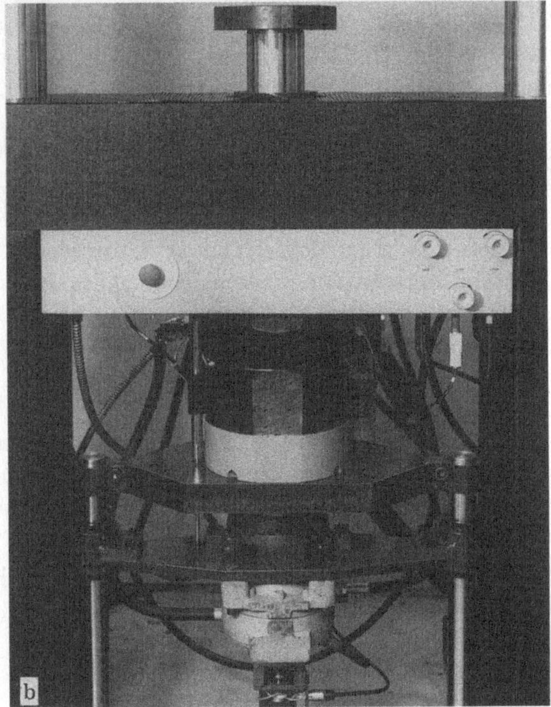
b

Eine Stütze soll optimal auf Knicksicherheit dimensioniert werden. Da ein und derselbe Typ an verschiedenen Stellen eingesetzt werden soll, an denen die Einspannungsverhältnisse nicht einheitlich, zum Teil auch nicht genau voraussagbar sind, soll ein Überblick über das Verhalten der Stütze im gesamten in Betracht fallenden Bereich erfolgen (umschrieben beispielsweise durch drei der in Abb. 14 gezeigten EULER-Fälle sowie Varianten mit halbstarren Einspannungen und mehrere Nebenbedingungen mit zusätzlichen Biegemomenten). Mit herkömmlichen Mitteln kann diese Aufgabe experimentell nur durch eine Reihe den jeweiligen Umständen angepaßter Versuche gelöst werden, verbunden mit einer sehr aufwendigen Vorbereitungsarbeit. Ein Sechskomponenten-Antrieb würde den Aufwand beim Übergang von einem Versuch zum nächsten auf eine Programmänderung an einer zentralen Steuereinheit sowie den Ersatz gebrochener oder bleibend verformter Proben beschränken (erfolgte der Knickvorgang rein elastisch, so fiele auch dieser dahin). Man kann sich vorstellen, welche Verbilligung der Prüfung damit erreichbar wäre, und es fällt nicht schwer, andere Beispiele für ähnliche Rationalisierungssprünge oder für das Möglichmachen bisher undurchführbarer Versuche anzuführen. Erst recht wäre dem so, wenn die oben erwähnte zentrale Steuereinheit als leistungsfähiger Computer ausgebildet wäre, der den gesamten geometrisch-statischen Komplex einer derartigen Prüfung zu beherrschen erlaubte. Beispielsweise könnte das Auftreten (oder Verschwinden) eines bestimmten Biegemomentes nicht an einer ein für allemal festgelegten Krafteinleitung, sondern in einem beliebigen Querschnitt verlangt werden. Die Perspektiven sind also ungemein weit gespannt.

Weit gespannt ist allerdings auch der finanzielle Rahmen, in dem ein derartiger Antrieb Platz fände. Man bedenke: Für eine brauchbare Verwirklichung sind nicht weniger als sechs komplette Servohydrauliken und sechs Zylinder erforderlich (andere Antriebsarten kommen wohl nicht in Frage), und es muß dafür gesorgt sein, daß die über die Probe miteinander auf nicht vorausbestimmbare Weise verkoppelten Regelkreise unter allen Bedingungen stabil bleiben. Trotz dieser etwas bedrohlichen Ausgangslage darf die Möglichkeit eines solchen Antriebes nicht als utopisch betrachtet werden, zumindest nicht für großkalibrige Ausführungen. Dies hat verschiedene Gründe: Erstens ist der prozentuale Anteil einer umfangreichen Elektronik an den Gesamtkosten eines Systems zwangsläufig relativ gering bei hohem maschinenbaulichem Aufwand; zweitens darf wohl mit dem Fortgang der unaufhaltsamen Verbilligung elektronischer Geräte bei gleichzeitiger Leistungssteigerung gerechnet werden; drittens ist die Verwendung mehrerer Zylinder anstelle eines einzigen preislich nicht unbedingt ein Nachteil, weil man mit einer bescheideneren Infrastruktur auskommt (auch starke gewöhnliche Antriebe werden häufig mehrzylindrig ausgeführt); viertens sind die Anforderungen großer Antriebe an die Arbeitsfrequenzen (für den Fall von Ermüdungsversuchen) in der Regel nicht sehr hoch, was für die Entflechtung regeltechnischer Interdependenzen relativ viel Zeit läßt.

Dem Verfasser sind nur zwei Versuche und eine Vorstudie zur Lösung des dargelegten Problems bekannt. Das erste dieser Unternehmen datiert aus den fünfziger Jahren. Damals baute die NACA, Vorgängerin der heutigen NASA, in

Langley Field zur Prüfung von Flugzeugstrukturen eine geradezu mönströs wirkende Maschine, für deren Beschreibung auf die Literatur verwiesen sei (PETERS, 1955). Hier mögen die folgenden Angaben genügen: Es konnten Proben bis zu 6 m Länge maximalen Kräften zwischen rund 200 und 1100 kN sowie Momenten zwischen rund 70 und 350 kNm (je nach Richtung) unterworfen werden. Die Krafteinleitung erfolgte über eine Aufspannplatte, die kardanisch gelagert, in den entsprechenden Achsen verschiebbar und zusätzlich noch in der Maschinen-Längsachse dreh- und verschiebbar war. Dem Antrieb dienten normale und torusförmige hydraulische Zylinder. Für die Lagerungen waren spezielle Wälzlager mit rotatorischem und translatorischem Freiheitsgrad entwickelt worden. Und die Steuerung geschah auf Kommando des Versuchsleiters durch sechs Operateure von Hand. Es ist gewiß kein Wunder, wenn dieses Konzept auch in modernerer Form nie wieder aufgegriffen wurde. Für den damaligen Stand der Technik war die Verwirklichung eines derart ambitiösen Projektes aber eine nicht zu unterschätzende Leistung.

Die Chancen für einen Erfolg der dargelegten Grundidee hängen in erster Linie von der Möglichkeit ab, die den einzelnen Freiheitsgraden zugeordneten Teilantriebe untereinander identisch zu gestalten und so die Kosten drastisch zu senken. Folglich steht die räumliche Anordnung mit dem höchsten Grad an Symmetrien im Vordergrund (Abb. 85). Es ist klar, daß hier einer perfekten Geometrie alle anderen Anforderungen untergeordnet werden. Beispielsweise ist eine laufende Umrechnung der kartesischen Koordinaten in die völlig anders gearteten Systemkoordinaten unerläßlich, um den Antrieb überhaupt regeltechnisch beherrschen zu können.

Erstmals wurde eine Sechskomponenten-Prüfmaschine nach diesem Konzept vom Verfasser (1968) vorgeschlagen, doch stieß man damals schon im Stadium des Vorprojektes auf namhafte Schwierigkeiten mit der erwähnten Umrechnung und mit der Sicherstellung der regeltechnischen Stabilität. Beides war beim damaligen Stand der Technik für eine einigermaßen ansprechende Arbeitsgeschwindigkeit nur mit Analogrechnern zu bewältigen. Heute steht einem Einsatz schneller Digitalrechner nichts mehr im Wege, und Erfahrungen wurden beim Bau von Flugsimulatoren nach dem gleichen Prinzip gesammelt. Unabhängig

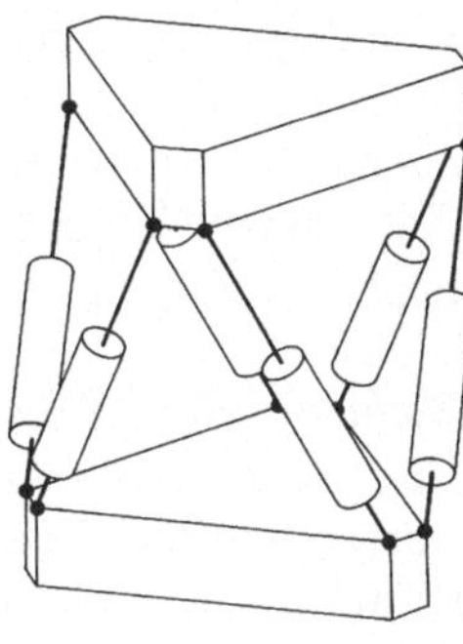

Abb. 85. Schema eines hydraulischen Sechskomponenten-Antriebes mit identisch konzipierten Teilantrieben. Wird die untere Platte in ihrer Lage festgehalten, so ist die Lage der oberen durch die Längen der sechs Antriebszylinder eindeutig bestimmt und kann durch entsprechende Längenänderungen beliebig verändert werden. Eine Begrenzung ist durch die gegenseitige Behinderung der Teilantriebe in Extremlagen, allenfalls auch durch die verfügbaren Hübe gegeben

vom Verfasser und aufgrund fast genau gleicher Überlegungen entstand einige Jahre später eine Maschine der beschriebenen Art (MAIER, 1986; 1988). Zur Zeit der Redaktion dieses Buches wurde eine kleine Versuchsausführung erprobt. Eine größere Maschine stand im Bau.

Natürlich muß man sich auch hier der dem Konzept innewohnenden Schwächen bewußt sein: Es wird wohl auf ziemlich lange Sicht als Reservat großer und ihrem Wesen nach kostspieliger Prüfsysteme zu betrachten sein (Unterabschnitt 3.4.3); es wird auch kaum von Mitteln zur Senkung des Energieverbrauchs profitieren können, wie sie im Unterabschnitt 3.3.8 kommentiert sind; und es wird auf verhältnismäßig starre Proben (in erster Linie auf Tragwerke) beschränkt bleiben, weil den erreichbaren Torsionswinkeln relativ enge Grenzen gesetzt sind. Trotzdem ist zu hoffen, daß sich die Industrie in einer nicht allzu fernen Zukunft dieses Konzeptes annehmen wird, das Perspektiven eröffnet, wie sie bisher nicht oder nur unter Inkaufnahme mühsamer fallbezogener Vorarbeit ins Auge gefaßt werden konnten.

Zum Abschluß als Kuriosum noch ein Denkanstoß: Prinzipiell ließe sich ein Sechskomponenten-Antrieb auch aus drei gleichartigen Einheiten zusammenstellen, deren jede einen translatorischen und einen rotatorischen Antrieb auf gleicher Achse enthielte. Ob damit bessere Bedingungen geschaffen würden als mit sechs rein translatorischen Antrieben, könnte nur durch eine eingehende Studie ermittelt werden.

3.3.8 Kritischer Überblick und Anregungen

In sechs Unterabschnitten wurden beinahe vierzig größtenteils in der Praxis erprobte, in einzelnen Fällen aber auch nur hypothetische Antriebskonzepte vorgestellt. Es mag merkwürdig erscheinen, wenn davon nur etwa ein halbes Dutzend in den nun folgenden Betrachtungen Erwähnung findet. Eine Straffung der breiten gebotenen Information auf das Wesentliche, eine Konzentration auf die für Gegenwart und Zukunft maßgebenden Systeme wäre aber ohne bewußte Beschränkung nicht denkbar. Darüber hinaus sollen einige Möglichkeiten aufgezeigt werden, die heute nicht erprobt sind, deren Vor- und Nachteile aber wenigstens grob abgeschätzt werden können. Ziel derartiger Gedankenexperimente ist der Nachweis, daß die Technik des Prüfwesens noch bei weitem nicht jenen nach allen denkbaren Varianten durchforsteten Stand erreicht hat, der kreative Neuerungen nur noch in Verbindung mit dem Erscheinen neuer Technologien gestattet, wie wir es heute am zaghaften Eindringen des Computers in das seit Jahrzehnten nur in Details vervollkommnete Automobil beobachten können. Das Prüfwesen ist eine in technischen Belangen vergleichsweise noch ziemlich „junge" Wissenschaft. Möge die Erkenntnis stimulierend wirken auf die schöpferische Tätigkeit der in diesem Bereich Wirkenden.

Will man sich Rechenschaft geben über den auf längere Sicht zu erwartenden Wert eines Antriebskonzeptes, so tut man gut daran, in erster Linie *die für die Leistung des Systems maßgebenden Kriterien* ins Auge zu fassen und diese *am erforderlichen Aufwand zu messen.* Man wird also einerseits die (noch zu definierende) „Zerstörungsleistung" und die Vielseitigkeit des Systems, andererseits seine Anschaffungs- und Betriebskosten abzuschätzen suchen, selbstverständlich unter Einschluß relevanter Einflüsse wie beispielsweise Anforderungen an das Gebäude, Langlebigkeit, Zuverlässigkeit, Unterhalt und Energieverbrauch.

Unter der *Ermüdungs-Zerstörungsleistung* D sei diejenige an den Krafteinleitungen gemessene Leistung verstanden, die sich aus dem Energieaufwand für die Belastungshübe eines Ursprungslastversuches während einer kurzen Zeitspanne ergibt. Man kann also

$$D = 0{,}5 \cdot F \cdot f \cdot x \qquad (3)$$

schreiben, wenn F das Kraftmaximum, f die Frequenz und x der Hub ist. Die Einführung von D erlaubt es, Prüfsysteme sehr verschiedener Art in energetisch einwandfreier Form miteinander zu vergleichen. Es ist auch durchaus sinnvoll, die Zerstörungsleistung durch einen Wirkungsgrad mit dem Leistungsbedarf der Energieversorgung zu verknüpfen. Nur muß man sich nicht wundern, wenn dieser Wirkungsgrad gelegentlich Werte von weit über 100 % annehmen kann. Er könnte in solchen Fällen mit dem Reziprokwert eines Leistungsfaktors in Analogie gesetzt werden, wobei die Zerstörungsleistung einer Scheinleistung und die Klemmenleistung P einer Wirkleistung entspräche.

Wollte man den eben definierten *Wirkungsgrad* D/P zum einzigen Beurteilungskriterium für Antriebe erküren (was gleichbedeutend wäre mit einer starken Bevorzugung einstufiger Ermüdungsversuche), so ergäbe sich etwa die folgende quantitativ faßbare Rangfolge:

Umlaufbiegung und elektromagnetische Resonanz (D/P > 10),
Hydraulischer Pulsator und servohydraulische Resonanz (10 > D/P > 1),
Elektromechanischer Servoantrieb (1 > D/P > 0,2),
Servohydraulik (0,2 > D/P).

Die Einseitigkeit einer derartigen Bewertung ist offensichtlich. Sie wird es noch mehr, wenn man die Faktoren auf der rechten Seite der Beziehung (3) etwas näher unter die Lupe nimmt. In der Tat könnte man jeden von ihnen mit gutem Grund als Basis einer vergleichenden Betrachtung heranziehen.

Beispielsweise kann man sich fragen, welche Antriebe besonders *für die Prüfung mit großen Kräften geeignet* sind. Hier zeigt sich aus technologischen Gründen eine eindeutige Überlegenheit der hydraulischen Konzepte. Umlaufspindeln (als einzige diskutable Alternative) sind mit vertretbarem Aufwand nur in einem Bereich wesentlich unterhalb der Meganewton-Grenze zu haben, weil die für eine gute Verteilung der Kräfte auf die einzelnen Wälzkörper unerläßliche hohe Genauigkeit bei großen Abmessungen ein überproportionales Anwachsen der Herstellkosten bedingt und weil die Marktsituation bis auf weiteres eine Massenfertigung großkalibriger Spindeln nicht rechtfertigt.

Erhebt man eine möglichst große Frequenz – oder allgemeiner: eine hohe *Arbeitsgeschwindigkeit* – zum bestimmenden Kriterium, so schneidet erneut die Servohydraulik sehr gut ab, deren speziell hochgezüchtete Vertreter den Frequenzbereich bis zur Kiloherz-Grenze (Abb. 86) und lineare Geschwindigkeiten

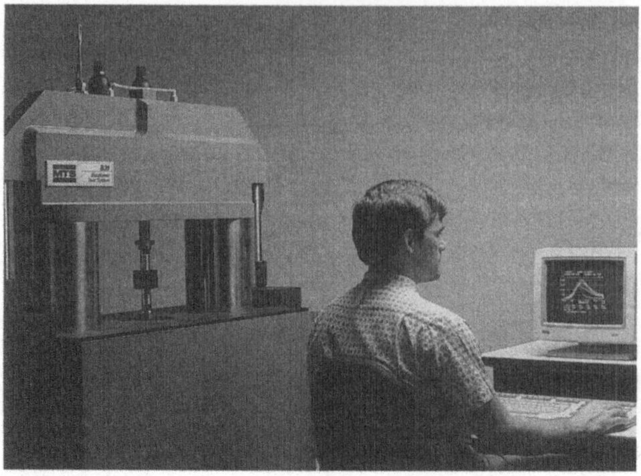

Abb. 86. Arbeitsplatz an servohydraulischer Prüfmaschine für Ermüdungsprüfung mit extremen Frequenzen. Neben dem Einsatz geeigneter Regelverstärker und möglichst rasch ansprechender Ventile ist es unerläßlich, die Eigenfrequenz des Rahmens zur Vermeidung ungewollter Resonanzerscheinungen genügend hoch zu machen. Dies führt zu einer ungemein massiven Bauweise bei kleinem Nutzraum. (Produkt und Bild MTS)

bis über 10 m/s (Abb. 87, 88; KARRENBERG, 1984, 1987) zu bieten vermögen. Während die besondere Eignung pneumatischer Antriebe (Unterabschnitt 3.3.6) sich auf ein enges Teilgebiet beschränkt, decken schnelle elektromagnetische Antriebe mit Frequenzen von einigen hundert Hertz einen wesentlichen Sektor der Ermüdungsprüfung ab. Interessanterweise ist der elektromechanische Antrieb, dessen bescheidene Frequenzen im Ermüdungsbetrieb schon erwähnt wurden (Unterabschnitt 3.3.3), im zügigen Versuch durchaus konkurrenzfähig, sofern es sich nicht um extreme Fälle handelt, wo die rasche Entladung großer elastisch gespeicherter Energiemengen (mit anderen Worten: die Verwendung hydropneumatischer Speicher) bessere Möglichkeiten bietet. Dieser Sachverhalt ist durch inhärente Eigenschaften bestimmt und daher nicht ohne weiteres durch konstruktive Maßnahmen zu beeinflussen: Man betrachte ein Gramm Masse am Umfang eines mit 3000 U/min laufenden Ankers von 40 mm Durchmesser und nehme eine Untersetzung an, die eine Geschwindigkeit der Krafteinleitung von 20 mm/s (entsprechend f = 10 Hz und x = 1 mm bei Dreiecksverlauf) ergibt. Das gesamte Untersetzungsverhältnis ist dann 1 : 314, sein Quadrat rund 1 : 100000. Jedes Gramm am Ankerumfang entspricht also trägheitsmäßig einer Masse von 100 kg an der Krafteinleitung. Kein Wunder also, wenn die Umkehrzeiten elektrischer Servomotoren nicht beliebig verkürzt werden können.

Auch der *nutzbare Arbeitshub* ist ein wesentliches Qualitätsmerkmal jedes Antriebes. Noch deutlicher als bei der Arbeitsgeschwindigkeit ist hier zwischen zügiger und wiederholter Beanspruchung zu unterscheiden, da für beide völlig verschiedene Faktoren begrenzend wirken können. Um ein Beispiel zu nennen: Bei einer servohydraulischen Prüfmaschine hängt der im zügigen Versuch mögli-

Abb. 87a, b. Servohydraulische Maschine zur Prüfung von Baumaterialien unter stoßartiger Beanspruchung, beispielsweise für die Nukleartechnik. Maximalkraft 650 kN, Abzugsgeschwindigkeit über 8 m/s, Rahmenmasse 60 t, Eigenfrequenz des Rahmens > 180 Hz. **a** Gesamtansicht; **b** Speicherbatterie und Antriebszylinder. (Produkt und Bild SCHENCK)

Abb. 88. Servohydraulische Anlage zur Simulation von Verkehrsunfällen. Versuch mit Zeitumkehr: Probe wird erst rasch beschleunigt, dann sanft verzögert. Probenmasse bis 1000 kg, Beschleunigung bis 65 g, Antriebskraft bis 1.6 MN, Abzugsgeschwindigkeit bis 34 m/s, Beschleunigungsweg 1 m, Bremsweg 44 m. Von vorn nach hinten: Kolbenspeicher-Batterie, Antriebsblock (darüber Treiberzylinder der dritten Ventilstufe, seitlich Ölfang-Behälter), Krafteinleitung (verdeckt), Automobil als Probe (auf Schlitten mit Bremsvorrichtung), Geleise für Bremsweg. (Produkt und Bild SCHENCK)

che Hub einzig von den Abmessungen des Zylinders ab; der bei Ermüdungsprüfung erreichbare Hub wird dagegen durch die Leistungsfähigkeit der Energieversorgung, der Steuerventile und der dazugehörigen Elektronik sowie durch die Starrheit des gesamten Prüfsystems beeinflußt, wobei eine Ironie des Schicksals kurzhubigen Zylindern wegen der höheren Starrheit ihrer kürzeren Oelsäulen größere Schwinghübe gestattet. Eine führende Stellung bezüglich der möglichen

Hübe nehmen aber keineswegs die hydraulischen, sondern die elektromechanischen Antriebe ein. Dies hat grundsätzliche Ursachen: Eine Mutter kann – sieht man von ihrer bescheidenen Eigenlänge ab – auf der ganzen Länge ihrer Spindel verschoben werden. Ein hydraulischer Zylinder bedarf nicht nur einer gewissen Dichtungslänge (bei einfachwirkender Ausführung einmal, bei der üblichen doppeltwirkenden Bauweise mit durchgehender Kolbenstange gar dreimal), sondern beansprucht den Kolbenhub mindestens zweimal, allenfalls sogar dreimal. Abb. 89 zeigt diesen Sachverhalt in drastischer Weise. Im gleichen Sinne wirken die üblichen Bauarten (elektromechanisch mit zwei Spindeln, hydraulisch mit einem Zylinder). So kommt es nicht von ungefähr, daß elektromechanische Antriebe Probenlängen und vor allem Dehnlängen erlauben, die weit mehr als die Hälfte der gesamten dazugehörigen Maschinenlänge (bzw. Maschinenhöhe) ausmachen können, ein Verhältnis, das von hydraulischen Maschinen bei weitem nicht erreicht wird (Abb. 102 und 107).

Mit den Parametern der Beziehung (3) sind die zur Beurteilung der Qualitäten eines Antriebes geeigneten Aspekte natürlich keineswegs erschöpft. Mindestens zwei wichtige Punkte verdienen auf technischer Ebene noch eine eingehende Würdigung.

Es wurde schon mehrfach erwähnt, wie wichtig unter bestimmten Umständen ein universelles *Einsatzspektrum* für den Erfolg eines Prüfsystems ist. Es handelt sich dabei nicht nur um die Anpassungsfähigkeit an die Eigenschaften der zu prüfenden Objekte, sondern in zunehmendem Maße auch um die Eignung zur automatischen Durchführung verschiedenartiger Versuchsabläufe. Damit sind vor allem Fragen wie Programmierbarkeit und „Computerkompatibilität" angesprochen. Daß aus dieser Sicht alle servogesteuerten Antriebe von einer besonders guten Ausgangslage profitieren, ist einleuchtend. Besser als alle anderen Konzepte erlauben sie – um nur die wichtigste Voraussetzung zu nennen – das eingabekonforme Abspielen eines laufend berechneten oder auf einem Datenträger gespeicherten Programmes, bei dem mindestens ein Parameter einen im Rahmen des maschinell Machbaren beliebigen Verlauf annehmen kann. Daß von diesen

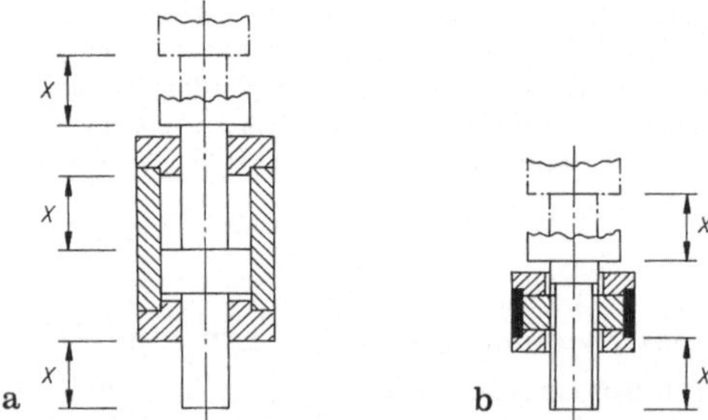

Abb. 89a, b. Bei gleichem Hub x benötigt ein doppeltwirkender hydraulischer Antrieb (**a**) als solcher schon bedeutend mehr Baulänge als Mutter und Spindel eines elektromechanischen Antriebes (**b**). Es kommt hinzu, daß hydraulische Antriebe meist in der Maschinen-Hauptachse, Spindeln aber rechts und links des Prüfraumes untergebracht werden

Möglichkeiten bei servohydraulischen Antrieben ein umfassenderer Gebrauch gemacht wird als bei elektromechanischen, hat zwei wesentliche Gründe: Zum einen haben sich derartige Versuchsführungen angesichts des großen zu bewältigenden Datenmaterials zuerst in der Ermüdungsprüfung eingebürgert (vorab bei Nachfahrversuchen), die der Servohydraulik frequenzseitig entgegenkommt; zum zweiten wiegen die Anschaffungskosten für den Computer samt Interfaces bei einem großkalibrigen Gesamtsystem weniger schwer als bei einem kleineren, womit wiederum hydraulische Antriebe im Vordergrund stehen. Mit der laufenden Verbilligung der Datenverarbeitungsmittel ist jedoch ein beschleunigtes Eindringen des Computers auch in den Bereich elektromechanischer Antriebe zu beobachten, das ohne Zweifel seinen Fortgang nehmen wird. Auf die Rolle des Computers innerhalb eines Prüfsystems soll in allgemeinerem Zusammenhang später eingegangen werden (Abschnitt 3.9).

Ein weiteres mit dem Einsatzspektrum verknüpftes Argument zugunsten hydraulischer Antriebe liegt in deren besonderer *Eignung für modulare Systeme*. Ein ortsveränderlicher hydraulischer Zylinder ist nun einmal dank seiner Kompaktheit ein schwer zu übertreffendes Antriebsmittel, wenn es darum geht, Formänderungen unter großem Kraftaufwand in allen erdenklichen Lagen und Kombinationen zu bewirken. Ist darüber hinaus die Reibung der Kolben gering, so besteht die Möglichkeit, von einer einzigen Steuerung aus mehrere Antriebe mit gleichen oder zueinander proportionalen Kräften zu betreiben, was nicht selten eine Vereinfachung des Versuchsaufbaues ergibt.

Als letztes und in vielen Fällen entscheidendes Kriterium ist die Frage der *Kosten* zu betrachten. Darunter sind natürlich nicht nur die Anschaffungskosten eines Antriebes, sondern auch seine Auswirkungen auf die Gesamtkosten des Systems unter Einschluß der Betriebskosten zu verstehen. Die letztgenannten wurden allerdings im Zusammenhang mit dem Wirkungsgrad eines Antriebes bereits in ihrem wohl wichtigsten Aspekt abgehandelt. So soll hier nur noch von Anschaffungskosten die Rede sein. Diese sind ohne Eingehen auf konkrete Einzelfälle nur schwer zu erfassen, und selbst beim Einholen von Offerten bei mehreren konkurrierenden Firmen erlebt man es immer wieder, wie mühselig es ist, die erhaltenen Zahlen so auszuwerten, daß wenigstens einigermaßen Gleiches mit Gleichem verglichen wird. Immerhin können, wie es bei der Besprechung der einzelnen Konzepte gelegentlich geschehen ist, wenigstens summarische Angaben auch hier gemacht werden, die sich zur Hauptsache auf invariante technische Gegebenheiten stützen. Hydraulische Antriebe bedürfen auf jeden Fall einer mehr oder weniger aufwendigen Energieversorgung (Abschnitt 3.5), deren Preis im Rahmen einer Gesamtbilanz meist nicht einfach vernachlässigbar ist. Elektromagnetische und elektromechanische Antriebe können dagegen in der Regel direkt „ab Steckdose" betrieben werden. Sie genießen damit immer dann einen Kostenvorteil, wenn es sich insgesamt nicht um sehr teure Systeme handelt. Mit anderen Worten: Bei kleinen, relativ einfachen Prüfsystemen (und namentlich Prüfmaschinen) ist auch auf lange Sicht eine preisliche Überlegenheit dieser Antriebe zu erwarten. Es kommt bei einzelnen Konzepten (wie beispielsweise bei der Umlaufbiegung) noch hinzu, daß der Antrieb nur innerhalb eines an sich schon extrem einfachen Gesamtsystems überhaupt sinnvoll einsetzbar ist, allerdings stets auf Kosten eines stark eingeschränkten Einsatzspektrums.

Versucht man das bisher Gesagte in wenigen Sätzen *zusammenzufassen*, so zeigt sich, wie weitgehend sich zwingende technische Gegebenheiten auf Angebot und Nachfrage des Marktes auswirken. Man darf also zur Hauptsache von einer gesunden Situation sprechen und die im Vorwort erwähnte „Mode" (die gewiß nicht ganz inexistent ist) als Randerscheinung einstufen. Im einzelnen mögen folgende Feststellungen genügen:

- Es besteht eine starke Tendenz zur Automatisierung ganzer Prüfvorgänge. Daher ist bei universell einzusetzenden Prüfsystemen die Einführung servogesteuerter Antriebe ein unerläßliches Hilfsmittel. Der Vormarsch auf diesem Kurs ist in vollem Gang und wird weiterhin anhalten.
- Bei größeren Kalibern und insbesondere im Bereich der Ermüdungsprüfung steht in diesem Zusammenhang die Servohydraulik im Vordergrund, bei kleineren Systemen und vor allem im Blick auf große Formänderungen der elektromechanische servogesteuerte Antrieb.
- Wo ein großer Bedarf an Prüfungen einer mit wenigen Parametern zu umschreibenden Art besteht (namentlich in der einstufigen Ermüdungsprüfung), sind speziell für solche Zwecke vorgesehene Antriebe in Anschaffung und Betrieb besonders rationell und damit in der Regel überlegen. Dies gilt insbesondere für elektromagnetische und servohydraulische Resonanzantriebe. Die heute vernachlässigte Entwicklung hydraulischer Pulsatoren läßt deren Einordnung in die vorliegende Betrachtung nur im Sinne einer der näheren Analyse würdigen Möglichkeit zu.
- Extrem billige Antriebe wie derjenige der Umlaufbiegung (oder auch der gravitatorische Antrieb für die Kerbschlagprüfung) dürften auch weiterhin in angemessenem Umfang zum Einsatz kommen, sofern die dabei angewendeten Prüfmethoden nicht völlig außer Kurs gelangen (was nicht sehr wahrscheinlich ist).

Auch die soeben versuchte Zusammenfassung regt, ähnlich wie die am Ende des vorangehenden Abschnittes gezogenen Schlüsse, zu *Gedanken allgemeineren Charakters* an. Besonders deutlich tritt hier die dort nur am Rande erwähnte Tatsache hervor, daß ein angestrebter Vorteil in der Technik meist seinen Preis hat oder, um es anders auszudrücken, daß einem nur in seltenen Glücksfällen etwas geschenkt wird. Zwei Paradebeispiele sind – so hofft der Verfasser – mit der wünschbaren Deutlichkeit zum Ausdruck gekommen: Es scheint äußerst schwierig zu sein, eine universelle Programmierbarkeit (wie sie der Servohydraulik eignet) mit einem ökonomisch und ökologisch befriedigenden Energiebedarf (wie beim elektromagnetischen Resonanzantrieb) unter einen Hut zu bringen; ebenso problematisch ist offenbar die Konzeption eines Antriebes, der für die Ermüdungsprüfung sowohl hohe Frequenzen (wie ein hydraulischer Zylinder) als auch große Hübe (wie eine Spindel) ermöglicht. Da beide Probleme nicht grundsätzlich als unlösbar abzuschreiben sind, seien ihnen einige Überlegungen von zum Teil hypothetischem Charakter gewidmet.

Begonnen sei mit dem Problem *Frequenz contra Hub*, für das eine einigermaßen befriedigende Lösung in die Praxis Eingang gefunden hat, wenn auch nur in begrenztem Umfang und mit unvermeidlichen Hypotheken. Es muß hier – den Ausführungen über Reaktionsstrukturen (Abschnitt 3.4) vorgreifend – erwähnt werden, daß bei servohydraulischen Maschinen, deren Kolbenhübe in der Regel sehr bescheiden sind, die Prüfung verschieden großer Proben nur möglich ist, wenn die Krafteinleitungen vor Versuchsbeginn mittels eines zum Maschinenrahmen gehörigen Hilfsantriebes in angemessene Ausgangsstellungen gebracht werden können. Ein solcher Hilfsantrieb kann unter anderem mit Spindeln ausgestattet sein, die eine Traverse (als Trägerin einer Krafteinleitung) zu verstellen haben. So lag es nahe, besagten Hilfsantrieb so auszuführen, daß die Verstellung auch unter maximaler Last in geregelter Form möglich wurde. Das bedeutete im Klartext: Ersatz gewöhnlicher Spindeln durch vorgespannte Umlaufspindeln, angemessene Verstärkung ihres Antriebsmotors und dessen Ansteuerung durch eine mit der Servohydraulik sinnvoll verknüpfte Elektronik. Maschinen dieser Art (Abb. 90) waren bei ihrem Erscheinen gegen die Mitte der siebziger Jahre aus devisentechnischen Gründen verhältnismäßig wohlfeil, was ihnen gewisse Erfolge ermöglichte. Es zeigte sich aber, daß auf die Dauer die erzielte größere Vielseitigkeit den Mehrpreis und die etwas erschwerte Bedienung nicht in genügendem Maß rechtfertigte, um eine Dauerpräsenz am Markt zu sichern. Einem Neuanlauf, der bei moderner Elektronik gewiß mit reduzierten Kosten, vor allem aber mit markant erhöhter Bedienungsfreundlichkeit möglich wäre (der Operateur

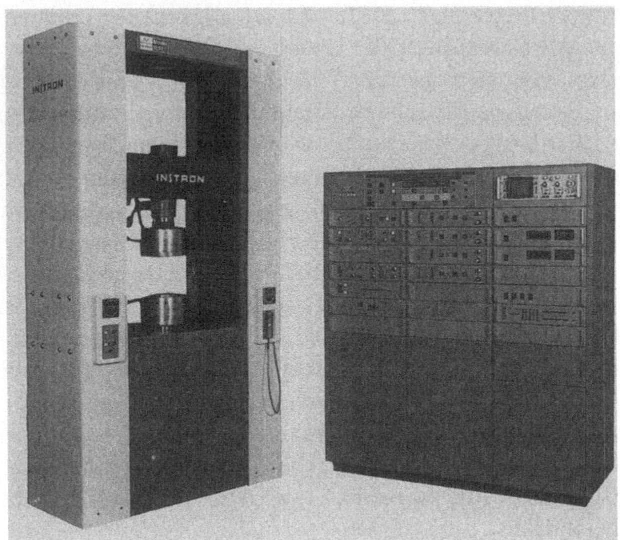

Abb. 90. Prüfmaschine mit doppeltem servogesteuertem Antrieb, elektromechanisch für große Hübe bei kleiner Frequenz und servohydraulisch für kleine Hübe bei großer Frequenz. Die Abmessungen des Elektronikschrankes lassen die siebziger Jahre als Entstehungszeit dieser nicht mehr erhältlichen Ausführung erkennen. (Produkt und Bild INSTRON)

dürfte das Vorhandensein einer Hybridlösung gar nicht zu spüren bekommen), müßte wohl eine gründliche Marktstudie vorangehen.

Man darf das Problem also als partiell gelöst mit gewissen Verbesserungsmöglichkeiten bezeichnen. Eine wirklich perfekte Lösung ist aber nicht in Sicht, weil das Öl in der Hydraulik wesentlich zur Elastizität des Systems beiträgt, was für die erreichbaren Frequenzen von Bedeutung ist. Denn der Antrieb hat ja nicht nur die Verformung der Probe, sondern auch diejenige des Systems aufzubringen, was bei gegebenem Fluß durch das Ventil entsprechend mehr Zeit in Anspruch nimmt. Diesen Sachverhalt mußte übrigens ein Konkurrent des Herstellers der erwähnten Hybridmaschine zur Kenntnis nehmen, der glaubte, eine Maschine mit zwei separat ansteuerbaren hydraulischen Antrieben (einem sehr kurzhubigen für hohe Frequenzen direkt an der Krafteinleitung und einem extrem langhubigen für große Verschiebungen der Traverse) ausstatten zu können. Die Konstruktion wurde natürlich ein glatter Mißerfolg, da ohne mechanische Verriegelung der Traverse die schätzungsweise einen Meter lange Ölsäule (unter 20 MPa Druck um mindestens 12 mm komprimiert) aus der Maschine eher einen Katapult für Probentrümmer als ein Prüfsystem machte...

Weit komplexer liegen die Dinge naturgemäß beim Problem *Programmierbarkeit contra Energiebedarf.* Auch hier gibt es partielle Lösungen, von denen der servohydraulische Resonanzantrieb schon erwähnt wurde (Unterabschnitt 3.3.5). In der Tat handelt es sich um ein System, das relativ hochfrequente Pulsationen konstanter Schwingbreite mit bescheidenem Energiebedarf und, dazu überlagert, beliebig programmierbare langsame Beanspruchungen gestattet. Zur perfekten Lösung fehlt dabei nicht nur die freie Programmierbarkeit im gesamten Frequenzbereich: Es wurde bereits hingewiesen auf die Notwendigkeit, die Frequenz den optimalen Bedingungen großer Prüfsysteme (nur diese sind hier von besonderem Interesse) anzupassen. Man steht vor der Wahl zwischen großen Massen und zusätzlicher Elastizität, die angesichts des bei weitem geringeren Aufwandes bevorzugt wird. Sie bringt allerdings den Nachteil einer wesentlichen Verlangsamung der ohne Resonanz ausgeführten Kraftänderungen. Darüber hinaus bedarf (auch bei Frequenzanpassung mit Druckspeichern) der Übergang von einem Resonanzniveau zum nächsten gerade bei Systemen mit hoher Vergrößerung (und entsprechend schwach ausgelegtem Resonanzantrieb) einer gewissen Zahl von Lastwechseln, was einen störenden Unsicherheitsfaktor bei der Auswertung der Versuche bedeutet. Es ist also sinnvoll, Alternativen ins Auge zu fassen, denen die dargelegten Unvollkommenheien nicht oder doch in geringerem Masse anhaften. Jeder Lösungsvorschlag müßte, bevor er ernstlich bearbeitet würde, der servohydraulischen Resonanz in einem technisch-wirtschaftlichen Vergleich gegenübergestellt werden. Dies ist im Rahmen dieses Buches naturgemäß nicht möglich, weshalb die einzelnen Konzepte hier keinen höheren Stellenwert als den von Denkanstößen beanspruchen dürfen.

Soll die Rekuperation über die kinetische Energie bewegter Massen erfolgen, so kann man sich nach einer Anordnung fragen, bei der nicht diese gesamte Energie im Zuge eines jeden Lastwechsels in Verformungsenergie der Probe und des Systems umgesetzt werden muß, sondern gewissermaßen nach Bedarf „angezapft“ werden kann. Damit kommt man zum Schwungrad als Speicher, das schon beim *hydraulischen Pulsator* gegenüber der Krafteinleitung eine hohe Übersetzungsrate (beispielsweise 100:1 für einen Pulsierhub von 10 mm und einen Durchmesser von gut 1000 mm) und damit kleinere Massen als bei Resonanz gestattet. Aus diesem Grund scheint die im Unterabschnitt 3.3.5 angedeutete allfällige Renaissance des Pulsators nicht völlig ausgeschlossen. Es müßten allerdings wesentliche Änderungen gegenüber den bisherigen Konstruktionen vorgenommen werden, wie Anpassung an Frequenzen zwischen 10 und 20 Hz bei verbessertem Massenausgleich und vor allem Steuerung des Pulsiervolumens und des mittleren Druckes mittels leistungsschwacher Servohydrauliken. Damit wäre die Möglichkeit gegeben, den Übergang von einem Pulsierniveau zum nächsten innert weniger Lastwechsel zu bewerkstelligen und so die erwähnte Unsicherheit zu verringern. Sollte die Wahl auf den in Abb. 72 b gezeigten Typ fallen, so müßte für große Ausführungen zusätzlich die Frage der durch das endliche Stangenverhältnis bewirkten parasitären Pulsationen mit doppelter Arbeitsfrequenz unter die Lupe genommen werden, das vor allem bei Nullstellung fühlbar in Erscheinung tritt und damit zu Anfahrschwierigkeiten führen könnte.

Man könnte noch einen Schritt weiter gehen und die Möglichkeit einer Änderung der Schwingbreite für jeden Lastwechsel, ja für jeden Hub fordern. Auch ein solches Konzept ist grundsätzlich nicht auszuschließen, wie die folgenden Betrachtungen zeigen. In den sechziger Jahren stieß der Verfasser auf eine deutsche Patentschrift für einen Pulsator, dessen Pulsiervolumen nicht durch kontinuierliche Bewegung maschineller Stellglieder, sondern durch digitale Zusammensetzung aus untereinander in Phase laufenden binär gestuften Teilzylindern erfolgen sollte. Die Idee reizte ihn, und er untersuchte die Voraussetzungen für die praktische Verwirklichung eines solchen *„Digitalpulsators“*. Auf der Aktivseite war eine bemerkenswert einfache Bauweise zu verbuchen, bei der mit Vorteil mehrere Teilzylinder durch einen einzigen Zylinder mit mehreren Kammern verschiedener Größe ersetzt würden. Dank Verwendung zweier derartiger Zylinder (natürlich mit verschiedenen Kolbenflächen der Kammern) in Boxeranordnung ließe sich ein weitgehender Massenausgleich verwirklichen (Abb. 91), eine wesentliche Voraussetzung für hohe Arbeitsfrequenzen. Mit beispielsweise sechs Kammern wären Stufen von 1,59 % des maximalen Pulsiervolumens (also größte Abweichungen von rund 0,8 % gegenüber einem Sollwert) möglich. Diesen verlockenden Perspektiven stand auf der Passivseite das schwierige Problem des Anfahrens und des Überganges von einem Pulsiervolumen zum nächsten gegenüber. Schließlich müßten die dem Zuschalten der einzelnen Kammern dienenden Ventile zur Sicherung der Energierekuperation minimale Strömungswiderstände, also weit größere Querschnitte aufweisen als die üblichen Servoventile, die auf ein Druckgefälle von etwa 7 MPa ausgelegt sind (und damit wirksam zum schlechten Wirkungsgrad der Servohydraulik beitragen). Und die Zeit für ein Umschalten von Leerlauf auf Wirkung oder vice versa wäre zur Vermeidung brutalster Stöße auf die unmittelbare Umgebung eines Totpunktes zu beschränken (knapp 2 ms bei einer Frequenz von 15 Hz und einer Toleranz von je 5 Grad vor und nach dem Totpunkt). Erwogen wurde eine zweistufige Ventilsteuerung: Jeder

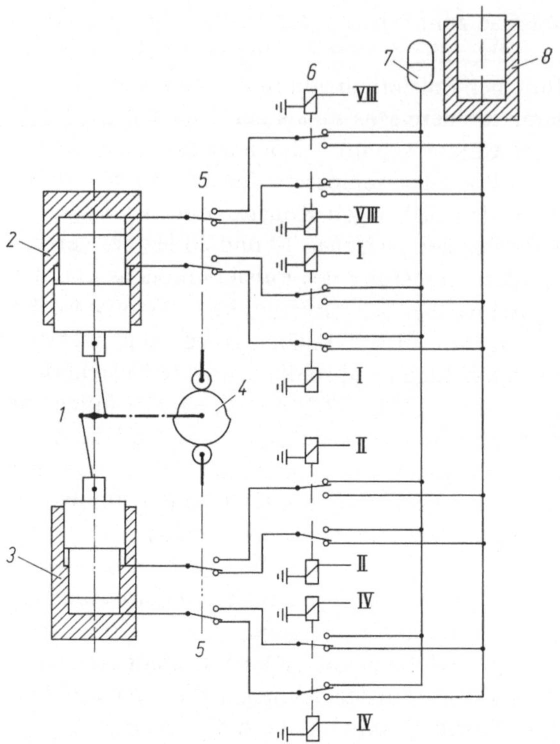

Abb. 91. Funktionsprinzip eines hypothetischen Digitalpusators mit Möglichkeit einer Amplitudenänderung von Hub zu Hub. *1* = mit Schwungrad gekuppelte Kurbelwelle; *2, 3* = zwei Zylinder in Boxeranordnung mit vier (in Wirklichkeit mindestens sechs) im Volumen binär gestuften Kammern; *4* = mechanischer Ventilantrieb; *5* = zu den Kammern gehörige, in jedem Totpunkt umschaltende Schieberventile; *6* = computergesteuerte Vorwahl-Umschaltventile für die Ausgänge der Kammern (römische Zahl = binäre Stufe); *7* = Pufferspeicher; *8* = Antriebszylinder des Prüfsystems. Alle Ventile müssen große Stömungsquerschnitte aufweisen

Kammer wäre ein von der Kurbelwelle mechanisch zwangsbetätigtes Schieberventil zugeordnet. Dieses sollte seine Kammer bei jedem Durchgang durch einen Totpunkt abwechselnd mit einer von zwei Vorkammern verbinden. Ein servohydraulisch gesteuertes Umschaltventil würde jede Vorkammer wahlweise mit dem Ölreservoir oder mit dem Prüfzylinder verbinden. Es hätte für das Umschalten die Zeit des Hubes zur Verfügung, während dessen die andere Vorkammer aktiv wäre (im oben angenommenen Fall also 33 ms). So wäre man in der Lage, mit jedem Hub eine beliebige Ölmenge in das System zu drücken oder aus ihm herauszunehmen. Beispielsweise könnte der Digitalpulsator, wenn besonders große Einzelbeanspruchungen verlangt würden, während mehrerer Hübe als Pumpe arbeiten. Damit wäre eine fast beliebige Programmierbarkeit ohne jeden Hilfsantrieb sichergestellt, sofern eine genügend intelligente Elektronik stets die richtigen digitalen Kombinationen wählte (Abb. 92). Schon damals wurde hierfür die Verwendung eines Computers ins Auge gefaßt, dem von der Programmierung die

Abb. 92. Beispiele für Lastwechsel, die mit dem Digitalpulsator gemäß Abb. 91 verwirklicht werden könnten. Das pulsierte Volumen kann bei entsprechendem Zeitaufwand dasjenige aller Zylinderkammern um ein Mehrfaches übertreffen. Voraussetzung dafür ist natürlich eine genügend große Energie-Speicherkapazität des Schwungrades

üblichen Sollwerte von Kraft oder Weg eingegeben würden und der aus den jeweils vorangegangenen Lastwechseln die Elastizität des Systems errechnen und so die erforderlichen Volumina von Hub zu Hub bestimmen würde. Das Projekt war nicht über den Stand einer Vorstudie hinaus gelangt, als der Verfasser mit der Übernahme der Leitung einer Prüfanstalt anderen Aufgaben gegenübergestellt wurde. So blieb unter anderen die Frage offen, ob die anvisierte mechanische Zwangssteuerung die in sie gesetzten Hoffnungen erfüllen würde, also nicht nur ein konstruktives, sondern ein technologisches Problem.

Der Entschluß für das weitere Vorgehen wäre damals nicht leicht gefallen, weil konkurrierende Lösungsmöglichkeiten auf anderer Basis aufgetaucht waren. Sie sollen hier nicht in allen Einzelheiten beschrieben, wenigstens aber drei davon in ihren Funktionsprinzipien kurz dargelegt werden.

Könnte man nicht beispielsweise den bereits im Unterabschnitt 3.3.5 erwähnten *Speicherantrieb* weiter ausbauen? Schon bei dem zur Illustration des Wirkungsgrades servohydraulischer Antriebe verwendeten Beispiel konnte, wie in Abb. 52 gezeigt, die gesamte Unterlast von 4 MN durch eine Feder aufgebracht werden, womit die vier gekoppelten Pulsatoren (Anordnung ähnlich Abb. 73) nur noch die Schwingbreite von 3 MN aufzubringen hatten, was im Falle einer Servohydraulik die erforderliche Leistung von 1112 auf 477 kW, bei einfachwirkender Anordnung sogar auf 238 kW gesenkt hätte. Große Prüfsysteme sind nicht selten mit mehreren parallel arbeitenden Zylindern ausgerüstet. So ist für ähnliche Fälle der Anschluß eines Teiles davon an Druckspeichern entsprechenden Kalibers denkbar. Beispielsweise könnten bei einer sechszylindrigen Ausführung nur zwei Zylinder dauernd an der Servohydraulik, die übrigen – paarweise zu- und abschaltbar – an Speichern angeschlossen werden. Bedenkt man, daß auch noch mehrere Sätze von Speichern mit verschiedenen Drücken benützt werden könnten, so kommt man zu eigentlichen *Kaskadenschaltungen*, bei denen – widerstandsarme Leitungen, leistungsfähige Ventile und einen von einem Computer programmkonform bestimmten optimalen Funktionsablauf vorausgesetzt – eine so gut wie beliebige Beanspruchungsfolge bei stark reduziertem Energiebedarf möglich wäre (Abb. 93). Zum Beispiel würde bei Verwendung zweier Druckniveaus in den Druckspeichern ein auf den hohen Druck aufgeladenes Zylinderpaar im Zuge einer Kraftsenkung zuerst in den Speicher mit geringerem Druck und erst bei Annäherung an dieses Niveau in das Reservoir entladen. Die erreichbare Arbeitsgeschwindigkeit hinge dabei entscheidend von der Verfügbarkeit extrem leistungsfähiger Ventile ab. Mehr noch: Um Zylinderkammern im

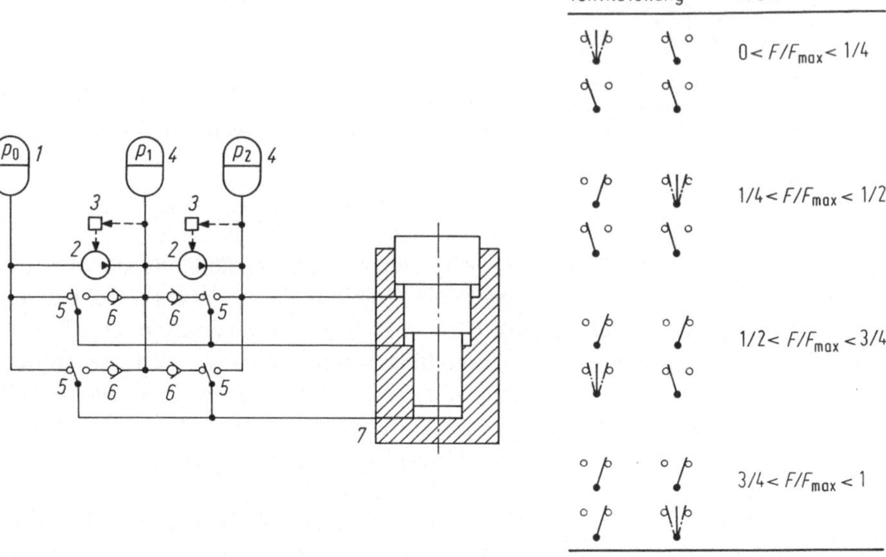

Abb. 93. Funktionsprinzip einer hypothetischen Kaskadenschaltung zum Pulsieren großer Prüfsysteme. Angenommene Konzeption: zwei Druckniveaus, drei Zylinderkammern gleicher Flächen. *1* = als Reservoir dienender Niederdruckspeicher; *2* = Pumpen; *3* = Druckregelungen der Pumpen; *4* = Druckspeicher auf den Druckniveaus p_1 und p_2; *5* = Umschaltventile mit großen Querschnitten; *6* = Rückschlagventile; *7* = Antrieb mit drei Kammern (die dargestellte Ausführung ist nicht die einzig mögliche)

Entlastungshub (also bei Verringerung des Kammervolumens) nicht bei einem Umschaltvorgang kurzzeitig auf unerwünscht hohe Drücke kommen zu lassen, wäre entweder eine vorübergehende Verlangsamung des Vorganges oder eine Absicherung durch wiederum extrem leistungsfähige Rückschlagventile gegen den Speicher mit dem höheren Druck unerläßlich. Natürlich wären sehr verschiedenartige Varianten denkbar. Wie beim Digitalpulsator bestünde wieder eine fatale Abhängigkeit von Spitzenentwicklungen im technologischen Bereich der Hochleistungsventile mit geringen Strömungswiderständen.

Ohne die denn doch etwas verwirrende und vielleicht auch hinsichtlich der Zuverlässigkeit nicht überzeugende Ventilbatterie käme der sogenannte *Kniegelenkpulsator* (Abb. 94) aus, dessen Grundidee in der Schaffung einer Mechanik besteht, welche die annähernd konstante Kraft eines an einem Speicher angeschlossenen Primärylinders in eine proportional zu dessen Hub zunehmende Kraft eines Sekundärzylinders umsetzt. Bei Betrachtung der Abbildung ist leicht zu erkennen, daß zwischen den auf die beiden Kolbenpaare wirkenden Kräften eine Tangensrelation besteht, die für nicht zu große Winkel der Pleuelstangen eine gute Annäherung an Proportionalität ergibt (Optimierungsrechnungen unter Berücksichtigung des Druckabfalls im Speicher ergaben Abweichungen von knapp 2,5 % bei Pleuelwinkeln bis gut 45 Grad; mit einem allerdings sehr

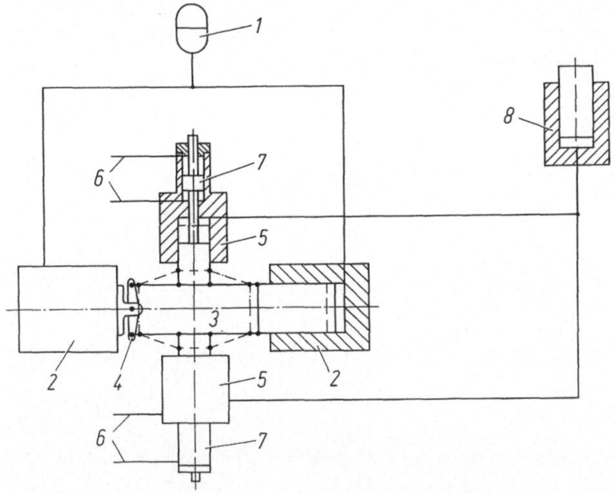

Abb. 94. Funktionsprinzip eines hypothetischen Kniegelenkpulsators, bei dem die Probe und ein Druckspeicher ständig ein statisch indifferentes Energiesystem bilden. *1* = Druckspeicher; *2* = Primärzylinder; *3* = Kniegelenkmechanik; *4* = Waagebalken zum Ausgleich von Ungenauigkeiten; *5* = Sekundärzylinder; *6* = Leitungen vom servohydraulischen Ventil (gemäß Abb. 66); *7* = kleinkalibrige Antriebszylinder; *8* = Zylinder des Prüfsystems

großvolumigen rein hydraulischen Speicher wäre sogar ein perfekter Ausgleich bei jedem Winkel möglich). Die Sekundärzylinder wirken direkt auf den (oder die) Zylinder des Prüfsystems. Kennt man die Elastizität der Probe, so kann der Druck im Speicher so eingestellt werden, daß die der Probe zugeführte Verformungsenergie stets annähernd gleich groß ist wie die dem Gas im Speicher entnommene: Das System ist in jedem Verformungszustand der Probe indifferent. Es bedarf also lediglich einer die Ungenauigkeiten des Gleichgewichtes und die auftretenden Beschleunigungskräfte überwindenden kleinen Servohydraulik, um es einem beliebigen Programm nachzuführen. Zudem bedürfte der Antrieb in der dargestellten vierzylindrigen Ausführung dank den offensichtlichen Symmetrien keiner Maßnahmen zur Sicherung eines perfekten Massenausgleichs. Solch verführerische Eleganz darf natürlich nicht über die Tatsache hinwegtäuschen, daß bei der Verwirklichung nicht unerhebliche Probleme zu lösen wären. Zwar wäre die Funktion des Computers relativ einfach, und die grobe Anpassung an das gewünschte Pulsiervolumen könnte durch mehrere verschieden große Kammern der Sekundärzylinder unschwer bewerkstelligt werden. Weniger problemlos wäre dagegen die Gestaltung der Pleuellagerungen, die von den Primärzylindern her hohe Kräfte zu übertragen hätten. Trotzdem darf der Kniegelenkpulsator wohl als eine der aussichtsreichsten Lösungsmöglichkeiten für das gestellte Problem angesehen werden.

Daß auch auf der Basis des Niederfrequenzpulsators bemerkenswert schnelle Ermüdungsantriebe mit Rekuperation der Energie möglich sind, zeigt eine in der UdSSR verwirklichte Lösung, über die eingehende Publikationen vorwiegend in

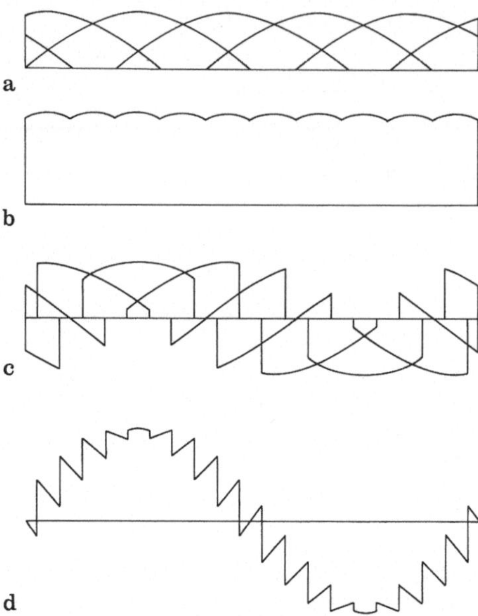

Abb. 95a-d. Idealisierte Darstellung des Verlaufs der Fördermenge einer Fünfzylinder-Kolbenmaschine, betrieben einerseits als normale Pumpe (**a**, **b**), andererseits als Drehschieberpulsator (**c**, **d**), für den ein mit Maschinendrehzahl gegenläufig zur Machine laufender Schieber angenommen ist. Die Beiträge der Einzelzylinder (**a**, **c**) summieren sich zur Fördermenge der Gesamtmaschine (**b**, **d**). Man erkennt die rauhere Gangart des Pulsators, die Lärm und Verschleiß erhöht. Für den grundsätzlichen Charakter der Diagramme unwesentliche Idealisierungen und Vernachlässigungen: endliches Stangenverhältnis, endliche Umsteuerzeit, Druckstöße, singuläre Phasenlage des Drehschiebers (daher streng symmetrischer Diagrammverlauf)

russischer Sprache vorliegen (TJABLIKOW, 1972; 1988; in Vorbereitung). Es handelt sich um den Umbau einer Umlaufpumpe mit radial angeordneten Zylindern. Der normalerweise feststehende Steuerschieber im Zentrum ist hier rotierend mit separatem Antrieb angeordnet, was einen sehr raschen Übergang zwischen den Funktionen als Pumpe und als Motor gestattet (Abb. 95). Dieser *Drehschieberpulsator* wurde erfolgreich für den Antrieb von Erdbebenplattformen verwendet, wobei Frequenzen bis über 40 Hz erreicht und durch Überlagerung mehrerer mit verschiedenen Drehzahlen rotierender Schieber recht komplexe Beanspruchungsfolgen verwirklicht wurden. Etwa 60 % der aufgewendeten Energie konnten rekuperiert werden, was in erster Linie auf den niedrigen Wirkungsgrad derartiger Maschinen im Motorbetrieb zurückzuführen ist. Ein weiterer Nachteil liegt im brutalen Umschaltvorgang, der im Gegensatz zum üblichen Ablauf nicht auf die Totpunkte beschränkt ist und dementsprechend kurzzeitige Druckstöße hoher Amplituden, einen ohrenbetäubenden Lärm und gewiß auch zusätzliche Energieverluste bewirkt. Ob der Pulsator unter diesen Umständen einem Langzeitbetrieb standhalten könnte, ist nicht bekannt.

Bewußt wurde dem vorliegenden Unterabschnitt etwas – allerdings wohlfundierte – „science fiction“ beigemengt. Mit aller Deutlichkeit zeigen die vorgestellten Beispiele (ähnlich den Gedanken über den schwebenden Kolbenring oder den Sechskomponenten-Antrieb in den Unterabschnitten 3.3.5 und 3.3.7), wie begründet die zu Beginn des kritischen Überblicks aufgestellte Behauptung war, das Prüfwesen sei eine technisch noch „junge" Wissenschaft, in der auch der Einzelne noch eine Chance hat, gelegentlich Pionierarbeit zu leisten. Wenn dabei mehrere Fragen zur Sprache kamen, mit denen der Verfasser sich persönlich zu befassen hatte, sei ihm diese egozentrische Sicht verziehen; sie stellt immerhin in jedem Fall die so wichtige Hautnähe zum Gegenstand der Betrachtung sicher.

3.3.9 Regeltechnische Probleme der Steuerung

In den Unterabschnitten 3.3.2 bis 3.3.8 wird die Steuerung nur so weit besprochen, als sie im Zusammenwirken mit dem Antrieb eine Rolle spielt. Sie wird also gewissermassen als „black box" behandelt, auf deren logischen Aufbau und die zu dessen Verwirklichung erforderlichen technischen Mittel kaum eingegangen wird. Dies sei hier in knapper Form nachgeholt.

Es wurde schon im Unterabschnitt 3.3.5 auf die drei zu verarbeitenden Größen hingewiesen, die für eine stabile, präzise und schnelle Regelung erforderlich sind. Die dort aufgestellte Behauptung ist regeltechnisch von allgemeiner Gültigkeit, also keineswegs auf hydraulische Antriebe beschränkt. In der Folge wird der Versuch unternommen, die für Antriebe gemäß Abb. 53, 65 und 66 gültigen Zusammenhänge mit möglichst wenig Fachjargon dem regeltechnisch Ungeschulten näherzubringen.

Eine Regelung ist offensichtlich stabil, wenn sie sich verhält wie die Räder eines mit mäßiger Geschwindigkeit bewegten Servierboys. Wird der Boy in gerader Richtung bewegt und steht ein Rad (eine sogenannte „Schlepprolle") zunächst nicht in der dazugehörigen Richtung, so wird es sich der richtigen Stellung zunächst schnell, dann immer langsamer annähern (Abb. 96 a). Es läßt sich zeigen, daß die Geschwindigkeit der Annäherung an den Idealzustand ungefähr proportional zum Winkel zwischen Radebene und Bewegungsrichtung der Schwenkachse (zum „Fehler") ist. Eine Regelung, die sich ähnlich verhält, wird als *Proportionalregelung* bezeichnet, weil die Geschwindigkeit der Annäherung des Ist-Zustandes an den Soll-Zustand in jedem Augenblick etwa proportional der Differenz beider Zustände ist. Das Geschehen kann durch eine abnehmende Exponentialfunktion angenähert werden.

Eine solche Regelung ist zwar stabil, aber weder sehr genau noch sehr schnell. Sie ist nicht genau, weil sie das Fortbestehen eines geringfügigen Fehlers kaum „zur Kenntnis nimmt". Sie ist nicht schnell, weil sie einer Änderung der Führungsgröße (des Soll-Zustandes) erst dann resolut folgt, wenn bereits ein erheblicher Fehler entstanden ist.

Wollte man die Regelung genauer machen, also auch das Ausregeln kleiner Fehler erzwingen, so könnte man daran denken, die Geschwindigkeit der Korrektur dem bis zu einem gegebenen Augenblick aufgelaufenen zeitlichen Integral des Fehlers gleich zu machen. Die Geschwindigkeit nähme dann bis zum Verschwinden des Fehlers ständig zu. Leider verschwände sie in diesem Augenblick

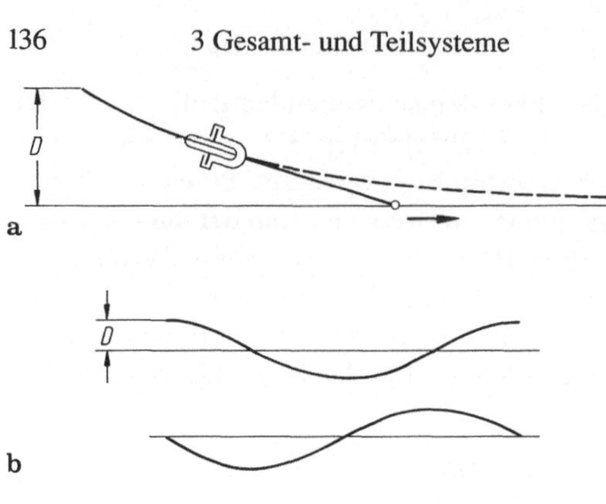

Abb. 96a-c. Verhalten verschiedener Gattungen von Regelkreisen bei Korrektur eines Fehlers *D*. **a** Veranschaulichung des stabilen, aber langsamen Vorganges bei einer Proportionalregelung durch eine Schlepprolle (Servierboyrad); **b** pendelartiges Schwingen einer Integralregelung (oben Regelgröße, unten deren Änderungs-Geschwindigkeit); **c** rasches Einschwingen einer Proportional-Integral-Differentialregelung

aber nicht, und es bedürfte eines neuen Fehlerintegrals im entgegengesetzten Sinne, um den Fehler erneut zum Verschwinden zu bringen. Eine solche *Integralregelung* wäre also genau (im Sinne einer guten Empfindlichkeit auf kleine Fehler), sie wäre aber nicht stabil. Im Idealfall (bei strenger Proportionalität zwischen Fehlerintegral und Geschwindigkeit) wäre ihr mathematischer Ausdruck bei der Reaktion auf einen Fehler durch eine ungedämpfte harmonische Schwingung gegeben (Abb. 96 b). Die Regelung wäre allein unbrauchbar.

Gelingt es aber, die beiden beschriebenen Funktionsweisen so zu mischen, daß zur Hauptsache ein Proportionalverhalten vorliegt, dem sich ein mäßiges Reagieren auf Fehlerintegrale überlagert, so hat man eine stabile und genaue *Proportional-Integralregelung*. Diese hat aber – insbesondere bei Systemen, deren Trägheit bedeutend ist – noch nicht die aufdringliche Anhänglichkeit eines guten Verteidigers auf dem Fußballfeld, der die Absichten des ihm zugewiesenen Stürmers vorauszusehen scheint und diesem folgt, als wäre er an ihm festgebunden.

Die „Absichten" einer Führungsgröße lassen sich früh erfassen, wenn man deren zeitliche Ableitung kennt. Auf diese Weise kann man, noch bevor ein nennenswerter Fehler überhaupt entstanden ist, auf die Geschwindigkeit der Korrektur (oder doch auf ihre Beschleunigung) einwirken. Als allein wirksame Regelgröße unbrauchbar, kann diese Ableitung als verfeinernde Zugabe zu den oben erwähnten Parametern besonders in trägen Systemen eine nützliche Rolle spielen. Das ist darauf zurückzuführen, daß erhebliche Trägheit eines Systems nur eine einigermaßen direkte Beeinflussung der Beschleunigung, nicht aber der Geschwindigkeit gestattet. Wuchtige Verteidiger sind nur dann brauchbar, wenn sie über ein gutes Antizipationsvermögen verfügen. Damit ist man bei der *Pro-*

portional-Integral-Differentialregelung angelangt, die schon recht nahe an das Optimum des technisch Möglichen herankommt (Abb. 96 c).

Bedenkt man, was über die Trägheitsverhältnisse bei elektromechanischen und servohydraulischen Antrieben gesagt wurde (Abschnitt 3.3.8), so wird man verstehen, daß Servohydraulik dank den kleinen im Spiel stehenden Trägheiten (keine Untersetzungsgetriebe!) schon bei Proportional-Integralregelung brauchbare Ergebnisse zu bieten vermag, während für einen elektromechanischen Spindelantrieb der zusätzliche Differentialeinfluß von besonderer Bedeutung ist.

Den Gegebenheiten einer Proportionalregelung als Basis des Systems kommen übrigens die in der Servohydraulik verwendeten Regelventile entgegen. In der einfachsten Form handelt es sich bei einem derartigen Ventil um einen Block mit eingebautem Zylinder, in dem ein kleiner Steuerkolben durch einen elektromagnetisch beeinflußten Antrieb hydraulisch bewegt wird (Moog, 1950; 1953; Abb. 97): Ein auf einem elastischen Röhrchen reibungsfrei pendelnd gelagerter Elektromagnet, der vom Regelverstärker angesteuert wird und dessen Pole zwischen

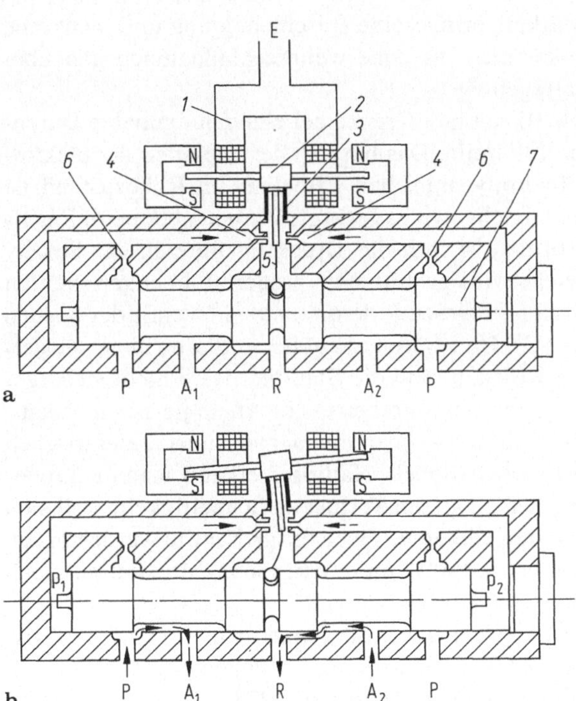

Abb. 97a, b. Zweistufiges hydraulisches Regelventil. **a** Ruhelage; **b** Ansteuerung eines doppeltwirkenden Zylinders. A_1, A_2 = im Gegentakt wirkende Ausgänge; E = Eingang vom Regelverstärker; N, S = Nord- und Südpole von Permanentmagneten; p_1, p_2 = Drücke in den Zylinderkammern; P = Druckölzufuhr; R = Reservoir-Anschluß. Erste Stufe: *1* = Spulen; *2* = Stabanker; *3* = elastisches Röhrchen (Lagerung und Dichtung); *4* = Düsen; *5* = Pendelklappe mit elastischer Rückkoppelung vom Kolben; *6* = hydraulische Widerstände. Zweite Stufe: *7* = Steuerkolben. Man beachte in b das Gleichgewicht zwischen Magnetsystem und Rückkoppelung

denjenigen zweier Permanentmagnete liegen, betätigt eine Pendelklappe, die ihrerseits zwischen den Ausflußöffnungen zweier gedrosselter Drucköl-Zuflüsse zu den Endkammern des Zylinders hängt. Bei unsymmetrischer Stellung der Klappe entsteht eine Druckdifferenz zwischen diesen Kammern, und der Kolben verschiebt sich. Dabei ist er über einen elastischen Stab mechanisch auf den Elektromagneten rückgekoppelt, wodurch der kleine Regelkreis ein Gleichgewicht zwischen dem elektromagnetisch aufgebrachten Moment und demjenigen der Rückkoppelung anstrebt. Vier am Kolben befindliche Steuerkanten schließen die beiden Ausgänge des Ventils im Gegentakt an die Druckquelle oder an das Ölreservoir an. Dank kleinen Massen und kurzen Hüben ist dieses System sehr schnell; zudem sind seine Elemente einigermaßen linear. So kann seine Ansprechzeit gegenüber vergleichsweise langsamen Änderungen der Führungsgröße in grober Näherung vernachlässigt werden. Folglich ist die Auslenkung des Kolbens dem Eingangssignal ungefähr proportional. Damit ist die Grundbedingung einer Proportionalregelung erfüllt, nämlich ein dem Eingangssignal angenähert proportionaler Ölstrom durch die Ausgänge des Ventils. Etwas schwieriger sind die Gegebenheiten eines elektromechanischen Antriebes, bei dem das Signal des Regelverstärkers primär eine Beschleunigung und nicht eine Geschwindigkeit der Motors bewirkt, was ohne weitere Maßnahmen gleichbedeutend wäre mit einer Integralregelung.

Die Ventilbauart gemäß Abb. 97 hat ihre Grenze bei einem maximalen Durchfluß in der Größenordnung von 100 l/min. Das liegt an der Kleinheit der elektromagnetischen Kräfte und an hydrodynamischen Effekten: Im Ruhezustand ist offensichtlich für ein statisches Gleichgewicht gesorgt. Werden aber beim Regelvorgang Ventilquerschnitte geöffnet, so fällt der Druck im Bereich der Steuerkanten ab und das Gleichgewicht wird gestört. Für größere Ölmengen werden daher Ventile mit mehreren Stufen eingesetzt, deren erste ein Ventil der soeben beschriebenen Art ist (Abb. 98, 99). Hier wären die höheren Stufen ohne spezielle Maßnahmen als Integratoren wirksam, und die Stabilität wäre nicht sichergestellt. Daher wird die Stellung jedes Ventilkolbens – in Analogie zur mechanischen Rückkoppelung der ersten Stufe – über einen mechanisch-elektrischen Meßwandler auf den Verstärker rückgekoppelt. Natürlich erkauft man die größere Kapazität des Ventils durch einen gewissen Verlust an Schnelligkeit, weil sich die Eigenzeiten der einzelnen Stufen addieren. Zweistufige Ventile werden bis zu einem maximalen Ölfluß von etwa 1000 l/min eingesetzt, dreistufige noch wesentlich darüber hinaus.

Natürlich sind die beschriebenen Ventilkonstruktionen nicht die einzig möglichen. Und natürlich hat es schon Anläufe zu anderen Lösungen gegeben, wie ein Blick auf die historische Entwicklung zeigt (Maskrey, 1978). Es ist aber bemerkenswert, wie dominierend heute ein Grundkonzept in seinen verschiedenen Abwandlungen (Thayer, 1965) den Markt beherrscht. Eine solche Situation trägt wesensmäßig die Gefahr der Gewöhnung an Gegebenheiten in sich, die als gottgewollt akzeptiert und daher zu wenig in Frage gestellt werden. Verbesserungsmöglichkeiten sollen hier zwar nicht eingehend diskutiert werden. Der gegebene Hinweis mag aber früher oder später nützlich werden. Bei *Leistungsangaben hin-*

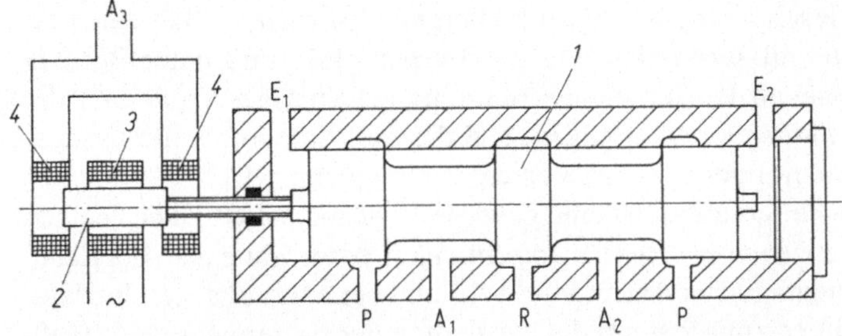

Abb. 98. Dritte Stufe eines Regelventils. A_1, A_2 = hydraulische Ausgänge; A_3 = elektrischer Rückkoppelungs-Ausgang zum Verstärker; E_1, E_2 = Eingänge von den entsprechenden Ausgängen der zweiten Stufe (Abb. 97); *1* = Steuerkolben; *2* = Anker; *3* = Erreger-Spule; *4* = Ausgangs-Spulen

Abb. 99. Großes dreistufiges Regelventil. Erste und zweite Stufe gemäß Abb. 97 im kleinen, dunklen Gehäuse oben. Darunter Anschlußklotz und dritte Stufe gemäß Abb. 98. (Produkt und Bild MOOG)

sichtlich der Frequenz ist Vorsicht am Platz, weil sowohl die erforderlichen Hübe als auch die eingegebenen Wellenformen und die Reaktionskräfte der Probe eine Rolle spielen Immerhin kann als grobe Richtlinie etwa folgendes gesagt werden. Servohydraulisch ist bei mittleren Maschinenkalibern im Ermüdungsbetrieb das volle Ausregeln einer einigermaßen stetigen Wellenform (also eine akzeptable Übereinstimmung zwischen Soll- und Istwert in jedem Augenblick) bis zu Frequenzen von etwa 50 Hz (entsprechend einer halben Schwingungsdauer von 10 ms) unter günstigen Voraussetzungen unproblematisch. Bei rund 300 Hz (1,67 ms) ist es an kleinen Proben mit geeigneten Maschinen und den schnellsten verfügbaren Ventilen nur noch dank ausgefeilter Konzeption und Abstimmung der Elektronik möglich, eine unregelmäßige Folge von Spitzenwerten ohne besondere Ansprüche an den Verlauf der Flanken mit vernünftiger Genauigkeit wiederzugeben. Und extreme Frequenzen im Bereich von 1000 Hz (0,5 ms) können nur mit speziell konstruierten Maschinen (Abb. 86) bei bescheidener konstanter Amplitude ohne erhebliche Fehler gefahren werden.

Daß beim *Pulsieren mit sehr hohen Frequenzen* zum Teil andere schaltungstechnische Maßnahmen erforderlich sind als beim Ausregeln vorgegebener Wellenformen, ist einleuchtend, da zum Beispiel bei 1000 Hz das Ventil fast ständig mit größtmöglicher Geschwindigkeit hin- und hergerissen wird, so daß eine normale Regelung andauernd sehr hohe Fehler aufwiese. Hier muß unter Berücksichtigung der gemessenen Ist-Schwingbreiten eine selbsttätige Anpassung der im Spiele stehenden Parameter so erfolgen, daß die Soll-Schwingbreite tatsächlich auch erreicht wird, nötigenfalls auf Kosten der Frequenz.

Diese regeltechnische Situation hat eine gewisse Verwandtschaft zu derjenigen beim *Pulsieren mit Antrieben konstanter Amplitude*, in erster Linie also bei Resonanzantrieb (elektromagnetisch oder hydraulisch) und bei hydraulischen Pulsatoren. Hier wie dort geht es zunächst um das Festhalten der Extremwerte des maßgebenden Parameters und anschließend um die Beeinflussung des Antriebes im Sinne einer Korrektur allfällig aufgetretener Fehler. Da man es dabei – wenigstens beim derzeitigen Stande der Technik – mit relativ langsamen Vorgängen zu tun hat, die sich über mehrere Lastwechsel erstrecken, bestehen weniger regel- als meßtechnische Probleme. Aber auch diese sind als restlos gelöst zu betrachten, seit elektronische Meßverfahren bestehen, deren Genauigkeit keine wesentlichen Wünsche mehr offenläßt und deren Schnelligkeit praktisch jeden mechanischen oder hydraulischen Vorgang als quasistationär zu behandeln gestattet. In früheren Zeiten waren diese Probleme weit ernsterer Natur. Beispielsweise wurden an hydraulischen Pulsatoren spezielle Rückschlagventile mit eingebauten Drosseln zur Erfassung der maximalen und minimalen Druckniveaus verwendet, ein Verfahren, das gelegentlich seine Tücken hatte.

Bis weit in die achtziger Jahre hinein war die Steuerelektronik aller servohydraulischen Prüfsysteme in *Analogtechnik* ausgeführt (aus Stabilitätsgründen werden Servoverstärker mit Vorliebe als Wechselstromverstärker gebaut). Dank der laufenden Leistungssteigerung und Verbilligung digitaler Schaltelemente sind aber neuerdings verschiedene Steuerungen in *Digitaltechnik* herausgekommen (DRIPKE, 1985; JACOBY, in Vorbereitung; LOHR, 1985; SEBEK, in Vorbereitung). Die von einer solchen Konzeption zu erwartenden Vorteile liegen keineswegs etwa auf dem Gebiet der Schnelligkeit. Bekanntlich kann diese mit digitalen Mitteln nur dann auf dem mit Analogschaltungen erreichbaren Niveau gehalten werden, wenn eine Mehrzahl von Elementen parallel arbeitet, was offensichtlich einen erhöhten Aufwand mit sich bringt. Die wirklichen Vorteile liegen in der perfekten und vor allem kompatiblen Einordnung in ein integrales Computersystem, dessen Funktionen weit über den Bereich der Steuerung hinausgehen können. Davon soll im Abschnitt 3.9 eingehender berichtet werden. Hier genüge die Feststellung, daß digitale Schaltungen ihrem Wesen nach zur Lösung zweier Aufgabenkomplexe besonders geeignet sind, nämlich zur Bearbeitung komplizierter (beispielsweise vielparametriger) Funktionen bei hohen Genauigkeitsanforderungen und zur raschen Anpassung an sich wandelnde Aufgaben durch Einsatz geeigneter Software. Angesichts dieser Sachlage ist ein allmählicher Vormarsch digitaler Steuerungen zu erwarten, zunächst bei komplexen und vielseitig einsetzbaren (Abb. 104), dann aber auch bei einfacheren Prüfsystemen (Abb. 55). Allerdings dürften Analogsteuerungen (und auch hybride Techniken, bei denen nur bestimmte Operationen digital durchgeführt werden) vor allem im Bereich der Einzwecksysteme noch geraume Zeit ihre Daseinsberechtigung behalten.

Schon im relativ engen Rahmen der Steuerung gibt es verschiedene Aufgaben, deren Lösung nicht nur einer einwandfreien Regelung, sondern auch mehr oder weniger vielfältiger Umrechnungen bedarf und die somit als Kandidaten für eine (zumindest partiell) digitale Behandlung im Vordergrund stehen. Beispielsweise können geometrische Transformationen erforderlich sein, wenn das Koordinatensystem der Maschine nicht mit demjenigen der Programmierung übereinstimmt (wie beim Sechskomponentenantrieb gemäß Abb. 85). Oder es müssen während eines Versuches bestimmte Parameter zur Aufrechterhaltung von Randbedingungen gesteuert werden (etwa bei Anwendung eines Sechskomponentenantriebes auf einen der Knickversuche gemäß Abb. 14). Es kann auch um Fälle gehen, in denen zwischen einem programmierten und einem geregelten Parameter infinitesimale Beziehungen bestehen (Beispiel: Automobilprüfstand gemäß Abb. 144 mit Programmierung von Beschleunigungen und Regelung von Hüben). Solche und andere Aufgaben, bei denen die programmierten Parameter sich nicht direkt regeln lassen, werden im englischen Sprachgebrauch unter dem Sammelnamen „remote parameter control“ zusammengefaßt.

Die Kompliziertheit der erforderlichen Algorithmen ist bei der Inangriffnahme derartiger Probleme weniger wesentlich als die Frage, in welchem Maß die Berechnungen „on line“, also in Echtzeit zu erfolgen haben und damit Teile von Regelkreisen werden. Zur Illustration ein extremes Beispiel: Für die in sechs Komponenten zu bewerkstelligende Simulation der Wirkung eines Erdbebens auf einen Funkturm stehe dessen verkleinertes Modell und eine Plattform mit nicht-kartesisch angeordnetem Antrieb zur Verfügung (Abb. 85). Istwerte des Regelsystems seien die Stellungen der sechs Antriebselemente. Das Erdbeben sei durch die in kartesischen Koordinaten verfügbaren translatorischen und rotatorischen Beschleunigungen im Bereich des Fundamentes bekannt. Erforderlich ist also eine Transformation der Beschleunigungen von kartesischen auf Maschinenkoordinaten und ihre zweimalige Integration zur Ermittlung der Antriebshübe. Angesichts der Modellgesetze seien Frequenzen bis über 100 Hz benötigt, womit an einen im Regelsystem eingebauten Rechner recht hohe Anforderungen zu stellen wären. Bei näherer Betrachtung wird man allerdings schnell feststellen, daß das (naturgemäß nicht voraussehbare) Verhalten des Modells im vorliegenden Fall gar keinen Einfluß auf die von der Plattform auszuführenden Bewegungen hat. Also kann die gesamte Rechnung „off line“ mit einem simplen Tischcomputer in gemächlichem Tempo abgewickelt und die Steuerung direkt mit Antriebshüben statt mit Beschleunigungen programmiert werden. Die Lehre aus dem Beispiel ist einfach: Echtzeitrechnung mit entsprechendem Aufwand (und gewissen Risiken hinsichtlich störender Interaktionen) ist nur für Operationen unerläßlich, die nicht aus dem Regelsystem ausgegliedert werden können. Beim eben angeführten Beispiel wäre eine solche Sachlage gegeben, wenn die vorbekannten Beschleunigungen sich nicht auf Fundamentnähe, sondern (etwa aufgrund von Messungen an einem Turm gleicher Bauart) auf einen Standort in großer Höhe bezögen, wo die Verformungen des Bauwerkes eine wesentliche Rolle spielen.

Eine nebensächlich scheinende Einzelheit verwandelt nicht selten eine unproblematische Aufgabe in eine äußerst schwierige Knacknuß.

3.4 Reaktionsstruktur

Um die bei der Prüfung entstehenden Reaktionen aufzunehmen, müssen sich alle nicht rein dynamisch angetriebenen Krafteinleitungen – wo vorhanden, über deren Antriebe – auf eine gemeinsame Reaktionsstruktur abstützen.

3.4.1 Vorbemerkungen

Es wäre auf den ersten Blick nicht abwegig, dem vorliegenden Unterabschnitt die Überschrift „Kraftrückführung“ zu geben, da der Kraftfluß zwischen den Krafteinleitungen in der Regel geschlossen ist (probenseitig als Aktion, systemseitig als Reaktion). Es gibt aber Ausnahmen, wie anschließend an mehreren Beispielen gezeigt werden soll.

Vorerst muß aber auf eine Sprachregelung eingegangen werden, um Mißverständnisse auszuschließen. Es hat sich nämlich im Prüfwesen die Unart eingeschlichen, als *„dynamische Prüfung“* jene Methoden zu bezeichnen, die richtigerweise mit „Ermüdungs-“ oder „Schwingprüfung“ benannt werden sollten. Dabei ist in jedem Lexikon das Wort „Dynamik“ als der Zusammenhang zwischen Bewegungszuständen von Massen und den dabei auftretenden Kräften umschrieben. Demnach ist eine Prüfung dynamisch, bei der Kräfte durch Beschleunigung bewegter Massen hervorgerufen werden. Und gerade diese Fälle sind es, in denen immer dann kein geschlossener Kraftfluß erforderlich ist, wenn alle auftretenden Kräfte vollständig durch dynamische Wirkungen (oder solche der Erdbeschleunigung) entstehen.

Ein durchaus gültiges Beispiel für das Fehlen einer Kraftrückführung ist der im Abschnitt 3.3.2 berichtete Versuch mit „biogravitatorischem“ Antrieb aus dem Jahre 1867. In der Tat war die durch das Auflegen von Eisenbahnschienen statisch und durch das Aufspringen der Mannschaft dynamisch geprüfte Balkenlage nur von unten gestützt, und es bestand keine kraftführende Verbindung zur angetriebenen Krafteinleitung (den Schuhsohlen der Maurer und „Holzer“).

Übrigens ist dieses Beispiel beileibe nicht das älteste denkbare für dynamische Prüfmethoden, denn schon der zu Beginn dieses Buches mehrmals angesprochene steinzeitliche Prüfer bediente sich ihrer ohne Zweifel, wenn er eine neue Steinschleuder zur Erprobung ihrer Festigkeit mit einem besonders schweren Stein belud und mit höchstmöglicher Geschwindigkeit um seinen Kopf kreisen ließ. Aus moderner Schau ist allerdings die Fliehbeschleunigung für Prüfzwecke kaum als besonders günstiges Mittel einzustufen...

Es gibt aber auch heute noch eine Anzahl von Prüfsystemen mit offenem Kraftfluß. Am verbreitetsten sind die Pendelschlagwerke (Abb. 48), bei denen während des Schlagvorganges die Prüfkraft durch Verzögerung des Hammers und geringfügige Beschleunigung des viel schwereren Ambosses entsteht (der vorhandene Rahmen trägt lediglich die bezüglich des Schlages indifferente Lagerstelle des Hammers). Auch die in Abb. 56 und 77 gezeigten Ermüdungsprüfmaschinen kommen mit *offenem Kraftfluß* aus. An ihnen läßt sich übrigens die maßgebende Grenze der rein dynamischen Ermüdungsprüfung bei offenem Kraftfluß anschaulich machen: In beiden Fällen handelt es sich ausschließlich um die Erzeugung von Wechsellast, weil die bei der Schwingung einer Masse entstehenden Kräfte naturgemäß einen symmetrischen Verlauf um Null annehmen müssen. Dauernd wirkende Kräfte müssen auf andere Weise aufgebracht werden, weshalb beispielsweise elektromagnetisch angetriebene Maschinen für ihre Hilfsantriebe mit Rahmen zur Schließung des Kraftflusses ausgestattet werden (Abb. 60 bis 63). Die gleiche Einschränkung gilt offensichtlich auch für ortsveränderliche Schwingungserreger (Abb. 58). Allerdings kann in manchen Fällen, speziell bei der Prüfung von Bauwerken, deren Eigengewicht der schwingenden Erregung als Dauerbeanspruchung in offenem Kraftfluß überlagert werden (Abb. 100), allenfalls verstärkt durch zusätzliche Lasten (wie ja auch schon beim erwähnten Schulhausbau 1867 geschehen). Über Anlagen mit offenem Kraftfluß für die Simulation von Erdbeben soll im Unterabschnitt 3.4.4 berichtet werden.

Ein technisch gebildeter Nichtspezialist, der „schon einmal eine Prüfmaschine gesehen hat", würde beim Anblick der erwähnten Maschinen mit offenem Kraftfluß in den meisten Fällen an alles mögliche, kaum aber an Prüfsysteme denken. Offenbar ist also das Vorhandensein eines geschlossenen Kraftflusses ein als charakteristisch empfundenes „Markenzeichen". Dieser Sachverhalt hat tiefere Wurzeln: An keinem anderen Teilsystem sind Kraftflüsse auf den ersten Blick mit gleicher Unmittelbarkeit einsichtig, und so prägt kein anderes Teilsystem das Erscheinungsbild einer Prüfmaschine oder Prüfanlage mit gleicher Eindeutigkeit als zu dieser oder jener Gruppe gehörig. Die Richtigkeit dieser Überlegungen

Abb. 100. Servohydraulisch angetriebener Schwingungserreger für die Prüfung von Bauwerken. Von oben nach unten: Schwingmasse, aus mehreren Einzelmassen nach Bedarf zusammensetzbar; Antrieb; Beton-Standmasse, groß genug, um ein Springen der Maschine im Betrieb auszuschließen und damit eine Verankerung am Bauwerk unnötig zu machen. (Produkt und Bild EMPA)

erweist sich schnell, wenn man die wichtigste *Unterteilung der Prüfsysteme*, nämlich diejenige nach Prüfmaschinen und Prüfanlagen ins Auge faßt, zwei Gruppen, deren Reaktionsstrukturen sich fundamental voneinander unterscheiden.

Als *Prüfmaschine* wurde im Abschnitt 1.2 ein Prüfsystem mit fester räumlicher Anordnung der kraftführenden Teile definiert. Das bedeutet notabene nicht etwa den Verzicht auf einen modularen Aufbau: Eine Maschine kann sehr wohl aus Teilsystemen zusammengesetzt sein, die in anderen Konfigurationen und mit anderen kompatiblen Teilsystemen zu anderen Gesamtsystemen zusammengesetzt werden können (was lediglich dem im Abschnitt 2.5 geforderten Baukastenprinzip entspricht). Ja auch das Auswechseln kraftführender Teile (etwa einer Kraftmeßzelle) ist legitim, wenn der ersetzende Teil in gleicher räumlicher Lage befestigt wird wie der ersetzte. Das gleiche gilt für die Verschiebung kraftführender Teile in vorgegebenen Bahnen (etwa zur Anpassung an die Länge einer Probe). Die Definition verlangt aber zwischen den Zeilen, daß die das Gesamtsystem bildenden Teilsysteme vom Hersteller optimal aufeinander abzustimmen und miteinander zu verknüpfen sind und daß solche Harmonisierung in der Leistung und der Benützerfreundlichkeit der Maschine auch ihren Niederschlag finden soll. Man opfert diesen Vorzügen bewußt eine extreme Breite des Anwendungsspektrums.

Und eben diese Breite wird in mehr oder weniger ausgeprägter Form mit der *Prüfanlage* angestrebt: Indem man die Teilsysteme ortsveränderlich gestaltet und nur wenige davon als feste Basis für die übrigen bestimmt, versetzt man den Benützer in die Lage, gewissermaßen immer wieder neue Prüfmaschinen „um die Proben herum" selber zu bauen. Dieses Grundkonzept bietet begreiflicherweise eine Freiheit in der Gestaltung der Prüfungen, die mit einer ein für allemal festgelegten Anordnung der kraftführenden Teile nicht zu erreichen ist. Es verlangt aber – gemäß dem einmal mehr bestätigten Prinzip des für einen Vorteil zu zahlenden Preises – für jeden Versuch eine unvergleichlich größere Vorbereitungsarbeit als bei der stärker spezialisierten, dafür weniger universellen Maschine.

Es braucht wohl nicht betont zu werden, daß beide Konzepte angesichts des Bedarfes an äußerst verschiedenartigen Prüfungen ihre wohlfundierte Daseinsberechtigung haben. Das ist leicht nachzuweisen, wenn man sich Fälle vergegenwärtigt, die das eine oder das andere ad absurdum führen. Man stelle sich vor, ein Laboratorium, das in großen Mengen Betonwürfel, Drahtseile und Kunststoffrohre zu prüfen hat, müßte in Ermangelung der entsprechenden Spezialmaschinen bei jedem Übergang von einer Probenart zur anderen eine zeitraubende Umrüstung der vorhandenen Prüfanlage vornehmen; man stelle sich als Gegenstück vor, es müßte für die einmalige Prüfung folgender Elemente in jedem Falle eine geeignete Maschine angeschafft werden: eines Brückenträgers aus Beton, eines aus Stahlrohren geschweißten Bohrplattform-Knotenpunktes und einer metallischen Leitplanke unter Stoßbeanspruchung. Diese grotesken Beispiele bedürfen wohl keines weiteren Kommentars, es sei denn der Bemerkung, daß für die angeführten Prüfungen selbstverständlich ein wohlbegründeter Bedarf besteht.

3.4.2 Prüfmaschinen-Rahmen

Bei näherer Betrachtung der Gegebenheiten von Prüfmaschinen stellt man bald einen starken *Einfluß des Antriebs* auf die Reaktionsstruktur – hier mit gutem Grund als Rahmen, allenfalls bei horizontaler Maschinenachse als Bett bezeichnet – fest. Dies ist nicht erstaunlich, denn ein derart dominierendes, in derart vielen Formen auftretendes Teilsystem wie der Antrieb muß den Rest der Maschine nachhaltig beeinflussen. Diesem Zusammenhang sei in der Folge für die drei wichtigsten Antriebsarten (elektromechanisch mit Spindeln, hydraulisch, elektromagnetisch) nachgegangen. Die Darstellung wird auch in dieser gestrafften Form ohne Anspruch auf Vollständigkeit präsentiert, weil es neben den gängigen Ausführungen mehr Sonderbauarten gibt als mit dem Umfang dieses Buches vereinbar. Einige aus der Reihe tanzende Konstruktionen sollen aber dennoch gezeigt werden, wenn dies der Erläuterung wesentlicher Gedanken dienlich ist.

Im Unterabschnitt 3.3.3 wurden die beiden wichtigsten Varianten des *elektromechanischen Antriebs* mit einer und zwei Spindeln erwähnt, deren erste sich durch ihre Billigkeit, die zweite durch konkurrenzlose Proben- und Dehnlänge auszeichnet (Abb. 55, 101, 102). Ob der Antrieb die Spindeln bei festen Muttern dreht oder umgekehrt, ist eine Frage der konstruktiven Gestaltung im Detail und entschieden weniger wesentlich als die Tatsache, daß bei allen dem Verfasser

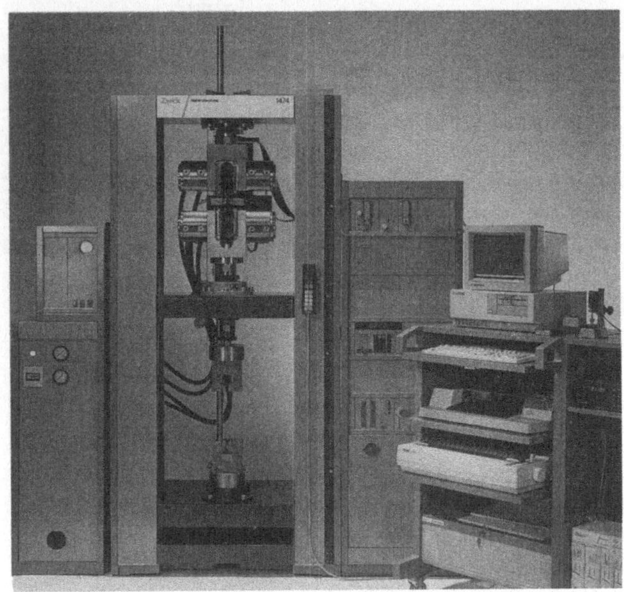

Abb. 101. Typische elektromechanische Zweispindelmaschine mit weitgehender Ausnützung des großen verfügbaren Traversenweges sowie der Möglichkeiten eines Zweiraumbetriebes an unterschiedlichen Materialien: Oben pneumatische, unten hydraulische Einspannköpfe, links Druckluftaggregat. Solche Konfigurationen sind charakteristisch für den Einsatz in Forschung und Materialentwicklung. (Produkt und Bild ZWICK)

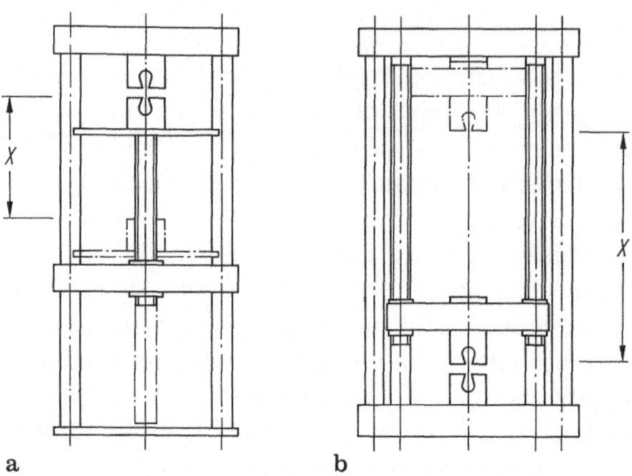

Abb. 102a, b. Rahmen elektromechanisch angetriebener Maschinen. **a** Einspindel-Bauweise (Vorteil: Einfachheit); **b** Zweispindel-Bauweise (Vorteil: großer Traversenhub x). Bei der Zweispindel-Maschine ist die Möglichkeit eines Zweiraum-Betriebes angedeutet (Zugraum unten, Druckraum oben)

bekannten Ausführungen die Spindeln nicht zugleich die Funktion von Säulen erfüllen, daß sie also insbesondere nicht zur Quersteifigkeit des Rahmens beitragen. Die prinzipiell mögliche – und bei hydraulischen Maschinen vorkommende – Alternative mit als Säulen dienenden (und dann naturgemäß feststehenden) Spindeln wird abgelehnt, weil solche Spindeln wegen ihrer unerläßlichen Dicke teuer zu stehen kämen und eine entsprechend sperrige Antriebsmechanik mit sich brächten. Es darf aber im Interesse möglicher Spezialfälle nicht verschwiegen werden, daß die Bauart auch einen Vorteil aufzuweisen hätte: Der Fluß der Prüfkräfte geht ja in jedem Fall durch die Spindeln, so daß deren Dicke ein Kriterium für die Steifigkeit der Maschine in der wichtigsten Richtung darstellt.

Die aus den soeben angestellten Überlegungen sich ergebende Konzeption führt bei vertikaler Bauart in der Regel zu einem Rahmen mit stehenden Säulen und zwei an deren Enden befindlichen festen Traversen (Abb. 102). Im Rahmeninneren wird eine dritte Traverse vom Antrieb vertikal bewegt. Bei Einspindelmaschinen dient diese dritte Traverse hauptsächlich der Übertragung von Querkräften auf die Säulen und kann daher recht leicht ausgeführt sein; bei Zweispindelmaschinen sind auch Biegemomente im Spiel, was eine solidere Bauweise bedingt.

Ein weiterer Zusammenhang zwischen Rahmen und Antrieb: In der Zeit vor Einführung vorgespannter Umlaufspindeln war es üblich, elektromechanische Zweispindelmaschinen als sogenannte Zweiraummaschinen zu bauen. Wie in Abb. 102 dargestellt, wurden Zugversuche normalerweise im Raum unter, Druckversuche (und meist auch allfällige Biegeversuche) im Raum über der beweglichen Traverse ausgeführt, und die Prüfkraft war stets nach oben gerichtet. So war es möglich, der Mutter auf der Spindel ein bescheidenes Spiel zu gestatten und nur eine Flanke des Gewindes tragend auszubilden (verschleißfeste Oberflächen, hohe Bearbeitungsgenauigkeit). Heute bestehen die damaligen Einschränkungen nicht mehr, womit im Prinzip beide Räume gleichwertig eingesetzt werden können. Manchmal wird aber auf die Benützung des oberen Raumes verzichtet, so daß man von Einraummaschinen sprechen kann, bei denen nur eine der festen Traversen auf Biegung bemessen sein muß. Dieses Konzept ist aber trotzdem nicht eo ipso als ideale Lösung anzusehen, da es ein Vorteil sein kann, zwei Arten von Krafteinleitungen – beispielsweise für Zug und Druck oder für Zug und Biegung – ständig in der Maschine zu belassen und auf diese Weise Zeit beim Umrüsten zu sparen. Das einzige gewichtige Argument zugunsten der Einraumbauweise liegt in der Möglichkeit, ohne störende Nebeneffekte (Stehenbleiben der Krafteinleitung wegen des Spiels im Gewinde) durch den kraftfreien Nullpunkt fahren zu können, wie dies vor allem bei Wechsellast-Ermüdungsversuchen unerläßlich ist. Daher ist eine Einraummaschine ohne spielfreien Antrieb kaum als sinnvoll zu betrachten.

Bei *hydraulischem Antrieb* liegen die Verhältnisse etwas anders. Vor allem genügt der Kolbenhub nur in den seltensten Fällen zur Abdeckung der wünschbaren Spanne für die Probenlänge. Es muß also eine der während eines Versuches ortsfesten Traversen (oder zumindest die darauf abgestützte nicht angetriebene Krafteinleitung, Abb. 103, 161, 164) zwischen zwei Versuchen verstellt werden können. Solche Traversen (sie seien hier als „Lauftraversen" bezeichnet) werden

Abb. 103a, b. Mit Spindel verstellbarer unterer Einspannkopf einer hydraulischen Prüfmaschine aus den sechziger Jahren als billige Möglichkeit, den Prüfraum der Probenlänge anzupassen, in der untersten Stellung allerdings auf Kosten einer ergonomisch optimalen Arbeitshöhe. **a** Gesamtansicht einer Ausführung, bei welcher der Spindelweg durch eine Öffnung im Laborboden erhöht werden konnte; **b** Detail mit Einspannkopf. (Produkt AMSLER, Bild EMPA)

Abb. 104. Servohydraulische Maschine mit hydraulischem Antrieb der Lauftraverse durch schlanke Zylinder außerhalb der Säulen. Besonderheiten des gezeigten Modells: digitale Steuerelektronik, hydraulisch betätigte Einspannköpfe, ergonomische Anordnung der wichtigsten Bedienungsorgane. (Produkt und Bild INSTRON)

meist durch einen schwachen hydraulischen oder Spindel-Hilfsantrieb bewegt (Abb. 44, 104, 105). Im erstgenannten Fall ist die Traverse für den Versuch unverrückbar an den Säulen zu befestigen, was in der Regel durch Klemmen mit hydraulisch betätigten Spannfuttern geschieht. Dies ist die bevorzugte Konfiguration bei servohydraulischen Maschinen, wo ein Interesse an der hydraulischen Lösung von Hilfsaufgaben und meist (im Blick auf Wechsellastversuche) auch an einer spielfreien Befestigung der Traversen an den Säulen besteht. Ein Spindelantrieb der Lauftraverse war bei den fast durchwegs einfachwirkenden Maschinen früherer Zeiten problemfrei, weil keine vollständige Spielfreiheit erforderlich war. Dabei dienten die Säulen meist als nichtrotierende Spindeln. Ein Festklemmen war angesichts der Selbsthemmung nicht nötig. Einzig bei viersäuligen Maschinen mußten die Gewinde genügend genau geschnitten und die Muttern untereinander gut justiert sein, um eine unter Last verantwortbare Kraftverteilung auf die Säulen innerhalb des offensichtlich überbestimmten Systems zu erhalten. Abschließend ist noch zu bemerken, daß gelegentlich auch andere Hilfsantriebe und Fixierungsmöglichkeiten für Lauftraversen vorgesehen werden, wie beispielsweise Kettenzüge und Steckzapfen (Abb. 106).

Abb. 105. Servohydraulische Maschine aus den späten sechziger Jahren. Erste Ausführung mit schwebenden Kolbenringen, digitalem Funktionsgenerator und Einspannköpfen gemäß Abb. 44. Lauftraverse mit Spindelantrieb. Kennzeichen des Alters der sonst dem heute üblichen Konzept entsprechenden Maschine: Größe der Kraftmeßdose (über dem oberen Einspannkopf) und der Elektronikschränke; Verwendung eines Lochstreifenlesers für die Eingabe von Random-Ermüdungsprogrammen. (Produkt und Bild AMSLER)

Die Frage nach der Ein- oder Zweiraum-Bauweise, bei spindelgetriebenen Maschinen heute lediglich eine Nebensache, ist bei hydraulischem Antrieb weit ernsthafterer Natur. Denn die Wahl ist nicht frei, sondern hängt unmittelbar von der Art der verwendeten Zylinder ab: Universalprüfmaschinen mit einfachwirkenden Zylindern (ex definitione mindestens für Zug- und Druckversuche geeignet) müssen angesichts der nur in einer Richtung wirkenden Antriebskraft als Zweiraummaschinen ausgeführt sein, Dabei sind verschiedene Anordnungen möglich. Die während mehrerer Jahrzehnte dominierende Bauart nach Abb. 107b hat den Vorzug eines feststehenden Zylinders, dafür sind die Kraftwege wesentlich länger als bei der früher vorab in den USA gepflegten Ausführung gemäß Abb. 107 c, die allerdings bei großen Ausführungen Druckproben nur in schwindelnder Höhe zu prüfen gestattet. Einraummaschinen, sofern sie nicht von vorneherein nur für Zug- oder nur für Druckversuche vorgesehen sind (Abb. 107 a), müssen dagegen doppeltwirkenden Antrieb haben. Bei der heute vorherrschenden Bauweise wird der Zylinder fest unter dem Prüfraum montiert, die Lauftraverse darüber (Abb. 107 d). Auch diese an sich einleuchtende Konzeption (bei kleineren Kalibern nimmt der Zylinder den ergonomisch wenig wertvollen Raum bis zur Gürtelhöhe eines Menschen ein) hat ihre Schwächen: Bei untenliegendem Antrieb ist es nicht ratsam, an der Kolbenstange (womöglich dauernd) eine große und gewiß sehr bequeme Arbeitsplattform für Biege- und Bauteilversuche mitschwingen zu lassen; und eine an der Lauftraverse hängende Plattform ist – spe-

Abb. 106. 20-MN-Druckprüfmaschine für Baustoffe. Höhenverstellung der Arbeitsplattform mit Kettenzügen. Die obere Traverse wird zur Höhenverstellung mit der Arbeitsplattform, zum Prüfvorgang durch hydraulisch betätigte Steckzapfen mit den Säulen verbunden. Höhenschritt dank mehreren Zapfen nur 150 mm. (Produkt AMSLER, Bild EMPA)

ziell bei schweren Proben und Krafteinleitungen – für den Operateur kein reines Vergnügen. Es kann also durchaus vernünftig sein, den auf der Lauftraverse mitfahrenden Zylinder in Kauf zu nehmen und dafür eine praktische Arbeitsplattform unten zu gewinnen (Abb. 107 e, 107 f, 108). Maschinen mit untenliegender Lauftraverse und Anordnung des Zylinders auf einer festen oberen Traverse sind dem Verfasser nicht bekannt, obwohl sie bei kleineren Kalibern einem Kompromiß zwischen den beiden letztbesprochenen Bauarten ziemlich nahe kämen. Mit Bedacht ist übrigens in Abb. 107 f der in Abb. 67 gezeigte Zylinder verwendet, der auf Druck eine größere Kraft aufzubringen vermag als auf Zug und eine relativ bescheidene Gesamthöhe benötigt. In der beschriebenen Konfiguration könnten diese Vorteile ihr Gewicht haben.

Nicht zu vergessen ist schließlich eine generelle (wenn auch keineswegs immer genutzte) Möglichkeit einfachwirkender hydraulischer Konfigurationen: Es ist bei ihnen sehr einfach, den Kolben des Antriebes seinerseits als Zylinder

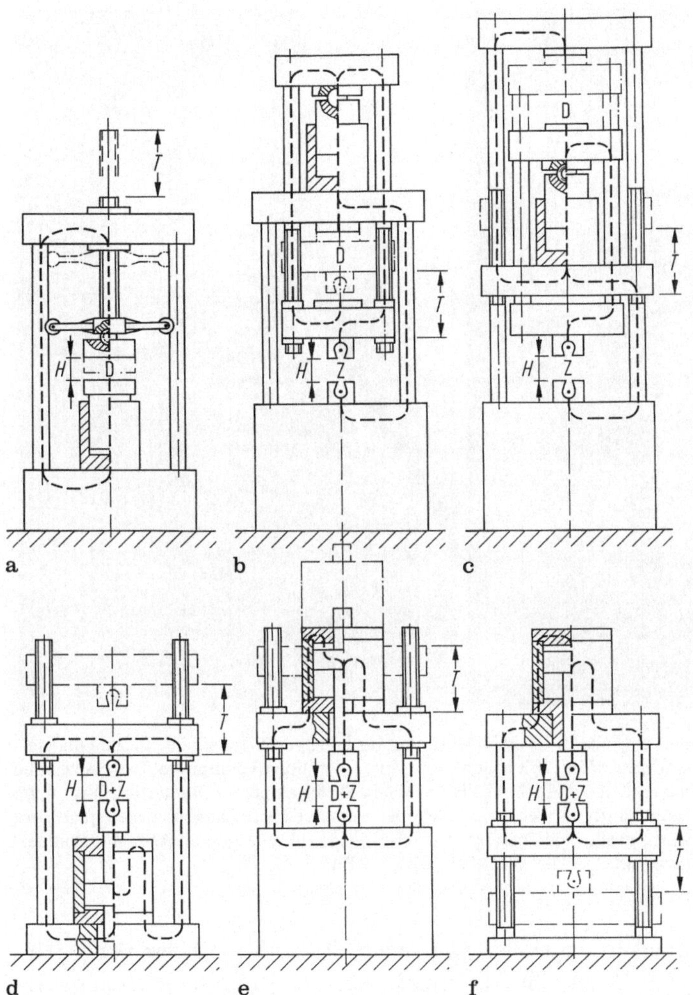

Abb. 107a-f. Hydraulische Universalprüfmaschinen. Gleiche Hauptparameter (Kolbenhub H, Traversenweg T) an verschiedenen Rahmen. Gestrichelte Kraftwege (links Druck-, rechts Zugprüfung) als Maß des Aufwandes für die kraftführenden Teile. **a** Druckprüfmaschine (zum Vergleich); **b** konventionelle Zweiraummaschine; **c** „amerikanische" Zweiraummaschine; **d** Einraummaschine mit Antrieb unten; **e** Einraummaschine mit Antrieb auf Lauftraverse; **f** Einraummaschine mit unsymmetrischem Antrieb auf fester oberer Traverse. Bei **a** und **d** könnten die Säulen durch (unübliches) Höherlegen der unteren Traverse verkürzt werden

auszubilden und auf diese Weise gewissermaßen zwei Maschinen in einer zu verwirklichen, wobei das Verhältnis der beiden wirksamen Flächen beispielsweise 1 : 10 beträgt. Das bedeutet nicht nur eine Verfeinerung einer (angesichts moderner Meßmethoden nur noch bei großen Kalibern interessanten) allfälligen Kraftmessung über den hydraulischen Druck, sondern auch die Möglichkeit, bei gegebenem Ölfluß eine stark erhöhte Arbeitsgeschwindigkeit zu erreichen. Im Zeital-

Abb. 108a, b. Obenliegende Antriebe. **a** 1.2-MN-Maschine für häufigen Wechsel der Proben und seltenen Wechsel der Probenlängen: offene Einspannköpfe, mit Schrauben geklemmte Traversen ohne speziellen Hilfsantrieb (Produkt und Bild DARTEC); **b** 1-MN-Maschine für Bauteilprüfung, hohe Abzugsgeschwindigkeiten und häufigen Wechsel von Proben verschiedener Längen: Arbeitsplattform unten, Aufstellung auf Federn, große Speicher am Antrieb, Einspannköpfe gemäß Abb. 44, Spindelantrieb der Lauftraverse. (Produkt AMSLER-WOLPERT, Bild EMPA)

ter zentraler Druckölversorgungen ist zwar auch dieser Vorteil nur noch gelegentlich von Bedeutung. Doch läßt das Erscheinen elektromechanisch angetriebener Dreiraummaschinen am Markt auf eine gewisse Nachfrage in dieser Richtung schließen. Es handelt sich dabei um eine Lösung, bei der Rahmen und Antrieb einer an sich normalen Maschine als Basis für zwei weitere Prüfräume außerhalb der Säulen verwendet werden, was naturgemäß nur für ausgesprochen kleine Kräfte zulässig ist (Abb. 109). Eine hydraulische Variante hätte wohl mit Vorteil drei unabhängige Zylinder.

Die Reaktionsstruktur von Maschinen mit *elektromagnetischem Antrieb* war während drei Jahrzehnten vom erfolgreichen Konzept der ersten Ausführung geprägt, wie der Vergleich von Abb. 60 (1946) und 63 (1976) zu erkennen gibt. Charakteristisch war eine Anordnung, die im wesentlichen derjenigen einer elektromechanischen Maschine mit einer Spindel entsprach. Erst in den letzten Jahren sind andere Bauarten auf dem Markt erschienen, von denen eine in Abb. 110a wiedergegeben ist. Es liegt eine Umkehrung der ursprünglichen Anordnung von Abb. 60 zugrunde: Der ganze Rahmen für das Aufbringen der statischen Kraft ist mit

Abb. 109. Elektromechanisch angetriebene Dreiraum-Prüfmaschine. Durch Verlängerung zweier Traversen sind neben dem Hauptprüfraum in der Maschinenachse zwei Nebenprüfräume für kleine Kräfte außerhalb der Säulen möglich. Das sichert eine erhöhte Anpassungsfähigkeit bei rasch wechselnden Prüfaufgaben. (Produkt und Bild Amsler Wolpert)

Hilfe einer untenliegenden Spindel verstellbar und trägt den gemäß Abb. 63 ausgeführten elektromagnetischen Antrieb, der eine derartige Konstruktion erst möglich macht. Damit ist dem oben bereits erwähnten Wunsch nach einer untenliegenden Aufspannfläche auf elegante Art Rechnung getragen. Angesichts der etwas geringeren Bedeutung der elektromagnetisch angetriebenen Maschinen im Vergleich zu den beiden anderen im vorliegenden Unterabschnitt berücksichtigten Antriebsformen mögen diese knappen Angaben genügen.

Ehe auf Einzelheiten von Großprüfmaschinen eingegangen wird, sei noch die versuchstechnische Bedeutung der *Steifigkeit* betont, ein Problem, das ebenfalls im Gesamtkontext von Antrieb und Rahmen liegt. Diese beiden Teilsysteme tragen nämlich die Hauptverantwortung für die Steifigkeit einer Prüfmaschine und beeinflussen daher nachhaltig deren Qualität. Dabei steht neben drei prüftechnischen Aspekten (Bruchmechanik, Ermüdung und Bauteilverhalten) ein sicherheitstechnischer im Spiel.

Der bruchmechanische Aspekt sei hier im weitesten Sinne, also unter Einschluß jeder Art der mechanischen Materialschädigung verstanden. Bei vielen Versuchen kommt es vor, daß ein Schädigungsmechanismus in der Probe unter einer gewissen Beanspruchung instabil wird und rasch fortzuschreiten beginnt. Solche Vorgänge reichen vom Durchfahren einer ausgeprägten Streckgrenze bis

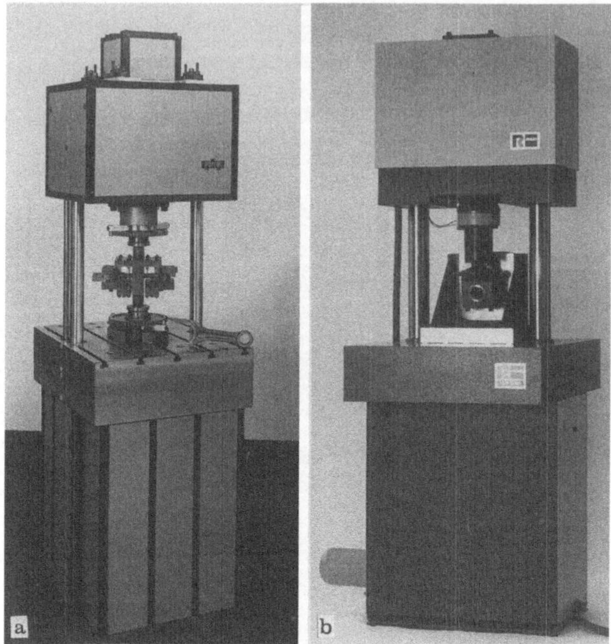

Abb. 110a, b. Moderne Hochfrequenzpulsatoren ohne manuelle Verstellung des Luftspaltes. **a** Maschine mit Antrieb gemäß Abb. 63 und Erzeugung der statischen Kraft durch Höhenverstellung des Rahmens samt dem obenliegenden Antrieb (Produkt und Bild RUMUL); **b** Maschine mit Einstellung des Luftspaltes durch separaten Servoantrieb (Produkt und Bild RK AMSLER)

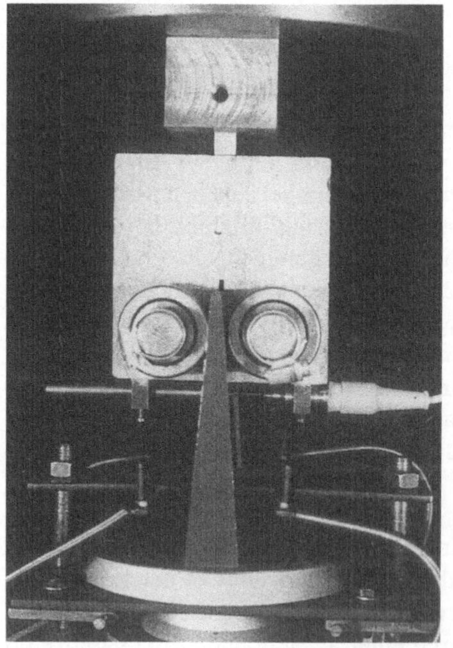

Abb. 111. Prüfung einer steinernen Kompaktprobe auf Bruchzähigkeit. Durch Einsatz von Keilen und Wälzlagern wird eine stark untersetzte Krafteinleitung bewirkt, so daß auch eine an sich nicht besonders starre Maschine zur kontrollierten Versuchsführung an sprödem Material verwendbar wird. (Produkt und Bild TU KARLSRUHE)

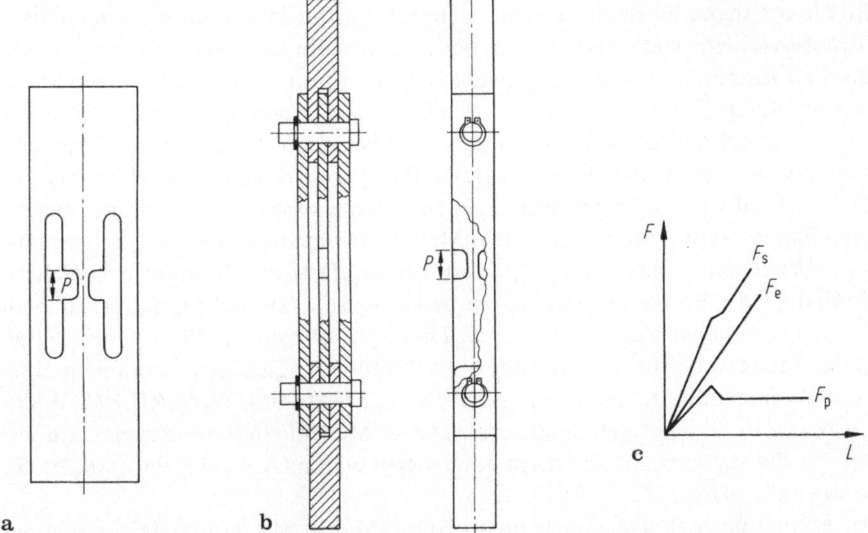

Abb. 112a-c. Mittel zur Simulation extrem starren Verhaltens einer normalen Prüfmaschine: **a** spezielle Probe; **b** Vorrichtung. In beiden Fällen sind zur kurzen Prüfstrecke P viel längere elastisch bleibende Elemente parallel geschaltet. Sie sind so bemessen, daß sie zusammen mit der Prüfstrecke während des gesamten Versuches (auch beim Durchfahren von Singularitäten) eine monotone Kraftzunahme erzwingen. Damit werden instabile Situationen vermieden. **c** Beispiel des Kraftverlaufs: F_p = Kraft in der Prüfstrecke mit ausgeprägter Streckgrenze; F_e = Kraft in den elastischen Elementen F_s = Gesamtkraft; L = Längenänderung

Abb. 113. „Käse"-Probe zur bruchmechanischen Prüfung duktiler Metalle. Dank Krafteinleitung mit über Kreuz geführten Wälzkörpern (oben in weitgehend verdeckter Mulde gestützt) ist die Probe beträchtlich kleiner als eine Kompaktprobe, und der Versuch kann in einer starren Druckprüfmaschine erfolgen. Das Bild zeigt deutlich, daß das Rißwachstum (bei einer Kraft von etwa 6 MN) kontrolliert geführt werden konnte. (Produkt und Bild EMPA)

zu Bruchvorgängen an hochsprödem Material. Ist die Maschine im Augenblick des Instabilwerdens stark verformt, so bedeutet das die Speicherung einer großen elastischen Energie, die eventuell genügen kann, um die weitere Formänderung der Probe, deren Festigkeit durch die Schädigung abgenommen hat, unkontrolliert und sehr schnell ablaufen zu lassen, oft bis zum völligen Entzweibrechen. Nun interessiert man sich häufig gerade für das Verhalten des Materials im Bereich instabil werdender Schädigungen, möchte also deren Fortschreiten beobachten können. Man ist somit in hohem Maß darauf angewiesen, daß im Gesamtsystem (Probe und Maschine) möglichst wenig elastische Energie gespeichert wird. Und da die Probe als gegeben zu betrachten ist, strebt man notgedrungen nach einer möglichst steifen Maschine. Dies gilt, obwohl es für gewisse Fälle spezielle Techniken gibt, die entweder mit relativ nachgiebigen Maschinen eine saubere Versuchsführung gestatten (Abb. 111, 112; BURBACH, 1966; RILEM, 1983; MARKOWSKI, 1990) oder aber den Einsatz starrer Maschinen für Aufgaben ermöglichen, für die sie ursprünglich nicht vorgesehen waren (Abb. 113; PRODAN, 1975; PRODAN et al., 1976).

Der ermüdungstechnische Aspekt ist trivial. Man strebt ja in erster Linie eine Verformung der Probe und nicht der Maschine an. Mit anderen Worten: Eine steife Maschine erbringt unter sonst gleichen Bedingungen eine größere Zerstörungsleistung als eine nachgiebigere. Und dort, wo man an die Grenze des technisch Möglichen zu gehen sucht, wo also die Kosten hinter der Leistung zurückzustehen haben, wird hohe Steifigkeit zum absoluten Gebot. Nicht umsonst sind beispielsweise hochfrequente servohydraulische Maschinen bei relativ kleinen Abmessungen des Rahmens ungemein massiv gebaut, weit über die durch die Festigkeit diktierten Abmessungen hinaus (Abb. 86).

Das oft nur schwer vorauszusehende Verhalten von Bauteilen unter Beanspruchung kann – als dritter Aspekt – zu parasitären Dynamen in allen sechs räumlich gegebenen Freiheitsgraden führen. Die dabei entstehenden prüftechnischen Probleme sind keineswegs auf die Kraftmessung und die umfassende Kenntnis des Beanspruchungszustandes der Probe beschränkt. Will man zum Beispiel den als starr angenommenen Rahmen als Basis für die Messung von Verformungen der Probe benützen (was kostensparend und daher verlockend sein kann), so muß man sich vergewissern, ob man wirklich die Probe und nicht zur Hauptsache den Rahmen in seiner Verformung mißt. An einer Sechskomponentenmaschine (Unterabschnitt 3.3.7), die bei solchen Versuchen Aufschluß geben kann über die gesamte im Raume wirkende Dyname, kann es notwendig werden, entweder eine unbeanspruchte Struktur als Meßbasis zu verwenden oder, bei Benützung des Rahmens oder Bettes für diesen Zweck, dessen Eigenverformung (unter Berücksichtigung seiner Konfiguration mit dem Antrieb) laufend aus besagter Dyname zu errechnen und als Korrektur der Meßwerte zu verwenden.

Der sicherheitstechnische Aspekt ist bedingt durch die beim Bruch der Probe gelegentlich explosionsartige Entladung der gespeicherten Energie, die keineswegs nur bei großen Maschinen Schaden anrichten und gefährlich werden kann. Da dieses Risiko aber doch stark mit dem Kaliber verknüpft ist, sei es hier lediglich signalisiert und nachfolgend im Zusammenhang mit Großmaschinen eingehend kommentiert (Unterabschnitt 3.4.3).

Es bedarf wohl keiner weiteren Überlegungen, um die Bedeutung der Steifigkeit und ihrer maschinenbaulichen Voraussetzungen deutlich zu machen. Daher sind in Abb. 107 für jede Bauart die Kraftwege innerhalb des Maschinenrahmens eingetragen, was einen Quervergleich in diesem Belang erlaubt. Man wird leicht feststellen, daß die Steifigkeit einer Maschine nicht – wie dies manchmal geschieht – mit einer einzigen Zahl angegeben werden kann. Denn je nach der durch die Länge der Probe gegebenen Stellung einer Lauftraverse kann der Kraftweg beträchtlich länger oder kürzer ausfallen. Dabei ist die Abhängigkeit von der Probenlänge manchmal invers. Beispielsweise ist der Rahmen gemäß Abb. 107 b bei der Prüfung der längsten möglichen Zugproben am steifsten, ganz im Gegensatz nicht nur zu den übrigen gezeigten Konzepten, sondern auch zu den Verhältnissen für Druckproben in der gleichen Maschine.

Aus der Betrachtung des Rahmens in der für einen Versuch vorgesehenen Konfiguration ist aber noch kein gültiger Schluß auf die Steifigkeit der ganzen Maschine möglich, weil der *Verformungsanteil des Hydrauliköls* unter Umständen ebenso groß oder noch größer sein kann. Um einen Anhaltspunkt zu geben: Luftfreies Öl ist gut 130mal elastischer als Stahl (Elastizitätsmodul etwa 1,6 gegenüber 210 GPa), während die üblichen Arbeitsdrücke (20 bis 40 MPa) mehr als ein Zehntel der für Stahl normalerweise zugelassenen Spannungen (200 bis 400 MPa) ausmachen können. Zu beachten sind naturgemäß nicht nur die Ölsäulen in den Zylindern, sondern auch das manchmal nicht vernachlässigbare Nebenvolumen in Leitungen und anderen Hohlräumen. Wenn als Faustregel gelegentlich gesagt wird, ein Dezimeter Ölsäule im Zylinder sei ebenso schlimm wie anderthalb Meter Stahlsäule, so ist das nicht mehr als die Angabe einer Größenordnung. Im übrigen spielt die für einen bestimmten Versuch gültige Konfiguration auch beim Öl eine entscheidende Rolle, da es nicht gleichgültig ist, ob ein Sprödbruch auf einer Ölsäule von 20 oder einer solchen von 200 mm erfolgt. Daß ein niedriger Öldruck die Steifigkeit fördert, dürfte nach den obigen Überlegungen klar sein.

Mit gutem Grund wird also in der bereits erwähnten RILEM-Empfehlung (1983) den für die gesamte Maschine gültigen Arbeitskonfigurationen (working configurations) mit der kleinsten und der größten möglichen Systemsteifigkeit besondere Aufmerksamkeit geschenkt und deren Berücksichtigung bei einschlägigen Leistungsangaben und Leistungstests empfohlen.

Die *seitliche Steifigkeit* des Rahmens kann je nach Bauweise recht unterschiedlich sein. Am billigsten ist natürlich die Ausführung mit zwei zylindrischen Säulen. Sie hat aber, wie aus Abb. 114 ohne besondere Erläuterung ersichtlich, bei Biegung innerhalb der Rahmenebene eine beträchtlich höhere Steifigkeit als bei Biegung quer dazu. Zur Verbesserung dieser Sachlage können Säulen mit höherem Trägheitsmoment (Rohre oder Profile, sofern die letztgenannten mit der für die Führung der bewegten Traverse erforderlichen Genauigkeit zu beschaffen sind) verwendet werden. Man kann aber auch auf eine viersäulige Konstruktion übergehen (Abb. 115). Was sich im Einzelfall als zweckmäßigste Lösung erweist, ist einmal mehr eine Frage der detaillierten Konstruktion und ihrer Evaluation. Dreisäulige Maschinen (Abb. 116) haben Seltenheitswert, obwohl sie bei geringerem Preis hinsichtlich der Steifigkeit mit viersäuligen konkurrieren können.

Offenbar ist der freie Durchgang durch einen portalförmigen Rahmen ein zu gewichtiges Verkaufsargument.

Die *Torsionssteifigkeit* sei hier nur der Vollständigkeit halber erwähnt, da dem Verfasser nur seltene Ausnahmsfälle bekannt sind, in denen sie sich als ungenügend erwies, speziell bei unerwarteten Verformungen von Bauteilen. Daß sie bei Torsionsprüfung eine Rolle spielt, ist trivial.

Natürlich ist nicht allein das *„Wieviel"* der Nachgiebigkeit eines Rahmens von größter Bedeutung, sondern auch das *„Wie"*. Hie und da stößt man auch heute noch auf Prüfmaschinen, die bei Kraftänderungen Töne von sich geben, welche man am ehesten als „Knarren einer ungeschmierten Türe in Zeitlupe" umschreiben möchte. Solches Ächzen wird in beinahe berechtigter Vermenschlichung als Klage der „Kreatur" über Mißhandlung aufgefaßt. Denn irgendwo wird offenbar beim Überschreiten einer bestimmten Kraft ein Reibungswiderstand überwunden, worauf ein neuer Gleichgewichtszustand eintritt, unter dem die Reibung zum Festhalten der beiden betroffenen Teile ausreicht, bis ein erneutes Kraftinkrement zu einer weiteren kleinen Energieentladung führt. Vor solchen Phänomenen sei speziell im Zusammenhang mit improvisierten Prüfeinrichtungen gewarnt. Denn Reibung unter großer Anpreßkraft kann nicht nur durch die beschriebenen ruckartigen Bewegungen regeltechnische Probleme schaffen, den stetigen Gang eines Versuches empfindlich stören und sogar inexistente Vorgänge in der Probe vermuten lassen; sie kann vor allem bei Ermüdungsversuchen auch zu Oberflächenschädigungen durch Fretting führen, sei es an der Probe, sei es am Prüfsystem. Beides ist natürlich unerwünscht. Eine Remedur ist meistens in einer zweckmäßigen Gestaltung der Krafteinleitungen zwischen den kraftführenden Elemen-

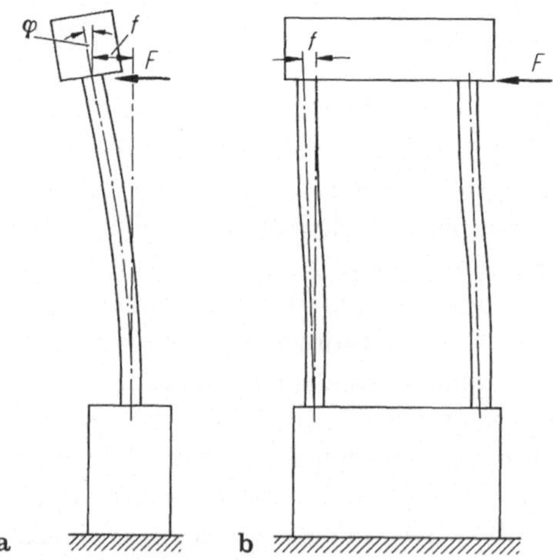

Abb. 114a, b. Verformung eines zweisäuligen Rahmens unter dem Einfluß einer Querkraft F. **a** Quer zur Rahmenebene; **b** in der Rahmenebene. Die Steifigkeiten sind nicht nur quantitativ verschieden (links vierfacher Betrag der Verformung), sondern auch qualitativ (nur links Auftreten eines Biegewinkels)

Abb. 115. Viersäulige servohydraulische Großprüfmaschine für Kräfte bis 10 MN mit Spindelantrieb der Lauftraverse. (Produkt und Bild DARTEC)

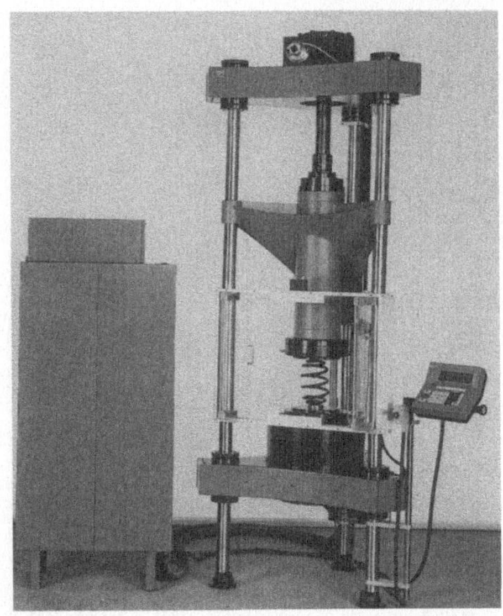

Abb. 116. Dreisäulige elektromechanisch über zentrale Spindel angetriebene Federprüfmaschine. Die Ausstattung der gezeigten Ausführung, teilweise analog derjenigen von Abb. 54, hat eine Besonderheit in Form einer Sechskanal-Kraftmessung zur Feststellung vertikaler und horizontaler Unsymmetrien, was bei der Prüfung großer Spiralfedern seine Bedeutung hat. (Produkt und Bild UTS)

ten der Maschine (im einfachsten Fall durch einwandfreies Vorspannen von Schrauben) zu suchen.

Zum Abschluß der Betrachtungen über die Steifigkeit noch ein Kuriosum. Es ist unter Maschinenbauern wenig bekannt, daß eine Säule gegebener Länge und Steifigkeit in Beton wesentlich billiger zu stehen kommt als in Stahl. Es ist also sinnvoll, *Prüfmaschinenrahmen aus Beton* (genauer: aus vorgespanntem Beton) zu bauen, sofern die konstruktiven Gegebenheiten es gestatten. Dies ist allerdings selten der Fall, weil bei Beton infolge der größeren erforderlichen Querschnitte längere Kraftwege und sperrigere Krafteinleitungen nötig sind, was den Vorteil meist überkompensiert. Immerhin wurden Anwendungen bei Großmaschinen schon realisiert (Abb. 26, 117, 120; ERISMANN,1989). Eine zentrale Rolle spielt der Beton allerdings nur bei Prüfanlagen.

Neben der Steifigkeit kommt der Genauigkeit eines Maschinenrahmens eine hohe Bedeutung zu, wobei es in erster Linie um das genaue *Fluchten in der Maschinenachse* geht. Auch hier ist es unerläßlich, die Betrachtung unter Einschluß des Antriebes zu führen.

Es ist zweckmäßig, zunächst zwei Idealbilder zu entwerfen, bevor die Realitäten zur Sprache kommen. Ideal wäre eine lückenlose Ausrüstung mit Krafteinleitungen, die in jedem Fall eine perfekte Versuchsführung sicherstellen, unabhängig von allfälligen Ungenauigkeiten des Rahmens. Als Beispiel seien die gelenkigen Aufhängungen von Abb. 25 genannt, die – sofern nur sie selber und die daran angeschlossenen Einspannköpfe genau ausgeführt sind – eine einwandfreie Zugprüfung auch in einer geometrisch recht ungenauen Maschine möglich

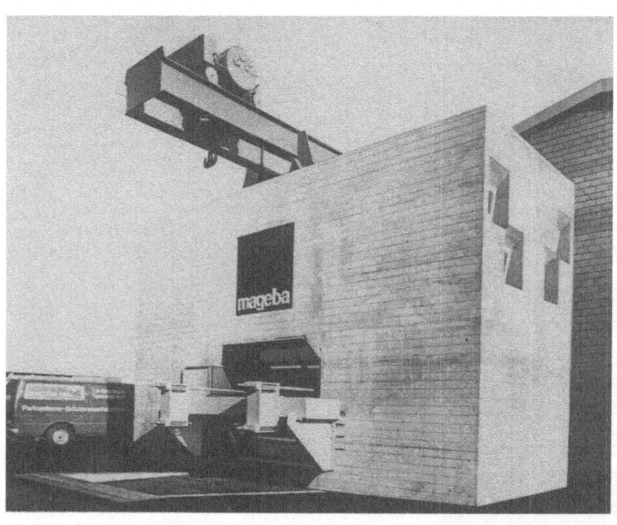

Abb. 117. Kein Bunker, sondern Prüfmaschine für Brückenlager. Kraft bis 100 MN. Maschinenrahmen aus vorgespanntem Beton (Verankerungen in den schießschartenähnlichen Nischen der rechten Wand). Oben Kran, unten Führungen zum Manipulieren der Probe. Diese originelle Bauart ist für Druckproben begrenzter Größe bei kleinem Kolbenhub und großem Kolbendurchmesser (rund 2 m) konkurrenzfähig und – wie das Bild zeigt – wetterfest. (Produkt und Bild MAGEBA)

machen. Ein noch idealeres Beispiel wäre die ausschließliche Verwendung von Sechskomponentenmaschinen, die bei allen Versuchen nicht nur die Kenntnis aller Kräfte und Momente, sondern auch deren exakte Steuerung garantieren könnten

Von solchen Traumbildern ist man natürlich weit entfernt: Lange nicht alle im Betrieb stehenden Krafteinleitungen sind zur vollständigen Korrektur von Ungenauigkeiten des Rahmens geeignet; sehr häufig lohnt es sich auch gar nicht, für einen einzelnen Versuch, womöglich einen mit bescheidenen Genauigkeitsforderungen, raffinierte (und entsprechend kostspielige) Krafteinleitungen zu kaufen oder gar zu konstruieren und anzufertigen. Und Sechskomponentenantriebe dürften – so wünschbar ihre Einführung aus prüftechnischen Überlegungen auch sein mag – wegen des erforderlichen Aufwandes auch langfristig kaum zu Massenartikeln werden, schon gar nicht bei kleinen Kalibern. Im Klartext heißt das: Mit einem gut fluchtenden Rahmen kann man eine beträchtliche Vielfalt von Versuchen ohne große Umstände durchführen, die sonst entweder unzulässige Fehler oder aufwendige Vorbereitungsarbeiten bedingen müßten. Auf wenigen Gebieten zahlt sich der Preis guter Qualität so schnell aus wie beim Einsatz von Prüfsystemen.

Es wird in diesem Zusammenhang manchmal zu wenig beachtet, daß die Anforderungen an gutes Fluchten bei der Zugprüfung heute höher sind als in den Zeiten der Maschinen gemäß Abb. 107 b und c. Bei diesen waren die Hängerahmen zwischen Antrieb und oberem Einspannkopf über ein Kugelgelenk am Kolben angeschlossen, so daß zwar keine perfekte, aber immerhin eine sehr nützliche Selbstausrichtung auch bei nicht idealer Geometrie des gesamten Rahmenkomplexes möglich war: Der Hängerahmen samt einer kurzen Probe verhielt sich etwa so „gutmütig" wie eine lange und ziemlich nachgiebige Probe in einer nach heutigen Begriffen modernen Maschine.

Abschließend sei daran erinnert, daß die durch schlechtes Fluchten hervorgerufenen Fehler in der Regel nicht ohne weiteres festzustellen sind und deshalb nur zu leicht übersehen werden. Speziell bei Zugversuchen an Materialien mit geringer Bruchdehnung sowie bei Ermüdungsversuchen können diese Fehler unzulässiges Ausmaß annehmen (Abschnitt 3.2). Deshalb ist Vorsicht geboten.

3.4.3 Besonderheiten großer und kleiner Prüfmaschinen

Blättert man dieses Buch durch, so findet man gelegentlich Hinweise auf die *Bedeutung des Kalibers einer Prüfmaschine* unter diesen oder jenen Bedingungen. Meist handelt es sich dabei um eine Sonderstellung der Großprüfmaschinen. Da die Gestaltung des Rahmens dabei eine Schlüsselrolle spielt, ist es sinnvoll, die dieser Frage gewidmeten Überlegungen dem vorliegenden Unterabschnitt einzugliedern, auch wenn gelegentlich andere Teilsysteme Erwähnung finden.

Von einer *großen Prüfmaschine* kann man sprechen, wenn sie die Möglichkeit

- zum Aufbringen besonders hoher Kräfte und/oder
- zur Prüfung besonders sperriger und schwerer Proben

besitzt. Mit Bedacht werden keine Grenzwerte angegeben, weil nicht selten beide Kriterien und die Eigenschaften der Proben in schwer quantifizierbarer Weise zusammenwirken.

Angesichts dieser Definition stehen bei Konstruktion und Betrieb großer Prüfmaschinen zwei Probleme im Vordergrund, nämlich der Umgang mit den hohen gespeicherten elastischen Energien und das Manipulieren großer Proben. Eine dritte zu beachtende Frage ergibt sich aus der stark veränderten Kostenstruktur, gekennzeichnet durch ein markantes Überwiegen der maschinenbaulichen Teile gegenüber der Elektronik.

Die Frage der manchmal spektakulären *Energieentladung beim Bruch* wurde bereits kurz angeschnitten. Der Verfasser erinnert sich schreckenerregender Beispiele, die ihn der Tatsache innewerden ließen, daß die Inhaber leitender Stellen in Prüfanstalten sich nur dank konsequenter Förderung des Sicherheitsdenkens, vor allem aber dank der berufstypischen Umsicht ihrer Mitarbeiter eines ruhigen Schlafes erfreuen dürfen. Drei dieser Beispiele, zwei davon im Zusammenhang mit schweren Drahtseilen, seien hier erwähnt: Ein etwa 20 kg schweres Bruchstück einer spröd gebrochenen Seil-Befestigungslasche flog durch die halbe Breite einer Prüfhalle und beschädigte die Säule einer anderen großen Maschine. Ein Drahtstück mit angestauchtem Köpfchen, Teil eines Paralleldrahtbündels, schlug bei dessen Sprödbruch ein mehrere Zentimeter tiefes Loch in eine für solche Fälle bereitgestellte Hartholzbohle. Ein hochfester Ziegel barst in einer ausgesprochen nachgiebigen Maschine spröd mit derartigem Knall, daß eine den betreffenden Messestand besichtigende hochgestellte Persönlichkeit des politischen Lebens an ein Attentat glaubte und sich entsprechend verhielt... Man muß sich in diesem Zusammenhang im klaren darüber sein, daß solche Vorgänge sich in Millisekunden oder Bruchteilen davon abspielen können, so daß von einem Ausregeln selbst bei Einsatz der schnellsten Servosysteme nicht die Rede sein kann. Die unter sanfteren Bedingungen durchaus mögliche Simulation sehr steifer Maschinen (KREISKORTE, 1970) hat eben ihre Grenzen.

Die elastische Energie W ist nach der trivialen Beziehung

$$W = 0{,}5 \cdot F \cdot x \qquad (4)$$

zu rechnen, in der F die Prüfkraft und x die elastische Verformung bedeutet. Um ein Beispiel aus der Praxis des Verfassers zu nennen: Ein im Brückenbau verwendetes Stahlkabel von etwa 5 m Länge verformt sich elastisch um rund 50 mm. Geschieht dies bei einer Kraft von 30 MN, so erreicht W offenbar 750 kJ. Dieser Wert entspricht der kinetischen Energie eines mit gut 60 km/h fahrenden Fünftönner-Lastwagens oder einer mit 1000 m/s den Lauf verlassenden Granate von 1,5 kg Masse. Verformt sich die Maschine einschließlich Öl gleichzeitig um 6,5 mm (was als sehr gut zu bezeichnen ist), so hat man es bei gleichen Annahmen über die Geschwindigkeiten immerhin noch mit einem Kleinwagen von 650 kg oder einem Geschoß von knapp 200 g zu tun. Daß solche Energien auf zweckmäßige Weise unschädlich gemacht werden müssen, braucht wohl nicht besonders hervorgehoben zu werden.

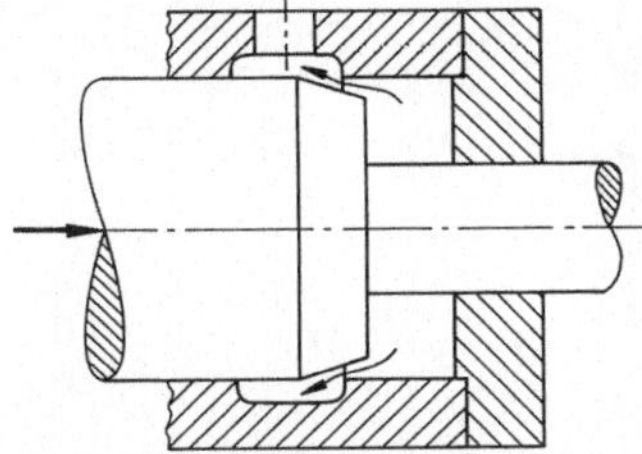

Abb. 118. Ausbildung des Kolbens eines doppeltwirkenden Antriebes als Bremse. Mit dem Reservoir verbundene Zylinderkammer. Bevor der Kolbenteller auf dem Zylinderboden aufschlägt, wird das in der Kammer verbleibende Öl durch einen immer enger werdenden Ringspalt gequetscht. Dadurch entsteht ein Bremseffekt

Bei kleinen Maschinen muß man sich nur in bescheidenem Maß um dieses Problem kümmern. Elektromechanische und einfachwirkende hydraulische Antriebe besitzen gewöhnlich überhaupt keine speziellen Mittel zur Entsorgung der Bruchenergie. Bei manchen doppeltwirkenden hydraulischen Zylindern wird ein ungebremstes Aufschlagen des rasch bewegten Kolbens am Zylinderboden durch zweckentsprechende Formgebung der betroffenen Teile vermieden (Abb. 118). Im übrigen baut man den Rahmen fest genug, um den Bruchreaktionen standhalten zu können, die häufig größer sind als die maximale Prüfkraft. Das ist etwas ärgerlich bei reinen Zugprüfmaschinen, deren Rahmen im Prüfvorgang ausschließlich auf Druck beansprucht ist, so daß ohne Bruchreaktionen sehr schwache Befestigungen zum Zusammenhalten der Maschine ausreichen könnten. Aber angesichts der begrenzten Kräfte nimmt man diesen Schönheitsfehler in Kauf.

Bei Großmaschinen liegen die Dinge wesentlich dramatischer. Zunächst ist festzustellen, daß das im Anschluß an die Beziehung (4) angegebene Beispiel bei weitem nicht als Rekord für große Energieentladungen anzusehen ist. Bei der in Abb. 80 gezeigten Prüfkanone müssen Energien bis zu 2,7 MJ entsorgt werden, und die 30-MN-Maschine von Abb. 119 wird hoffentlich nie einen Sprödbruch bei voll ausgefahrenen Zylindern (5 m Kolbenhub!) zu überstehen haben, wenn die Verformung allein schon der Ölsäulen beim vorgesehenen Druck etwa 100 mm ausmacht, was einer Energie von 1,5 MJ entspricht. Zusammen mit einer etwa 20 m langen Probe und dem Rahmen ist eine Gesamtenergie abzuschätzen, die an 5 MJ herankommen dürfte, womit der erwähnte Lastwagen bei 60 km/h auf 33 Tonnen (oder bei 5 Tonnen auf 155 km/h) kommt!

Hier muß man sich vergegenwärtigen, daß das Verhalten und die *Gefährlichkeit verschiedener Proben* nicht etwa allein aus der quantitativen Angabe der sich entladenden Energiemengen ablesbar ist. Die Verhältnisse seien in groben Zügen für den bereits mehrfach erwähnten Fall der Zugprüfung hochfester Drahtseile (einer verbreiteten Probenart) betrachtet, weil dort angesichts der hohen Streckgrenze des verwendeten Materials sehr erhebliche elastische Verformungen (bis gegen 1% der Probenlänge) auftreten können. Das Gefahrenpotential wird noch

Abb. 119. Achtzylindrige Zweiraum-Großprüfmaschine für Kräfte bis 30 MN. Von links nach rechts: Druckprüfraum, Antrieb, Zugprüfraum (Kabellängen bis 20 m). Das Kaliber der Maschine läßt sich aus dem Vergleich mit der in Abb. 120/121 dargestellten ermessen: Allein die Masse der Drucktraverse links (125 Tonnen) übertrifft um gut 30 % die Gesamtmasse der kleineren, aber gleich starken Maschine samt deren 50 Tonnen schwerem Betonfundament! (Produkt und Bild NEL)

Abb. 120. In Abb. 26 gezeigte Maschine, nach Abheben der oberen Traversen-Hälften zur Beschickung bereit. Man beachte die Führungen der Hauptteile (Mehrfachzylinder, Traversen) im U-förmigen Betonfundament sowie die Mittel zur Energieentsorgung (Puffer im Hintergrund und Drähte zum nicht sichtbaren Gegenpuffer). Links vorne ein Satz Zwischenstücke zum Ausgleich der Probenlänge. (Produkt und Bild EMPA)

erhöht durch das Verhalten der Probe im Augenblick des Versagens: Die als Wurfgeschosse aus den Kabelköpfen herauskatapultierten Drahtenden von Paralleldrahtbündeln wurden oben schon kommentiert. Bei „verschlossenen" (gedrehten) Seilen sind abrupte Querbewegungen gebrochener Drähte unvermeidlich, was zum besonders gefährlichen seitlichen Wegfliegen einzelner Stücke führen kann. Abb. 121 gibt eine Vorstellung von der Gewalt derartiger Entladungen. Nicht umsonst ist die dargestellte Maschine in einem durch eine Bodenöffnung zugänglichen Kellerraum untergebracht und wird bei heiklen Versuchen mit Holzbohlen zusätzlich abgedeckt (nachdem Drahtstücke bis zum Hallendach geschleudert worden waren). Das im Keller befindliche Bedienungspersonal ist durch die kräftigen Beton-Seitenwände des U-förmig die Maschine umschließenden Fundamentes geschützt, von dem in der Legende zu Abb. 120 ebenfalls schon die Rede war.

All dies läßt erkennen, daß die in der Probe gespeicherte Energie schon bei Stahlkabeln (geschweige denn bei anderen Probenarten) je nach Bauweise und

Abb. 121. Die in Abb. 26 und 120 gezeigte Maschine nach Bruch eines verschlossenen (gewundenen) Stahlkabels bei einer Kraft von etwa 20 MN. Das Bild gibt eine anschauliche Vorstellung von der Energieentladung im Augenblick des Bruches. (Produkt und Bild EMPA)

Ausführungsqualität auf recht verschiedene Art entladen wird. Dabei können erhebliche Anteile schon in der Probe selber eine Umsetzung in Wärme erleiden. Beispielsweise werden die erwähnten Paralleldraht-Projektile durch die Reibung im Probenkopf meist wirksam abgebremst, und die gegenläufige Drehung der Drahtlagen verschlossener Seile führt ebenfalls zu starker Reibung. Überdies lassen einige Beobachtungen vermuten, daß ein nicht vernachlässigbarer Energieanteil in Form mehrfach reflektierter Wellen durch die Probe hin und her läuft, wobei dank relativ hoher Frequenz selbst bei bescheidener Dämpfung ein schnelles Abklingen erfolgt. Es kommt noch hinzu, daß der Gewaltbruch eines Drahtseils in seiner Gesamtheit nicht ein unvermeidliches Ereignis ist. Hier spielt die Verteilung der Energie auf Probe und Maschine eine entscheidende Rolle: In einer sehr steifen Maschine (wie der in Abb. 26, 120, 121 gezeigten) brechen die einzelnen Drähte in der Reihenfolge ihrer nicht absolut gleichen Spannung und Festigkeit, so daß man als Beobachter die Vorstellung hat, einem Schützenfest beizuwohnen. Der dahinter stehende Mechanismus ist trivial: Beim Bruch eines Drahtes wird die Probe etwas nachgiebiger, so daß sie von der als Feder wirkenden Maschine um einen Betrag verlängert wird, der dank der Steifigkeit der Maschine sehr gering ist. Die nächsten gefährdeten Drähte bleiben also noch intakt bis zu einer weiteren vom Antrieb bewirkten Verlängerung. Bei geringerer Steifigkeit der Maschine ist die vom ersten Drahtbruch hervorgerufene Verlängerung der Probe eventuell aber schon ausreichend, um das gesamte System instabil werden zu lassen und damit den Gewaltbruch auszulösen.

Mit anderen Worten: Die in der Maschine gespeicherte Energie ist nicht nur – wie weiter oben dargelegt – der Versuchsführung abträglicher, sondern bei gleichem Betrag meist auch gefährlicher als die in der Probe enthaltene.

Mutatis mutandis könnten die soeben am Beispiel des Drahtseiles dargelegten Überlegungen auf verschiedene andere Probenarten übertragen werden. Von einer detaillierten Darlegung sei hier aber aus Platzgründen Abstand genommen. Immerhin seien in aller Kürze einige Versuche angeführt, die erfahrungsgemäß durch die auftretenden Energieentladungen gefährlich werden können:

Als Extremfall darf die *Innendruckprüfung von Druckbehältern* betrachtet werden, bei welcher die (lediglich aus einem Hochdruck-Pumpenaggregat und allenfalls einem Druckwandler bestehende) „Prüfmaschine" nur sehr wenig Energie zu speichern vermag, so daß man sich meist auf die Probe konzentrieren darf. Hier gilt die eiserne Regel, daß Prüfungen – sofern nicht zwingende Gründe ein anderes Vorgehen unvermeidlich machen – nur mit flüssigkeitsgefüllten Behältern durchzuführen sind. Die dabei gespeicherte Energie ist um Zehnerpotenzen geringer als bei Gasfüllung. Man muß sich allerdings im klaren darüber sein, daß solche Versuche nur bis zum Beginn des Instabilwerdens für einen mit Gasfüllung erfolgenden Ernstfall repräsentativ sind, wie aus der Betrachtung auf beide Arten geborstener Behälter zu erkennen ist (Abb. 122).

Daß spröde (und manchmal zudem durch Eigenspannungen beanspruchte) Materialien, wie beispielsweise *hochfeste Ziegel*, explosionsartig zerbrechen können, wurde schon erwähnt. Das gleiche gilt naturgemäß für Glas, aber auch für gewisse mit Karbonfasern verstärkte Kunststoffe. In diesen und ähnlichen

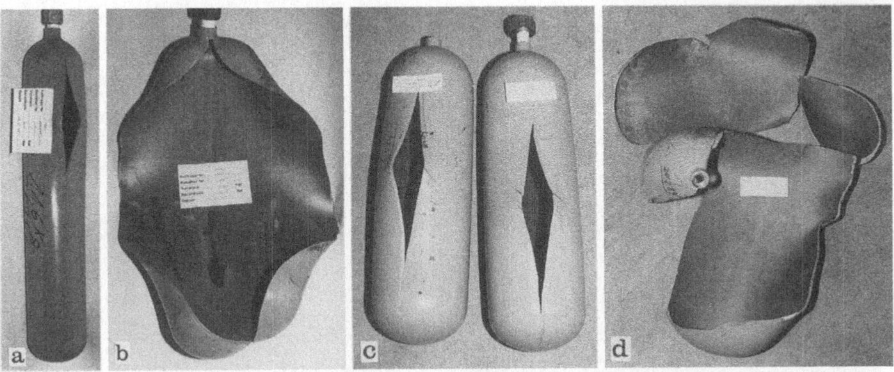

Abb. 122a-d. Einfluß der beim Bruch einer Probe freigesetzten Energie auf die Materialzerstörung, demonstriert an zwei Typen von Druckbehältern. Berstdrücke: **a** und **b** etwa 55 MPa, **c** und **d** etwa 76 MPa. Füllung: **a** und **c** Wasser, **b** und **d** Wasser und so viel Gas, daß die freigesetzte Energie etwas über derjenigen eines Berstens unter Betriebsdruck liegt. (Bild EMPA)

Fällen kann es notwendig sein, die Prüfmaschinen mit – allenfalls improvisierten – Sicherheitsverschalungen zu versehen, und zwar häufig schon bei Abmessungen, die das Beiwort „groß" noch lange nicht zu rechtfertigen scheinen. Und Schutzbrillen sind selbst bei noch weit geringeren Dimensionen allemal kein Luxus.

Auch *Knickversuche* an größeren Mauerwerkspartien (Abb. 18) enden manchmal mit plötzlichen Entladungen ansehnlicher Energien, speziell wenn es nicht gelingt, den Vorgang noch vor dem Auftreten erster Risse und der damit verknüpften Reduktion der Knickkraft zu stoppen. Die in der Maschine gespeicherte Energie wird dann frei und führt zum Bruch infolge der verlorenen Stabilität. Dabei können Trümmer aus beträchtlicher Höhe seitlich wegfliegen. Einmal mehr ist eine gute Steifigkeit der Maschine gefragt.

In manchen Fällen ist es unerläßlich, die sich entladende Energie nicht einfach durch entsprechend feste Rahmenkonstruktion aufzunehmen, sondern mit Hilfe geeigneter *Dämpfungsmassnahmen* auf relativ sanfte Art unschädlich zu machen. Die hydraulische Kolbenbremse gemäß Abb. 118 ist natürlich nicht das einzige (manchmal auch nicht das zweckmäßigste) Mittel. Hier zwei Beispiele für eine völlig anders geartete Methode: Bei der in Abb. 80 dargestellten Prüfkanone wird ein faßähnlicher Knautschkörper aus Aluminium als Energieabsorber verwendet (Abb. 123), und bei der Seilprüfmaschine gemäß Abb. 120 und 121 sind die zum Auffangen der Probentrümmer dienenden Puffer durch mehrere etwa 10 m lange, 20 mm dicke Drähte miteinander verbunden, die sich bei extremen Entladungsstößen plastisch bis zu einem Meter verformen. Hier liegt eine unorthodoxe Konstruktion vor, da die extrem billig konzipierte Maschine nur von der Probe zusammengehalten wird und bei deren Bruch „explodiert": Die auf Schienen geführten Einheiten (Zylinder bzw. Traversen samt Krafteinleitungen und Probenköpfen) können sich frei verschieben, bis ihre kinetische Energie aufgezehrt ist. Man könnte zu den beiden soeben erwähnten Fällen einwenden, es handle

Abb. 123. Knautschkörper aus Leichtmetall als Energieabsorber der Prüfkanone gemäß Abb. 80, rechts vor, links nach dem Versuch. Die plastische Verformung des Materials erlaubt eine erhebliche Energieaufnahme bei einigermaßen gleichbleibender Bremskraft. (Bild MPA STUTTGART)

sich um eine teure Art, überschüssige Energie loszuwerden. Zieht man aber die Herstellungskosten der Proben (etwa eines samt seinen Köpfen mehrere Tonnen schweren Stahlkabels von 200 mm Durchmesser) sowie den übrigen Aufwand für einen angemessenen Versuch in Betracht, so wird die preisliche Bedeutungslosigkeit der „Wegwerf–Stoßdämpfer" ohne weiteres klar.

Die Grundidee der soeben beschriebenen Dämpfungsmechanismen beruht natürlich auf der annähernd konstanten Kraftentfaltung eines im Fließbereich verformten Materials. So ist der verfügbare Dämpferhub optimal ausgenützt. Und ist dieser Hub genügend groß, so erhält man ohne weiteres Kräfte, die bei weitem kleiner sind als die im Versuch erreichten (im Falle der erwähnten Drähte ist das Verhältnis etwa 1 : 24). Ein solches Verhalten ließe sich gewiß auch mit anderen Mitteln erzielen, wie Abb. 124 am naheliegenden Beispiel einer hydraulischen Bremse mit praktisch konstanter Kraft zeigt. Allerdings ist dem Verfasser kein Fall einer solchen oder ähnlichen Vorrichtung bekannt.

Wo eine derart sanfte energetische Entsorgung nicht möglich ist, das Abbremsen bewegter Teile also über kürzere Wege mit höheren Kräften erfolgen muß, sind entsprechende Reaktionen auf das Fundament nicht zu vermeiden. Es hat sich daher die Verwendung von Schwingfundamenten eingebürgert, die eine genügende Entkoppelung zwischen der Maschine und vor Erschütterungen zu schützenden Gebäuden bewirken. Daß das nicht immer eine leichte Aufgabe ist, erkennt man bei der Betrachtung extremer Fälle. Man tendiert nämlich meist auf

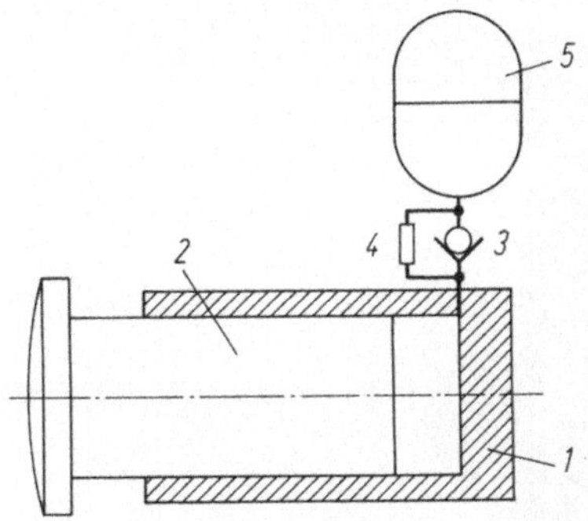

Abb. 124. Funktionsprinzip eines (an sich bekannten, im Prüfwesen bis auf weiteres hypothetischen) Puffers zur quantitativ kontrollierten Entsorgung großer Stoßenergien. *1* = Pufferzylinder; *2* = Kolben mit Pufferteller; *3* = Rückschlagventil mit großem Querschnitt; *4* = hydraulischer Widerstand zur sanften Rückführung des Puffers in die (durch einen nicht dargestellten Anschlag festzulegende) Ausgangslage; *5* = Druckspeicher zur Erzeugung einer annähernd konstanten Bremskraft

Abb. 125. In Abb. 106 gezeigte Maschine beim Einfahren der mit einer „Probe" belasteten Druckplatte, die zur Erleichterung des Beschickens als Wagen auf Schienen verschiebbar ist. Eigentliche Probe: in Bildmitte als dunkler Streifen erkennbares Stahlkabel; der Rest des Aufbaues auf der Platte ist eine Kraft-Umkehr-Vorrichtung zur Krafteinleitung auf Zug in der Druckprüfmaschine. (Produkte Amsler und EMPA, Bild EMPA)

Abb. 126. Bequeme Beschickung einer Maschine für Kräfte bis 100 MN: vertikales Einfahren einer Probe durch eine große Bohrung in der oberen Traverse. Die Kosten für die erforderliche Höhe der Halle sind im Vergleich mit dem Aufwand für die Maschine belanglos. Antrieb im Keller, wie bei sehr großen Maschinen häufig anzutreffen. (Produkt SCHENCK, Bild MPA STUTTGART)

eine große Gesamtmasse der Maschine mit ihrem Fundament, um einen schweren Amboß zu erhalten, der von den auftretenden Stößen nur wenig erschüttert wird. So bringt die in Abb. 125 gezeigte 20-MN-Druckprüfmaschine eine Masse von etwa 150 + 100 Tonnen (Maschine + Schwingfundament) auf die Waage (SCHWANINGER, 1966), die 100-MN-Zugprüfmaschine gemäß Abb. 126 gar 650 + 600 Tonnen (DOLL, 1980). Da nimmt sich die 30-MN-Seilprüfmaschine von Abb. 26, 120 und 121 mit 40 + 50 Tonnen geradezu als Fliegengewicht aus. Und gerade diese Maschine hat dank der freien Beweglichkeit der Teile und dem langen Dämpfungshub ein fest verlegtes Fundament, das nie zu Problemen Anlaß gegeben hat. Die hohe Steifigkeit (Verformung bei Höchstlast etwa 6,5 mm gegenüber mindestens 11 mm bei der 100-MN- Maschine) trägt zu diesem Sachverhalt sehr wesentlich bei. In der Tat wurden die „Dämpferdrähte" bis 1990 noch nie plastisch verformt!

Abb. 127. Mit Dehnmeßstreifen „gespickte" Probe für die in Abb. 126 gezeigte Maschine. Es ist nicht nur für das Freihalten einer großen Maschine, sondern auch für ein ergonomisch günstiges Vorbereiten und Abrüsten der Proben wesentlich, diese Arbeiten außerhalb der Maschine durchführen zu können. (Bild SCHENCK)

Die Notwendigkeit, *schwere und sperrige Proben* zu prüfen, muß selbstverständlich schon bei der räumlichen Unterbringung einer Großmaschine berücksichtigt werden. Es sollte nicht vorkommen, was beim Bau eines Laboratoriums in den sechziger Jahren geschah, dessen an sich sehr geräumige Hallen aus architektonischen Gründen keine frontalen Tore haben „durften". Schwere Proben mußten mühselig (und nicht ohne Risiko) durch einen Gang mäßiger Breite eingeführt und dann in schwindelnder Höhe über fest installierte Anlagen hinweg in ihre Endposition gebracht werden. Der verantwortliche Professor kämpfte ohne jeden Erfolg gegen die Machtvollkommenheit des Architekten an…

Zu einer guten Unterbringung gehört nicht nur ein zweckmäßiger Zugang, sondern auch die Möglichkeit, die Probe unter günstigen Bedingungen außerhalb der Maschine auf einen Versuch vorzubereiten (und allenfalls auch nach dem Versuch abzurüsten). Dieser Aspekt ist umso wichtiger, je größere Arbeiten aufgrund des Maschinenkonzeptes für das Bereitmachen der Proben unerläßlich sind. Ein eindrückliches Beispiel zeigt Abb. 127. Aber auch bei voraussehbar starker Auslastung der Maschine ist deren Freihalten von erheblicher Bedeutung.

Das eigentliche Kernstück der vorliegenden Überlegungen ist aber natürlich das Einführen der Probe in die Maschine und das Entfernen der Trümmer. Diese Vorgänge müssen unter allen Umständen schon im Entwurfsstadium sorgfältig überlegt werden, und es sind je nach den Gegebenheiten recht verschiedene Maß-

Abb. 128a,b Zwei horizontale Seilprüfmaschinen ähnlicher Konzeption: Rahmen in schräger Lage, hydraulisch betätigte Keilbacken. Die stets mit Köpfen versehenen Proben werden durch die Öffnungen der Einspannköpfe eingefahren. Bei der gelegentlich sehr großen Probenlänge der Maschine **a** (bis 10 m) ist dies ziemlich zeitraubend, bei den nur halb so langen Proben der Maschine **b** dagegen problemlos. Besonderheiten der Maschine **a** (Produkt VON ROLL, Bild EMPA): Maximalkraft 5 MN; Säulen als Fortsetzung der Kolbenstangen eines zweizylindrigen Antriebes; hydraulische Verriegelung der Lauftraverse (rechts im Bild) in Nuten der Säulen. Besonderheiten der Maschine **b** (Produkt und Bild RK MFL): Maximalkraft 15 MN; Verriegelung der Lauftraverse (links im Bild) mit Steckzapfen; Steuerung des Einspannvorganges mit teilweise unsymmetrischer Backenbewegung im Computer programmiert

nahmen, die ein einwandfreies Manipulieren mit dem Kran und ein müheloses Ein- und Ausfahren möglich machen. Als Demonstrationsobjekte mögen – neben einem abschreckenden Beispiel samt Korrekturangabe für dessen Mängel – die gleichen drei Maschinen dienen, die schon im Zusammenhang mit der Energieentladung betrachtet wurden.

Bei der 20-MN-Druckprüfmaschine (Abb. 125) ist die untere Druckplatte als Wagen ausgebildet, der sich auf Schienen aus dem Rahmen ausfahren läßt. So kann die Probe außerhalb der Maschine mit dem Kran auf die Druckplatte abgesetzt werden, worauf Platte und Probe gemeinsam in den Prüfraum eingefahren werden. Der unter dem Hallenboden befindliche Antrieb wird dann bei Versuchsbeginn durch einfaches Hochfahren mit der Platte gekuppelt. So wird eines der Hauptprobleme beim Beschicken der meisten vertikalen Großprüfmaschinen, nämlich die Notwendigkeit eines seitlichen Einfahrens, unter Ausnützung der spezifischen Eigenheiten der Druckprüfung elegant gelöst.

Zugprüfmaschinen sind in dieser Hinsicht weit anspruchsvoller, weil die Probe nicht einfach zwischen zwei Platten eingeschoben werden kann. Zu warnen ist vor Konstruktionen, die von kleineren Modellen abgeleitet sind wie die 5-MN-Maschine großer Länge gemäß Abb. 128a, bei der die Enden der Probe in geschlossene Einspannköpfe „eingefädelt" werden müssen, was bei schweren Drahtseilen kein reines Vergnügen ist. Es mutet wie ungewollte Ironie an, daß ausgerechnet bei dieser Maschine die Einspannbacken zur bequemeren Bedienung mit einem hydraulischen Antrieb versehen sind. Nur mit erheblichem Aufwand an Automatik (15-MN-Maschine, Abb. 128b) läßt sich das beschriebene Manko korrigieren.

Sofern nicht Hilfsmittel wie der oben erwähnte Wagen in Betracht kommen, ist unter einem wirklich bequemen Einfahren der Probe in die Maschine ein Verfahren zu verstehen, bei welchem ein Kran ohne besondere Schwierigkeiten die Probe in eine Lage bringen kann, die mit derjenigen bei der Prüfung bis auf letzte Korrekturen übereinstimmt. Dabei sind allfällige besondere Möglichkeiten eines gegebenen Gesamtkonzeptes voll auszunützen. Man betrachte die zur Diskussion stehende 30-MN-Zugprüfmaschine: Ihre kraftführenden Elemente sind ausschließlich durch Auflageflächen miteinander verbunden, und ihre Proben allesamt mit Köpfen versehen. Unter diesen Umständen kann man die Traversen in Sandwichbauart ausführen und die oberen Hälften mit dem Kran entfernen. Daraufhin liegt der Prüfraum völlig offen. Abb. 120 ist in diesem Stadium vor dem Beschicken aufgenommen, und Abb. 129 zeigt das Einfahren einer an einem Balken aufgehängten Probe. Trotz sechsfacher Kraft läßt sich diese Maschine weit rascher beschicken als diejenige von Abb. 128a.

Bei der 100-MN-Maschine sind die Verhältnisse noch schwieriger, einerseits wegen der vertikalen Anordnung, andererseits wegen der verschiedenartigen, zum Teil sehr schweren Proben (Abb. 127). Daher wurde eine radikale Lösung mit einer mächtigen zentralen Bohrung (Durchmesser 1700 mm) in der festen oberen Traverse vorgesehen. So können die Proben in der einzig zweckmäßigen Weise, nämlich vertikal hängend, eingefahren werden (Abb. 126). Das Festmachen der Proben ist dann (wie übrigens auch bei der 30-MN-Maschine) mit ent-

Abb. 129. Einfahren einer Probe in die gemäß Abb. 120 bereitgemachte Maschine. Das schwere, aber naturgemäß nicht absolut starre Kabel ist mit mehreren Bändern an einem Vierkantrohr aufgehängt, das seinerseits vom Kranhaken getragen wird. So ist eine problemlose Beschickung sichergestellt. (Produkt und Bild EMPA)

sprechenden Zwischenstücken eine verhältnismäßig einfache Angelegenheit. Um das Einfahren problemlos zu gestalten, muß die Kranbahn – und damit auch die Halle – eine angemessene Höhe haben.

Die für Großmaschinen charakteristische *Kostenverteilung* hat zwei zu beachtende Folgen: Zum einen kann bei einer ohnehin millionenschweren Anschaffung meist ziemlich unbedenklich alles an Elektronik einbezogen werden, was einer zielgerechten Funktion und einer bequemen Bedienung förderlich ist. In erster Linie sei auf die Bedeutung einer sicheren Handhabung des gelegentlich recht komplexen und nicht immer übersichtlichen Systems hingewiesen. Kein Luxus ist in vielen Fällen ein Computer, der ein umfassendes Sicherheitskonzept zu verwirklichen gestattet, indem er kritische Konfigurationen (etwa das Erreichen zulässiger Querkräfte, einer vorgegebenen Rißöffnung oder einer bestimmten Fehlergrenze) ermittelt, signalisiert und, wo nötig, auch selbsttätig geeignete Reaktionen auslöst (wie das Stoppen des Antriebes oder eine Reduktion der Arbeitsgeschwindigkeit).

Darf der Erbauer einer Großprüfmaschine auf elektronischem Gebiet meist einigermaßen aus dem Vollen schöpfen, so muß er zugleich auf dem so kostspieligen mechanisch-hydraulischen Sektor sowohl das Gesamtkonzept als auch jede Einzelheit genau unter die Lupe nehmen, um unnötigen Aufwand zu vermeiden. Nicht umsonst wurde bei den beiden oben diskutierten Zugprüfmaschinen auf Lauftraversen verzichtet und damit ein ziemlich enger Spielraum für die Probenlänge in Kauf genommen; nicht umsonst auch besteht der Rahmen der 30-MN-Maschine nur aus den als Säulen wirkenden Mehrfachzylindern und den dank der Schlankheit dieser Zylinder recht kurzen Sandwich-Traversen in optimierter Dreiecksform, während die seitliche Steifigkeit den im Betonfundament eingegossenen Leitschienen überlassen ist.

Natürlich decken die hier ausgewählten Systeme das breite Feld des Großmaschinenbaues bei weitem nicht ab (markantes Beispiel: PLANK, 1985). Sie sind aber geeignet, einerseits die grundsätzliche Problematik anschaulich werden zu lassen, andererseits anstelle fruchtloser Patentrezepte auf die Bedeutung einer sorgfältigen Nutzung der im Einzelfall gebotenen Möglichkeiten hinzuweisen.

Kurz eingegangen sei noch auf die alte Streitfrage nach den Vorteilen von *Großprüfmaschinen liegender und stehender Bauart*, eine Frage, die sich bei kleineren Kalibern nur ausnahmsweise überhaupt stellt. Dort überwiegt die vertikale Bauweise bei weitem, in erster Linie aus Platzgründen. Etwas überspitzt könnte man eine Prüfmaschine als groß definieren, wenn ihre Unterbringung Mühe macht. Und es kann in vereinzelten Fällen von den Abmessungen vorhandener Räumlichkeiten abhängen, ob diese oder jene Lage der Maschinenachse gewählt wird.

Normalerweise allerdings wird die Entscheidung aufgrund der beiden Bauarten innewohnenden Qualitäten fallen. Vertikale Maschinen sind frei von schwerkraftbedingten Querkräften, die Biegemomente auf die Probe und Abnützung von Zylindern und Kolben bewirken können. Dafür erlaubt die horizontale Anordnung meist einen einfacheren Einbau der Proben und eine bessere (sprich: nicht an Hebebühnen gebundene) Zugänglichkeit zu diesen, was speziell bei sehr großer Probenlänge ein gewichtiges Argument ist. Es wurde oben bereits gezeigt, wie die meisten der erwähnten Nachteile beider Bauarten umgangen werden können. Und selbst für die erwähnten Querkräfte wurde in einem Fall eine Lösung gefunden: Bei der in Abb. 130 gezeigten liegenden 5-MN-Maschine kann das Gewicht der Probe durch Hohlkörper getragen werden, die in einem im Fundament eingelassenen Bassin schwimmen.

Übrigens ist die räumliche Anordnung der Maschinenachse nicht nur bei großen Kalibern ein Diskussionsthema, denn es gibt *Kleinprüfmaschinen* in vertikaler wie in horizontaler Ausführung. Von einer gewissen Probenlänge abwärts kann nämlich die ganze Maschine bequem auf einem Labortisch untergebracht

Abb. 130. Horizontale Prüfmaschine zur Prüfung von Schiffsstrukturen, Maximalkraft 5 MN. Die feste Traverse (vorne) sowie die acht Zylinder der angetriebenen (hinten) sind mit Steckzapfen an den Säulen fixiert. Das Fundament ist als Bassin für Schwimmkörper ausgebildet, die der Schwerkraft der Probe entgegenwirken. (Produkt und Bild AMSLER)

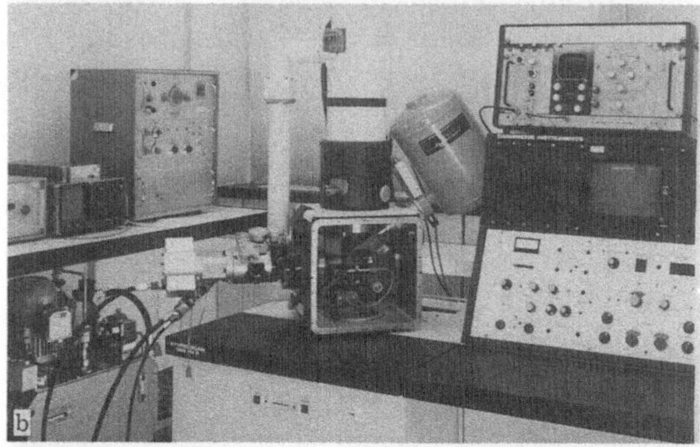

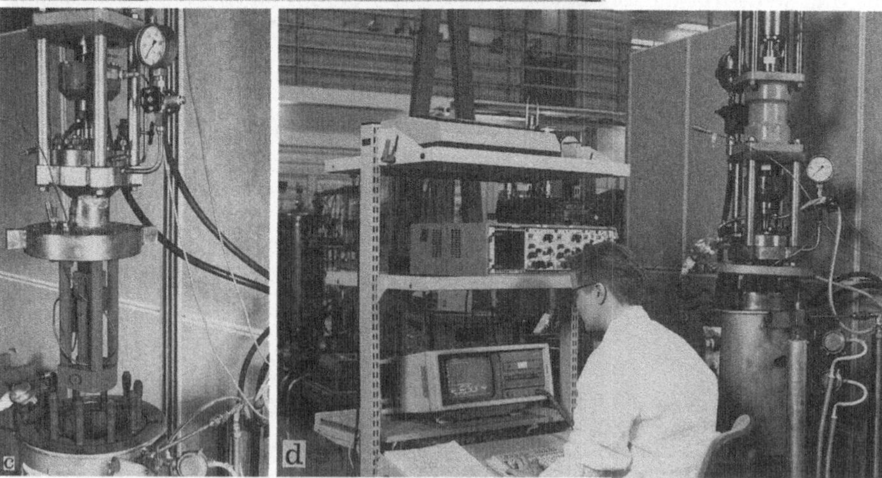

Abb. 132a-d. Servohydraulische Maschinen für Einsatz in wissenschaftlichen Apparaten: **a**, **b** (Produkt und Bild EMPA) in Raster-Elektronenmikroskop (REM); **c**, **d** (Produkt und Bild VTT) in Autoklav. **a** Betrieb ohne REM. Von links nach rechts: Antriebszylinder (wirkt über Stange mit Balgdichtung), Positioniergeräte für Probe, Montageflansch an Traggestell, massiver Maschinenrahmen (oben Fenster für Elektronen). **b** Maschine in REM (Bildmitte), Vakuum-Kammer geöffnet. Links oben Elektronik, unten Pumpengruppe. **c** Einführen in Autoklav. Von oben nach unten: Antriebszylinder, Autoklavdeckel, Rahmen mit Probe, Autoklav. **d** Betrieb im Autoklav. Rechts von oben nach unten: Zylinder zum Ausgleich der Wirkung des Autoklavdruckes (bis 15 MPa bei 300 °C) auf den Antrieb, Antriebszylinder, Autoklav. Links Elektronik

Abb. 131. Kleinprüfmaschine mit horizontaler Hauptachse für Zugversuche bis 500 N an Flächengebilden (Papier, Folien usw.). Antrieb elektromechanisch; halbautomatische Krafteinleitung pneumatisch; eingebauter Kleinrechner zur Verarbeitung der Meßwerte. (Produkt und Bild FRANK)

werden, womit der Raumbedarf seine Bedeutung als bestimmendes Kriterium verliert. Die liegende Bauart kann beispielsweise durch ergonomische Überlegungen diktiert sein (Abb. 131) oder durch Besonderheiten der Zielsetzung, etwa im Sinne der Eignung zum Betrieb im Vakuum eines Raster-Elektronenmikroskops (Abb. 132; ERISMANN, 1985; LEUTERT et al., 1980).

Viel mehr über ausgesprochene Kleinprüfmaschinen zu sagen erübrigt sich, weil sich im Vergleich mit größeren Ausführungen nur selten spezifische Probleme stellen. Als eindeutigen Vorzug darf man – dort, wo die Prüfung kleiner Proben keinen Nachteil bedeutet – naturgemäß den geringen Bedarf an Raum und Energie hervorheben. Die Unterbringung kleiner Maschinen ist daher auch dann meist keine schwierige Aufgabe, wenn es sich um große Stückzahlen handelt. Die Einspannvorrichtung von Abb. 36 gehört zu einem Kollektiv von 24 in Vierer-Gruppen zusammengefaßten Einheiten. Und die Biegemaschinen von Abb. 46 sind zu Hunderten in einem Kellerraum untergebracht.

3.4.4 Reaktionsstrukturen für Prüfanlagen

Der Übergang von der Prüfmaschine zur Prüfanlage betrifft vor allem die Reaktionsstruktur. Er ist in technischer Sicht kein abrupter. Und auch in ihrem historischen Ablauf war die Entwicklung der Prüfanlagen nicht ein einzelnes Ereignis, sondern umfaßte mehrere Schritte.

Natürlich kann man für die heutigen Prüfanlagen wie für andere Prüfsysteme archaische Vorläufer anführen. Man könnte sogar mit etwas gutem Willen den in den Unterabschnitten 3.3.2 und 3.4.1 erwähnten Zimmerplatz der Herren Schalch & Frei mit den erhöhten Auflagen für die zu prüfende Balkenlage als improvisierte „Anlage“ bezeichnen. Und der dynamische Antrieb (die bewußten 77 Mann) konnte gewiß von Versuch zu Versuch in eine veränderte Position beordert werden, womit der Definition einer Anlage im Abschnitt 1.2 Genüge getan wäre...

Prüfanlagen in einem technisch plausibleren Sinne gibt es allerdings erst seit der Zeit des ersten Weltkriegs. Und die ersten unter ihnen wurden (und werden zum Teil auch heute noch) nicht als Anlagen, sondern als Maschinen bezeichnet. Damals kam das Bedürfnis auf, größere Bauelemente, vor allem Biegeträger, systematisch unter der Einwirkung mehrerer Kräfte zu prüfen. So baute man

Abb. 133. „Prüfmaschine für verteilte Lasten" (frühe zweidimensionale Prüfanlage). Vierpunkt-Biegeversuch an Betonplatte. Die Rollen am obenliegenden Holm dienen zur mühelosen Verschiebung der (nur in aufrechter Lage einsetzbaren) Antriebszylinder. (Produkt AMSLER, Bild EMPA)

Abb. 134. Moderne zweidimensionale Prüfanlage mit servohydraulischem Antrieb, zusammengebaut aus zwei einfachen Prüfmaschinen auf gemeinsamer Grundplatte, die auch für weitere Aufbauten zur Verfügung steht. (Produkt und Bild DARTEK)

zunächst biegefeste, später zum Teil auch schubfeste Rechtecksrahmen, auf deren Holmen mehrere hydraulische Prüfzylinder und Reaktions-Auflager an beliebiger Stelle befestigt werden konnten (Abb. 133, 134). Solche Gebilde wurden seinerzeit mit dem Namen „Prüfmaschinen für verteilte Lasten“ bedacht. In der Terminologie dieses Buches sind sie aber als *zweidimensionale Prüfanlagen* zu bezeichnen. Obwohl sie – nach einer Blütezeit von mehreren Jahren – etwas an Bedeutung verloren haben, dürfen sie nicht als nebensächlich übergangen werden, da sie zur Entwicklung sogenannter Einzelprüfzylinder führten, die in der Technik späterer Prüfanlagen eine wichtige Rolle spielen sollten. Auch wenn es hier nicht am Platze ist, zu weit in Einzelheiten vorzudringen, so sei doch ein kurzer Exkurs gestattet, um das Wesentliche dieser für Prüfanlagen so charakteristischen Antriebe und der dazugehörigen Krafteinleitungen in einen angemessenen Kontext zu stellen.

Ein *Einzelprüfzylinder* muß nach Möglichkeit in jeder Lage arbeitsfähig sein. Lecköl darf also nicht unkontrolliert auf den Hallenboden tropfen, wenn er einmal umrecht statt aufrecht eingesetzt wird. Einfachwirkende Einzelprüfzylinder müssen zudem mit Rückholfedern (Abb. 137a) oder anderen entsprechenden Vorrichtungen versehen sein, um auch in umrechter Lage ohne äußere Einwirkung in die Ausgangsstellung zurückkehren zu können. Da Einzelprüfzylinder häufig auf Probenteile zu wirken haben, die bei Beanspruchung Quer- und/oder Winkelbewegungen ausführen, müssen reibungsarme Krafteinleitungen und Zylinderlagerungen verfügbar sein, um eine Verfälschung der Prüfresultate durch Querkräfte und/oder Reibung so weit als möglich auszuschalten. Ähnliches gilt sinngemäß auch für die Reaktions-Auflager. Sollen schließlich mehrere Einzelprüfzylinder von einer zentralen Stelle (etwa einem Pulsator oder einem Servoventil) aus betrieben werden, so müssen die Reibungsverluste in Zuleitungen und Zylindern klein genug zur Erfüllung der gestellten Genauigkeitsforderungen sein. Dies ist speziell bei doppeltwirkenden Zylindern zu beachten, die hinsichtlich der Reibung heikler sind als die einfachwirkenden.

Es lag naturgemäß nahe, die Ebene zu verlassen und die Vorteile einer räumlichen Struktur prüftechnisch nutzbar zu machen. So bildete sich für *dreidimensionale Mehrzweck-Prüfanlagen* in den fünfziger und sechziger Jahren ein Standardkonzept heraus, das durch folgende Gegebenheiten charakterisiert ist: Rückgrat der Reaktionsstruktur ist eine in allen Richtungen feste und steife Platte, die meist aus Beton besteht und mit einem Raster von Befestigungslöchern versehen ist. Diese dienen zur Verankerung beliebiger Aufbauten, welche sowohl Antriebe als auch Auflager für Reaktionskräfte tragen können. Im Interesse der optimalen Anpassung an verschiedenartige Aufgaben sind die Aufbauten in der Regel aus einzelnen modularen Bauelementen zusammengesetzt, die als großer „Meccano-Baukasten“ vielfältige Kombinationen gestatten. Ein für allemal fertiggestellte Aufbauten (etwa geschweißte Portale) bilden dort eine sinnvolle Ausnahme, wo bestimmte Aufgaben häufig wiederkehren.

Manches Grundsätzliche, das über Großmaschinen im vorangehenden Unterabschnitt gesagt wurde, gilt auch für derartige Prüfanlagen. Auch hier muß man sich gelegentlich über die zu erwartenden Energiemengen beim Bruch einer

Probe Gedanken machen, obschon die Masse der Platte meistens einen beruhigend schweren Amboß sicherstellt; auch hier muß für einen problemlosen An- und Abtransport sperriger Proben und Trümmer gesorgt werden; auch hier sind genügende Ablageflächen erwünscht, auf denen Proben vor und nach einem Versuch ohne Inanspruchnahme teurer Plattenfläche gelagert sowie auf- und abgetakelt werden können.

Innerhalb des Standardkonzeptes derartiger „Aufspannböden" und „Aufspannfelder" besteht natürlich eine große Variantenvielfalt (GERHARDT et al., 1985; KAMINOSONO et al., 1985; LAMBOTTE et al., 1985; STRUCHTRUP, 1985).

Und auch bei deren Betrachtung kehren in zum Teil etwas veränderter Form allgemeine Probleme wieder, die schon im Zusammenhang mit Prüfmaschinen-Rahmen zur Sprache gekommen sind und die Konstruktion und Kosten nachhaltig beeinflussen können. Vor allem die mit dem Fluchten eines Rahmens verwandte *Frage nach der erforderlichen Genauigkeit* wurde bei der Planung äußerlich sehr ähnlich erscheinender Anlagen recht verschieden angegangen. Man kann sich auf den Standpunkt stellen, alle Teile der Reaktionsstruktur (Platte und Aufbauten) müßten so genau angefertigt sein, daß die für den Zusammenbau erforderlichen Schrauben trotz relativ enger Passungen ohne Mühe in die Bohrungen eingeführt werden können und daß im Endeffekt eine prüftechnisch brauchbare geometrische Anordnung von Probe, Krafteinleitungen und Antrieben sich von selber ergibt. Man kann aber auch extrem weite Toleranzen vorschreiben und ein gewisses Nachrichten bewußt in Kauf nehmen. Im ersten Fall verteuert man die Anschaffung (das dreidimensionale Ausrichten der Befestigungspunkte auf einer 20 m langen Platte ist bei einer Toleranz von einigen Zehntelmillimetern kein Kinderspiel) und verbilligt den Betrieb; im zweiten Fall gilt das Gegenteil.

Eine richtige Entscheidung im Planungsstadium zu treffen, ist nicht leicht, da es sich meist um äußerst breite Aufgabenspektren handelt, die sich im Laufe der Zeit stark verändern können. Denn die Lebensdauer einer solchen Anlage muß in der Regel mit derjenigen des Gebäudes gleichgesetzt werden. Immerhin ist einzuräumen, daß Prüfanlagen häufig weniger strenge Genauigkeitsforderungen zu erfüllen haben als Prüfmaschinen. Das hat mit ihrem vorwiegend (wenn auch keineswegs ausschließlich) auf das Bauwesen ausgerichteten Einsatzbereich zu tun: Sowohl die stark streuende Festigkeit der Baumaterialien (etwa Beton oder Holz) als auch die nicht genau bekannten Bedingungen der Krafteinleitung (vor allem hinsichtlich der Eckensteifigkeit bei Biege- und Knickbeanspruchung) ergeben oft eine Unsicherheitsspanne, die übertriebene Präzision sinnlos macht.

Noch eine futuristische Perspektive: Bei ausschließlichem Gebrauch von Sechskomponentenantrieben dürfte die gesamte Reaktionsstruktur sehr ungenau sein, weil eine zweckgerechte Beanspruchung zur Gänze den Antrieben überlassen werden könnte.

Der eigentliche Boden, also die alles *tragende Platte*, ist bei Betonbauweise naturgemäß stark armiert und vielfach auch vorgespannt. Für große Kräfte (etwa auf 2 MN je Ankerpunkt wie im Falle von Abb. 135) müßte eine massive Platte derart dick ausgeführt werden, daß sich eine Kastenkonstruktion lohnt, die

Abb. 135. Aufspannboden zur Prüfung schwerer Strukturen. Länge (in Richtung der Bildtiefe) 24 m, Breite 14 m, Raster der Ankerpunkte 1,2 m, Kraft je Ankerpunkt bis 2 MN. Kastenbauart (gemäß Abb. 136b) mit Möglichkeit des Antriebes aus dem Kastenraum (Abb. 137). Hinten rechts der Aufbau gemäß Abb. 52. (Bild EMPA)

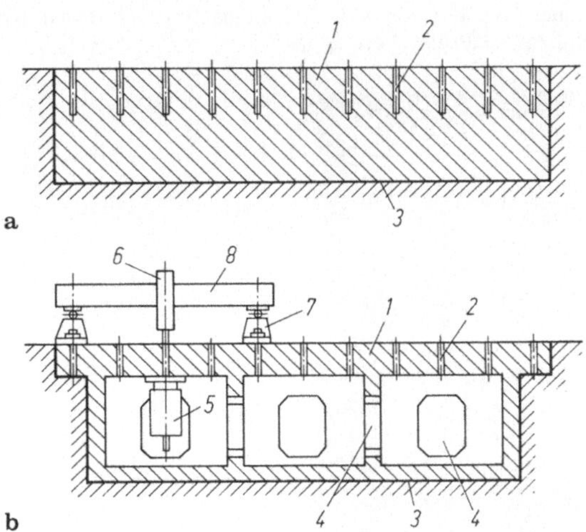

Abb. 136a, b. Zwei Aufspannböden, in der dargestellten Form etwa gleich biegesteif: **a** massiv; **b** kastenförmig. *1* = armierter (meist vorgespannter) Beton; *2* = Verankerungslöcher (Details im Bild nicht zu erkennen); *3* = Lagerung auf Kies oder auf elastischer Unterlage; *4* = Durchgangsöffnungen in Längs- und Querwänden des Kastens; *5* = Einzelprüfzylinder; *6* = am Zylinder über Zugstange angeschlossener Rahmen; *7* = Biegelager als Krafteinleitungen; *8* = Probe

nebenbei für äußerst solide Lager- und Luftschutzräume verwendet werden kann (Abb. 136). Mehr noch: Es ist möglich, Antriebseinheiten mit Zugstangen unterhalb der eigentlichen Platte anzubringen und auf diese Weise in gewissen Fällen mit einem Minimum an Aufbauten auszukommen (Abb. 137).

Bei kleineren Aufspannfeldern, wie sie vor allem für maschinenbauliche Zwecke verwendet werden (Abb. 138; LEUTERT et al., 1980), kommen auch stählerne Kastenkonstruktionen in Frage, weil die – notwendigerweise mit Stahl zu verstärkenden – Befestigungslöcher so nahe beieinander liegen, daß dazwi-

Abb. 137a, b. Einfachwirkende Einzelprüfzylinder. **a** Ausführung mit Rückziehfedern, die eine Rückkehr des Kolbens zur Ausgangsstellung in jeder Lage sicherstellen (Produkt und Bild AMSLER). **b** Einfache Zylinder ohne Rückziehfedern im Kastenraum eines Aufspannbodens (Produkt und Bild EMPA). Im Gegensatz zum doppeltwirkenden Zylinder von Abb. 136 müssen hier Traversen und Stangen die Kräfte auf die über dem Boden liegende Probe übertragen

Abb. 138. Aufspannfeld für maschinenbauliche Versuche. Raster der Ankerpunkte 480 mm, Kraft pro Ankerpunkt bis 200 kN. Aufstellung auf Schwingelementen. Kastenbauweise aus Stahl. Man beachte die für gewisse Zwecke sehr nützliche Vertikalwand. Aufbauten (Eigenkonstruktion der Prüfanstalt) siehe Abb. 139. (Produkte MAN und EMPA, Bild EMPA)

schen angeordnete Betonstrecken nicht zweckmäßig sind. Zur Erhöhung der Masse ist übrigens ein Ausgießen mit Beton durchaus empfehlenswert.

Im übrigen zeichnet sich das in Abb. 138 gezeigte Aufspannfeld durch eine ziemlich seltene, obwohl sehr praktische Besonderheit in Form der an den Boden angeschlossenen, ebenfalls in Kastenbauart ausgeführten vertikalen Wand aus. Diese ist vor allem dann von Nutzen, wenn Aufbauten in größerer Höhe beträchtlichen Horizontalkräften ausgesetzt sind und daher solider Stützpunkte bedürfen.

Die kreativen Fähigkeiten der für eine Prüfanlage Verantwortlichen zeigen sich voll beim Einsatz der für die *Aufbauten* verfügbaren Elemente. Voraussetzung ist offensichtlich eine zweckmäßige Ausstattung mit diesen Bausteinen. Die Zusammenstellung der häufig benötigten Portale und anderer rechtwinkeliger

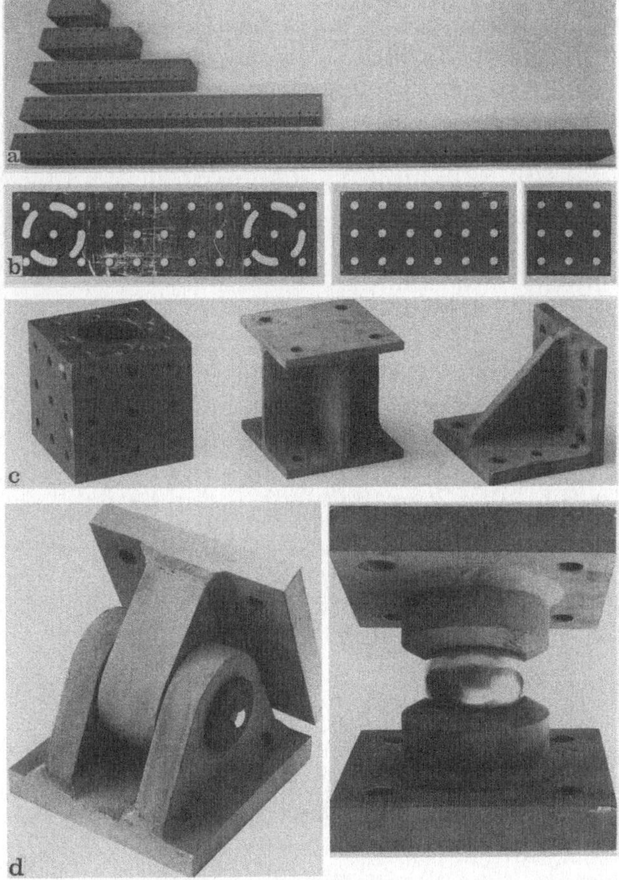

Abb. 139a-d. Beispiele von Aufbauelementen zum Aufspannfeld gemäß Abb. 138. Bildmaßstab von oben nach unten steigend; Lochraster 60 mm. **a** Träger; **b** Flacheisen (Segmentausschnitte zur Orientierung unter beliebigen Winkeln); **c** Klötze und Winkel (links Klotz zum Anschluß an Ankerpunkt); **d** Gelenke. (Produkte und Bild EMPA)

Kombinationen ist gewöhnlich ziemlich problemlos (Abb. 50). Schwieriger ist es, wenn – beispielsweise zur Erzielung hoher Eckensteifigkeit – schräge Verstrebungen erforderlich werden oder wenn im Betrieb Schwenkbewegungen um eine Achse oder um deren zwei auftreten. Beispiele für zweckmäßige Lösungen derartiger Probleme zeigt Abb. 139. Relativbewegungen können aber häufig auch durch Rollen oder Walzen mit entsprechenden Zwischenlagen auf einfachste Art beherrscht werden. Manchmal müssen spezielle Elemente ad hoc angefertigt werden, wenn die gestellte Aufgabe mit den verfügbaren Elementen nicht befriedigend zu lösen ist. Dabei kann eine (für große Anlagen ohnehin unerläßliche) laboreigene Betonwerkstatt vorzügliche Dienste leisten (Abb. 140, 141). Andererseits werden aus metallenen Elementen anstelle von Aufbauten gelegentlich vollständige, nicht an die Anlage gebundene Prüfmaschinenrahmen zusammengestellt, was bei knappen Geldmitteln den Ausweg aus einer Notlage bedeuten kann, auch wenn gewisse Nachteile hinsichtlich des Arbeitsablaufes (zum Beispiel infolge Fehlens einer Lauftraverse) nicht zu vermeiden sind (Abb. 142).

Mit alledem ist nur ein punktueller Einblick in die faszinierende Tätigkeit gegeben, die das ständige Konstruieren neuer Aufbauten mit sich bringt.

Von großer Wichtigkeit ist selbstverständlich die Frage einer einwandfreien Krafteinleitung in die einzelnen Elemente eines Aufbaues. Am besten bewährt haben sich Verbindungen mit vielen Schrauben, die einen Reibungsschluß zwischen den jeweils beteiligten Elementen bewirken, so daß keine Scherkräfte an

Abb. 140. Aufspannboden: Prüfung der Reibungsverhältnisse an einem umgelenkten Stahlkabel. Links vorne Antrieb. Der mit Meßnischen versehene Aufbau für die Umlenkung besteht aus Beton. (Produkt und Bild EMPA)

Abb. 141. Aufspannboden: Simulation des Ermüdungsverhaltens eines schweren Stahlkabels bei der Auflage auf einem Pylon. Da die verfügbare Antriebskraft für einen Antrieb an den Kabelenden nicht ausgereicht hätte, wurde eine Batterie von acht Zylindern (Totale Kraft-Schwingbreite 4 MN) an der Auflage angesetzt, was aus geometrischen Gründen am Kabel eine größere Kraft ergibt. Vorne rechts gekoppelte Pulsatoren. Widerlager aus Beton. (Produkte AMSLER und EMPA, Bild EMPA)

Abb. 142. Seilbahnkabinen-Prüfstand als Beispiel für Elemente eines Aufspannfeldes (Abb. 138, 139), die als Prüfmaschinenrahmen ein „Eigenleben" zu führen beginnen. (Produkt und Bild EMPA)

den Schrauben auftreten müssen (was nur bei höchster Genauigkeit eine einigermaßen voraussagbare Kräfteverteilung sicherstellen könnte). Daß die Schrauben von bestimmten Kräften aufwärts vorgespannt werden müssen, braucht wohl nicht speziell betont zu werden.

Es wurde schon erwähnt, daß Mehrzweck-Prüfanlagen vor allem im Bauwesen, in bescheidenerem Maß auch im Maschinenbau eingesetzt werden. Es kommen aber immer wieder Aufgaben aus speziellen Zweigen der Technik hinzu, die besondere Anforderungen mit sich bringen und dementsprechend auch spezielle Lösungswege bedingen. Als Beispiel diene die Krafteinleitung bei der Prüfung der Nutzlastverkleidung einer Raumrakete (Abb. 143). Es handelt sich darum, die bei schräger Anblasung (infolge von Böen oder Steuermanövern) entstehenden Luftkräfte möglichst wirklichkeitsnah zu simulieren. Eine befriedigende Lösung besteht in der Verwendung zahlreicher Bänder, die vom Antrieb über ein System von Waagebalken betätigt werden. Gleichzeitig wird bei ähnlichen Versuchen häufig die Druckdifferenz zwischen Innen- und Außenluft nachgebildet, in manchen Fällen auch noch die Wirkung eines Regenschauers. Daß ein solcher Versuch nicht vollständig ist ohne Spannungsmessungen an Hunderten bis Tausen-

Abb. 143. Aufspannboden: Simulation der Luftkräfte (infolge von Böen und Manövern) auf die Nutzlastverschalung einer schweren Raumrakete. Verteilung und Einleitung der Kräfte über Bänder und Waagebalken. Pumpe zur Simulation der Differenz zwischen Innen- und Außendruck. Hunderte von Dehnungs-Meßstellen. (Produkt und Bild EMPA)

den von Meßpunkten und daß auch die Verformungen erfaßt werden müssen, sei hier nur der Vollständigkeit halber erwähnt.

Auf den ersten Blick könnte man annehmen, die Bezeichnung *Einzweck-Prüfanlage* sei in sich widersprüchlich, da das erste Wort eine Eingrenzung des Aufgabenbereichs, das zweite wesensmäßig dessen größtmögliche Weite signalisiert. Dem ist aber nicht so, wie die Existenz spezialisierter Systeme beweist. Gemeint sind in erster Linie Prüfanlagen, wie sie im Automobil- und Flugzeugbau für die Prüfung der tragenden Strukturen im Einsatz stehen. Es lohnt sich, die Voraussetzungen für Bau und Betrieb dieser Systeme etwas näher zu betrachten.

Zunächst ist die erhebliche Dauer jeder einzelnen Prüfung wesentlich. In der Tat handelt es sich in beiden Fällen darum, die Haltbarkeit des geprüften Objektes in einem nur teilweise voraussehbaren Lebensgang zu bestimmen. Bei einem Automobiltyp bedeutet dies die Prüfung einer Anzahl mehr oder weniger identischer Exemplare unter verschiedenen Annahmen über deren Schicksale in der Praxis. Wenn man bedenkt, wieviel Aufwand für die Entwicklung eines ganz oder auch nur teilweise neukonstruierten Automobils getrieben wird, erkennt man, daß es sogar lohnend wäre, für einen einzigen Grundtyp eine millionenschwere Prüfanlage anzuschaffen. Bei Flugzeugen liegen die Dinge wegen der um mehrere Zehnerpotenzen geringeren Stückzahlen zwar scheinbar anders, doch gleichen die enormen Kosten des einzelnen Objektes diesen Unterschied so weit aus, daß auch hier die Errichtung typengebundener Prüfanlagen durchaus nicht unsinnig ist. Im übrigen ist in beiden Fällen die Prüfung von höchster Wichtigkeit, weil ein Versagen tragender Teile zu schweren bis katastrophalen Folgen führen kann.

Für die *Prüfung von Straßen- und Luftfahrzeugen* ist die grundsätzliche Problematik derartiger Anlagen ähnlich. In beiden Fällen handelt es sich um dynamische Beanspruchungen, die aus dem Zusammenwirken äußerer Einwirkungen auf tragende Elemente (Räder, Flügel) mit den vorhandenen Massen entstehen. Als ideal ist also offensichtlich eine rein dynamische Prüfung anzusehen: Man simuliert die äußeren Einwirkungen und läßt die Kräfte durch die Beschleunigungen der Massen entstehen wie in Wirklichkeit. Dieses Vorgehen hat leider enge Grenzen, weil der Hub des Prüfsystems endlich ist. Man bedenke: Das Durchfahren einer 90grädigen Kurve mit einer Geschwindigkeit von 25 m/s (90 km/h) bei einer Fliehbeschleunigung von 0,5 g dauert 8,0 s und bedarf eines Halbmessers von 127 m. Die entsprechenden Werte für das 45grädige Abfangen aus einem Stechflug mit 200 m/s (720 km/h) bei 5 g sind 3,2 s und 815 m. Gewiß können die entsprechenden Beschleunigungen auf der Anlage kurzzeitig erzeugt werden, doch reichen die durch den verfügbaren Hub begrenzten Zeiten (bei 1 m Hub 0,64 bzw. 0,20 s) bei weitem nicht aus, um eine Simulation des Zusammenspiels der beschriebenen Beschleunigungen mit schneller ablaufenden Ereignissen wie Unebenheiten der Straße oder Böen zu gestatten.

Dieses Problem könnte beim Automobil allenfalls unter Ausnützung der Erdbeschleunigung (Simulation der Kurvenfahrt durch seitliche, des Anfahrens und Bremsens durch längsgerichtete Neigung) gelöst werden. Das erfordert allerdings bereits sehr große Hübe und bringt natürlich parasitäre Beschleunigungen mit sich. Im Falle des Flugzeuges ist ein ähnliches Verfahren angesichts der hohen erforderlichen Beschleunigungen nicht anwendbar, es sei denn, man montierte die ganze Prüfanlage samt der Probe (man denke an einen Jumbo-Jet!) auf ein Schleuderkarussel... So sieht man sich genötigt, entweder das Prüfprogramm teilweise zu verzerren (starke Zeitraffung mit dem Risiko von Resonanzen; sukzessives Ablaufen simultan auftretender Beanspruchungen) oder von der dynamischen Prüfung wenigstens teilweise abzugehen und die länger dauernden Beanspruchungen mit Hilfe einer Reaktionsstruktur in geschlossener Kraftführung einzubringen.

Aber auch hier steht man unwillkommenen Schwierigkeiten gegenüber. Denn die auf Beschleunigungen reagierenden Massen sind ja über die gesamte Struktur der Probe verteilt, und nur wenige größere Teilmassen sind so geartet, daß sie (wie beispielsweise ein Triebwerk) eine auf wenige Punkte beschränkte Krafteinleitung mehr oder weniger problemlos gestatten. Hier ist ein wesensmäßiger Unterschied zwischen den beiden oben besprochenen Gruppen von Proben festzustellen: Beim Automobil, wo der Einfluß länger dauernder Beschleunigungen auf die Lebensdauer nicht dominiert, nimmt man die erwähnten Verzerrungen des Programms meist in Kauf und zieht die dynamische Prüfung vor; beim Flugzeug erzwingen die von Flugmanövern herrührenden hohen Beschleunigungen – verbunden mit der Gefahr von Resonanzen infolge der niedrigen Eigenfrequenzen – zumindest den partiellen Einsatz einer Reaktionsstruktur. Man verschmerzt diese Schwierigkeit auch etwas leichter, weil ohnehin sehr komplizierte Krafteinleitungen für die Simulation der Luftkräfte unerläßlich sind. Und gerade hinsichtlich der Krafteinleitungen haben die beiden zur Diskussion stehenden Arten von Prüfanlagen recht verschiedenen Anforderungen zu genügen.

Bei der Fahrzeugprüfung (Abb. 144; DODDS, in Vorbereitung; WEIBEL, 1987) hat man es mit vier, in seltenen Fällen sechs oder acht Rädern als probenseitigen

Abb. 144. Fahrzeug-Prüfanlage. Jede Radnabe ist mit einem Dreikomponenten-Antrieb (auf-ab, rechts-links, vor-rück) versehen, so daß eine realistische Simulation der Einflüsse verschiedenster Straßenverhältnisse und Fahrweisen möglich ist. Die Krafteinleitung an den Radnaben setzt eine Programmierung voraus, bei der nicht einfach die Straße abgebildet, sondern das Verhalten der Reifen mit einbezogen wird. (Produkt und Bild MTS)

Abb. 145. Aus den sechziger Jahren: eine der ersten Prüfanlagen für ganze Flugzeuge. Auf einen bestimmten Flugzeugtyp zugeschnittene Einzweck-Anlage (im Gegensatz zur Ausführung von Abb. 146). Vertikale Beschleunigung als einziger Parameter (Ausnahme: Sonderfunktionen wie pneumatische Simulation des horizontalen Landestoßes auf das Fahrwerk). Antrieb durch selbstgebaute unkonventionelle Servohydraulik mit wenigen oben- und untenliegenden Zylindern und zahlreichen Waagebalken in mehreren Stufen. (Produkt und Bild: F + W)

Abb. 146. Prüfanlage für Flugzeugstrukturen. Unter der Bildmitte der tragende Kasten eines Flügels als Probe. Servohydraulischer Antrieb von (verdeckten) obenliegenden Zylindern über Stangen, Waagebalken und Auflageklötze. Reaktionsstruktur aus kräftigem Gitterwerk in Tunnelform. (Produkt und Bild DARTEC)

Einleitungsorganen zu tun. Das heißt nicht unbedingt, daß man im Versuch tatsächlich bereifte Räder verwenden muß. Die Simulation der Krafteinleitung ist ohnehin nicht wirklichkeitsgetreu, wenn die Räder nicht auf einer straßenähnlichen Unterlage abrollen, eine Bedingung, die in Anlagen nur mit sehr hohem Mehraufwand zu verwirklichen ist. Dank der im Unterabschnitt 3.3.9 erwähnten Technik des „remote parameter control" ist es aber möglich, auch an Radnaben realistische Krafteinleitungen zu verwirklichen, was nicht selten geschieht. Dabei werden heute in der Regel mindestens drei Komponenten je Rad eingegeben. Einzelheiten können der Literatur entnommen werden.

Bei Flugzeugen (Abb.145, 146) wird zwar in der Regel nur die weitaus überwiegende Beschleunigung in vertikaler Richtung berücksichtigt, dafür ist die Verteilung auf Trag- und Leitwerk, wie schon erwähnt, ein ernsthaftes Problem, das nicht so leicht zu lösen ist wie bei einer Nutzlastverkleidung mit ihrer relativ

Abb. 147a, b. Anlagen zur Simulation des Einflusses von Erdbeben auf Strukturelemente und Gebäude. Die Plattformen werden durch servohydraulische Mehrkomponenten-Antriebe in wirklichkeitsnah programmierte Schwingungen versetzt. **a** Auf im Boden eingelassenem Fundament aufgebaute Anlage mit gut erkennbaren horizontal und vertikal wirkenden Zylindern (Produkt und Bild NEL); **b** Anlage mit Plattform auf Bodenhöhe und versenktem Antrieb (Produkt und Bild MTS)

einfachen Form (Abb. 143). Die erforderlichen Steuerungen waren bei den ersten Pionieranlagen (BRANGER, 1972; Abb. 145) noch recht primitiv und erlaubten nicht die differenzierte Berücksichtigung verschiedener Flugzustände, die heute dank Einsatz einer Vielzahl individuell ansteuerbarer Antriebe möglich ist (Abb. 146). Ein Schönheitsfehler bleibt naturgemäß in der Notwendigkeit bestehen, die Kräfte als Druckkräfte in die Haut der Zelle einzugeben, während in natura ja die Sogkräfte den Hauptteil des Auftriebes ausmachen. Zum Glück sind die dadurch bedingten Schwierigkeiten meist nicht besonders gravierend.

Es gibt natürlich neben den hier beschriebenen noch andere Arten von Prüfanlagen, beispielsweise für die *Erdbebenprüfung* (Abb. 147). Einige Gedanken hierzu wurden bereits im Unterabschnitt 3.3.9 mit Blick auf die erforderlichen Steuerungen für den Antrieb vermittelt. So mögen hier die folgenden kurzen Bemerkungen genügen.

Auch bei der Erdbebenprüfung gibt es sowohl dynamische (KJELL, 1985) als auch auf geschlossene Kraftführung angewiesene Methoden (KAMINOSONO, 1985). Im letztgenannten Fall handelt es sich meistens um die Simulation der Beanspruchung maßgebender tragender Bauelemente, und es besteht kein Grund, diese Versuche nicht auf einer normalen Mehrzweckanlage an Modellen naturnaher Größe auszuführen. Das Schwingungsverhalten eines Gebäudes ist auf diese Weise natürlich nicht erfaßbar, woraus sich die Daseinsberechtigung dynamischer Anlagen ergibt. Bei diesen wird normalerweise eine in sich starre Plattform in bis zu sechs Freiheitsgraden bewegt. Das notgedrungen ziemlich stark verkleinerte Gebäudemodell muß den schwingungstechnischen Gegebenheiten und Modellgesetzen entsprechen, um relevante Aussagen über das Verhalten des Bauwerks zu liefern. Daß eine gegenüber der Wirklichkeit wesentlich erhöhte Prüffrequenz unerläßlich ist, wurde im Unterabschnitt 3.3.9 schon gesagt.

3.4.5 Wirkungen auf das Gebäude

Fast immer ist es die Reaktionsstruktur, die in unmittelbarem Kontakt mit dem Gebäude steht, in welchem ein Prüfsystem untergebracht ist. Es erscheint daher zweckmäßig, hier einige Gedanken über *Aufstellung und Fundierung* mitzuteilen. In diesem Zusammenhang ist es wesentlich, daß praktisch alle ortsfesten Prüfsysteme – auch die rein dynamischen mit offener Kraftführung – über eine Reaktionsstruktur im Sinne der eingangs dieses Abschnittes wiederholten Definition verfügen, und sei es auch nur in der Form einer soliden gemeinsamen Abstützung der Antriebe (wie bei Automobilprüfanlagen üblich). Ortsveränderlichen Systemen (etwa dem in Abb. 100 gezeigten Schwingungserreger) kann eine Reaktionsstruktur völlig fehlen, weil die Probe selber (im genannten Fall das Bauwerk) deren Rolle zur Gänze übernimmt.

Ein grundsätzlicher Unterschied zwischen Maschinen und Anlagen besteht hinsichtlich der Aufstellung trotz geometrisch und konstruktiv sehr verschiedenen Anordnungen nicht, weil es in beiden Fällen darum geht, das Prüfsystem vom Gebäude zu entkoppeln mit dem Ziel, schädliche Wirkungen (Erschütterungen, Lärm) von tragenden Elementen und Arbeitsplätzen fernzuhalten.

Über *Erschütterungen bei Versagen der Probe* wurde im Zusammenhang mit konstruktiven Fragen von Großmaschinen bereits gesprochen (Unterabschnitt 3.4.3), und es wurde auch schon auf die Analogie zur Problematik der Prüfanlagen sowie auf die Bedeutung einer großen Eigenmasse des Prüfsystems hingewiesen (Unterabschnitt 3.4.4). Hier sei nur noch beigefügt, daß der Vorgang beim Bruch in jedem Fall eingehend zu untersuchen und seine Wirkung auf die mit dem Gebäude mehr oder weniger eng verbundene Reaktionsstruktur festzustellen ist. Man wird dabei bald bemerken, daß ein Aufspannboden von 1000 Tonnen Masse selbst bei starken Entladungen kaum je nennenswerte Erschütterungen erfährt, so daß es in der Regel genügt, ihn vom Gebäudefundament getrennt zu lagern. Ist die Masse des Prüfsystems im Verhältnis zu den zu erwartenden Energien nicht sehr groß und/oder sind relativ lange Zeiten zwischen einem Schlag in einer Richtung und der Reaktion in der Gegenrichtung zu erwarten (Beispiel: Abschießen eines schweren, langsamen Projektils mit großem Weg bis zu dessen Aufschlag), so muß eine Berechnung zeigen, ob nicht weitere Maßnahmen erforderlich sind, wie sie in der Folge besprochen werden sollen.

Zunächst ist aber etwas über die in vielen Fällen wesentlich lästigeren *Erschütterungen durch Ermüdungsbetrieb* zu sagen. Wie nicht anders zu erwarten, liegt die Schwierigkeit hier in der Möglichkeit von Resonanzen, die unter Umständen schon von recht kleinkalibrigen Versuchen ausgelöst werden können. Der Verfasser erinnert sich eines ziemlich dünnen Aufspannbodens, der mit der meistverwendeten Frequenz eines hydraulischen Pulsators in Resonanz fiel, selber ähnliche (wenn auch gewiß viel kleinere) Schwingungen ausführte wie ein flügelschlagender Vogel und seinerseits das Gebäude zu einem für das Personal unzumutbaren Mitschwingen brachte. Eine etwas veränderte Antriebsübersetzung des Pulsators genügte, um das Phänomen zum Verschwinden zu bringen. Auch bei Ermüdungsversuchen reicht vom Gebäudefundament getrennte Lagerung der Prüfsysteme in vielen Fällen ohne besondere Maßnahmen aus. Dies gilt vor allem dann, wenn ein eigentliches Ermüdungsfeld mit mehreren Maschinen und allenfalls einem Aufspannboden zu einer schweren Einheit auf gemeinsamem Betonbett zusammengefaßt werden kann. Weit schwieriger sind die Verhältnisse, wenn Prüfmaschinen in einem oberen Stockwerk untergebracht werden sollen.

Es wurden schon Lösungen gezeigt, die einer Entschärfung der Probleme beim Probenbruch dienen können, die aber nicht ohne weiteres auf jede Bauart von Prüfsystemen anwendbar sind (Abschnitt 3.4.3). Wo nicht auf ähnliche Weise verfahren werden kann, und wo Stöße und Schwingungen weitgehend vom Gebäude fernzuhalten sind, bietet sich die *elastische Entkoppelung* als leistungsfähiges und meist kostengünstiges Mittel an. Die Grundidee, die in großem Umfang erstmals wohl an den elektromagnetisch angetriebenen Hochfrequenzpulsatoren der vierziger Jahre verwirklicht wurde (RUSSENBERGER, 1946), ist einfach: Das Prüfsystem wird mit dem Gebäude über federnde Glieder verbunden, die mit der Masse des Systems eine außerhalb des Bandes der Arbeitsfrequenzen liegende Eigenfrequenz ergeben (Abb. 60, 63, 108b). Entgegen landläufiger Ansicht ist dabei auf eine Dämpfung nach Möglichkeit zu verzichten, weil damit eine unwillkommene zusätzliche Koppelung entstünde. Dies ist vor allem bei hochfrequenten Systemen wichtig, weil dort die Übertragung von Lärm durch Körperschall im Spiele steht, so daß schon sehr kleine übertragene Energiemengen als störend empfunden werden können. Wo eine Dämpfung wegen breitbandigen Spektrums der Arbeitsfrequenz unerläßlich ist, werden gewöhnlich Gummielemente (allenfalls mit pneumatischer Füllung) verwendet. Bei dämpfungsarmem Betrieb überwiegen Stahlfedern.

Zum Abschluß noch eine Reminiszenz des Verfassers, die die Möglichkeiten und Grenzen der elastischen Entkoppelung drastisch demonstriert. Es handelte sich um die Anschaffung einer servohydraulischen Prüfmaschine mittleren Kalibers, die bei Errichtung eines Neubaues für eine Hochschule in einem oberen Stockwerk aufgestellt werden sollte. Der verantwortliche Bauingenieur errechnete für den Fall starrer Montage eine erforderliche Fundamentmasse von einigen dutzend Tonnen, was massive Verstärkungen an den tragenden Teilen des im Rohbau fertigen Gebäudes bedingt hätte. So schlug der Verfasser eine billige Aufstellung auf ungedämpften Schraubenfedern vor. Als einzige Einschränkung war das Vermeiden der Eigenfrequenz des Systems Maschine/Federn in der Größenordnung von 4 Hz zu berücksichtigen. Versuchsweise wurde diese Regel durchbrochen, worauf eine sehr instruktive Schwingungskonfiguration entstand: Der Kolben der Maschine samt dem dazugehörigen Einspannkopf stand im Raume praktisch still, während die ganze übrige Maschine eine eindrückliche Schwingung ausführte…

3.5 Energieversorgung

Um der Probe die zu ihrer Verformung erforderliche Energie zuführen zu können, muß der Antrieb von einer Energieversorgung gespeist werden.

Über die Energieversorgung *elektromechanischer und elektromagnetischer Antriebe*, die keine anderen als elektromechanische Energiewandler (Elektromotoren oder Elektromagnete) enthalten, ist nur sehr wenig zu berichten. Sie werden so gut wie ausnahmslos direkt vom Netz mit Strom versorgt, wobei je nach der erforderlichen Leistung ein- oder dreiphasige Anschlüsse in Frage kommen. Wo immer möglich, sind die Systeme so ausgelegt, daß sie den normalerweise vorkommenden Spannungsschwankungen zum Trotz ohne zusätzliche Vorschaltgeräte einwandfrei funktionieren. Die Tendenz der Hersteller geht dahin, den Benützer die Energieversorgung seines Systems in dem Augenblick vergessen zu machen, wo der Anschluß in der vorgesehenen Weise erfolgt ist.

Anders steht es um die Energieversorgung *hydraulischer Antriebe*, bei denen der hydromechanischen Energiewandlung des Antriebes ein elektrohydraulischer Wandler in Form einer Motor-Pumpen-Gruppe vorgeschaltet ist. Solange es sich um kleine Leistungen handelt, tritt ein eigenständiges Teilsystem kaum fühlbar in Erscheinung: Eine kleine Pumpengruppe war bis zur Einführung servohydraulischer Antriebe meist im Untersatz des Bedienungspultes eingebaut (Abb. 148)

Abb. 148. Energieversorgung für statischen Betrieb konventioneller hydraulischer Prüfsysteme, eingebaut in Federkraftanzeiger (Abb. 165). Pumpe mit sechs Zylindern in Boxeranordnung. Angesichts der kleinen Leistung genügt Luftkühlung am Motor. (Produkt AMSLER, Bild EMPA)

und lieferte das Drucköl, das entweder (gewöhnlich über einen Stromregler) zum zügigen Antrieb des Systems diente oder (in Verbindung mit einem Druckregler) für einen konstanten Druck sorgte, sei es als Arbeitsdruck in einem Standversuch, sei es als statischer Druck in einem pulsatorgetriebenen Ermüdungsversuch. Die verwendeten Pumpen, meist im Leistungsbereich von wenigen kW liegend, arbeiteten mit bescheidenen Drehzahlen und hatten in der Regel Rückschlagventile. Ihre Existenz machte sich akustisch höchstens durch ein diskretes Ticken bemerkbar, das kaum als störend empfunden wurde. Die im Prüfsystem letztlich zu Verformungsarbeit und Wärme gewandelte Energie war so gering, daß ohne spezielle Maßnahmen ein Gleichgewichtszustand auf annehmbarem Temperaturniveau sich einstellte.

Seit es Prüfsysteme hoher Leistung – insbesondere solche mit servohydraulischem Antrieb – gibt, hat sich diese Situation massiv verändert. Hochtourige schiebergesteuerte Pumpen von mehreren hundert kW sind keineswegs eine Seltenheit (Abb. 149). Das hat zwei Konsequenzen: Zum einen werden Energiemengen umgesetzt, die nicht ohne Kühlung zu meistern sind; zum zweiten sind die Lärmemissionen infolge der Druckentladungen an den Kanten der Drehschieber so hoch, daß eine separate Aufstellung (meist in einem Kellerraum, manchmal auch in einem eigenen Gebäude) sich aufdrängt. Dies gilt mit Ausnahme kleiner, allenfalls ortsveränderlicher Gruppen, an deren Verschalung eine genügende Schallisolation sinnvoll erscheint (Abb. 150).

Ist die Entfernung zwischen der Pumpengruppe und den von ihr bedienten Antrieben nicht vernachlässigbar und die Förderleistung erheblich, so wäre ohne geeignete Maßnahmen ein einwandfreier Betrieb nicht sichergestellt, weil beim Öffnen und Schließen der Ventile große Ölmengen abrupt beschleunigt und verzögert werden müßten. Die Folge wären regeltechnisch unwillkommene Phasenverschiebungen, Druckstöße, allenfalls Kavitation. Aus diesem Grunde ist es üblich, an den Zapfstellen eines Drucköl-Verteilnetzes hydropneumatische Speicher, sogenannte *line tamer*, anzubringen, deren Fassungsvermögen die größten

Abb. 149. Pumpengruppe als Teil einer zentralen Pumpstation für servohydraulische Antriebe. Aufstellung in Keller zum Schutz des Personals vor Lärm. Aufteilung größerer Stationen in mehrere Gruppen ist wegen des stark wechselnden Bedarfs angezeigt. (Produkt SCHENCK, Bild EMPA)

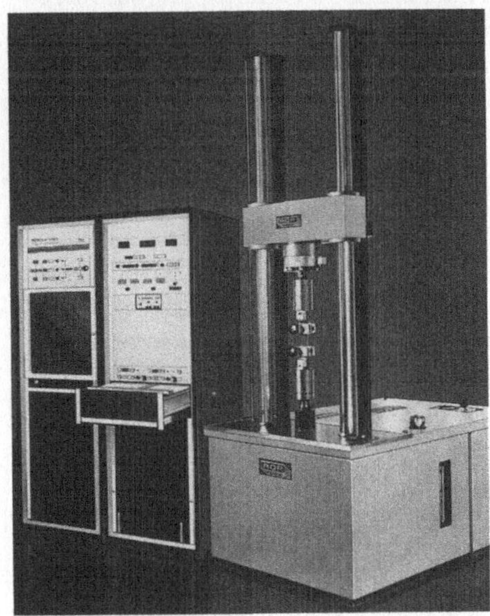

Abb. 150. Servohydraulische Universalprüfmaschine mit im Untersatz eingebauter luftgekühlter Pumpengruppe. Wichtig bei solchen autonomen Konstruktionen ist eine wirksame Schalldämmung. Eine Besonderheit der gezeigten Maschine ist der Antrieb der Lauftraverse durch zwei neben den Säulen angeordnete Spindeln. Beim Prüfen wird die Traverse an den Säulen festgeklemmt. (Produkt und Bild RDP-HOWDEN)

Abb. 151. Zapfstelle zum Anschluß servohydraulischer Prüfgeräte an eine entfernte Pumpstation. Man beachte den kugelförmigen „line tamer" auf dem zentralen Klotz, die elastische Aufstellung (wegen Schwingungen und Stößen in den Leitungen) sowie die separat aufgestellte Lecköl-Absaugpumpe rechts. (Produkt SCHENCK, Bild EMPA)

zu erwartenden Pulsiervolumina ohne funktionsstörenden Druckabfall zu verarbeiten erlaubt. Daß solche Zapfstellen daneben mit sicherheitstechnischen Einrichtungen zu versehen sind (beispielsweise einem Notknopf für sofortiges Abstellen der Druckölzufuhr bei Gefahrensituationen), versteht sich von selbst (Abb. 151). Die wesentlich größeren Speicher an der Pumpengruppe (Abb. 149, 152) müssen so bemessen sein, daß der Nachschub keinen unzulässigen Druckschwankungen ausgesetzt ist, selbst wenn an mehreren Zapfstellen gleichzeitig große Ölmengen bezogen werden.

Der *Wärmehaushalt* einer Druckölversorgung hat für die Einhaltung einer optimalen Öltemperatur zu sorgen, die sich ja stark auf die Viskosität auswirkt. Zu kaltes Öl läßt sich nicht genügend rasch durch die Ventile drücken, zu heißes kann zu Dichtungsproblemen führen und im Extremfall Dichtungsmaterial zerstören oder zum Sieden kommen. Daher besitzen viele Energieversorgungen neben der unerläßlichen Luft- oder Wasserkühlung (Abb. 152, 153) auch eine elektrische Ölheizung, um das Anfahren des Systems zu beschleunigen. Auf jeden Fall ist dafür zu sorgen, daß das Öl den Empfehlungen des Herstellers der Pumpengruppe entspricht. Speziell beim Betrieb von Verbrauchern verschiedener Herkunft ist auf deren Kompatibilität untereinander und mit der Pumpengruppe zu achten.

Ein Wort noch zur internen Regelung des Druckes in den Druckspeichern einer Pumpengruppe: Am einfachsten ist eine Zweipunktregelung, bei der die Pumpe beim Unterschreiten eines bestimmten Druckniveaus ein- und beim Überschreiten eines höheren Niveaus ausgeschaltet wird. Im abgestellten Zustand muß die Pumpe nicht unbedingt stehenbleiben, sondern kann durch eine Ventilsteuerung auf Leerlauf umgeschaltet werden. Derartige Konzepte sind für kleine Pumpen-

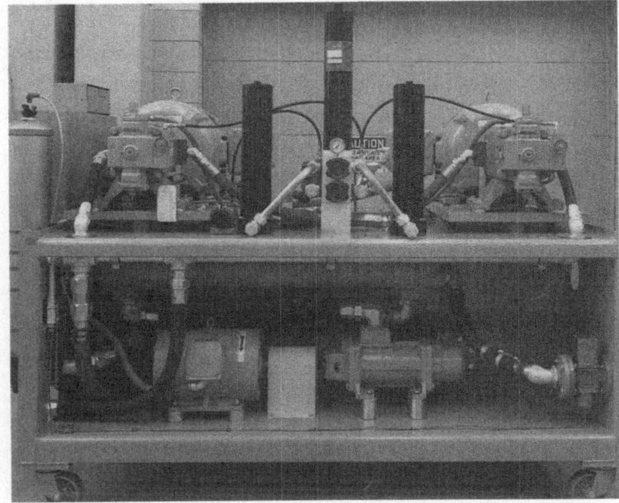

Abb. 152. Wassergekühlte Pumpengruppe für servohydraulische Antriebe. Auf der oberen Platte zwei Antriebsmotoren mit Ölpumpen. Unter dieser Platte hängend der zylindrische Wärmeaustauscher. Ganz links hydropneumatischer Druckspeicher und – nur von der Rückseite erkennbar – Bedienungsorgane. (Produkt und Bild MTS)

Abb. 153. Auf Hallendach montierte Luftkühlanlage einer großen Pumpengruppe für servohydraulische Antriebe (im Kaliber etwa Abb. 149 entsprechend). Wärmeaustauscher in den beiden großen Kästen. (Produkt und Bild MTS)

gruppen durchaus genügend, wenn an den Wirkungsgrad und an die Konstanz des Druckes nicht besonders hohe Anforderungen gestellt werden. Der Vorteil liegt offensichtlich in einem bescheidenen Preis, da einfache Pumpen mit konstanter Fördermenge verwendet werden können. Für größere Kaliber ist der Einsatz von Pumpen mit variabler Fördermenge vorteilhaft, was naturgemäß höhere Kosten für die Pumpe sowie eine etwas kompliziertere Regelung zur Einhaltung eines annähernd konstanten Druckes bedingt.

Es wurde schon im Unterabschnitt 3.3.6 auf die Vor- und Nachteile der seltenen *luftpneumatischen Antriebe* hingewiesen. Aus der Schau der Energieversorgung ist beizufügen, daß in den meisten Laboratorien Druckluft zentral bereitgestellt und durch ein weitverzweigtes Rohrnetz verteilt wird, so daß der Anschluß fast ebenso problemlos ist wie im Falle elektrischer Antriebe. Da auch ortsveränderliche Kompressorgruppen in verschiedenen Größen auf dem Markt sind, darf mit Fug behauptet werden, daß nicht die Energieversorgung als begrenzendes Element dieser Antriebe zu betrachten ist.

3.6 Meßgeräte und Datenausgabe

Um die Tauglichkeit der von der Probe repräsentierten Objekte für den Gebrauch zu ermitteln und um der Steuerung die nötige Information über den Ist-Zustand der Probe zu liefern, müssen Meßgeräte die relevanten Versuchsparameter erfassen.

Um die Tauglichkeit der von der Probe repräsentierten Objekte für den Gebrauch zu ermitteln, müssen die von den Meßgeräten erfaßten Daten durch eine Datenausgabe nach außen abgegeben werden.

3.6.1 Vorbemerkungen

Wie bei Antrieb und Steuerung ist auch im vorliegenden Abschnitt eine gemeinsame Behandlung zweier eng verknüpfter Teilsysteme von Vorteil. Trotzdem erscheint die Aufrechterhaltung einer Zweiteilung nützlich, da – insbesondere im Zusammenwirken mit einem Computer – nicht jede gemessene Größe auch nach außen abgegeben und nicht jede nach außen abgegebene Größe auch unmittelbar gemessen werden muß.

Im übrigen stellen sich hinsichtlich des Umfanges und der Form der nachfolgenden Ausführungen zwei wesentliche Fragen.

Die eine betrifft – einmal mehr – die Vollständigkeit des Gebotenen. Je nach dem Charakter eines Versuches ist die *Zahl der relevanten Parameter* gelegentlich recht groß, und eine Darstellung aller erforderlichen Meßmethoden würde den Rahmen dieses Buches bei weitem übersteigen. Man bedenke, daß neben den Kategorien von Grundparametern wie

Kraft,
Verformung,
Zeit

zahlreiche andere im Spiele stehen können, von denen hier einige aufgezählt seien:

Temperatur,
Feuchtigkeit,
Chemismus der Umgebung,
Bestrahlung (radioaktiv, ultraviolett usw.).

Man muß sich vergegenwärtigen, wieviel Einzelparameter unter Umständen einer Kategorie angehören können. Das gilt schon für die Grundparameter mit

Ausnahme der Zeit. Beispielsweise kann Verformung in verschiedenen Freiheitsgraden, lokal oder integriert zu verstehen sein, und eine Dyname als wichtigste Vertreterin der Kategorie „Kraft“ ist im Raume an sich schon durch mehrere Komponenten definiert. Die zur Messung verschiedener Parameter dienenden Techniken sind äußerst unterschiedlich und setzen zum Teil physikalische und chemische Grundkenntnisse voraus, die nur von einem Teil des hier angesprochenen Leserkreises erwartet werden dürfen. Es erscheint angesichts dieser Sachlage geboten, sich auf die Geräte für die Messung der Grundkategorien *Kraft und Verformung* mit dem dazugehörigen Umfeld zu konzentrieren.

Die zweite Frage hängt mit der optimalen Darbietung des solcherart gerafften Stoffes zusammen. Aus historischen Gründen wäre es vorteilhaft, mit der Kraftmessung zu beginnen, weil manche der ersten Prüfsysteme noch keine Mittel zur Verformungsmessung besaßen. Auf der anderen Seite muß die der Meßtechnik zugrunde liegende Hierarchie gewahrt werden: Verformungen sind ihrem Wesen nach Längenänderungen, ihre Messung gehört also – im Gegensatz zur Kraftmessung – in den fundamentalen Bereich der Metrologie. Das äußert sich übrigens deutlich darin, daß die meisten heute im Prüfwesen verwendeten Kraftmeßmethoden auf die Messung von Verformungen zurückführbar sind. So ist es aus grundsätzlicher wie aus didaktischer Sicht angebracht, die historische Abfolge unbeachtet zu lassen und zuerst über die Messung von Verformungen zu berichten.

Betrachtet man die historische Entwicklung der Meß- und Ausgabetechnik, so kann man *drei wesentliche Phasen* unterscheiden. In der ersten dieser Phasen, die etwa bis zum zweiten Weltkrieg, zum Teil mehrere Jahre darüber hinaus dauerte, wurden nur wenige Daten mit *Einzweck-Registriergeräten* aufgezeichnet, während die übrigen Messungen durch Anzeige ausgegeben und dementsprechend von Hand protokolliert wurden. Später setzte sich immer mehr die Tendenz durch, Meßgeräte als Meßwandler mit *genormtem elektrischem Ausgang* zu gestalten, was in einer zweiten Phase die Möglichkeit ergab, nach Bedarf analoge oder digitale, anzeigende oder registrierende Ausgänge anzuschließen. Die dritte Phase begann etwa um 1970 als logische Fortsetzung der zweiten: Nachdem eine Vereinheitlichung der Darstellungsweise, also weitgehende Kompatibilität der verwendeten Signale unter Einschluß der Wandlung in digitale Form verwirklicht war, lag es nahe, die Daten nicht nur auszugeben, sondern auch zu verarbeiten. Damit war die Grundlage für den *Einbruch des Computers* in den Bau von Prüfsystemen geschaffen. Die seitherige Entwicklung hat einen derartigen Umfang angenommen, daß eine Behandlung im Rahmen des vorliegenden Abschnittes nicht am Platze wäre, weil die mehrere Teilsysteme verknüpfenden Funktionen des Computers weit über die Meß- und Ausgabetechnik hinausreichen. Die Zusammenfassung dieser Funktionen im nachfolgenden Abschnitt 3.9 erscheint damit angemessen.

Die eigentliche Meßtechnik wird von dieser neueren Entwicklung wenig berührt, weil sie die entscheidenden Veränderungen schon in der zweiten Phase erfuhr. Der Datenausgabe wurden zwar neue Dimensionen erschlossen, doch geschah dies infolge einer spektakulären Entwicklung der Computertechnik und nicht etwa der Ausgabegeräte. Somit ist es möglich, die beiden besprochenen Teilsysteme in technisch zeitgemäßer Weise zu diskutieren, ohne den zusammenhängenden Ausführungen über den Computereinsatz unnötig vorzugreifen.

Zum Abschluß noch eine kurze Überlegung zur *optimalen Form der Ausgabe*. Diese hängt sehr davon ab, was mit dem Resultat bezweckt wird. Man sollte nicht vergessen, daß der Neuronencomputer in unserem Gehirn nur dann nützliche Dienste zu leisten vermag, wenn man ihm Informationen in adäquater Form zuleitet. Daher wird auf Einzelheiten der Ausgabe-Problematik im Unterabschnitt 3.6.4 näher eingegangen.

3.6.2 Verformungsmessung

Die Wichtigkeit der Verformungsmessung kann nicht hoch genug eingeschätzt werden. Was wüßte man von den elastischen und plastischen Eigenschaften von Materialien und daraus gefertigten Produkten, wie wollte man ihr bruchmechanisches Verhalten beurteilen, wie Kräfte oder Spannungen aus der Nachgiebigkeit elastischer Körper ermitteln, wenn die auftretenden Verformungen nicht gemessen werden könnten?

Aus prüftechnischer Sicht ist zu unterscheiden zwischen der *gesamten Verformung* eines Körpers (oder doch seiner maßgebenden Meßlänge) und der *lokalen Verformung* eines kleinen Teilbereiches. Die erstgenannte Messung dient der Bestimmung des elastischen und plastischen Verhaltens eines Materials (mit Normproben), eines Bauteils, einer Baugruppe oder einer Struktur (mit entsprechenden Proben); die zweite der Erfassung lokaler Spannungsverteilungen und Spannungskonzentrationen. Eine Parallele zwischen beiden ergab sich im Laufe der historischen Entwicklung durch das Interesse an einer Verkleinerung der Meßlängen: Einerseits strebte man nach einer Bestimmung des E-Moduls und anderer Kennwerte mit möglichst kleinen Proben, andererseits nach extrem kleinen Meßlängen, um nahe an kritische Stellen (vor allem Rißfronten) heranzukommen.

Es ist hier nicht der Ort, um die rein *mechanischen* und vor allem die *optisch-mechanischen Verformungsmesser* (Dehnungsmesser, Tensometer) zu beschreiben, die bereits in der ersten historischen Phase (Unterabschnitt 3.6.1) einen hohen Stand erreicht hatten. Diese Geräte waren nie Teile von Prüfsystemen, wenngleich sie für die Tätigkeit eines Prüflabors unentbehrlich waren.

Die damals üblicherweise an Prüfmaschinen verwendeten Meß- und Ausgabegeräte waren wesentlich primitiver, dafür lieferten sie ihre Resultate gewissermaßen gratis.

Um eine praktisch brauchbare Information über den Zusammenhang zwischen Kraft und Verformung ohne großen meßtechnischen Aufwand zu erhalten, rüstete man Prüfmaschinen schon früh mit Registriergeräten aus, die ein Kraft-Verformungs-Schaubild aufzeichneten. Beispielsweise wurde der Kolbenweg einer hydraulischen Maschine abgegriffen und mit einem einfachen Schnurzug auf das in der Regel als Trommel ausgebildete Registriergerät übertragen (Abb. 154), das auf der anderen Koordinate eine Aufzeichnung der Kraft gestattete. Bei speziel-

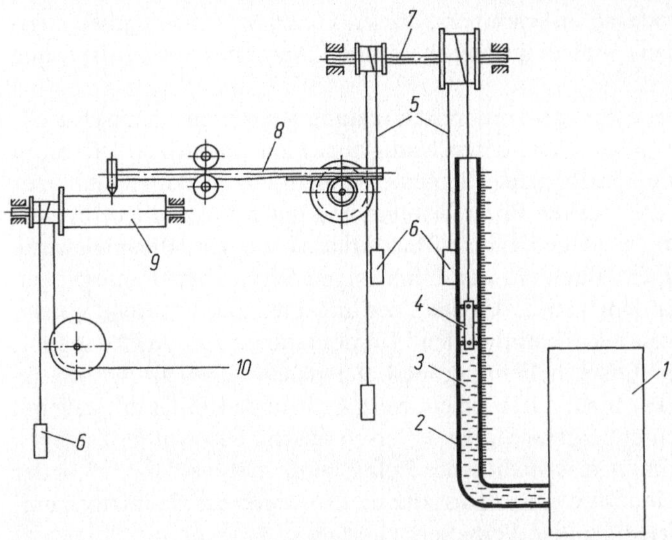

Abb. 154. Funktionsprinzip der Registriergeräte einer Maschine mit Quecksilber-Manometer. *1* = Prüfmaschine mit Druckwandler; *2* = durchsichtiges Rohr mit Kraftskala; *3* = Quecksilber; *4* = stählerner Schwimmer; *5* = Schnurzüge für Kraftregistrierung; *6* = Spanngewichte; *7* = Schnurlauf-Vorgelege; *8* = Zahnstangenantrieb mit Registrierfeder; *9* = Registriertrommel; *10* = Schnurzug für Verformungsregistrierung. Sämtliche Lager sind als reibungsarme Kugel- bzw. Spitzenlager zu denken

len Ausführungen konnten die Mängel einer solchen *Kolben- oder Traversenwegmessung* (Vernachlässigung der Verformungen der Maschine und der Krafteinleitungen) durch direkten Abgriff an der Probe in Kombination mit einer unbeanspruchten Bezugsbasis unterdrückt werden. Die mögliche Vergrößerung der Registrierung blieb aber allemal bescheiden. Ein realistisches Beispiel: Eine Stahlprobe mit 0,2 % elastischer und 10 % plastischer Dehnung ergab bei 200 mm Meßlänge und fünffacher Vergrößerung eine Diagrammlänge von 4 mm im elastischen und 100 mm im plastischen Bereich. Man konnte sich also sehr wohl ein allgemeines Bild von den Eigenschaften des Materials unter Zugbeanspruchung machen, für die Bestimmung des E-Moduls war die Messung aber schlicht und einfach nicht genau genug, so daß man zum umständlichen Spiegeltensometer oder zum heiklen Feindehnungsmesser greifen mußte.

Die begrenzte Vergrößerung war natürlich bedingt durch die passive Natur des mechanischen Übersetzungsgetriebes: Schon die an der Probe angebrachten Klemmen ließen nur den Abgriff bescheidener Kräfte zu; die Übertragung zum Registriergerät mit ihren Umlenkungen war weder starr noch reibungsfrei; am Ende mußte noch die Kraft zum Bewegen eines Schreibstiftes aufgebracht werden. So ist es begreiflich, daß ein wesentlicher Fortschritt erst in der zweiten Phase möglich wurde, als zur Wandlung mechanischer Meßwerte in elektrische zuverlässige und genaue Geber und zur Registrierung aktive (also von Servomotoren getriebene) Apparate verfügbar wurden. Das Grundprinzip war dasjenige des sogenannten Kompensationsschreibers, dessen Funktionsschema große Ähnlichkeit mit demjenigen eines elektromechanischen Antriebes für Prüfsysteme aufweist (Abb. 53).

Mit Bedacht wird bei dieser generellen Betrachtung nur von mechanisch-elektrischen Meßwandlern gesprochen, deren Natur aber nicht spezifiziert. Denn in der Tat kann es sich um verschiedene Elemente handeln, deren Entwicklung zur Hauptsache im Laufe der zweiten Phase erfolgte und unter denen die erfolgversprechenden nicht immer auf den ersten Blick erkannt wurden. Beispielsweise erschien in den sechziger Jahren ein auf dreiphasigen Servo-Fernübertragungen beruhendes System auf dem Markt, das dank der unbegrenzten Umdrehungszahl den bestechenden Vorteil der „semidigitalen" Kombination hoher Auflösung mit der Möglichkeit bot, praktisch beliebig große Längenänderungen zu messen. Es konnte sich auf die Dauer nicht durchsetzen, weil die Kompatibilität mit anderen Verfahren gerade durch die eigene Stärke drastisch beschnitten wurde. Dagegen mag es fast als entwicklungsgeschichtlicher Zufall betrachtet werden, daß in der Konkurrenz zwischen induktiven und kapazitiven Lineargebern die letztgenannten trotz technisch befriedigendem Verhalten unterlagen.

Tatsache ist, daß seit dem Ende der zweiten Phase praktisch nur noch zwei mechanisch-elektrische Wandlerarten in Prüfsystemen ausgiebige Verwendung finden, nämlich der Dehnungs-Meß-Streifen (DMS) und der induktive Lineargeber. Obwohl es sich um weitherum bekannte Meßmittel handelt, sei das Funktionsprinzip beider hier summarisch rekapituliert. Vorerst sei aber erwähnt, daß die dazugehörigen Registrierapparate – heute in der Regel x-y-Schreiber (Plotter) – meistens mit präzisen Potentiometern für die mechanisch-elektrische Wandlung ausgerüstet sind. Deren wichtigster Nachteil, nämlich ein nicht vernachlässigbarer Energiebedarf, ist belanglos, wo ein Servomotor zu Verfügung steht. Daß daneben für Überwachung, Messung und Lenkung des Geschehens der Bildschirm eine entscheidende Rolle spielt, versteht sich heute von selbst.

Der *Dehnungs-Meßstreifen* in seiner Grundform ist nichts anderes als ein kurzer Draht, der auf die Oberfläche der Probe (oder des Kraftmeßkörpers) so aufgeklebt wird, daß er die unter Beanspruchung erfolgende lokale Längenänderung mitmacht. Dabei wird sein elektrischer Widerstand primär durch drei Phänomene beeinflußt: Er ändert erstens seine Länge, zweitens (nach POISSON) seinen Durchmesser und drittens allenfalls (je nach Material) auch seinen spezifischen Widerstand. Treten keine störenden Nebeneffekte hinzu, so sind die drei Einflüsse bei kleinen Längenänderungen mit sehr guter Näherung proportional der (positiven oder negativen) Dehnung.

Zwei Maßnahmen sind neben der Materialwahl und der Güte der Klebung besonders geeignet, die Qualität eines DMS zu verbessern. Zum ersten ist man an einem möglichst hohen Eigenwiderstand interessiert, um keine übertriebenen Anforderungen an die Empfindlichkeit der Messung stellen zu müssen und um Störeinflüsse (etwa Thermospannungen an den Lötstellen) nach Möglichkeit vernachlässigen zu können. Man wird also für den jeweils angestrebten Zweck den längsten zulässigen DMS wählen. Allerdings strebt man oft gerade nach der Kenntnis der Dehnung in einem räumlich eng begrenzten Bereich. Die Bearbei-

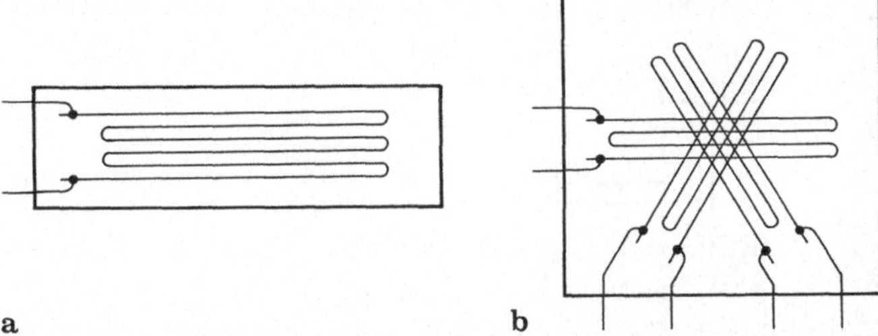

Abb. 155a, b. Mäanderförmige Führung der Widerstandsdrähte zur Erhöhung des Signals eines DMS. **a** Anordnung für eindimensionale Spannungsmessung; **b** Anordnung im Stern für zweidimensionale Spannungsmessung. Daneben existieren zahlreiche andere, zum Teil spezialisierte Möglichkeiten

tung solcher Fälle wäre äußerst schwierig ohne die praktisch ausnahmslos verwendete Mäanderform (Abb. 155), die die Drahtlänge offensichtlich vervielfacht. Zum zweiten ist die Ausschaltung des Temperatureinflusses von ausschlaggebender Bedeutung, da sonst bei zunehmender Versuchsdauer die Lage der Nullpunkte für Verformung und Kraft immer unsicherer wird (die ersten elektrisch messenden Prüfmaschinen, mit denen der Verfasser zu tun hatte, waren eher Thermometer als etwas anderes...). Selbst bei einem Material mit sehr kleinem Temperaturkoeffizienten – zum Beispiel Konstantan – sind schaltungstechnische Maßnahmen üblich (neben dem Schutz der DMS durch Wärmeisolation, der die Nullpunktsdrift nur verlangsamt, aber nicht unterdrückt). Unterwirft man zwei zur gleichen Brückenschaltung gehörige, gleichartige und in unmittelbarer Nachbarschaft zueinander befestigte DMS verschiedenen zur Meßgröße proportionalen Verformungen, so läßt sich die Schaltung derart gestalten, daß der Nullpunkt auch bei Schwankungen der Temperatur stabil bleibt. Besonders elegant ist natürlich eine Anordnung, bei der die beiden DMS um den gleichen Betrag gegenläufig verformt werden, was offensichtlich die Ausnützung der Symmetrie erlaubt. Dieser Kniff wird vor allem bei der Kraftmessung verwendet, wenn der elastisch verformte Meßkörper auf Biegung oder auf Schub beansprucht ist (Unterabschnitt 3.6.3).

Induktive Lineargeber beruhen auf der Beeinflussung der Induktivität einer Spule durch die Lage eines teilweise in deren Inneres eingetauchten eisernen Ankers. Läßt man den Anker gegenläufig in zwei koaxial hintereinander angeordnete Spulen eintauchen (Abb. 156) und benützt diese als Äste einer Brückenschaltung, so kann man bei zweckmäßiger Geometrie sehr gute Linearität zwischen dem Weg des Ankers und dem erhaltenen elektrischen Signal erhalten.

Beim *Vergleich der beiden Arten von Meßwandlern* miteinander stellt man zunächst fest, daß DMS ihrem Wesen nach mit Gleich- oder Wechselstrom, induktive Geber ausschließlich mit Wechselstrom betrieben werden können. Dies erklärt den Erfolg der letztgenannten in der Frühzeit der elektrischen Kraftmessung: Man hatte bei symmetrischer Lage des Ankers zwischen den Spulen offensichtlich am Ausgang einen Nullpunkt und somit wenig Schwierigkeiten mit dessen Stabilisierung, sofern nicht verschiedene Wärmedehnungen der beteiligten

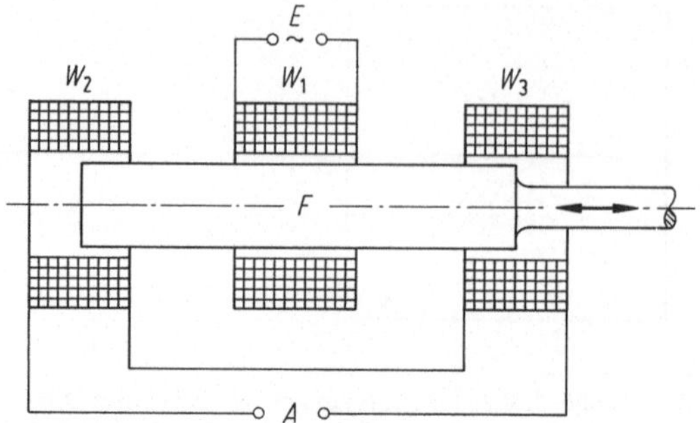

Abb. 156. Induktiver Lineargeber. A = Ausgang zum Verstärker; E = Eingang, gespeist mit Trägerfrequenz (500 bis 5000 Hz); F = eiserner Anker; W_1 = Primärspule; W_2, W_3 = Sekundärspulen in Brückenschaltung. Bei Mittellage des Ankers wird die Brücke symmetrisch erregt, so daß bei A kein Signal austritt. Durch Verschiebung des Ankers entsteht eine asymmetrische Erregung und damit ein vorzeichenrichtiges und – bei geeigneter Geometrie – lineares Signal

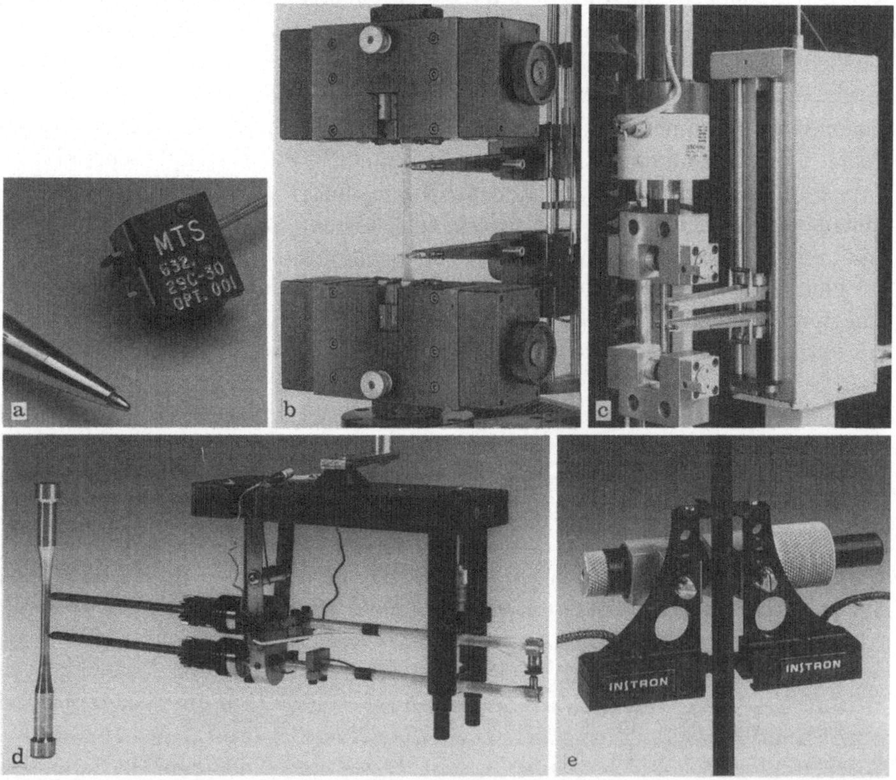

Abb. 157a-e. Dehnungsmesser für verschiedene Zwecke. **a** Miniatur-Ausführung auf DMS-Basis im Größenvergleich mit Kugelschreiberspitze (Produkt und Bild MTS); **b** Langhub-Modell mit an die Probe geklemmten Fühlern und Abtastung der Längenänderung durch elektronisch gesteuerte Nachlaufwerke (Produkt und Bild UTS); **c** ähnliche Ausführung wie b mit optischer Feinteilung zur digitalen Datenausgabe (Produkt und Bild SCHENCK); **d** außerhalb der Prüfmaschine vorgeführter Hochtemperatur-Dehnungsmesser mit Quarzfühlern an der Probe (Produkt und Bild INSTRON); **e** doppelseitiger DMS-Dehnungsmesser zur Bestimmung der Verformung in Probenmitte (Produkt und Bild INSTRON). Aus naheliegenden Gründen sind die Maßstäbe der Bilder unterschiedlich

Elemente, eventuell auch andere Nebeneffekte diesen Vorteil zunichte machten. Beim heutigen Stand der Technik sind solche Unterschiede nicht mehr entscheidend, und auch die Kompatibilität mit vereinheitlichten elektrischen Signalen für andere Meßgrößen bereitet keine Schwierigkeiten mehr. So kann die Wahl des Wandlers einzig durch die Vorzüge der einen oder anderen Bauart bei der Applikation bestimmt werden. Mit anderen Worten: DMS sind dort überlegen, wo das Kleben als Vorteil zu betrachten ist, also bei der Befestigung auf Oberflächen, auf

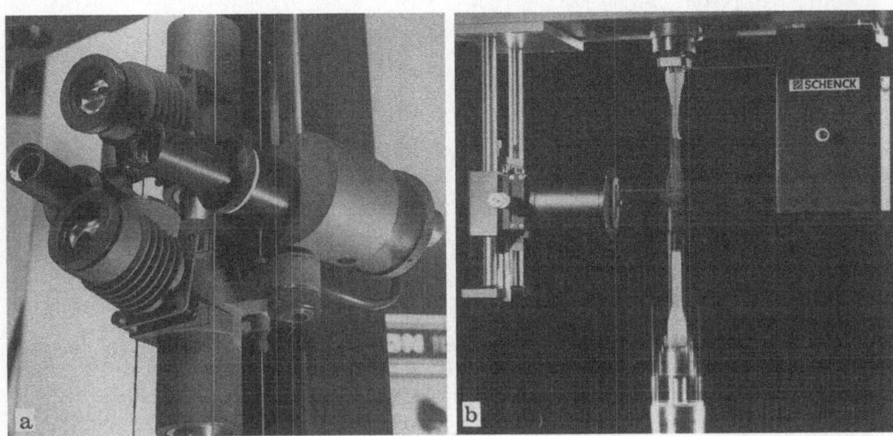

Abb. 158a, b. Berührungsfreie Dehnungsmesser. **a** Servogetriebene Photodioden-Abtastköpfe zum Verfolgen optischer Marken auf der Probe. Geschwindigkeit 8 mm/s, Fehler 0.01 mm (Produkt und Bild INSTRON). **b** Hochgeschwindigkeits-Modell mit Laserstrahl. Strahlengang: Projektor (rechts oben) - Spiegel am festen Probenende - Spiegel am bewegten Probenende - optisch-elektronischer Detektor (Mitte links). Aufnahme mit Doppelbelichtung (Probe vor und nach Versuch). Geschwindigkeit 20 m/s, Inkaufnahme der Krafteinleitungen als Meßbasis. (Produkt und Bild SCHENCK)

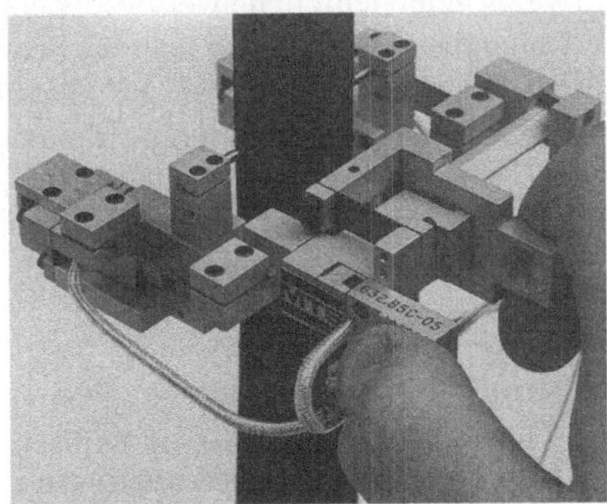

Abb. 159. Zweikomponenten-Dehnungsmesser zur gleichzeitigen Messung von Längenänderung und Querkontraktion. Man beachte die Baukasten-Konstruktion aus mehrfach verwendeten Grundelementen, deren bescheidene Abmessungen sowie die ausgiebige Verwendung von Federband-Führungen. (Produkt und Bild MTS)

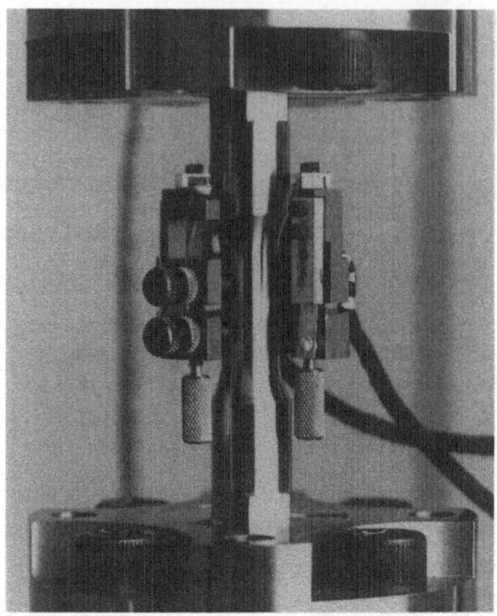

Abb. 160. Zweikomponenten-Dehnungsmesser zur gleichzeitigen Messung von Längenänderung und Verdrehung, geeignet für Maschinen gemäß Abb. 84. (Produkt und Bild INSTRON)

denen ein Anklemmen nicht ohne weiteres möglich ist, sowie bei der permanenten Verbindung mit einem möglichst kompakten elastischen Körper für die Kraftmessung. Die Domäne der induktiven Geber liegt einerseits bei Setzdehnungsmessern, deren Schneiden an die Probe angedrückt werden, andererseits bei der Messung größerer Wege (beispielsweise Traversen- oder Kolbenwege).

Auf technische Details von *Zubehörteilen* wie Setzdehnungsmessern, DMS-Rosetten (Abb. 155) usw. sei hier verzichtet. Aus der Vielfalt der erstgenannten zeigen Abb. 34 und 157 einige Beispiele. Erwähnt seien lediglich zwei Besonderheiten: einerseits berührungsfreie optische Dehnungsmesser, deren internes Servosystem das Verfolgen von Sichtmarken auf Oberflächen gestattet, auf denen keine Schneide aufgesetzt werden kann (Abb. 158); andererseits Mehrkomponenten-Dehnungsmesser, mit denen zum Beispiel Längenänderung und Querkontraktion oder Längenänderung und Verdrehung gleichzeitig erfaßt werden können (Abb. 159, 160).

3.6.3 Kraftmessung

In ihrer Frühzeit kannte die Prüftechnik wohl nur eine *gravitatorische Kraftmessung*. Auf deren Vorzüge wurde schon im Zusammenhang mit gravitatorischen Antrieben und der von WERDER vor mehr als hundert Jahren konstruierten Prüfmaschine hingewiesen (Unterabschnitte 3.3.2, 3.3.5; Abb. 64). Die hohe Genauigkeit war nicht zuletzt auf die Möglichkeit zurückzuführen, die seit Jahrhunderten zu hoher Vollkommenheit entwickelte Wägetechnik zur Kraftmessung heranzuziehen und damit Genauigkeiten zu erzielen, von denen auf anderen Gebieten noch lange nicht die Rede sein konnte.

Einer Verwendung auf breiter Basis stand aber die ebenfalls bereits erwähnte Schwerfälligkeit im Wege. An der WERDERschen Maschine brauchte man zwar dank der Ungleichheit der *Waagebalken* (Abb. 64) nur mit verhältnismäßig kleinen Massen zu hantieren (Größenordnung bis etwa 10 kg), doch hatte man die Prozedur bei jeder Erhöhung oder Senkung der aufzubringenden Kraft zu wiederholen. Zudem war das Auflegen der Gewichtssteine im Grunde nur eine Vorwahl der Kraft. Anschließend mußte die Ölmenge im Antrieb verändert werden, bis der eigentliche Meßvorgang durch Ablesen der richtigen Libellenstellung abgeschlossen war. Daß die Arbeit – ganz abgesehen von der physischen Anstrengung beim Heben der Gewichte und beim Pumpen – nicht eben sehr rasch vonstatten gehen konnte, ist nicht verwunderlich. Die starre Koppelung zwischen Kraftmessung und Antrieb mußte einer größeren Unabhängigkeit der beiden Teilsysteme weichen: Die Kraftmessung mußte bei beliebiger Betätigung des Antriebes zu jedem Zeitpunkt die auf die Probe wirkende Kraft anzeigen und nicht nur deren momentane Übereinstimmung mit einem vorgewählten Wert.

Wie die Messung von Verformungen kann auch diejenige von Kräften hier nicht in allen Verästelungen ihres historischen Entwicklungsganges nachgezeichnet werden. Dagegen sei die sich im Laufe der Zeit wandelnde Problematik anhand einiger markanter Beispiele dargelegt.

Es gab schon lange vor dem Entstehen der ersten Prüfmaschinen ein Gerät auf gravitatorischer Basis, das eine fortlaufende und genaue Messung eines Druckes gestattete, nämlich das *Quecksilberbarometer*. Als daher die ersten Maschinen mit reibungsarmem hydraulischem Antrieb im Entstehen begriffen waren, lag der Einsatz des quecksilbergefüllten U-Rohres für die Kraftmessung ziemlich nahe (Abb. 84, 161). Die Idee hatte allerdings einen Haken: Um den Druck in einer Prüfhydraulik zu messen, hätte das Rohr etwa die Höhe des Eiffelturmes haben müssen. Der Erfinder (J. AMSLER) mußte also gleich auch den Einsatz eines hydraulischen Druckwandlers erfinden, um das Problem zu lösen. Der Verfasser hält es zwar nicht für wahrscheinlich, daß bei dieser Gelegenheit auch der Druckwandler als solcher erfunden wurde, wohl aber möglicherweise die für eine reibungsarme Ausführung unerläßliche Abdichtung des Quecksilbers durch einen auf dessen Oberfläche schwimmenden „Pfropfen“ aus Öl. Ein Rührwerk schwenkte den Kolben ständig um seine Achse, um seine Reibung weiter zu verringern. Das so umrissene Meßverfahren, das vermittels eines Schwimmers sogar eine Registrierung zuließ, hatte einen schwerwiegenden Nachteil: Die Bedienung des Gerätes war wegen der genau einzuhaltenden Niveaus für Öl und Quecksilber umständlich und zeitraubend.

Mit der Lösung dieses Problems entstand im *Pendelmanometer* das gravitatorisch-hydraulische Meßgerät, das während vieler Jahrzehnte zum eisernen Bestand beinahe jedes Prüflabors gehörte und das auch heute noch an vielen Orten zufriedenstellende Dienste leistet (Abb. 162). Die Grundidee, die erst dank der Verwendung präziser und sorgfältig ausgewählter Kugellager möglich geworden war, bestand in der Auslenkung eines Pendels durch einen hydraulisch ange-

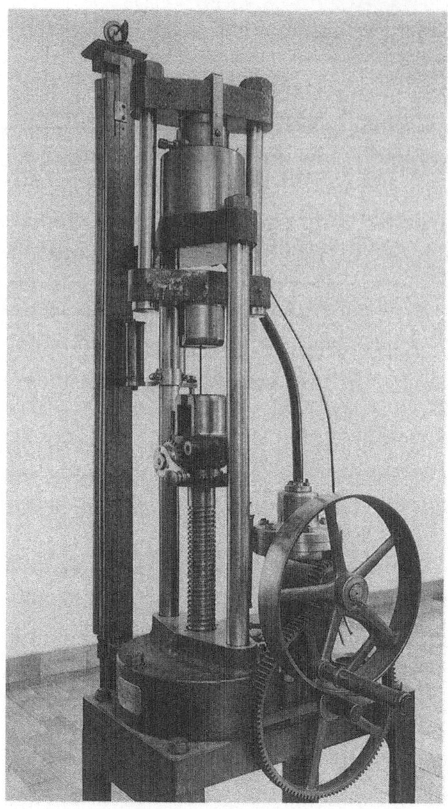

Abb. 161. Hydraulische Zugprüfmaschine aus dem 19. Jahrhundert mit reibungsarmem Kolben und Quecksilbermanometer für die Kraftmessung. Das Manometerrohr (ganz links) nimmt die ganze Höhe der Maschine ein. Rechts unten hinter dem Antriebsrad der biomechanisch betätigten Pumpe der Öl-Quecksilber-Druckwandler. Der Rahmen der Maschine entspricht dem bis weit ins 20. Jahrhundert hinein üblichen Grundkonzept, zeichnet sich aber durch eine Spindel zur Verstellung des unteren Einspannkopfes aus. (Produkt AMSLER, Bild WESSENDORF)

Abb. 162a, b. Pendelmanometer aus den vierziger Jahren. **a** Vorder-, **b** Rückansicht. Die in Abb. 163 erläuterten Teile sind insbesondere in der Rückansicht gut zu erkennen. An den Beinen sind oben die handbetätigten Ventile für Be- und Entlastung, unten die Energieversorgung (Schaltkasten von vorn gesehen links, Pumpe rechts) sichtbar. (Produkt AMSLER, Bild EMPA)

Abb. 163. Funktionsprinzip des Pendelmanometers. *1* = hydraulischer Meßzylinder; *2* = Kolben; *3* = Rührhebel (Rührwerk nicht dargestellt); *4* = Rahmen; *5* = Sinusmechanik; *6* = Gewicht; *7* = Nullstell-Gewicht; *8* = Tangensmechanik; *9* = Zahnstangentrieb mit Spanngewicht; *10* = Zeiger (Teilring nicht dargestellt); *11* = Registrierfeder; *12* = Registriertrommel; *13* = Schnurzug für Verformungs-Registrierung. F = Kraft von *2* auf *4* und *5*; g = Erdbeschleunigung; L = Pendellänge; m = Pendelmasse; R = Radius der Sinusmechanik; T = Tangentenabstand; x = Hub von *11*; ß = Lagewinkel von *5* und *8* (Skizze rechts); $ß_0$ = |ß| in Nullstellung. Man beachte die raffinierte Trigonometrie, die trotz streng linearer Beziehung zwischen F und x einen extrem einfachen konstruktiven Aufbau ergibt (siehe Formeln)

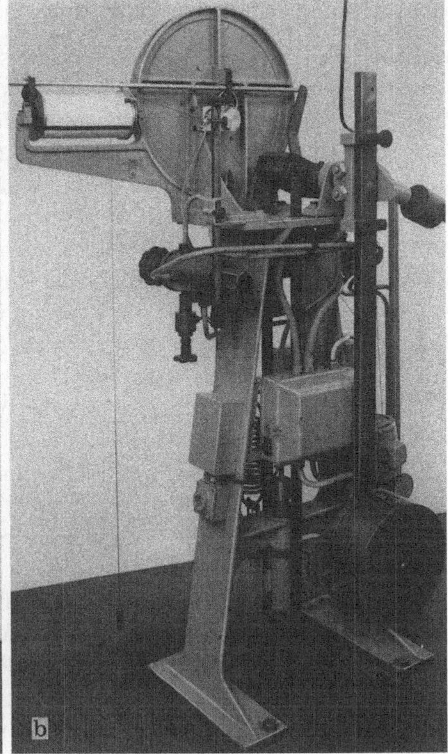

Abb. 162a,b

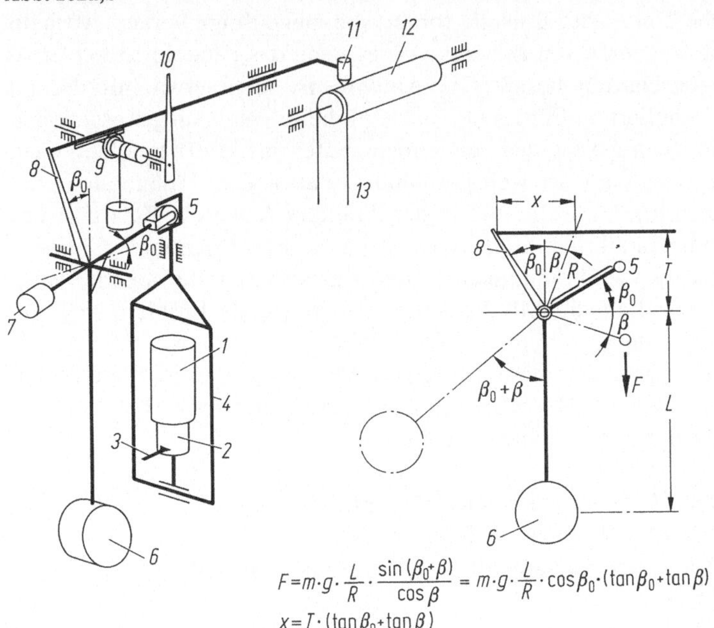

$$F = m \cdot g \cdot \frac{L}{R} \cdot \frac{\sin(\beta_0 + \beta)}{\cos\beta} = m \cdot g \cdot \frac{L}{R} \cdot \cos\beta_0 \cdot (\tan\beta_0 + \tan\beta)$$

$$x = T \cdot (\tan\beta_0 + \tan\beta)$$

Abb. 163

triebenen Kolben kleinen Durchmessers, dessen Reibung auch hier mit einem Rührwerk weitgehend ausgeschaltet wurde (Abb. 163). Die Möglichkeit, eine Registrierfeder mitzuschleppen, ergab sich aus der hydraulischen Parallelschaltung zum Antriebszylinder: Dieser brauchte den Energiebedarf für die Messung nicht aufzubringen, und man konnte Kolbendurchmesser und Hub des Meßwerkes mehr oder weniger nach freiem Ermessen wählen. Als typische Werte seien eine maximale Kraft am Meßkolben von 10 kN und ein Hub von 50 mm genannt, was die Robustheit im Betrieb dokumentiert. Es kam noch eine systembedingte Fehlerkompensation hinzu: die Reibung im Antrieb bewirkte ein Vorauseilen der Registrierung gegenüber der wirklichen Kraft, diejenige im Meßwerk ein Nachhinken. Da Länge und Masse des Pendels bequem verändert werden konnten, bestand eine einfache Möglichkeit zur Wahl des jeweils bestgeeigneten Meßbereichs.

Das Pendelmanometer war nicht nur elegant konstruiert und robust, seine Genauigkeit beruhte auch auf wenigen Parametern, die ihrem Wesen nach entweder (wie die Pendelmasse und die Erdbeschleunigung) konstant oder (wie die Lagerreibung) leicht kontrollierbar waren. Charakteristisch für die Situation in den sechziger Jahren, als modernere Meßmethoden auf dem Markt eine Rolle zu spielen begannen, war ein Besuch des Verfassers in einem Labor in den USA. Dessen Chef führte ihm eine brandneue Maschine vor, neben der eine ältere mit Pendelmanometer stand. Des Lobes der Neuanschaffung und ihrer Vorzüge war kein Ende, bis die Frage kam, warum denn die offenbar ausgediente Großmutter noch nicht abgetakelt sei. Die Antwort gab zu denken: „Ja, wissen Sie, wir brauchen schließlich etwas, um die neue Maschine von Zeit zu Zeit zu kalibrieren…"

Der anekdotische Ton dieser Episode fordert die Gegenfrage heraus, weshalb denn nach anderen Meßverfahren gesucht wurde, wenn das Pendelmanometer so hervorragende Eigenschaften besaß. Die Antwort ist nicht etwa mit der im Abschnitt 3.6.1 formulierten Forderung nach einheitlichen Ausgangssignalen vorweggenommen. Denn gerade das Pendelmanometer mit seiner beträchtlichen Energiereserve am Ausgang wäre weit problemloser als andere Meßgeräte in der Lage gewesen, einen mechanisch-elektrischen Wandler (etwa ein Präzisionspotentiometer oder einen induktiven Lineargeber) anzutreiben. Noch im Einsatz stehende Pendelmanometer sind denn auch heute in großer Zahl auf solche Weise nachgerüstet. Das wirklich die Möglichkeiten eingrenzende Problem liegt im regeltechnischen Verhalten.

Ein realistisches Rechenexempel für einen Versuch mit einer hochfesten stählernen Stange in einer 1-MN-Prüfmaschine möge diesen Sachverhalt illustrieren. Angenommen seien die folgenden Daten:

D_1 = Durchmesser des Maschinenkolbens = 180 mm,
D_2 = Durchmesser des Meßkolbens = 30 mm,
U = mittlere Übersetzung vom Meßkolben zur Pendelmasse = 10 : 1,
m = Pendelmasse = 20 kg,
F = Prüfkraft = 500 kN,
x = Verformung der Probe bei Kraft F = 5 mm.

Eine an der bewegten Krafteinleitung anzubringende Ersatzmasse M, die gleiches dynamisches Verhalten ergibt, ist aus m durch Multiplikation mit den Quadraten der im Spiel stehenden beiden Übersetzungsverhältnisse zu rechnen. Mit

$$M = m \cdot U^2 \cdot \left(D_1/D_2\right)^4 = 2{,}59 \cdot 10^6 \text{ kg} \tag{5}$$

entspricht sie der Masse eines Kanonenbootes von rund 2600 Tonnen. Die Eigenfrequenz

$$f = \frac{1}{2\pi} \cdot \sqrt{\frac{F}{\left(x \cdot M\right)}} \tag{6}$$

$$f = 0{,}989 \text{ Hz}$$

ist dementsprechend sehr niedrig. Es ist denn auch kein Kunststück, eine derartige Maschine mit einer geeigneten Probe bei Steuerung von Hand in Resonanzschwingungen zu versetzen. Daß ein so träges System für schnelle Arbeit ungeeignet ist, braucht wohl nicht speziell hervorgehoben zu werden. Die Suche nach einem das Gesamtsystem weniger beeinflussenden Meßverfahren war also gerechtfertigt. Interessant an der Beziehung (6) ist natürlich vor allem der Einfluß des Maschinenkalibers. Die mit diesem zusammenhängenden Größen sind offensichtlich D_1, F und x. Bei gegebenem Öldruck und einer dem Kaliber angemessenen Probengröße darf D_1 als proportional zur Wurzel von F angenommen werden, während x bei gegebener Probendehnung der Probenlänge L proportional ist. Daraus ersieht man, daß die Frequenz ungefähr der Wurzel aus F · L umgekehrt proportional ist. Bei untereinander verwandten Maschinen, bei denen Probenlänge und Prüfkraft etwa in gleichem Maß wachsen, kommt man zur Faustregel, nach der die Größenordnung der Schwingungsdauer ungefähr mit dem „Kaliber-Parameter" F · L zunimmt.

Trotzdem war auch bei kleinen Maschinen, die nicht selten bio- oder elektromechanisch angetrieben wurden, ein erheblicher Nachteil der Kraftmessung durch ein (in solchen Fällen meist ohne Hydraulik, also mechanisch an eine Krafteinleitung angeschlossenes) Pendel nicht zu übersehen (Abb. 164). Hier spielte die bei der Kraftmessung gespeicherte Energie eine wesentliche Rolle. Nimmt man diese Energie für einen Kraftmessertyp als gegeben an, so stellt man bei Berücksichtigung der Gleichung (4) und sinngemäßer Anwendung der obigen Überlegungen fest, daß die Größenordnung des energetischen Einflusses der Messung auf das Gesamtsystem umgekehrt proportional zu F · L ist. Speziell mit dem Aufkommen der Bruchmechanik mußte das Verhalten einer Maschine als Nachteil empfunden werden, die jede Probe beim ersten Unstabilwerden eines Risses ohne Chance eines Anhaltens augenblicklich zum Bruch brachte. Nebenbei sei vermerkt, daß im Falle des oben angeführten Versuchs – also in einer großen Maschine – der Energieanteil eines Pendelmanometers in der Größenordnung weniger Prozente läge.

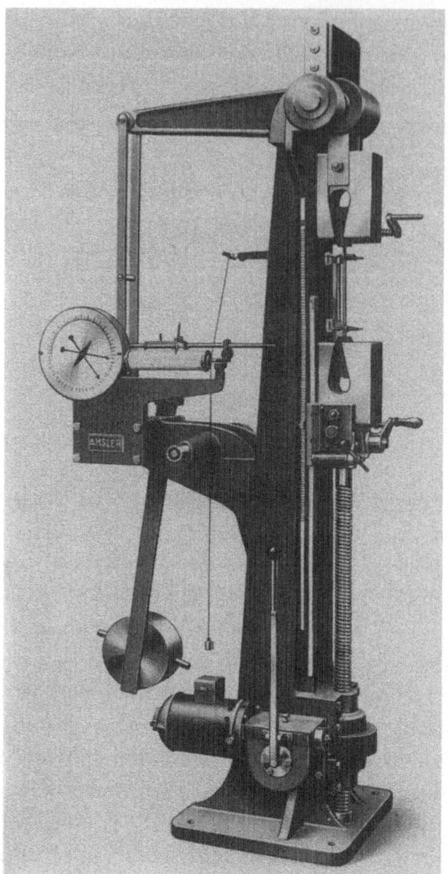

Abb. 164. Elektromechanisch angetriebene Zugprüfmaschine mit Pendelkraftmessung, Entstehungszeit um die Wende vom 19. zum 20. Jahrhundert. Hebelübertragung der Kraft vom oberen Einspannkopf zum Pendel. Rahmen angesichts der geringen Kräfte (bis 20 kN) als Biegeträger ausgeführt. Spindel zur Verstellung des unteren Einspannkopfes. Beispiel für frühe Anwendung offener Einspannköpfe. (Produkt AMSLER, Bild WESSENDORF)

Es ist aus historischer Sicht aufschlußreich, wie wenig diejenigen, die mit der Entwicklung von Meßmethoden beschäftigt waren, die volle Tragweite beider dargelegten Aspekte erfaßt hatten. Die Erbauer großer Prüfsysteme wichen, wenn die Neigung zu Resonanzerscheinungen sie störte, im Sinne eines vollwertigen Ersatzes auf den Federkraftanzeiger aus, der vom Pendelmanometer abgeleitet war und sich von diesem lediglich durch eine Meßfeder unterschied, die anstelle des Pendels die Kraft der sonst unveränderten Hydraulik zu messen hatte (Abb. 165). Das war durchaus nicht abwegig, denn die Eigenfrequenz konnte fast um eine Zehnerpotenz erhöht werden.

Für die Hersteller kleiner Maschinen war diese einfache Lösung nicht gangbar, weil ein Federkraftanzeiger etwa die gleiche Energie aufnahm wie ein Pendelma-

Abb. 165. Druckmessung in einem Federkraftanzeiger. Oben Zugfeder, zur Wahl des Meßbereichs auswechselbar, unten Zylinder. Rührwerk verdeckt. Energieversorgung siehe Abb. 148. (Produkt AMSLER, Bild EMPA)

nometer. Dieser Umstand förderte die Entwicklung: Zumindest in Europa erfolgten die ersten Einsätze *wegarmer Kraftmeßgeräte* an relativ kleinkalibrigen Prüfmaschinen. Dabei machte man sich zunächst die Erfahrungen mit Geräten nutzbar, die früher Kalibrierzwecken gedient hatten. Ein solcher „Meßbügel" (Abb. 166 a) bestand aus einer zweckmäßig geformten Stahlfeder, die unter Höchstkraft eine Verformung von wenigen Millimetern aufwies, und einer präzisen Meßuhr für die Ablesung der Verformung. Ein solches Meßverfahren war für das Kalibrieren problemlos, weil von einem Spezialisten der richtige Umgang mit der empfindlichen Meßuhr und das Beachten gewisser Vorsichtsmaßnahmen (Kürze der Versuchsdauer, Vermeiden von Temperaturschwankungen, Kontrolle des Nullpunktes nach dem Versuch) erwartet werden durfte. Für den Einsatz in Prüfmaschinen wurde die Meßuhr einfach durch einen induktiven Lineargeber ersetzt. Mit solchen *elektronisch abgetasteten Meßbügeln* ausgestattete Maschinen waren im manchmal rauhen praktischen Betrieb zwar brauchbar, doch verlangten sie größere Sorgfalt und viel häufigere Nachkalibrierungen als bei Verwendung von Pendeln oder langhubigen Federn. Die Temperaturabhängigkeit der Messung ist angesichts der im Vergleich zum Federweg großen Abmessungen kein Wunder.

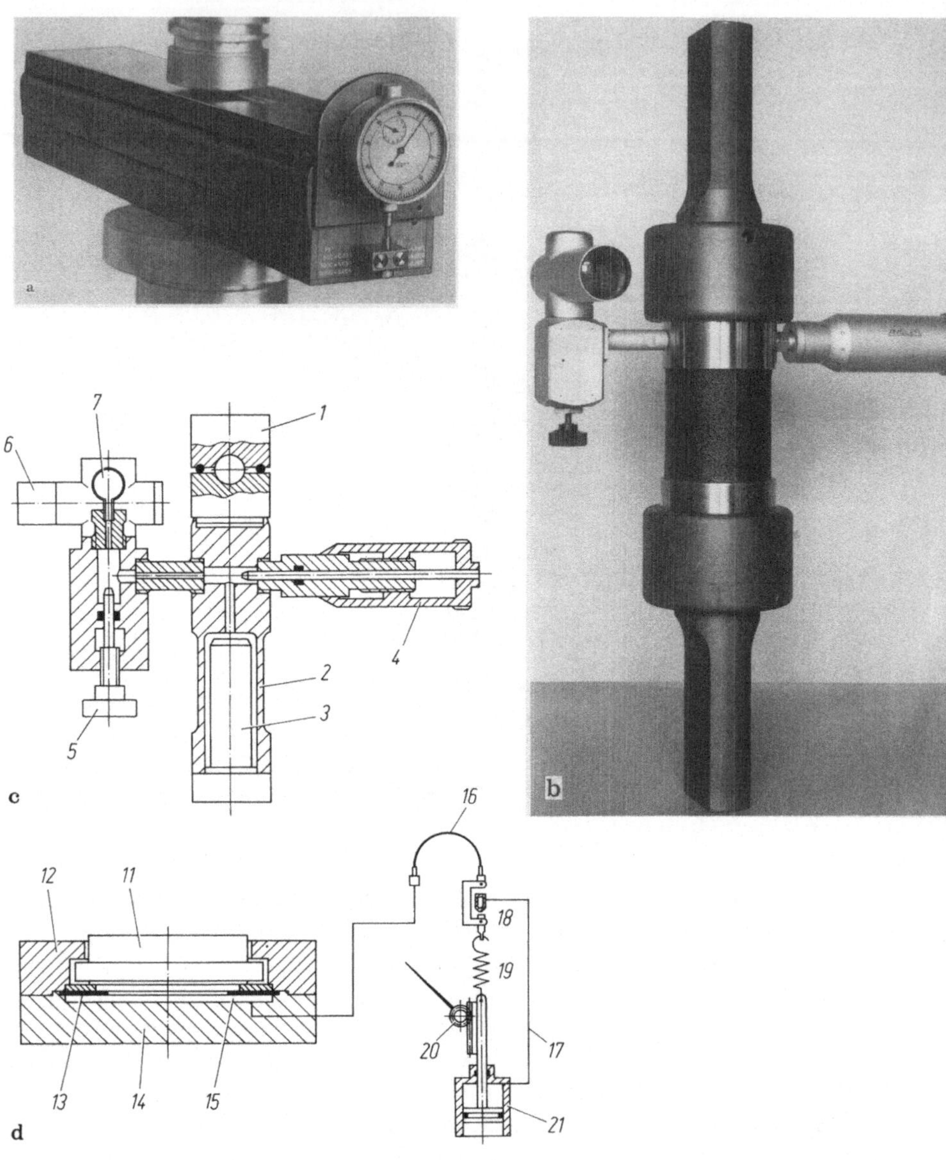

Abb. 166a-d. Vorläufer moderner Kraftmeßdosen. **a** Mechanischer Meßbügel mit Ablesung durch Meßuhr (Produkt und Bild AMSLER). **b, c** Quecksilber-Meßdose, **b** für Zugversuche (Produkt und Bild AMSLER), **c** für Druckversuche: *1* = momentarme Krafteinleitung; *2* = Federkörper; *3* = Füllkörper (bei neueren Ausführungen Temperaturkompensation durch spezielles Material); *4* = Mikrometerantrieb mit Nadelkolben; *5* = Nullstell-Antrieb mit Nadelkolben; *6* = Optik; *7* = Glaskörper mit feinem Röhrchen und Expansionsgefäß. **d** EMERY-Dose: *11* = kolbenartiger Stempel; *12* = Mantelring; *13* = Membran; *14* = Boden; *15* = Ölraum (Dicke etwa 0,1 mm); *16* = BOURDON-Rohr; *17* = Druckluftanschluß; *18* = Düse mit Prallplatte; *19* = Spann- und Meßfeder; *20* = Zahnstangen- Zeigerantrieb; *21* = pneumatischer Zylinder

Ein früh entstandenes Kalibriergerät, das dank seiner hohen Qualität bis heute verwendet wird, ist die *Quecksilber-Meßdose* (Abb. 166b, c). Es handelt sich bei dieser um einen auf Zug und/oder Druck beanspruchten rohrförmigen Federkörper, der mit Quecksilber gefüllt ist. Ein Füllkörper reduziert das Quecksilbervolumen auf das unerläßliche Minimum, um unerwünschte Thermometereffekte zu verringern. Das verdrängte Volumen als Maß für Verformung und Kraft wird durch manuelles Konstanthalten des Quecksilberniveaus in einem dünnen Glasröhrchen mittels eines kleinen Kolbens kompensiert und an dessen Mikrometerantrieb abgelesen. Der Federweg liegt bei etwa einem Zehntelmillimeter, allenfalls etwas darunter.

In den Vereinigten Staaten war für die Kraftmessung in Prüfmaschinen mit der sogenannten *EMERY-Dose* (Abb. 166d; GIBBONS, 1939) schon vor dem zweiten Weltkrieg ein Gerät mit ebenso kleinem Hub entstanden. Es unterschied sich fundamental von der Quecksilber-Meßdose: Der Federkörper war nicht der Prüfkraft ausgesetzt, sondern einem von dieser hervorgerufenen Öldruck. Die Dose könnte als kurzer Zylinder mit extrem großem Kolbenspiel und extrem kurzem Hub beschrieben werden. Der Dichtung diente eine den Spalt zwischen Zylinder und Kolben überbrückende Membran, deren Durchbiegung im Spalt durch einen elastischen Ring begrenzt wurde. Der Federkörper war ein klassisches BOURDON-Rohr, dessen nicht streng lineare Charakteristik durch eine einfache pneumatische Servosteuerung kompensiert wurde. Diese hielt das BOURDON-Rohr in konstanter Stellung, indem sie die erforderliche Kraft durch eine Spiralfeder aufbrachte, deren Verformung als Maß der Prüfkraft diente (Abb 166d). In Europa wurden BOURDON-Manometer (ohne Servo-Kompensation) nur für relativ einfache und billige Prüfmaschinen eingesetzt, meistens direkt an Zylindern mit reibungsarmen Kolben. Ein Beispiel zeigt Abb. 78.

Für die ersten servohydraulischen Prüfsysteme mußten angesichts der geschilderten Sachlage neue *mechanisch-elektrische Meßwandler* (meist als Meßdosen oder Meßzellen bezeichnet) geschaffen werden. Es handelte sich darum, bei kleinem Federweg möglichst gute Linearität des Signals und geringe Temperaturabhängigkeit zu erreichen. Man suchte daher nach räumlich gedrungenen Konstruktionen, bei denen schon durch die Kürze der kraftführenden Elemente nur relativ geringe Temperatureinflüsse möglich waren. Daneben sorgte eine Wärmeisolation dafür, daß sich Temperaturänderungen nicht durch allzu verschiedene Temperaturen maßgebender Teile auswirken konnten. Die wichtigste Maßnahme bestand aber in der bereits im vorangehenden Unterabschnitt beschriebenen Verwendung paarweise im Zug- und im Druckbereich von Biege- oder Schub-Federkörpern angeordneter DMS, die gleiche Temperaturen annahmen und damit theoretisch eine vollkommene Stabilität des Nullpunktes sicherstellten.

Mit den auf diese Weise verwirklichten kompakten Meßdosen wird heute an neuen Prüfsystemen fast ausschließlich gearbeitet. Frühere Ansätze mit induktiven Lineargebern oder mit DMS an einfachen Zug-Druck-Körpern erbringen nicht die gleichen Leistungen und dürfen als überholt betrachtet werden. Abb. 167 zeigt verschiedene ältere und neuere konstruktive Konzepte, Abb. 168 Beispiele ausgeführter Meßdosen.

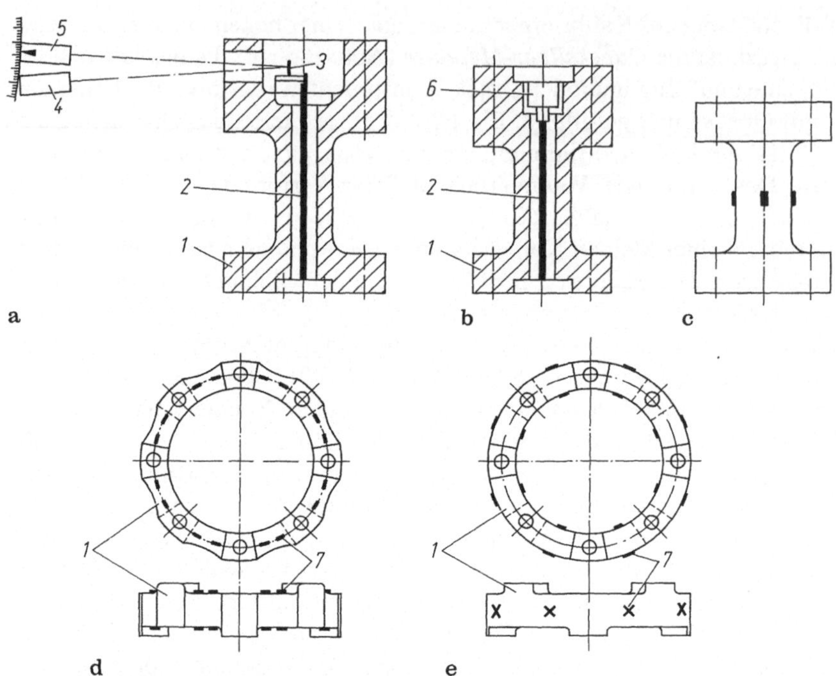

Abb. 167a-e. Funktionsprinzipien älterer (**a**, **b**, **c**) und moderner (**d**, **e**) Kraftmeßdosen: **a** Abwandlung des MARTENS-Spiegeltensometers zur Steuerung von Hochfrequenzpulsatoren durch Photozelle, die Abweichungen von der gewählten Kraft signalisiert; **b** Rohr-Federkörper mit Lineargeber-Messung der Längenänderung; **c** Rohr-Federkörper mit DMS; **d** Ring-Federkörper mit DMS-Biegespannungs-Messung; **e** Ring-Federkörper mit DMS-Schubspannungs-Messung. Bei **d** und **e** sind oben und unten je vier Montageschrauben vorgesehen. Man beachte die Kompaktheit und die Ausnützung von Symmetrien an diesen Bauarten, deren Form im Detail natürlich variationsfähig ist. *1* = Federkörper; *2* = unbeanspruchter Vergleichsstab; *3* = federbandgelagerter Spiegel; *4* = Projektor für scharfkantiges Lichtband; *5* = auf Kraftskala fixierbare Photozelle; *6* = Lineargeber (induktiv oder kapazitiv); *7* = DMS

Betrachtet man derartige Geräte (die übrigens den Hersteller äußerlich meist nur an der Beschriftung erkennen lassen), so wird einem klar, welch weiten Weg die Meßtechnik seit der Mitte dieses Jahrhunderts gegangen ist: Ähnlich wie die Elektronik, die früher mächtige Schränke zu beanspruchen pflegte, heute aber in immer kleineren Behältnissen Platz findet, läßt sich auch die Kraftmessung auf engstem Raum unterbringen, ohne an Genauigkeit gegenüber früheren Zeiten wesentlich eingebüßt zu haben. Wichtig ist dies aus zwei Gründen: Zum einen kann die Konstruktion von Antrieb und Reaktionsstruktur ohne wesentliche Rücksichtnahme auf die Messung erfolgen, was die Gestaltungsfreiheit erhöht. Zum zweiten sind – wenigstens bis zu mittelgroßen Kalibern – die Meßdosen nicht schwer auszuwechseln, was eine rasche Anpassung an verschiedene Meßbereiche möglich macht. In gewissen Fällen sind die Dosen „selbsidentifizierend“, das heißt mit elektronischen Einrichtungen versehen, die einem zentralen Computer den Typ der jeweils eingesetzten Dose melden, womit nicht nur die

Abb. 168a, b. Moderne Kraftmeßdosen zweier Hersteller. Trotz unterschiedlicher meßtechnischer Gestaltung (gemäß Abb. 167d und e) ist die äußere Erscheinung von großer Ähnlichkeit, weil hier – wie bei den meisten erfolgreichen Bauarten – die sich bietenden zentrischen Symmetrien auf ähnliche Weise ausgenützt sind. (Produkte und Bilder **a** INSTRON, **b** RUMUL)

Kraft automatisch richtig ausgegeben und verarbeitet, sondern auch die Überlastung zu kleiner Dosen vermieden wird.

Am Rande sei noch vermerkt, daß eine gewisse *Spezialisierung der Meßdosen* sich bemerkbar macht. Beispielsweise gibt es für die Ermüdungsprüfung Ausführungen, deren Verformung rund fünfmal kleiner ist als üblich (etwa 0,03 gegenüber 0,15 mm); neben zahlreichen anderen Varianten existieren auch Zweikomponenten-Dosen für Zug-Druck und Torsion. Die Aufzählung ließe sich ohne Mühe erweitern. Ob eine große Vielfalt unter allen Umständen segensreich ist, sei dahingestellt. Sogar bei dem soeben erwähnten, an sich zweifellos wohlbegründeten Beispiel der extrem verformungsarmen Dosen ist es durchaus gerechtfertigt, nach den Bedingungen zu fragen, unter denen solche Spezialgeräte wirklich nützlich sind, obwohl sie naturgemäß Geld kosten und den gewonnenen Vorteil durch anderweitige Nachteile relativieren (etwa geringeren Meßbereich oder bescheidenere Genauigkeit). Im angesprochenen Fall ist die Antwort einfach: Ist das übrige System derart steif, daß eine um 0,12 mm verringerte Gesamtverformung eine fühlbare und benötigte Leistungssteigerung (vorab Frequenzerhöhung) bewirkt; besteht ferner unter den obwaltenden Umständen die Gefahr dynamischer Meßfehler (siehe unten): so ist der Einsatz der Spezialdose sinnvoll. Manchmal dürfte es allerdings schwieriger sein, sich ein klares Bild über Vor- und Nachteile zu bilden. Trotzdem wird sich das Bemühen um deren Quantifizierung meistens bezahlt machen.

Bislang wurde vorwiegend von temperaturbedingten Meßfehlern gesprochen. Es gibt aber auch andere wesentliche *Fehlerquellen*, vor allem infolge nichtzentrischer Beanspruchung und dynamischer Effekte.

Meßdosen und Prüfmaschinen werden in der Regel nur unter tadellos zentrierter Kraftwirkung kalibriert, und die in den verschiedenen Normen (eine Zusammenstellung findet sich in der mehrfach zitierten RILEM-Empfehlung von 1983) festgehaltenen Vorschriften sind in diesem Punkt sehr strikt. Das ist durchaus berechtigt als exakt definierte Ausgangsbasis. Zu wenig Beachtung findet dagegen manchmal das Verhalten eines Meßgerätes unter weniger idealen Bedingungen, etwa unter dem Einfluß parasitärer *Querkräfte oder Momente*. Wie schon im Abschnitt 2.4 erwähnt, sind aber eben derartige Bedingungen charakteristisch für die Bauteil- und die Baugruppenprüfung. Den Anforderungen an eine für solche Aufgaben eingesetzte Meßdose ist demzufolge die nötige Aufmerksamkeit zu schenken. Man kann sich zwar leicht davon überzeugen, daß sowohl die Kompaktheit als auch die weitgehenden Symmetrien der Konzepte gemäß Abb. 167 d und e zur Verringerung dieser Mängel beitragen; es ist aber dennoch nützlich, sich bei der Anschaffung eines Prüfsystems Gedanken zu den möglichen Beanspruchungen zu machen und vom Lieferwerk verbindliche Angaben über das meßtechnische Verhalten seiner Produkte unter den voraussehbaren Bedingungen einzuholen.

Dynamische Meßfehler hängen unmittelbar mit der soeben erwähnten Forderung nach hoher Steifigkeit von Meßdosen für gewisse Schlag- und Ermüdungsversuche zusammen. Normalerweise wird eine Meßdose zwischen die mehr oder weniger ruhende Krafteinleitung und die Reaktionsstruktur eingefügt. Die Formulierung „mehr oder weniger" ist hier zum Nennwert zu nehmen, denn mindestens um den Betrag, um den sich die Meßdose verformt, wird sich die Krafteinleitung bewegen (in Wirklichkeit noch etwas mehr, weil die Reaktionsstruktur nicht absolut steif ist und auch als Ganzes nicht völlig in Ruhe bleibt). Die Masse m der Krafteinleitung bewirkt bei Sinusschwingung (Schwingbreite x, Frequenz f) eine Kraftschwingbreite

$$F = 2 \cdot m \cdot \pi^2 \cdot x \cdot f^2 \tag{7}$$

als dynamischen Meßfehler. An einem Hochfrequenzpulsator (Unterabschnitt 3.3.4) mit einer charakteristischen Frequenz von 200 Hz ruft also jedes Kilogramm der Krafteinleitung bei Verwendung einer um x = 0,15 mm verformten normalen Meßdose offensichtlich einen Fehler der Schwingbreite von 237 N hervor. Je nach den übrigen Parametern kann dieser Fehler relevant sein oder nicht, seine Senkung um einen Faktor 5 auf 47 N ist also in vielen Fällen willkommen und die Verwendung einer Spezialmeßdose gerechtfertigt. Man versteht auch das

Bestreben, bei schnellen Ermüdungsmaschinen möglichst leichte Krafteinleitungen zu verwenden. Den Ausführungen des Abschnittes 3.9 vorgreifend, sei noch erwähnt, daß bei geschicktem Einsatz eines geeigneten Computers eine automatische Korrektur dieses Fehlers möglich ist. Ja es kann nötigenfalls sogar der Masseneinfluß der Probe selbst berücksichtigt werden, der in Extremfällen signifikant sein kann. Die Beanspruchung der Probe ist dann nicht allein durch die von außen eingeleiteten Kräfte gegeben und innerhalb der Probenlänge nicht durch eine konstante Kraft beschrieben.

Obwohl die *Kalibrierung von Meßgeräten* an sich nicht in den Rahmen dieses Buches gehört, sei hier eine kurze Bemerkung zur Kalibrierung unter schwingender Beanspruchung gestattet. Man hört in Fachkreisen hie und da die Ansicht, die Kontrolle einer statisch kalibrierten Meßdose sei bei rasch wechselnder Kraft nicht möglich oder doch nicht zuverlässig, weil als Vergleichsmittel nur ein anderes Meßgerät herangezogen werden könne, das selber bei seiner Kalibrierung der gleichen Unsicherheit ausgesetzt sei. Dem ist nicht so. Eine Meßdose kann nämlich, wie die Beziehung (7) zeigt, auf rein dynamische Weise kalibriert werden, indem eine bekannte Masse m in eine Schwingung mit bekannter Schwingbreite x und bekannter Frequenz f versetzt wird. Man kennt dann die Kraft F, ohne eine vergleichende Kraftmessung vornehmen zu müssen. Als Unsicherheit verbleiben nur noch dynamische Effekte auf die Meßdose, sofern diese beim Kalibrierversuch mitschwingt. Diese Effekte können aber – sofern relevant – durch geeignete Versuchsführung wirksam gemildert werden.

Angesichts der guten Genauigkeit und Unempfindlichkeit sowie der kleinen Abmessungen moderner DMS-Kraftmeßdosen könnte die Frage nach weiteren Verbesserungen müßig erscheinen. Es gibt aber Umstände, die einer Suche nach anderen Lösungen Sinn zu geben vermögen. Das ist vor allem bei Großmaschinen der Fall, wo das Einfügen der unerläßlichen großen Dosen in ein harmonisches Gesamtkonzept, schon an sich nicht immer problemlos, manchmal zusätzlich mit der Notwendigkeit belastet ist, sich dem gewünschten Meßbereich durch Auswechseln der Dosen anzupassen. So ist es verständlich, daß die Hersteller nach Dosen mit möglichst großem Meßbereich streben. Im Gegensatz zu früheren Zeiten kann man heute bei guten Produkten mit Relativfehlern unter 1% im Bereich zwischen 1 und 100 % der maximal meßbaren Kraft rechnen. Damit ist der seinerzeit von Pendelmanometern gehaltene Stand erreicht, wenn auch nicht übertroffen.

Wollte man noch kleinere Meßdosen bauen (was allerdings nur gelegentlich einem ernstzunehmenden Bedürfnis entspricht), so könnte man an *piezoelektrische Alternativen* denken (TICHY, 1980), die übrigens mit entsprechender Vorspannung auch für Zug-Druck-Messung vorgesehen werden können. Hier steht aber – abgesehen von Problemen mit der Langzeit-Stabilität des Nullpunktes – eine massive preisliche Differenz im Wege, die bis auf weiteres ein Aufkommen fast jeder anderen Methode in Konkurrenz mit den preisgünstigen DMS-Meßdosen so gut wie blockiert.

Eine Ausnahme muß allerdings erwähnt werden. Verfügt man über ein großkalibriges hydraulisch angetriebenes Prüfsystem reibungsarmer Konzeption (Unterabschnitt 3.3.5), so kann man die an sich schon nicht sehr teuren Meßdosen durch noch billigere (ebenfalls mit DMS bestückte) *Druckaufnehmer* ersetzen, von denen nötigenfalls zur Erweiterung des Bereichs zwei fest eingebaut und durch Ventile wahlweise angeschlossen werden können. Ein der Rede werter Raumbedarf oder eine durch die Kraftmessung bedingte Eingrenzung der konstruktiven Freiheit ist in einem solchen Falle inexistent.

Die DMS-Meßdose, die das Feld heute sonst souverän beherrscht, zeigt hier eine geringfügige Schwäche: Weil sie direkt in den Kraftfluß eingebaut werden muß, ist ihre Berücksichtigung bei der konstruktiven Gestaltung der kraftführenden Teile unvermeidlich. Das Öl eines hydraulischen Antriebes ist dagegen in jedem Fall kraftführend.

3.6.4 Bemerkungen zur Datenausgabe

Wie aus den Unterabschnitten 3.6.1 bis 3.6.3 ersichtlich, waren die Ausgabegeräte in der ersten Phase der historischen Entwicklung integrierende Bestandteile der Prüfmaschinen (Prüfanlagen gab es damals kaum). Aus der Sicht der technischen Gestaltung der eigentlichen Datenausgabe (nicht etwa einer ihr vorgelagerten Datenverarbeitung) erfolgte die entscheidende Zäsur mit dem Übergang auf universell anwendbare und dementsprechend vielseitig kompatible *Geräte mit genormtem elektrischem Eingang*. So sind die beiden folgenden Phasen charakterisiert durch eine Zwei-bit-Matrix, da jede auszugebende Größe nach Belieben analog oder digital, angezeigt oder registriert bereitgestellt werden kann. Die in der dritten Phase hinzugekommene Möglichkeit der Speicherung auf einem Datenträger ist hier irrelevant, weil sie nicht unmittelbar der Datenübermittlung vom technischen System zum Menschen dient.

Dieser Datenübermittlung sind die folgenden Überlegungen zur Hauptsache gewidmet. Vorerst aber sind noch einige wenige Ergänzungen zu den vorangehenden Unterabschnitten nachzuholen.

Maschinen aus der ersten Frühzeit (als Beispiel diene einmal mehr die WERDERsche Konstruktion aus den sechziger Jahren des 19. Jahrhunderts, Abb. 64) erlaubten weder eine Aufzeichnung der Kraft noch eine solche der Verformung. Der einzig mögliche dauerhafte Informationsträger war das von Hand geschriebene Protokoll. Aber schon die Möglichkeit eines Abgriffs der Verformung mit Schnurzug führte zur halbautomatischen *Aufzeichnung eines Verformungs-Kraft-Diagramms*: Der Schnurzug trieb eine Trommel mit dem Registrierpapier an. Eine von Hand verstellte Marke wurde beim Erreichen jedes neuen Kraftniveaus dem Ende der Quecksilbersäule nachgeführt und die Stellung der Marke mechanisch in geeigneter Untersetzung auf eine Registrierfeder übertragen. Man erhielt also ein stufenförmiges Diagramm des Prüfvorganges. Schon bei den mit Schwimmern ausgerüsteten Quecksilber-Manometern und erst recht seit dem Auftauchen des Pendelmanometers erfolgte dann die Registrierung vollautomatisch. Damit war das Niveau erreicht, das über die gesamte Dauer der ersten Phase, also mehrere Jahrzehnte, als Standard Geltung behalten sollte. Erst die oben erwähnte Zäsur eröffnete eine bis dahin unbekannte Freizügigkeit und markierte damit den Beginn der zweiten Phase.

Es lohnt sich im Interesse ihrer optimalen Ausnützung, die seither verfügbaren Möglichkeiten etwas eingehender unter die Lupe zu nehmen

Abb. 169 zeigt, zum Teil in verschiedenen Varianten, die vier möglichen Kombinationen der Ein-bit-Alternativen *anzeigend/registrierend und analog/digital.* Mit diesen Möglichkeiten werde nun ein kleines Gedankenexperiment durchgespielt, bei dem für verschiedene Anwendungsfälle die günstigste Lösung anschaulich gemacht wird. So zeigt es sich, ob alle vier Kombinationen auch wirklich erforderlich sind.

Zunächst stelle man sich vor, man sei der Laborant vom Dienst, der die Aufgabe hat, bei einem nächtlichen Rundgang neben anderen Kontrollen die beiden folgenden durchzuführen:

- Kontrolle der Meßlänge von 350,00 mm bei einem Relaxationsversuch mit einer Toleranz von 0,05 mm;
- Kontrolle des stetigen Verlaufes der Kraftabnahme im gleichen Versuch.

Es ist offensichtlich, daß im ersten Fall eine großformatige digitale Anzeige die bevorzugte Darstellungsform ist. Sie allein gestattet es, aus einer gewissen Distanz (also bei minimalem Zeitverlust während des Rundganges) mit einem Blick die fünfstellige Ablesung vorzunehmen. Für die zweite Aufgabe ist dage-

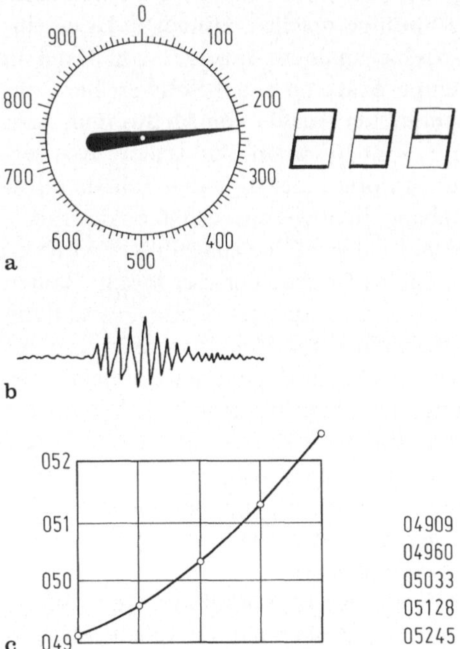

Abb. 169a-c. Mögliche Formen der Datenausgabe zuhanden des Benützers. Links analoge, rechts digitale Formen. **a** Anzeige (analog vorzugsweise auf raumsparender Kreisskala); **b** Registrierung eines Phänomens von der Art eines Erdbebens; **c** Registrierung einer stetigen (parabolischen) Funktion. Die Vorzüge der einzelnen Formen sind im Text eingehend gewürdigt

gen eine analoge Registrierung die beste Ausgabeform, da keine andere das rasche Erfassen eines Verlaufes gestattet. Beispielsweise ist ein parabelähnlicher Verlauf aus der Kurve von Abb. 169c unmittelbar zu erkennen, was für die dazugehörige digitale Darstellung keineswegs der Fall ist, obwohl die Tabelle die gleiche Funktion darstellt wie die Kurve. Auch qualitative oder halbquantitative Urteile wie „stetig" oder „unruhig" lassen sich aus analogen Registrierungen ohne besondere Auswertung ersehen, wie die beiden Kurven von Abb. 169b und c erkennen lassen.

Nun versetze man sich in die Lage eines Versuchsleiters, der einen Versuch im Blick auf eine jederzeit zu wahrende Eingriffsmöglichkeit von Hand steuert. Dabei sind zwei Datenausgaben von besonderem Interesse:

- Die stufenweise gesteigerte Verformung als unabhängig veränderliche, also für die Steuerung maßgebende Größe;
- Die auf jeder Verformungsstufe erreichte Kraft, für welche eine hohe Genauigkeit gefordert wird, die aber erst bei der Auswertung im Detail betrachtet werden soll.

Wiederum zeigt sich schon bei oberflächlicher Überlegung in beiden Fällen die eindeutige Überlegenheit je einer Ausgabeform. Das Ansteuern eines vorgegebenen Wertes von Hand wäre bei digitaler Anzeige schwierig, weil die letzten Dezimalstellen bei rascher Veränderung nur noch als Flimmern zu sehen sind, während die höheren Stellen irritierende Sprünge machen. Hingegen ist es einfach, einen Zeiger auf einer Skala (also eine analoge Anzeige) von Hand in anfangs hohem, dann verlangsamtem Tempo exakt an einen Sollwert heranzuführen. Das genaue Festhalten einer beschränkten Anzahl von Meßwerten, dazu noch bei hohen Genauigkeitsansprüchen und im Blick auf eine spätere Auswertung, soll hingegen vernünftigerweise nur in Form einer digitalen Tabelle erfolgen (wobei es im vorliegenden Zusammenhang nicht wesentlich ist, ob die Tabelle zunächst auf einem Datenträger gespeichert oder on line ausgedruckt wird).

So ist aus den Beispielen zu erkennen, daß es für jede der vier Möglichkeiten Situationen gibt, in denen sie den anderen vorzuziehen ist. Diese Feststellung stützt sich auf die *physiologischen Gegebenheiten des Menschen*, darf also auf unbegrenzte Zeit als gültig angesehen werden. Die zu Beginn des Computerzeitalters nicht selten vorgebrachte Vermutung, der Mensch werde sich früher oder später an ausschließlich digital dargebotene Daten gewöhnen, hat sich ja inzwischen sogar auf einem an sich für digitale Anzeigen günstigen Gebiet als irrig erwiesen: Armbanduhren werden massenhaft sowohl mit digitaler wie mit analoger Anzeige gekauft. Und ein Gerät wie der Kathodenstrahloszillograph ist aus der Prüftechnik schlechterdings nicht wegzudenken.

Der Materialprüfer wird auch in Zukunft auf das Digitalvoltmeter ebensowenig verzichten wollen wie auf die Skala mit dem Zeiger, auf die Tabelle ebensowenig wie auf das Diagramm.

3.7 Programmierung

Um der Steuerung den Vergleich zwischen Soll- und Ist-Zustand der Probe zu ermöglichen, muß eine Programmierung die nötigen Soll-Daten liefern.

Es wäre ein Irrtum anzunehmen, das Prüfwesen habe in seiner Frühzeit einer Programmierung ermangelt. Allerdings hatte man dazu noch keine speziellen Einrichtungen nötig, die als Teilsysteme hätten betrachtet werden können. Die ganze Ausrüstung, die damals zur Programmierung erforderlich war, bestand, etwas pointiert ausgedrückt, *aus einem Blatt Papier*, auf dem die auszuführenden Arbeitsgänge aufgelistet waren. Es herrschte also eine vollständige Analogie zur handschriftlichen Datenausgabe in Tabellenform, und meist dienten auch ein und dieselben Protokollblätter der Programmierung wie der Datenausgabe: Beispielsweise wurden die in einer bestimmten Reihenfolge aufzubringenden Prüfkräfte vor Beginn eines Versuches als Programm, die von ihnen herrührenden Verformungen während des Versuches als Datenausgabe in eine Tabelle eingetragen.

Die im Unterabschnitt 3.6.1 skizzierte Entwicklung der Geräte zur Messung und Datenausgabe findet denn auch eine weitgehende Entsprechung auf dem Gebiet der Programmierung. In der dort erwähnten ersten Phase geschah fast nichts, sofern man nicht Geräte zur Aufrechterhaltung konstanter Prüfparameter oder konstanter Änderungsgeschwindigkeiten schon als *Vorläufer eigentlicher Programmiergeräte* betrachten will. Als Beispiele auf dem Gebiet hydraulischer Antriebe mögen der Druckregler und der Stromregler dienen (beide in Unterabschnitt 3.3.5).

Erst in der zweiten Phase mußten, als Voraussetzung für die Entwicklung der Servohydraulik, automatische Programmiergeräte entstehen. Entscheidendes Merkmal – auch hier eine Analogie zu Messung und Datenausgabe – war die im Zeichen hoher Kompatibilität stehende Verwendung normalisierter elektrischer Ausgangssignale. Zwei Grundformen solcher *Funktionsgeneratoren* waren damals zu unterscheiden: Die einen boten eine breite Auswahl an Rampen für konstante Änderungsgeschwindigkeiten sowie verschiedene zyklische Funktionen (etwa Sinus, Dreieck, Trapez und Rechteck, Abb. 170) mit wählbaren Frequenzen. Die anderen waren für die Wiedergabe unregelmäßiger Beanspruchungsfolgen bei Ermüdungsversuchen vorgesehen, wobei damals die eindrücklichen Vorführungsgags (etwa das bereits erwähnte Abspielen von Melodien mit einem hydraulischen Antrieb als Lautsprecher) nicht darüber hinwegtäuschen konnten, daß die Synthetisierung eines wirklichkeitsnahen Programms eine außerordentlich aufwendige Arbeit bedingte.

Zwei Neuerungen erschienen gegen Ende der sechziger Jahre auf dem Markt. Einerseits handelte es sich um den ersten *Funktionsgenerator mit digitaler Berechnung* der Ausgangssignale (Abb. 105), andererseits um die erste Prüfmaschine mit *integriertem Computer* (Abb. 171). Damit wurde die dritte Entwicklungsphase eingeleitet. Denn nur auf digitalem Wege konnte die Langzeitstabilität erzielt werden, deren die Prüftechnik bedurfte und die von den bis dahin üblichen analog arbeitenden Funktionsgeneratoren nicht erwartet werden durfte.

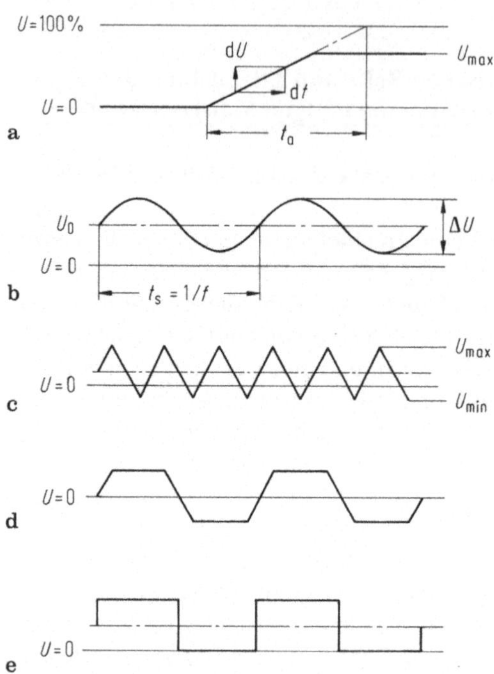

Abb. 170a-e. Programme üblicher Funktionsgeneratoren. **a** Zügiger Versuch, festgelegt durch t_a bzw. dU/dt und U_{max}. Bemerkung: Kraft als Regelgröße bedingt separate Hubbegrenzung bei Versagen der Probe. **b** bis **e** zyklische Versuche, **b** und **c** mit Beispielen für die Festlegung durch drei Parameter (**d** erfordert einen vierten Parameter, **e** nicht). Selten benützte Option: ungleiche Verweilzeiten auf U_{min} und U_{max}. f = Frequenz; t = Zeit; t_a = Anstiegszeit auf U = 100 %; t_s = Schwingungszeit; U = Spannung am Ausgang; U_{min}, U_{max} = Extremwerte von U; U_o = Mittelspannung

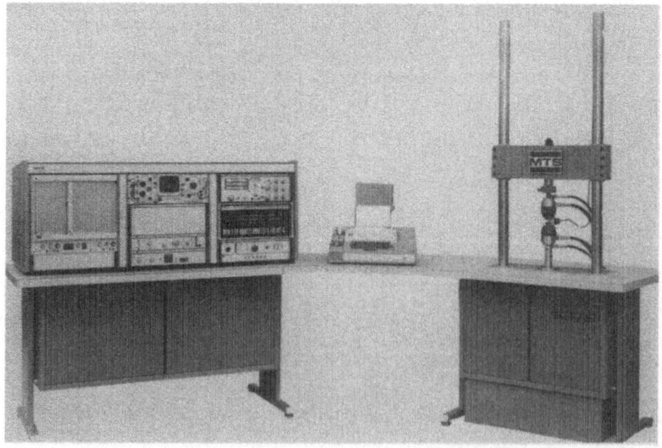

Abb. 171. Erste Prüfmaschine mit integriertem Computer aus den späten sechziger Jahren. Für heutige Begriffe großer Raumbedarf der Elektronik, deren Möglichkeiten beträchtlich unter denjenigen moderner Ausführungen lagen. (Produkt und Bild MTS)

Und nur durch die bewußte Integration eines Computers in ein Prüfsystem konnte die Bahn geebnet werden für das, was man eigentlich mit CAT („Computer Aided Testing") bezeichnen müßte, wenn das Prüfwesen ebenso anfällig auf modische Kürzel wäre wie andere Gebiete...

Damit war der Weg der dritten Phase vorgezeichnet, denn verschiedene *andere Programmiersysteme*, die da und dort aus der Taufe gehoben worden waren, konnten sich gegenüber den beiden erwähnten nicht behaupten. Das gilt sowohl für die Programmierung eines einzelnen Parameters (Beispiel: photoelektrische Abtastung einer gezeichneten Kurve für den Verlauf von Kraft oder Verformung) als auch für Einzweck-Kleinrechner (Beispiel: automatische Führung eines kompletten Zugversuches samt Berechnung des E-Moduls und der Streckgrenze). Immerhin sind für beide Fälle sinnvolle Ausnahmen zu erwähnen: Bei Ermüdungsprüfsystemen mit hoher Energierekuperation (etwa durch Resonanz) und Unmöglichkeit der Programmierung einzelner Lastwechsel kommt eine kombinierte Programmierung des Hauptparameters mit Blöcken kleinerer Amplituden sowie vom Hilfsantrieb realisierten großen Einzelwerten in Betracht (Abb. 172).

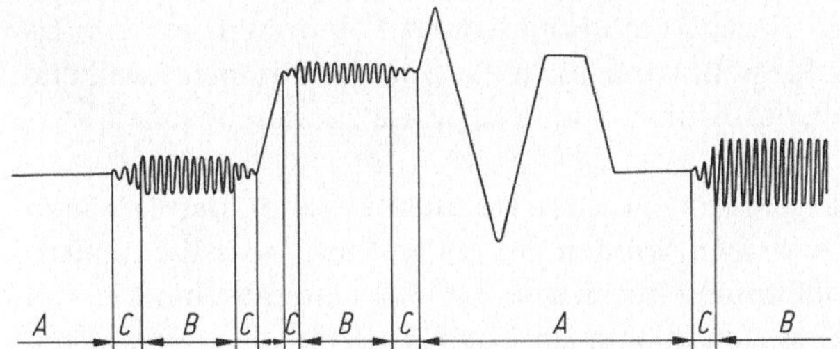

Abb. 172. Kombinierte Programmierung eines mit Energierekuperation (vorzugsweise Resonanz oder hydraulischen Pulsatoren) arbeitenden Prüfsystems. A = vom Hilfsantrieb erzeugte Abschnitte mit relativ großem Zeitaufwand; B = schnell gefahrene Abschnitte konstanter Ermüdungsschwingbreite (Blöcke); C = An- und Auslaufphasen der Blöcke. Diese Art der Programmierung nimmt eine Mittelstellung zwischen dem WÖHLERversuch und der freien Programmierung bei Servoantrieb ein

Und im Zusammenwirken mit hochspezialisierten Einzweck-Prüfsystemen ist auch der Einsatz von ad hoc konzipierten Einzweck-Rechnern unter Umständen die beste Lösung. Der Spielraum solcher Sonderausführungen wird aber mit den leistungs- und kostenmäßigen Fortschritten universellerer Computer immer enger.

Abgesehen von solchen Ausnahmen beherrscht aber der digital arbeitende Rampen- und Wellengenerator heute das Feld der einfachen und/oder zur Hauptsache vom Menschen überwachten Prüfungen, während der universelle Computer in ständig zunehmendem Maß komplexere Aufgaben übernimmt. Darauf soll im nachfolgenden Abschnitt näher eingegangen werden.

3.8 Vom Zusatzgerät zum Roboter

Prüfsysteme arbeiten nicht in einer bezugslosen Umgebung, sondern sind über zahlreiche Kanäle mit den verschiedensten Gegebenheiten außerhalb ihres unmittelbaren Bereiches verknüpft. Um die besagten Kanäle gewissermaßen schiffbar zu machen, bedarf es häufig einer zusätzlichen Ausrüstung, die es gestattet, die Einflüsse der Umgebung auf das Verhalten einer beanspruchten Probe wirklichkeitsnah zu simulieren. Damit ist eine erste Gruppe von Zusatzgeräten angesprochen.

Eine zweite Gruppe ist dazu bestimmt, den Ablauf der Prüfung zu rationalisieren, wobei das Optimum für jedes Prüfsystem durch die Gegebenheiten seines Einsatzprofils bestimmt wird.

In einer dritten Gruppe könnten Geräte zusammengefaßt werden, die der zweckentsprechenden Bereitstellung der Proben dienen. Deren Behandlung wäre aber gleichbedeutend mit einem Vordringen auf ein Gebiet, das zwar zum Umfeld der Prüfsysteme, nicht aber zu diesen Systemen selbst gehört. Damit wäre der Rahmen des vorliegenden Buches gesprengt.

Aus dem gleichen Grund soll auch ein klimatisierter Laborraum, in dem das Prüfsystem als Gesamtheit aufgestellt wird, nicht zur Sprache kommen, während eine in ein Prüfsystem eingebaute Klimakammer als Zusatzgerät behandelt werden soll.

Schließlich werden hier diejenigen Zusatzgeräte nicht erwähnt, die bereits in anderem Zusammenhang besprochen wurden, in erster Linie also Krafteinleitungs-, Beschickungs- und Meßmittel (Abschnitte 3.2, 3.6, Unterabschnitt 3.4.3).

Eine weitere Einschränkung des gebotenen Stoffes ergibt sich, wie schon mehrfach erwähnt, durch die unerläßliche Konzentration auf die wesentlichsten unter den sehr zahlreichen existierenden Arten von Geräten.

Die wichtigsten bei der *Simulation von Umgebungsbedingungen* zu berücksichtigenden Parameter wurden schon im Unterabschnitt 3.6.1 erwähnt. Es handelt sich um Temperatur, Feuchtigkeit, Chemismus und Bestrahlung. Diese Schädigungsquellen – um solche handelt es sich leider so gut wie immer – werden meistens einzeln oder zu zweien mit der mechanischen Beanspruchung kombiniert. Charakteristisch für solche Zweierkombinationen sind die Paare Temperatur + Chemismus (bei Korrosionsuntersuchungen) und Temperatur + Feuchtigkeit (bei biologisch mitbedigten Prüfungen). Die gleichzeitige Einwirkung von mehr als zwei Umgebungsparametern wird dagegen überwiegend ohne mechanische Beanspruchung vorgenommen, sei es durch natürliche, sei es durch künstliche Bewitterung. Eine Ausnahme: Die in Abb. 47 gezeigte Standprüfung von Betonträgern mit Klebarmierungen wird aus naheliegenden Sicherheitsüberlegungen heraus seit Jahrzehnten parallel unter Dach und im Freien geführt.

Die Vielzahl der zur Umweltsimulation erforderlichen Geräte ist nicht nur durch die verschiedenen darzustellenden physikalischen oder chemischen Größen gegeben, sondern auch durch deren sehr weit gespannte Bereiche. Um das vielleicht wichtigste Beispiel etwas genauer zu beleuchten: Die routinemäßi-

Abb. 173. Elektromechanisch angetriebene Maschine mit Spezialausrüstung für Prüfungen bei extrem tiefen Temperaturen. Das als Klimakammer dienende Gefäß enthält flüssiges Helium, womit Festigkeitsuntersuchungen in der Nähe des absoluten Nullpunktes möglich sind, angesichts der hohen elektrischen Kräfte an Supraleitern eine wichtige Aufgabe. (Produkte ZWICK und EMPA, Bild EMPA)

Abb. 174. Servohydraulische Spezialmaschine zur Prüfung bituminöser Materialien. Große Klimakammer für Temperaturen im straßenbaulich relevanten Bereich. Besonderheit der gezeigten Ausführung: extrem langer Zylinder im Hinblick auf die hohe Verformbarkeit der Proben. (Produkte THERMA und EMPA, Bild EMPA)

Abb. 175. Hochtemperaturofen für Versuche bis etwa 1600 °C. Man beachte die langen Krafteinleitungen, die dicke Isolationsschicht und den außenliegenden Dehnungsmesser (Abb. 157 d) mit seitlich in den Ofen eingeführten Tastern. (Produkt und Bild INSTRON)

Abb. 176. Brandversuch unter mechanischer Beanspruchung. Die Probe dient als Deckel des mit zehn Brennern ausgestatteten Horizontalofens, zu dem die im Bild noch am Kran hängende mobile Prüfmaschine als „Zusatzgerät" gehört. Ihr oberer quaderförmiger Rahmen trägt die (im vorliegenden Bild vier) Antriebszylinder. Der untere Rahmen nimmt die Biegemomente der Probe (im Bild Vierpunktbiegung) auf und trägt die Beine, auf denen die Maschine über dem Ofen steht. Unten links Pendelmanometer, ganz oben Sammelleitung für Abgase. (Produkte AMSLER und EMPA, Bild EMPA)

ge zerstörende Prüfung kann bei Temperaturen erfolgen, die knapp über dem absoluten Nullpunkt beginnen und bis zu mehr als 1500 Celsiusgraden reichen. Man wird also verstehen, daß eine Kammer für kryotechnische Untersuchungen (Abb. 173) anders aussehen muß als eine Universalkammer für Heiz- und Kühlversuche an Bitumen (Abb. 13, 174), die ihrerseits sehr verschieden ist von einem Ofen für Hochtemperatur-Keramik (Abb. 35, 175). Und auch die Größe der Probe und deren Zweckbestimmung können speziellen Bedingungen bei der Prüfung rufen und sich entsprechend auf das Prüfsystem auswirken (Abb 176).

Um ein Bild von den zu lösenden technischen Problemen zu geben, sei als Beispiel die *Zugprüfung bei sehr hohen Temperaturen* herausgegriffen und im Lichte der in der Folge dargelegten Gegebenheiten etwas eingehender betrachtet:

- Die geprüften Materialien sind häufig spröd und daher anfällig auf überlagerte Biegespannungen. Folglich sind gelenkige Krafteinleitungen erforderlich. Die hitzeempfindlichen Gelenke müssen außerhalb des Ofens untergebracht sein und werden in der Regel mit Wasser gekühlt.
- Es werden vor allem hoch temperaturbeständige Materialien geprüft. Folglich bestehen die in den Ofen eintauchenden Teile der Krafteinleitungen (für den direkten Kontakt mit der Probe sowie für die Kraftübertragung nach außen) kaum aus einem wesentlich widerstandsfähigeren Material als die Probe und müssen relativ große Querschnitte aufweisen, um eine vertretbare Lebensdauer sicherzustellen. Das macht sie zu Wärmebrücken zwischen dem erhitzten Innen- und dem gekühlten Außenraum.
- Damit ist die an sich schon heikle Temperaturmessung weiter erschwert, indem die Gefahr einer Wärmeabfuhr von der Probe nach außen besteht und die Probe dadurch einer anderen Temperatur ausgesetzt ist als vom Thermometer gemessen. Folglich müssen die Krafteinleitungen genügend weit in den Ofen eintauchen, um dort auch ohne wesentliches Zutun der Probe die Prüftemperatur anzunehmen (Abb. 177).

Abb. 177. Ofen und Krafteinleitung für Warmzugversuche an Proben mit keilförmigen Schultern. Zur Verminderung von Wärmeverlusten und Fehlmessungen ist der wassergekühlte Ofen doppelwandig ausgeführt, und die Zugglieder der Krafteinleitung sind außerhalb des heißen Bereiches quasi-kardanisch aufgehängt. (Produkt und Bild MAYTEC)

– Die Messung der Probenlänge ist ebenso heikel wie diejenige der Temperatur, weil neben der mechanischen auch die Wärmedehnung an der Probe wie am Meßgerät eine wesentliche Rolle spielt. Folglich werden die Dehnungsmesser (sei es für die Längs- oder die Querrichtung) zur Hauptsache außerhalb des Ofens angeordnet und die Verformungen durch seitlich in diesen hineinragende Arme abgegriffen.

Aus dieser keineswegs erschöpfenden Aufzählung wird es wohl klar, daß die Konstruktion eines guten Ofens samt dem erforderlichen Zubehör keine leichte Aufgabe ist. Bei anderen Bedingungen ergeben sich ähnliche Schwierigkeiten in abgewandelter Form. Darauf sei hier aber nicht näher eingegangen.

Die *Prüfung bei kontrollierter Feuchtigkeit* spielt sich – ähnlich wie auch diejenige bei geringfügiger Veränderung der Raumtemperatur oder des Druckes – meist in größeren konditionierten Räumen ab, in welche die Prüfsysteme hineingestellt werden. Aus der Schau des vorliegenden Buches darf es daher bei der Erwähnung bleiben, obwohl es sicher hochinteressante Fälle zu berichten gäbe wie mächtige Prüfhallen für ganze Flugzeuge oder Windkanäle für die Untersuchung von Kleidern und Hautmodellen.

Die Wichtigkeit der *Prüfung in einer chemisch definierten Umgebung* wird schon aus der Tatsache deutlich, daß nach den Erfahrungen des Verfassers von allen materialbedingten Schadensursachen im Maschinenbau neben (und zum Teil in Kombination mit) der Ermüdung die Korrosion an vorderster Stelle steht. Trotz dieser großen Bedeutung sucht man in den Unterlagen der etablierten Prüfmaschinenbauer meist vergebens nach eingehenden Angaben über entsprechende

Abb. 178. Korrosionszelle mit eingebautem Vierpunkt-Biegeversuch. Krafteinleitungen zwecks Schonung außerhalb der Zelle. Dichtungen zwischen Zelle und Probe müssen zugleich korrosionsbeständig und – angesichts der Probenverformung – elastisch sein. (Produkte SCHENCK und EMPA, Bild EMPA)

Zusatzgeräte; von Benützern hört man trotzdem kaum Klagen über das so gut wie inexistente Angebot. Dieser auf den ersten Blick paradox erscheinende Sachverhalt hat einen sehr einfachen Grund: Einerseits sind die benötigten Vorrichtungen (zur Hauptsache zweckmäßig geformte Gefäße, Abb. 178, allenfalls mit Zirkulationspumpen und Thermostaten, Abb. 61) zu einfach, um als finanziell interessante Produkte bestehen zu können; andererseits ist ihre Beschaffung bei der Laborbedarf-Branche zu problemlos, um einen nennenswerten Druck auf die Hersteller von Prüfsystemen zu bewirken.

Unter einer chemisch definierten Umgebung können – das sei am Rande vermerkt – sehr verschiedene Dinge verstanden werden. Es muß sich durchaus nicht immer um korrodierende Medien handeln. Beispielsweise kann ein Schutzgas oder Vakuum unter Umständen einen erheblichen günstigen (aber nicht immer praxiskonformen) Einfluß auf die Lebensdauer einer Probe haben, wie wohl jeder weiß, der über ausgiebige Erfahrungen mit der Ermüdungsprüfung von Leichtmetallen verfügt. Dies ist bei Versuchen an Maschinen ähnlich der in Abb. 132 dargestellten zu berücksichtigen.

Spricht man von Materialveränderung durch *Bestrahlung*, so denkt man in erster Linie an Schäden durch Radioaktivität, die im Zusammenhang mit der Nutzung der Kernenergie von großer Bedeutung sind. Hier ist der Bedarf an Zusatzgeräten geringer, als vielleicht erwartet werden könnte.

Dies ist durch die Notwendigkeit bedingt, dem Bedienungspersonal einen genügenden Strahlenschutz zu bieten, was am besten durch Aufstellung der Prüfmaschine in der heißen Zelle geschieht (Abb. 179). Die Maschine kann in den meisten Belangen völlig normal gestaltet sein, und Anpassungen sind nur insofern nötig, als die Bedienung entweder mit dem Manipulator zu bewerkstelligen oder als (allenfalls automatisierte) Fernbetätigung ausgeführt sein muß.

Wie der chemische Einfluß nicht auf Korrosion beschränkt ist, erschöpft sich derjenige der Strahlung nicht im radioaktiven Bereich. Beispielsweise werden verschiedene Kunststoffe durch ultraviolette Strahlen sehr ernsthaft geschädigt. Die erforderlichen Einrichtungen für eine Prüfung unter entsprechenden Bedingungen sind dank der geringeren Gefährlichkeit der Strahlen naturgemäß viel einfacher als bei radioaktiver Bestrahlung. Auch hier genüge der Hinweis und sei auf eine eingehendere Beschreibung verzichtet.

Zusatzgeräte zur *Rationalisierung der Prüfung* sind fast für jede Prüfmethode denkbar, sofern diese nicht schon extrem rationalisiert ist. Solche Geräte und Vorrichtungen werden häufig von den Laboratorien in eigener Regie entworfen und ausgeführt, sobald sich zeigt, daß ein bestimmter Vorgang häufig genug anfällt, um einen mehr oder weniger großen einmaligen Aufwand zu rechtfertigen. In diese Kategorie fällt der Anschlag, der es gestattet, eine Probe ohne zeitraubendes Zurechtschieben in die richtige Lage zu bringen; die speziell angefertigte Klammer für die rasche Befestigung eines Meßmikroskops zur Beobachtung des Risses beim Anschwingen einer bruchmechanischen Probe; die mit einem elektronischen Geber ausgerüstete Schublehre oder Waage zur Weitergabe von Probendaten an einen Computer (Abb. 180); der Balken, der die Aufhängung eines ziemlich flexiblen Stahlkabels an einem Kranhaken erlaubt (Abb. 129); und unge-

Abb. 179a, b. Heiße Zelle zur Prüfung radioaktiver Proben. **a** Arbeitsplatz außerhalb der Zelle. Links hinten Fenster (Bleiglas, Dicke 900 mm, Masse 2700 kg), beidseits davon Bedienung der Manipulatoren, rechts Schrank mit Steuer- und Registriergeräten. **b** Blick durch Fenster in die Zelle. In Bildmitte Pendelschlagwerk (Produkt MFL), davor Beschickungs- und Positionierungsgeräte für die Proben, links unten Probenmagazin, dahinter Ofen und Kühlschrank, an den seitlichen Bildrändern Manipulatoren (Bilder PSI)

zählte weitere Bequemlichkeiten, wie ein findiger Prüfer sie ersinnt, um Qualität und Schnelligkeit seiner Arbeit mit einfachen Mitteln zu verbessern. Fast bei jedem Besuch in einem größeren Labor trifft man solche Zusatzgeräte an, und man könnte wohl, nach entsprechenden Vorstudien, Dutzende von Seiten mit diesen Erfindungen ad hoc füllen. Der Charakter des Gebastelten haftet ihnen in durchaus positivem Sinne an: Da es sich oft um Probleme handelt, die sich ganz spezifisch auf die Arbeit an einer nur selten gepflegten Probenart beziehen, wäre es ein Ding der Unmöglichkeit, von den Herstellern der dazugehörigen Prüfsysteme die Lieferung derartigen Zubehörs zu verlangen. Daß solches für gute Kun-

Abb. 180. Zweimann-Arbeitsplatz für Betonwürfel-Prüfung (modernisierte Ausführung des ersten Konzeptes dieser Art). Vorne von rechts nach links: In Rollenstraße eingebaute Waage, Schublehren-Meßplatz, Prüfmaschine mit Trümmercontainer. Hinten Arbeitsplatz für (verdeckten) Computer und hydraulische Bedienung. Sämtliche Meßgeräte haben digitale Ausgänge zum Computer, der das Prüfprotokoll schreibt. Beispiel für hohe Rationalisierung trotz Verwendung einer alten Prüfmaschine. (Produkte EMPA, MFL, SIEMENS, Bild EMPA)

Abb. 181. Einfaches Zusatzgerät für die rationalisierte manuelle Beschickung einer Universalprüfmaschine. Die Vorrichtung erlaubt bereits außerhalb der Maschine eine exakte und schnelle Positionierung der Probe, womit nicht nur das Arbeitstempo, sondern auch die Reproduzierbarkeit der Resultate verbessert wird. (Produkt und Bild UTS)

den gelegentlich dennoch geschieht, kann nur durch zwei Argumente gerechtfertigt werden: einerseits Gefälligkeit zur Erhaltung der Kundengunst (gelegentlich auch als „Erpressung“ apostrophiert), andererseits die Hoffnung auf eine Herstellung in Serien bei weiterer Verbreitung der Idee (Stichwort: „Kinderkriegen“).

Es ist kein Zufall, daß zwei der oben erwähnten Beispiele (deren Auswahl durchwegs den Zufälligkeiten der Gedächtnisfunktion überlassen war) mit der *Beschickung von Prüfmaschinen*, also mit dem Einführen von Proben und dem Entfernen der Trümmer zu tun haben. Die Beschickung ist denn auch wohl das ergiebigste Gebiet, das über den Eigenbau hinaus auch zu professionell hergestellten Lösungen geführt hat. Hier zeigt es sich, daß das zunächst willkürlich erscheinende Zusammenführen von Zusatzgeräten und Robotik in einem gemeinsamen Abschnitt tiefer liegende Hintergründe hat. Denn von den einfachsten selbstgebauten Vorrichtungen über ergonomisch durchdachte Zusatzgeräte (Abb. 181) bis zur eigentlichen Robotik bestehen wohl erhebliche Unterschiede im Automationsgrad, nicht aber grundsätzliche Sprünge in der Rationalisierungsmethodik. Und es ist nicht etwa so, daß die höher automatisierte Lösung stets auch die bessere ist: Je nach den Gegebenheiten kann auch ein sehr einfaches Konzept in einem bestimmten Einsatzbereich sich als optimal erweisen.

Um als *Roboter* angesprochen zu werden, muß ein Prüfsystem in der Lage sein, einen häufig vorkommenden Prüfvorgang (etwa das Zerreißen von Flachstäben) an einer größeren Anzahl gleichartiger Proben vollautomatisch zu bewerkstelligen. Dazu müssen mindestens die folgenden Operationen ohne menschliches Zutun in der richtigen Abfolge durchgeführt werden:

- Beschickung (Bereithalten der Proben in einem Magazin, deren Einführen in die Maschine, Betätigung der Krafteinleitungen, Entfernen der Trümmer, deren Sammeln in einem Behälter);
- Versuchsführung (Erkennen der für Versuchsbeginn und Versuchsende maßgebenden Situationen, Betätigung des Antriebes, Abstellen und Signalgabe bei Leerung des Magazins oder Überfließen des Trümmerbehälters);
- Datenerfassung und Ausgabe (Messung aller relevanten Daten vor dem Beginn des Versuches und während seines Ablaufens, Verarbeitung der gemessenen Daten bis zur benötigten Endform, Speicherung auf den benötigten elektronischen und/oder in Klarschrift abgefaßten Datenträgern; Einzelheiten im Abschnitt 3.9).

Unter „vollautomatisch“ ist dabei eine Funktion zu verstehen, die während angemessener Zeit (etwa während der Arbeitspausen und – bis zur Leerung des Magazins oder Überfließen des Trümmerbehälters – auch über den Feierabend hinaus) ohne jede menschliche Aufsicht weiterläuft. Selbstverständlich muß im Falle von Pannen ein gefahrlos ablaufendes Abstellen des Systems und die Alarmierung des Bedienungspersonals ausgelöst werden.

Die erforderlichen Einrichtungen sind zum Teil so umfangreich, daß man sich mit Fug fragen kann, ob man es noch mit Zusatzgeräten zu tun habe oder mit übergeordneten Anlagen, deren *Prüfsysteme nur noch Teile eines umfassenderen Ganzen* sind. Es bestehen verschiedene konstruktive Varianten solcher Roboter mit sehr unterschiedlichem technischem Aufwand (Abb. 5, 182, 183, 184, 185). Ihre Gestaltung hängt in erster Linie vom Probenspektrum ab, welches seinerseits die Palette der möglichen Versuche samt den erforderlichen Bedienungsoperationen, das Kaliber, die in Frage kommenden Krafteinleitungen und die Losgröße

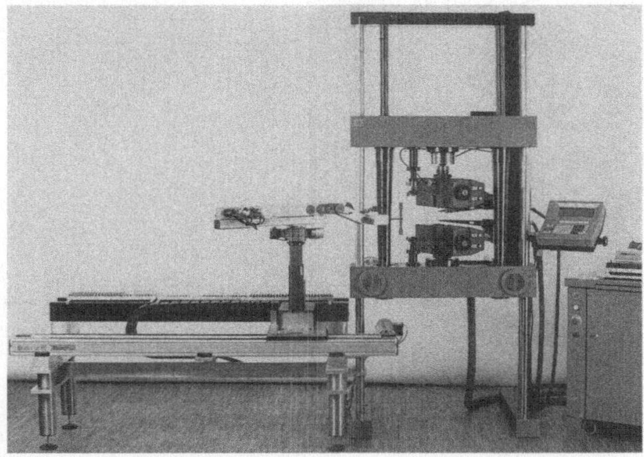

Abb. 182. Beschickungsautomat an Universalprüfmaschine. Links unten Probenmagazin, links von den Einspannköpfen Roboterarm beim Einführen einer Probe. (Produkt und Bild UTS)

Abb. 183. Kompakter Beschickungsautomat am Haupt-Prüfraum einer Zweiraum-Universalprüfmaschine. Durch die trommelähnliche Anordnung der Proben ist – naturgemäß bei beschränkter Probenzahl – eine raumsparende Konzeption möglich. (Produkt und Bild RK ROELL + KORTHAUS)

festlegt. Bemerkenswert ist dabei die Tendenz, die verfügbaren Prüfmaschinen möglichst unverändert auch in der Robotik einzusetzen. Ohne elektromechanische oder hydraulische Servotechnik bliebe ein solches Bestreben – zumindest bezüglich des Antriebes und der dazugehörigen Steuerung – ein frommer Wunsch. Daß auch der Computer hier sein Anwendungsfeld findet, braucht wohl nicht speziell erwähnt zu werden (Abschnitt 3.9). Das Bedürfnis nach seinem Einsatz ist vor allem eine Funktion der Komplexheit der auszuführenden Operationsfolgen sowie der erforderlichen Datenverarbeitung (beispielsweise für statistische Zwecke).

Abb. 184. In Robotersystem integrierte Universalprüfmaschine. Von links nach rechts: Druckluftaggregat; Meßgeräte für Vorprüfungen (je nach Bedarf: Probenabmessungen, Härte, Rauhigkeit usw.); Probenmagazin; Prüfmaschine mit pneumatischen Einspannköpfen, davor der in drei Richtungen bewegliche Roboterarm mit Probe am Greifer sowie – unten – Behältergruppe für sortierte Ablage der Trümmer; Elektronik. Im Hintergrund Computer und weiteres Probenmagazin. Der Roboterarm überstreicht die gesamte Fläche der in Reihe angeordneten Systemteile, womit die Freiheit eines fast beliebigen Funktionsablaufs sichergestellt ist. (Produkt und Bild ZWICK)

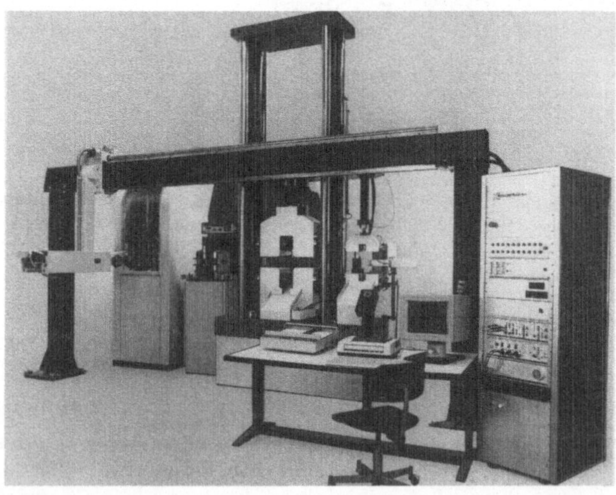

Abb. 185. Die Ähnlichkeit der Gesamtdisposition des dargestellten Robotersystems mit demjenigen von Abb. 184 deutet den Zwang an, dem der Aufbau solcher Einrichtungen durch die innere Logik des Funktionsablaufs unterliegt. Im vorliegenden Fall können beide Arbeitsräume der Prüfmaschine bedient werden. (Produkt und Bild RK ROELL + KORTHAUS)

Von der Einbeziehung eines Prüfsystems in eine übergeordnete technische Einheit größeren Ausmaßes (etwa eine Produktionsanlage) wurde kurz schon im Abschnitt 2.5 gesprochen. Hier sei noch ergänzt, daß dort die Verwendung normaler Roboter-Elemente – zumindest bei größeren Systemen mit komplizierten Funktionsabläufen – naheliegend und der Anschluß an eine zentrale Steuerung unerläßlich ist. Ähnliches gilt auch für Roboter, die mehrere Prüfoperationen an ein und demselben Los von Proben auszuführen haben.

3.9 Computer

Ein kleines Erlebnis war es, das dem Verfasser in den sechziger Jahren die Augen öffnete über die dem Computereinsatz innewohnenden (Zukunfts-) Aussichten für das Prüfwesen. Anläßlich eines Kongresses wurde unter anderem die etwas gespreizte Beschreibung einer teilweise automatisierten Beschickungseinrichtung für die Prüfung von Betonwürfeln vorgetragen. Mit Stolz verkündete der Redner, dank dieser Einrichtung sei es nunmehr möglich, bei Eintreffen eines Loses von Würfeln am Tage D das Prüfattest bereits am Tage D + 1 abzuschicken. In der Diskussion meldete sich der Vertreter einer großen Prüfanstalt und berichtete, in seinem Labor würden die Würfel nach alter Väter Sitte von Hand in die Prüfmaschine geschoben, und keine motorgetriebene Bürste wische die Trümmer in einen Behälter. Wenn aber ein Los am Tage D vor 10.00 Uhr eintreffe, so gehe das Attest gleichentags vor 17.00 Uhr zur Post. Dazu sei lediglich ein kleiner programmierbarer Tischrechner nötig, dem im Zuge der Prüfung (damals natürlich von Hand) die erforderlichen Daten der einzelnen Würfel (Abmessungen, Gewicht, Maximalkraft usw.) eingegeben würden, worauf das fertige Attest samt den erforderlichen statistischen Angaben über das gesamte Los von der Maschine automatisch ausgedruckt werde.

Dieses Beispiel einer Rationalisierung am richtigen Ort war äußerst eindrücklich. Dabei handelte es sich ja nur um eine bescheidene Maßnahme auf dem Teilgebiet der Datenausgabe.

Heute nimmt der Computer innerhalb eines Prüfsystems insofern eine Sonderstellung ein, als er, im Gegensatz zu den besprochenen Teilsystemen, nicht einen durch die Gegebenheiten des Prüfens eingegrenzten festen Aufgabenbereich abzudecken hat, sondern von *Fall zu Fall sehr verschiedene Funktionen* ausübt, von völliger Inexistenz bis zu einer beherrschenden Stellung, die ihn rechtens als „Gehirn“ des gesamten Systems erscheinen läßt.

Um die verwirrende Vielfalt der in diesem Zusammenhang bestehenden Möglichkeiten etwas zu ordnen, ist es von Nutzen, sich auf die im Abschnitt 3.1 angegebenen Definitionen zu besinnen und sich zu fragen, bei welchen Funktionen eines Prüfsystems die Mitwirkung eines Computers nützlich sein kann. Es zeigt sich dann, daß in erster Linie die drei Teilsysteme betroffen sein können, die in Abb. 8 zumindest teilweise strichpunktiert eingerahmt sind, also *Steuerung, Datenausgabe und Programmierung*. Bedenkt man, welch zentrale Rolle diesen Teilsystemen zukommt, kann man ohne weiteres die Spannweite eines integralen Computereinsatzes erahnen. Man wird auch verstehen, weshalb gewisse Funktionen wegen ihrer Kompliziertheit ohne Computer nicht auf befriedigende Weise zu bewerkstelligen sind, was bereits hie und da zu dessen marginaler Erwähnung in diesem Buch führen mußte. Namentlich wurden der Computereinsatz bei Mehrkomponenten-Prüfsystemen sowie die Fragen der digitalen Steuerung und des „remote parameter control" diskutiert (Unterabschnitte 3.3.7, 3.3.8). Es kommt noch hinzu, daß mit den drei erwähnten Teilsystemen die Palette des Möglichen noch nicht erschöpft ist, weil zahlreiche Zusatzgeräte ebenfalls auf den Computer angewiesen sind oder wenigstens dank seinem Vorhandensein wirksamer funktionieren und/oder besser in die Gesamtheit des Systems eingefügt werden können. Beispielsweise sind Roboter von einiger Kompliziertheit heute ohne Computer so gut wie undenkbar, obwohl ihre Verwirklichung mit anderen technischen Mitteln in vielen Fällen nicht unmöglich wäre.

Die *Geschichte des Computereinsatzes* in Prüfsystemen ist zeitlich recht kurz, inhaltlich aber äußerst dicht. Wie schon im Abschnitt 3.7 erwähnt, erschien der erste integrierte Computer in den späten sechziger Jahren auf dem Markt, nachdem ein Einsatz zur Lösung von Teilaufgaben da und dort schon früher in Angriff genommen worden war. Damit war der entscheidende Durchbruch aber noch nicht vollzogen. Das lag keineswegs an mangelndem Interesse bei den Herstellern von Prüfsystemen. Der Verfasser weiß aus eigenster Erfahrung, wie intensiv die Möglichkeiten einer innigen Verflechtung zwischen Maschinenbau und Informatik schon vor 1970 studiert wurden. Die Leistungsfähigkeit und der Preis der Computer ließen aber einen Einsatz auf breiter Front noch nicht zu. Erst mit dem Erscheinen des PC (Personal Computer) in den achtziger Jahren war der Bann gebrochen (LOHR, 1985). Es wurde sinnvoll, nicht nur hochgezüchtete und entsprechend kostspielige (Abb. 86), sondern auch verhältnismäßig wohlfeile Prüfsysteme (Abb. 48, 49, 54, 101) bei Bedarf zu „computerisieren" und an Aufgaben heranzugehen, von denen man früher – auch wenn die technischen Möglichkeiten an sich schon vorhanden waren – nicht einmal zu träumen gewagt hatte.

Damit ist allerdings nicht gesagt, daß schon heute alle vorkommenden Aufgaben mit dem PC allein gelöst werden können. Es kommen Fälle vor, wo dessen Leistungsfähigkeit (vor allem hinsichtlich der Schnelligkeit) vorderhand nicht ausreicht. Als Beispiel sei die Regelung mittel- bis hochfrequenter Ermüdungsversuche mit unregelmäßigen Beanspruchungsfolgen genannt. Trotzdem kann auch hier der PC mit Erfolg eingesetzt werden, wenn er mit schnelleren Interfaces zur Lösung der rein regeltechnischen Aufgaben (digitalen Prozessoren oder Analogschaltungen) kombiniert wird, denen er gewissermaßen als Langzeitgedächtnis und Kommandozentrale dient. Beim nach wie vor ungebremsten Entwicklungstempo im Computerbau ist es aber wohl nur eine Frage der Zeit, bis auch die Bearbeitung extrem anspruchsvoller Funktionen mehr und mehr mit relativ billigen rein digitalen Computern ohne Zuhilfenahme zusätzlicher Mittel möglich werden wird.

Nach dem Erscheinen des PC zeichnete sich bald eine zunehmende Änderung der Kostenverteilung ab: Früher war der Anschaffungspreis des eigentlichen Computers, also der Hardware, meist als begrenzendes Kriterium wirksam. Die laufende Verbilligung auf diesem Sektor, verbunden mit einem stetigen Wachstum der Einsatzmöglichkeiten, ergab eine Verlagerung des Aufwandes in Richtung auf die Software, die heute in vielen Fällen den entscheidenden Posten der Kostenrechnung ausmacht.

Es liegt in der Natur des Computers, Brücken zu schlagen zwischen Funktionen, die ursprünglich als wesensfremd erscheinen mochten. So zeigt sich bei Mitwirkung eines Computers eine derart enge Verflechtung von *Steuerung und Programmierung*, daß eine gemeinsame Betrachtung beider angezeigt erscheint. Hier sind zunächst zwei kurze Bemerkungen zur Sprachregelung unerläßlich:

Zum ersten: Wenn in der Folge von „Computern" die Rede ist, so können allenfalls erforderliche Interfaces der oben im Zusammenhang mit den Leistungsgrenzen des PC erwähnten Art ohne speziellen Kommentar mit eingeschlossen sein, sofern sie mit dem eigentlichen Computer zu einem logisch kohärenten Ganzen verschaltet sind. Zum zweiten: Bis dahin wurden die Begriffe „Steuerung" und „Programmierung" vornehmlich im Zusammenhang mit der Funktion von Antrieben verwendet. Betrachtet man diese Begriffe unter dem Gesichtswinkel des Computereinsatzes, so muß man sie beträchtlich weiter fassen. In der Tat ist der Computer in der Lage, nicht nur die regeltechnischen Belange abzudecken, sondern auch die gesamte Vorbereitung und Durchführung eines Versuches als Programm zu speichern und in der richtigen Abfolge mehr oder weniger automatisch zu steuern. Das gilt natürlich in erster Linie für häufig wiederkehrende Versuchstypen, für die die Anschaffung der erforderlichen Software sich lohnt. Immerhin kann bei geschickter Gestaltung der Programme mit einem einzigen Software-Paket eine erhebliche Anzahl verschiedener Versuche durchgeführt werden, sofern diese in ihrem prinzipiellen Ablauf untereinander genügende Ähnlichkeit aufweisen. In diesem Sachverhalt liegt einer der Gründe für die Möglichkeit, auch relativ billige Prüfsysteme auf sinnvolle Weise mit Computern zu betreiben.

Die Arbeit bei einer im soeben skizzierten Sinn computergestützten Versuchsführung spielt sich in der Regel als *Dialog zwischen dem Operateur und dem Computer* ab, wobei dieser dafür sorgt, daß jener nichts wesentliches vergißt. Ob dem Operateur ein Satz von Wahltasten oder eine Maus zur Verfügung steht, hängt vom gewählten Computer ab und darf als untergeordnetes Merkmal angesehen werden. Wesentlich ist dagegen, daß der Computer dem Operateur stets zu verstehen gibt, welche Entscheidung als nächste von ihm erwartet wird. Wesentlich ist auch das Anbieten eines Menüs, also der zur Wahl stehenden Varianten für jede Entscheidung. Wesentlich ist schließlich die Reihenfolge, in der die Menüs angeboten werden, damit das Risiko überflüssiger Arbeit möglichst klein bleibt. Die letztgenannte Forderung sei durch ein Beispiel illustriert: Die Art der zu prüfenden Probe sollte unter den ersten Menüs eingeordnet sein, damit nicht nach gewissenhafter Eingabe einer größeren Anzahl von Befehlen die Feststellung auf dem Bildschirm erscheint : „Diese Probe ist für die Maschine zu groß" (was in gewissen hausgemachten Programmen mit neckischen Freundlichkeiten wie: „You darned fool..." garniert wird).

Der Dialog (Abb. 186) enthält für das Beispiel eines *zügigen Versuches* im Prinzip die folgenden Fragestellungen:

Versuch	Eingegeben	Bemerkungen
Zug Druck *Zug-Druck* Bruchmechanik Knick Biegung Andere	Zug-Druck	*Einspannköpfe 783 für Zug-Druck nicht geeignet*

a

Versuchsführung	Eingegeben	Bemerkungen
Norm Zügig Stand Relexation *Ermüdung* Andere	Zug-Druck Ermüdung	*Große Pumpengruppe einschalten*

b

Material-Schätzwerte	Eingegeben	Bemerkungen
E-Modul (GPa): *210* Streckgrenze (MPa): *1600* Festigkeit (MPa): *1500* Dehnung (%): *5* Andere	Zug-Druck Ermüdung E - Modul 210 GPa *Streckgrenze?* *Festigkeit?* Dehnung 5 %	*Streckgrenze und Festigkeit kontrollieren*

c

Probenform	Eingegeben	Bemerkungen
Norm Prismastab *Zylinderstab* Flachstab Kopfstab Andere	Zug-Druck Ermüdung E-Modul 210 GPa Streckgrenze 1500 MPa Festigkeit 1600 MPa Dehnung 5 % Zylinderstab	*Einspannköpfe 866 oder 868 montieren*

d

Abb. 186a-c. Beispiel für die ersten vier Schritte **a** bis **c** eines Dialoges zwischen Operateur und Computer an einer Universalprüfmaschine. Der Computer legt bei jedem Schritt in der linken Kolonne ein Menu vor, worauf (mit Maus und/oder Tastatur) die gewünschte Eingabe erfolgt, die unter „Eingegeben" gespeichert wird. Abkürzungsmöglichkeiten: Eingabe „Norm" liefert Menu aus Normen-Nummern, was ein Überspringen mehrerer Schritte gestattet. Der Computer signalisiert unter „Bemerkungen" feststellbare Fehleingaben (Streckgrenze>Festigkeit in **c**) und zu wählende oder zu meidende Krafteinleitungen, sofern diese selbstidentifizierend sind (Beispiel in **a**). Je nach Zweck und logischem Aufbau des Systems sind äußerst verschiedenartige Dialogformen möglich

- Art des Versuches (z.B. Zug, Druck, Biegung, Bruchmechanik usw.);
- Signifikante Parameter (z.B. Zahl der zu prüfenden Proben, Material, Abmessungen der Proben, Art der Krafteinleitung, erwartete maximale Kraft oder Spannung, erwartete maximale Formänderung oder Dehnung, Beanspruchungsart nach Kraft oder Verformung, Beanspruchungs-Geschwindigkeit; Kriterien für Beendigung des Versuches, zu respektierende Grenzwerte, Bedingungen für die Betätigung allfälliger Zusatzgeräte usw.);
- Auswertungsziele (Bruchspannung, E-Modul, Streckgrenze, Bruchzähigkeit, Gleichmaßdehnung, Querkontraktion, statistische Auswertung usw.);
- Ausgabe (Form, auszugebende Daten, zeit-, verformungs- oder resultatgebundene Ausgabekadenz usw.).

Die Aufzählung darf weder als bindend noch als vollständig betrachtet werden, da je nach Versuchsziel sehr verschiedene Bedürfnisse zu erfüllen sind. Zudem ist hinsichtlich der Terminologie eine gewisse Vorsicht geboten, weil sie nicht von allen Herstellern gleich gehandhabt wird. Bei einer Anschaffung ist es auf jeden Fall vorteilhaft, die angebotene Software darauf hin zu prüfen, in welchem Maß sie den im konkreten Fall gestellten Anforderungen entspricht. Je nach diesen Anforderungen kann ein und dieselbe Software im einen Fall vorzüglich, im anderen weniger gut abschneiden. Daß dabei subjektives Empfinden auch eine Rolle spielen kann, sei nicht verschwiegen.

In diese Prüfung der Software sollten auch deren praktische Hinweise einbezogen werden. Feststellungen wie: „Sie haben nicht die richtige Einspannvorrichtung“ oder: „Sie könnten mit einer schwächeren Meßdose auskommen“ deuten zum Beispiel auf das Vorhandensein sogenannter „selbstidentifizierender“ Teilsysteme und damit auf einen höheren Grad der Selbstkontrolle als für das oben erwähnte Beispiel mit der zu großen Probe benötigt. Manche dieser Finessen mögen als überflüssig abgetan werden. Man sollte sich aber als Käufer die Frage stellen, ob sie nicht unter bestimmten Umständen ihren Nutzen haben könnten.

Schließlich ist es auch von Bedeutung, in welchem Maß die Möglichkeit in das Programm einbezogen ist, Abkürzungswege einzuschlagen. Ein Beispiel: Die Nummer einer normativen Bestimmung (in der Terminologie der obigen Aufzählung unter „Art des Versuches“ einzugeben) kann zahlreiche Angaben einschließen, vor allem über signifikante Parameter (etwa Abmessungen der Proben, Art der Krafteinleitung, Beanspruchungsart, Beanspruchungs-Geschwindigkeit, Kriterien für Beendigung des Versuches), aber auch über Auswertung und Ausgabe. Damit wird die Vorbereitung des Versuches radikal abgekürzt. Nach Möglichkeit sollte man auch in die Lage versetzt sein, solche Wege für häufig verwendete laboreigene Versuchsarten ohne großen Aufwand nachträglich in das Programm einfügen zu können.

Eine Bemerkung ist wohl noch zur Frage des *optimalen Einsatzprofils* derartiger Arbeitshilfen am Platze: Man begegnet nicht selten der Ansicht, sie seien nur dort nützlich, wo es sich um sehr große Zahlen von gleichartigen Proben handelt. Dem ist keineswegs so. In Wirklichkeit bestehen dann die besten Voraussetzungen, wenn man bei raschem Wechsel verschiedene Probenarten zu prüfen hat, die mit ein und derselben Software behandelt werden können. Der Übergang von einer Probenart zur anderen spielt sich dann ungemein schnell und praktisch fehlerfrei ab, sofern nicht an den maschinenbaulichen Teilen umständliche Eingriffe erforderlich sind (wie das Auswechseln schwerer Einspannköpfe). Für die Prüfung von großen Serien gleichartiger Proben sind in manchen Fällen reine Einzwecksysteme mit hohem Automationsgrad (allenfalls mit Robotern) und trotzdem reduziertem mechanischem und elektronischem Aufwand vorteilhafter. Die Situation ist hier ganz ähnlich wie bei numerisch gesteuerten Werkzeugmaschinen, deren größte Stärke ebenfalls bei den Klein- und Mittelserien liegt.

Blättert man die Unterlagen der auf diesem Sektor führenden Hersteller durch, so findet man naturgemäß eine Anzahl von *maßgeschneiderten Software-Paketen* für spezifische Anwendungen. Daß dabei nicht nur Programmierung und Steuerung, sondern auch die Datenausgabe berücksichtigt ist, liegt nahe. Der Vorzug des Computereinsatzes liegt ja gerade im ganzheitlichen Herangehen an die Lösung einer Aufgabe. Da das Software-Angebot sich beständig in schnellem Tempo weiterentwickelt, ist es nicht zweckmäßig, hier eine Aufzählung vorzulegen, die rasch veraltet. Der am Detail Interessierte wird sich mit Vorteil direkt an die spezialisierten Firmen wenden.

Der *Computereinsatz in der Ermüdungsprüfung* ist von völlig anderen Voraussetzungen bestimmt. Der rasche Wechsel von Proben und Probenarten ist hier wegen der vergleichsweise langen Versuchsdauern nicht als wesentlicher Faktor anzusehen. Es dreht sich also nicht so sehr um eine Optimierung der Vorbereitung, als um die Gestaltung des Versuches selber.

Bei Prüfung mit konstanter Schwingbreite kann ein Computer allerdings bestenfalls Nebenaufgaben erfüllen (von denen später noch die Rede sein soll), sofern er nicht bei der regeltechnischen Funktion mitwirkt (von der oben schon gesprochen wurde). Auch für Blockprogramme ist seine Verwendung nur dann von Interesse, wenn er ohnehin schon vorhanden ist und damit logischerweise auch zur Speicherung der relativ wenigen erforderlichen Datentripel (Schwingbreite und Mittelwert der Kraft, Lastspielzahl) dienen kann. Das eigentliche Feld des Computers im Rahmen der Ermüdungsprüfung betrifft somit Versuche mit unregelmäßigen Beanspruchungsfolgen (englisch meist als random loading bezeichnet). Damit ist offensichtlich die enge Verknüpfung zwischen Computer und Servohydraulik angesprochen, da kein anderer Antrieb beim heutigen Stand der Technik in gleichem Maß für die rationelle Verwirklichung ständig wechselnder Beanspruchungen geeignet ist.

Allerdings könnte man einwenden, Beanspruchungsfolgen, die mehr oder weniger modifizierte Abbilder in der Praxis aufgenommener Abläufe darstellen, könnten ohne weiteres in einem vom Prüfsystem unabhängigen Computer (also „off line") vorbereitet und auf einem Datenträger gespeichert werden, so daß das Prüfsystem nur mit einem Gerät zum laufenden Abrufen dieser Daten ausgerüstet sein müßte. Das stimmt an sich. Dennoch wird der komplette Computer regelmäßig vorgezogen. Das hat mehrere Gründe:

Zum ersten sind die erforderlichen Datenmengen unter gewissen Umständen sehr groß. Das gilt bei praxiskonformen Nachfahrversuchen über viele Millionen von Lastwechseln samt Umrechnungen für andere Konfigurationen, wie zum Beispiel für eine andere Auslastung eines Flugzeuges oder für die Extrapolation auf ein anderes Flugzeug. Hier erscheint es sinnvoll, für jeden charakteristischen Fall nur ein volles Programm zu speichern und die genannten Umrechnungen „on line" durchzuführen. Zum zweiten wird sehr viel mit synthetischen Programmen gearbeitet, die auf der Kombination gewisser Charakteristiken (etwa einer Häufigkeitsverteilung der Schwingbreiten) mit einer künstlich erzeugten Zufallsfolge der verschieden großen Lastwechsel beruhen. Hier ist ein freies Experimentieren nur möglich, wenn man nicht jedes neue Programm extern rechnen muß, sondern seine Synthese direkt im systemeigenen Computer bewerkstelligen kann. Zum dritten ist es natürlich bequem, mit ein und derselben Ausrüstung alle Arten von Ermüdungsprüfungen, vom WÖHLER- bis zum Nachfahrversuch, ausführen zu können. Zum vierten schließlich gestattet das Vorhandensein eines Computers die rationelle Behandlung verschiedener Nebenaufgaben. Hier lohnt sich die Aufzählung einiger Beispiele: Eines betrifft die gelegentliche statische Prüfung mit einer an sich für Ermüdungsversuche vorgesehenen Maschine. Diese Möglichkeit ist besonders in der Bruchmechanik wertvoll, wenn der abschließende Versuch dem vorangehenden Anschwingen der Probe ohne Umspannen und mit einem Minimum an sonstigen menschlichen Interventionen folgen kann. Ferner ist eine konzertierte Betätigung des Antriebes und allenfalls vorhandener Zusatzgeräte in einem Ermüdungsversuch von erheblichem Interesse, beispielsweise das Abstellen des Antriebes nach Erreichen einer automatisch gemessenen Anschwing-Rißlänge oder das Ändern einer mit der mechanischen Beanspruchung korrelierten Temperatur. Auch das Wahrnehmen von Sicherheitsaufgaben kann dem Computer aufgebürdet werden, der nicht nur die Einhaltung fest eingestellter Grenzwerte zu überwachen, sondern auch deren laufende Anpassung an die jeweils vorliegende Parameter-Konfiguration zu besorgen vermag.

Daß bei Einsatz eines Computers der eigentlichen *Ausgabe von Daten* auch deren Verarbeitung vorangehen kann, ist selbstverständlich. Sonst würden ja die diesem Zweck dienenden Elemente des Computers (Drucker, Plotter und computergängige Datenträger) lediglich als Mittel der Datenausgabe verwendet, was kaum zu mehr als zu einer kurzen Erwähnung Anlaß gäbe. Die Aufbereitung der Daten zum weiteren Gebrauch stellt also hier den Kernpunkt dar, wie zu Beginn des vorliegenden Abschnittes anhand eines Beispiels dargelegt wurde. Dieses steht für die vielen Standardprüfungen, die den Vorzügen des Computers in idealer Weise entgegenkommen durch häufige Wiederholung ein und desselben Rechnungsganges mit stets wechselnden numerischen Werten. Angesichts ihrer großen Bedeutung ist ein näherer Kommentar wohl angezeigt.

Die bei Standardprüfungen gefragten Ausgabedaten sind nur zum Teil direkt meßbar (Verformung, Kraft, Umgebungsparameter usw.). Ausgerechnet die für Quervergleiche so wichtigen bezogenen Daten (Dehnung, Spannung, Streckgrenze, Bruchzähigkeit usw.) lassen sich nur durch Berechnung aus den Meßwerten ermitteln. Bei Reihenprüfungen kommen für jedes geprüfte Los noch die statistischen Angaben (Mittelwert, Streuung usw.) hinzu, die ebenfalls nur durch Berechnung zugänglich sind. Sie mögen übrigens als Beispiel dienen für die zahlreichen Arten der Informationsverdichtung, welche beim Vorliegen großer Datenmengen zur Wahrung der Übersicht unerläßlich sind.

Es ist kein Zufall, daß die der Ausgabe vorangehende Verarbeitung von Daten schon früh als Mittel zur Rationalisierung der Prüfung eingesetzt wurde. Denn hier bestand die Möglichkeit, einen Rechner zu verwenden, der mit dem Prüfsystem nur über den ablesenden und den an der Tastatur arbeitenden Menschen verbunden war, also keiner physischen Ankoppelung an das Prüfsystem bedurfte, was damals mehr Umtriebe mit sich gebracht hätte als heute. Die in jener Zeit eingesetzten Zweierteams (Abb. 180; LEUTERT et al., 1980) arbeiteten übrigens so flink, daß man wohl behaupten darf, der Schritt vom computerlosen Zustand zum ersten zweckmäßig eingesetzten Tischrechner sei zumindest auf dem Sektor der Datenausgabe größer gewesen als der nachfolgende Übergang zu höheren Stufen der Automation.

Im Abschnitt 3.1 wurde gesagt, der Einsatz des Computers habe manchen Zweigen der Prüftechnik ein neues Gesicht gegeben. Bei Durchsicht des vorliegenden Abschnittes kann man auch den Grund dafür angeben: Der Computer ist weder an ein bestimmtes Teilgebiet noch (wie in seiner Anfangszeit) an besonders teure und anspruchsvolle Systeme gebunden; er kann auf einem außerordentlich weiten Feld eingesetzt werden, ebenso nützlich als Arbeitshilfe bei der Prüfung einfacher Normproben wie in der Rolle eines unerläßlichen Teilsystems im „remote parameter control“ und in der Robotik. Und er kann gerade dort wertvolle Dienste leisten, wo der Mensch – wie häufig bei neuartigen oder besonders heiklen Versuchen – die Kontrolle über das Geschehen nicht einem Automaten überlassen darf.

Viertes Kapitel
Beschaffung von Prüfsystemen

4.1 Spezifikation

Schon im Vorwort wurden als Zielpublikum dieses Buches sowohl die Hersteller als auch die Benützer von Prüfgeräten bezeichnet. Bei der umfangreichen Beschreibung von Gesamt- und Teilsystemen waren zweifellos in erster Linie die Hersteller angesprochen. Im vorliegenden Kapitel sind es die *Benützer* mindestens in gleichem Maße. Denn die Beschaffung führt unweigerlich beide Seiten direkt oder indirekt (etwa durch Vertreter oder Zwischenhändler) als Verkäufer und Käufer zusammen. Sie ist also Schnittstelle und als solche von vorneherein pannenverdächtig. Die folgenden Ausführungen weisen auf Punkte hin, deren Beachtung geeignet ist, Mißverständnisse und damit auch Pannen bei Vorbereitung und Abwicklung von Beschaffungen auf ein Minimum zu beschränken.

Eine Bemerkung zur Sprachregelung: Da Prüfsysteme sehr häufig (um nicht zu sagen: in der Regel) direkt vom Hersteller an den Benützer geliefert werden, soll implizit der *Hersteller auch als Verkäufer, der Benützer als Käufer* betrachtet werden. Es soll also nicht auf die gelegentlich vorkommenden Komplikationen eingegangen werden, die durch das Dazwischentreten einer dritten Stelle entstehen können, insbesondere wenn diese Stelle als selbständiger Zwischenhändler ein System vom Hersteller kauft und dem Benützer weiterverkauft. Bemerkt sei nur, daß in einem solchen Fall die gegenseitigen Verantwortlichkeiten frühzeitig und eindeutig geregelt und in den Verträgen festgeschrieben werden müssen. Eine nicht selten vorkommende Klausel schaltet den Zwischenhändler bei der technischen Abnahme aus und überläßt diese direkt dem Endabnehmer, also dem Benützer.

Mit dem letzten Absatz ist ein an sich wichtiger Aspekt angeschnitten, der ausgeklammert bleiben muß: Es ist nicht Sache eines gänzlich auf technische Fragen ausgerichteten Buches, Anleitungen zu *kaufmännischen Problemen* zu liefern. Das wäre nicht sinnvoll und ist auch unnötig, weil der Handel mit Prüfsystemen sich nicht anders abspielt als derjenige mit anderen hochqualifizierten technischen Investitionsgütern. Fragen mit kaufmännischem Gehalt werden also nur in dem Maße aufgeworfen, als dies im Rahmen einer klaren Abwicklung auf technischem Gebiet notwendig ist.

Kernpunkt einer für beide Seiten (Hersteller und Benützer) befriedigenden Abwicklung der Beschaffung ist die Einigung auf eine umfassende und unzweideutige *technische Spezifikation*. Deren Aufgabe geht wesentlich über die Festlegung des Lieferumfanges hinaus: Sie stellt auch die Basis für allfällige Nachprüfungen der Leistungen und für die Vermeidung von Meinungsverschiedenheiten dar.

Wenn in der Folge versucht wird, einige für die Erfüllung dieses Zweckes dienliche Verhaltensmaßregeln zu formulieren, so geschieht dies in Anlehnung an die bereits mehrfach erwähnte Empfehlung der RILEM (1983), deren zwangsläufig etwas schematische Formulierungen zum vorliegenden Thema stellenweise stark gerafft und in einer den Anforderungen dieses Buches angepaßten Weise abgeändert wurden.

Zunächst ist aber festzustellen, daß die bis dahin verwendete Aufteilung eines Prüfsystems nach Teilsystemen für eine Spezifikation nicht brauchbar ist, weil keineswegs immer nur Teilsysteme geliefert werden. Eine spezifizierte und mit einem Preis versehene *Lieferungseinheit* (in der RILEM-Empfehlung als „Spezifikationseinheit“ = „specification set“ bezeichnet) kann zum Beispiel eine ganze Prüfmaschine sein, also ein aus mehreren Teilsystemen bestehendes Prüfsystem, ebensogut aber auch ein servohydraulisches Ventil, also ein kleiner Teil des Teilsystems „Antrieb“.

Mehr noch: Die erwähnte Empfehlung gestattet auch die Einführung zusätzlicher Lieferungseinheiten („additional specification sets“), um bei modularem Charakter einer Lieferung die Leistungen verschiedener Konfigurationen zu spezifizieren. Ein Beispiel: Eine Prüfmaschine wird mit zwei leicht auswechselbaren Antriebszylindern stark verschiedenen Kalibers geliefert. Dann ist es empfehlenswert, die Maschine mit jedem der beiden Antriebe als Gesamtsystem zu spezifizieren. Die Ausführung mit dem weniger häufig benützten Antrieb würde dabei als zusätzliche Lieferungseinheit betrachtet.

Bei der Unterteilung in Lieferungseinheiten zeigt sich eine Divergenz zwischen den *Interessen der Beteiligten*: Der Hersteller, der sein Sortiment vernünftigerweise nach dem Baukastenprinzip konzipiert hat, würde in der Regel eine größere Gesamtlieferung gerne in eine Vielzahl kleiner Lieferungseinheiten aufteilen, deren Qualität in den dazugehörigen Datenblättern festgehalten wäre. In manchen Fällen würde es ihm aber – speziell bei neu zusammengestellten Gesamtlieferungen – nicht leicht fallen, die Leistungen des Ganzen (und damit dessen Qualität) in verbindlicher Form zu umschreiben. Und gerade an diesen Leistungen ist der Benützer meistens ausschließlich interessiert. Ihm ist es im Prinzip gleichgültig, wieviel Liter eine Pumpe pro Minute fördert, wenn nur die von ihm erwartete Kombination von Frequenz, Kraft- und Wegschwingbreite loco Probe zur Verfügung steht. Dieser Standpunkt ist umso verständlicher, als die Pumpe ja gar nicht der leistungsbeschränkende Faktor des Gesamtsystems sein muß, sondern allenfalls das Regelventil oder dessen Verstärker.

Es kommt hinzu, daß der Benützer häufig nicht über die technischen Möglichkeiten verfügt, um aus den Leistungsangaben über mehrere Lieferungseinheiten auf die Leistungen einer Gesamtlieferung Schlüsse ziehen zu können. Dieser Sachlage wird ein Hersteller, der auf seinen guten Namen hält und der in diesem Punkt meistens über bessere technische Voraussetzungen verfügt, Rechnung tragen müssen. Mit anderen Worten: Nach Möglichkeit sollten die Lieferungseinheiten nicht zu klein, vor allem aber so gewählt werden, daß ihre *Leistungen einen praxisnahen Sinn haben und* in entsprechenden Versuchen *überprüfbar sind.* Es ist für beide Parteien wesentlich, über diese Punkte noch vor dem Abschluß bindender Vereinbarungen Klarheit zu schaffen.

Als *Schlußfolgerungen* aus dem bis dahin Gesagten dürfen die folgenden Empfehlungen für Verhaltensmaßregeln betrachtet werden:

- Spezifikationen sollen vor Abschluß bindender Verträge bereinigt sein.
- Spezifikationen sollen sich auf Lieferungseinheiten und Leistungen beziehen, die aus der Schau des Benützers sinnvoll erscheinen.
- Jede Lieferungseinheit ist in der Spezifikation bezüglich ihres Umfanges und ihrer Funktion klar zu umschreiben. Es sollte dem Benützer nicht zugemutet werden, sich in einem Stoß Papier zurechtfinden zu müssen, aus dem nur mit Mühe zu erkennen ist, was diese oder jene Einheit für eine Aufgabe zu erfüllen hat.
- Technische Daten sollen möglichst nicht in Beschreibungstexte eingeschoben, sondern separat als Tabellen (am besten am Ende des zu einer Lieferungseinheit gehörigen Textes) aufgeführt werden.
- Bei jeder Leistungsangabe soll, sofern relevant, die dazugehörige Arbeitskonfiguration angegeben werden (Definition im Unterabschnitt 3.4.2, nähere Einzelheiten in der RILEM-Empfehlung 30-TE), da von dieser die Steifigkeit des Prüfsystems abhängt und damit auch wesentliche qualitätsbestimmende Verhaltensmerkmale unter gegebenen Bedingungen (Zerstörungsleistung im Ermüdungsversuch, „Gutmütigkeit" beim Durchfahren ausgeprägter Streckgrenzen, bei Knickversuchen oder im Endstadium bruchmechanischer Untersuchungen). Dabei sollen sich Leistungsangaben nicht nur auf die günstigste, sondern auch auf die ungünstigste mögliche Arbeitskonfiguration beziehen.

Daß es sich bei dieser letzten Forderung nicht um leere Worte handelt, sei anhand eines spektakulären Beispiels aus der Praxis des Verfassers belegt. Es handelte sich um die Untersuchung eines schweren Unfalls an einem chemischen Reaktor. Aus den Bruchstücken des geborstenen zylindrischen Mittelteils (Wandstärken bis 300 mm) mußten Proben in definierter Lage herausgeschnitten werden, unter anderem auch für die bruchmechanische Prüfung. Da das Material ziemlich zäh war, ergaben sich gemäß den bestehenden Normen Probendimensionen, die nicht in den gegebenen Konturen Platz fanden. So wurde im Rahmen einer Nachdiplomarbeit die in Abb. 113 gezeigte sogenannte „Käseprobe" (PRODAN, 1975; PRODAN et al., 1975) entwickelt, die wesentlich kleiner war und mit der im Bild ebenfalls dargestellten speziellen Krafteinleitung den Einsatz schwerer und steifer Druckprüfmaschinen für die Bestimmung der Bruchzähigkeit ermöglichte. Aber selbst in einer sehr steifen 20-MN-Maschine war es zunächst nicht möglich, den Rißfortschritt im Versuch bei Kräften um 5 MN stabil zu halten (also nach Belieben zu stoppen, siehe Bild), bis man die Ölsäulen in den Zylindern des Antriebes auf etwa 20 mm absenkte.

Als Überleitung zum nächstfolgenden Abschnitt noch eine Grundregel: Zweck einer umfassenden und präzisen Spezifikation ist die Vermeidung von Mißverständnissen und die *Schaffung einer klaren Situation* in den glücklicherweise seltenen Fällen, in denen ein Prüfsystem tatsächlich oder vermeintlich die Leistungen nicht erbringt, die es gemäß Spezifikation (und Garantie) zu erbringen hätte.

4.2 Abnahme

Die im vorliegenden Abschnitt enthaltenen Bemerkungen zur Abnahme von Prüfsystemen und zur Überprüfung spezifizierter Leistungen lehnen sich in ähnlicher Weise an den Inhalt der RILEM-Empfehlung 30-TE (1983) an wie diejenigen zur Spezifikation im vorhergehenden Abschnitt.

Das Stichwort „Überprüfung" sollte nicht mißverstanden werden: Auf keinen Fall darf die irrige Vorstellung entstehen, bei jeder Beschaffung eines Prüfsystems sei eine lückenlose Überprüfung sämtlicher spezifizierten und garantierten Leistungsdaten absolute Notwendigkeit. Das Gegenteil ist die Regel, und in der Praxis ist die Abnahme in Umfang und Durchführung von sehr vielen Faktoren abhängig, die durch die Gegebenheiten des Einzelfalles bestimmt sind. Dabei spielt nicht nur das technisch Gebotene, sondern auch die Erfahrung manchmal eine entscheidende Rolle. Es ist nun einmal nicht dasselbe, ob man das Produkt eines bis dahin nicht näher bekannten Unternehmens abnimmt oder das einer Firma, mit der man seit langen Jahren intensiv und erfolgreich zusammenwirkt und die sich in dieser Zeit ein erhebliches Vertrauenskapital erwerben konnte. Bei diesem Sachverhalt ist es nicht möglich, ein *Kochrezept für den Umfang einer Abnahme* und der damit zu verbindenden Überprüfungen zu geben. Es liegt an den Vertragspartnern (in erster Linie am Benützer), zwischen sträflicher Oberflächlichkeit und unnützem Biereifer ein Optimum zu finden.

Wie bei der Spezifikation ist aber auch bei der Abnahme – trotz der soeben erwähnten breiten Palette von Möglichkeiten – die Einhaltung bestimmter *allgemeiner Spielregeln* so gut wie immer von Nutzen:

- Die Bedingungen der Abnahme und namentlich diejenigen der vorzusehenden Überprüfungen (betreffend Versuche, Berechnungen usw.) sollen Teil des Kaufvertrages sein, müssen also zusammen mit der Spezifikation vor dessen Abschluß festgelegt werden. Dies gilt in besonderem Maß für die Durchführung ungewöhnlicher Versuche.
- Soll die Abnahme sich auf Berechnungen stützen, so ist auf wirklichkeitsgetreue Ansätze zu achten (auch hier spielt die Arbeitskonfiguration eine Schlüsselrolle). Im übrigen sollen Berechnungen – sofern die Grundlagen dafür verfügbar sind – schon vor Vertragsabschluß vorgelegt werden.
- Es sollten nur Leistungen überprüft werden, die für den Benützer tatsächlich relevant sind oder es in Zukunft werden können.
- Es soll beiden Seiten klar sein, dass die Abnahme keine Entbindung von der Pflicht zur Einhaltung der Garantiebedingungen bedeutet, unabhängig davon, ob die garantierten Leistungen bei der Abnahme überprüft wurden oder nicht.

Im Sinne einer einfachen Sprachregelung sei neben den obigen Spielregeln noch der Begriff des *Leistungsparameters* definiert. Darunter falle jede feststellbare (namentlich jede meßbare) qualitätsbestimmende Eigenschaft der überprüften Lieferungseinheit. Folglich sind die maximalen Abmessungen einer Probe ebensogut als Leistungsparameter anzusehen wie auch die bei bestimmten Frequenzen und Kräften erreichbaren Pulsierhübe.

Die für allfällige Überprüfungen anzuwendende Technik ist zu einem wesentlichen Anteil vorgegeben durch die Spielregel, nach der für den Benützer relevante Leistungen zu überprüfen sind. Damit ist impliziert, daß die für den Einsatz beim Benützer wesentlichen Leistungsparameter nicht nur als Überprüfungskriterien in Frage kommen, sondern daß sie auch in einer für den Benützer plausiblen und zugänglichen Form zu überprüfen sind. Nun geht der Benützer in der Regel vom Gedanken an eine Probe aus, die bestimmte Eigenschaften besitzt (Größe, Form, Eignung für eine gegebene Art der Krafteinleitung, Materialeigenschaften) und die insbesondere auf bestimmte Verformungen mit bestimmten Dynamen antwortet.

Es ist somit zweckmäßig, auch die Überprüfung der Leistungen von Prüfgeräten auf die Vorstellung von *wohldefinierten Proben* abzustützen und in gewissen Fällen auch eigentliche Kontrollproben (in der RILEM-Empfehlung nicht sehr sprechend als „Versuchsobjekte" = „test pieces" bezeichnet) zu verwenden, also Körper, die wie Proben in ein Prüfsystem eingesetzt werden, jedoch nicht um selber geprüft zu werden, sondern um die Qualität des Systems zu überprüfen.

Aus alledem wird die Richtigkeit der im vorhergehenden Abschnitt formulierten Empfehlung offenbar, im Interesse des Benützers nicht zu kleine Lieferungseinheiten zu spezifizieren. Wenn es um die Überprüfung von Leistungen geht, ist sogar eine Verschärfung angebracht: Man sollte wenn irgend möglich das *Verhalten des gesamten Systems* oder doch einer insgesamt funktionstüchtigen Kombination mehrerer Lieferungseinheiten der Überprüfung unterziehen, so daß das Resultat eine für den Benützer plausible Aussage enthält.

Aus der erheblichen Zahl von Leistungsparametern, die in der RILEM-Empfehlung in systematischer Ordnung aufgeführt und illustriert sind, seien hier die wichtigsten kurz herausgegriffen und stichwortartig kommentiert. Für nähere

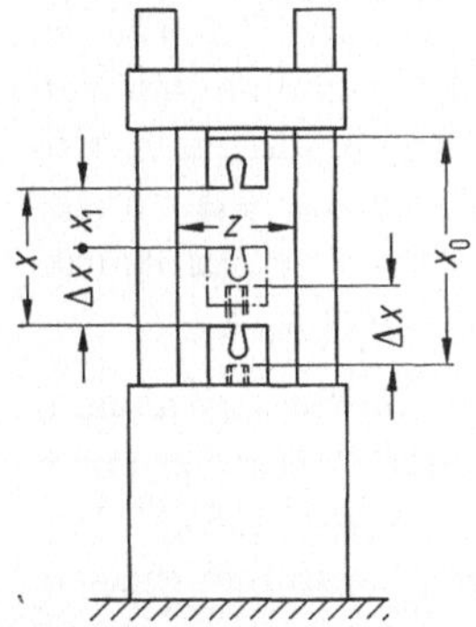

Abb. 187. Beispiel für klare Darstellung des verfügbaren Prüfraumes einer Prüfmaschine. (Aus: Materials and Structures *16*, 111, Paris, 1983)

Einzelheiten sei auf den Originaltext der Empfehlung verwiesen. Übrigens dienen die folgenden Bemerkungen angesichts der engen Verknüpfung zwischen Spezifikation und Abnahme der Ergänzung nicht nur des vorliegenden, sondern ebenso auch des vorangehenden Abschnittes.

Schon um den *lichten Arbeitsraum* gibt es hie und da Diskussionen. Zum Beispiel ist es nicht immer klar, ob die maximale Probenlänge unter Einschluß des Antriebshubes angegeben wurde oder nicht. Am zweckmäßigsten ist eine einfache bildliche Darstellung (Abb. 187). Dem Verfasser ist ein Fall bekannt, in dem man vergessen hatte, daß die Probe im Zugversuch länger, im Druckversuch kürzer wird. Und eine bekannte Firma pflegte den Hub bei horizontalen Maschinen einzurechnen, bei vertikalen nicht! Aus der hier vertretenen Optik betrachtet, sind natürlich die Abmessungen der Probe mit allfälligen dazugehörigen Zusatzgeräten maßgebend, was namentlich für den Fall von Klimakammern sehr wesentliche Erhöhungen des erforderlichen Raumes mit sich bringen kann.

Bei der Angabe der maximal *zulässigen Prüfkräfte* (bzw. Dynamen) sind unter gewissen Bedingungen zusätzliche Informationen erforderlich. Beispiele:

- unterschiedliche Maxima für statischen und Ermüdungs-Betrieb;
- spezielle Begrenzungen bei exzentrischer oder mehrachsiger Beanspruchung;
- lokale (für einen Aufspannpunkt gültige) und summierte Maxima bei Prüfanlagen;
- ausnahmsweise zulässige Überlastungsgrenzen mit dazugehörigen Nebenbedingungen.

Die Leistungsparameter eines *statischen Antriebes* können in hohem Grade voneinander und zusätzlich von der Arbeitskonfiguration abhängig sein. Beispiele:

- Einfluß der aufgebrachten Kraft auf die maximal erreichbare (oder eine von einer Regelung gesteuerte) Verformungsgeschwindigkeit, insbesondere bei Unstetigkeit des Kraftverlaufes;
- Einbuße an Verformungsgeschwindigkeit infolge Verformung des Systems (in Abhängigkeit von Kraftverlauf und Arbeitskonfiguration).

Die Leistungsparameter von *Ermüdungsantrieben* hängen in jedem Fall von der Arbeitskonfiguration und vom Kraftverlauf ab. Zweckmäßig erscheint eine Vereinbarung über bestimmte Kontrollproben (definiert durch Abmessungen, Elastizität und Art der Krafteinleitung), an denen bestimmte Verformungsleistungen nachzuprüfen sind. Besonders zu achten ist auf die Funktionsweise des Antriebes, da diese die Überprüfung sehr nachhaltig beeinflußt. Beispiele:

- bei Resonanzantrieben beschränkte Wahlmöglichkeit für die Pulsierfrequenz wegen der Festlegung durch die Elastizität des Gesamtsystems samt der Probe und die (meist in Stufen wählbare) effektive Schwingmasse (Abb. 188);
- Zusammenhang zwischen Frequenz, Verformungs-Schwingbreite und Phasenverschiebung (Ist gegen Soll) für gegebene Kräfte bei Servoantrieben (meist im Sinus-Betrieb gemessen, Abb. 189);

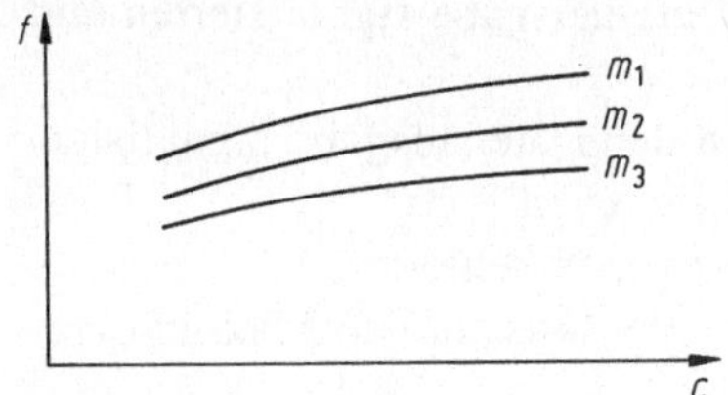

Abb. 188. Frequenz f eines Resonanzprüfsystems in Funktion der Federkonstanten c der Probe. Bei Prüfmaschinen dient die Schwingmasse m in der Regel als in Stufen wählbarer Parameter. Im vorliegenden Fall gilt: $m_1 < m_2 < m_3$. (Aus: Materials and Structures *16*, 113, Paris, 1983)

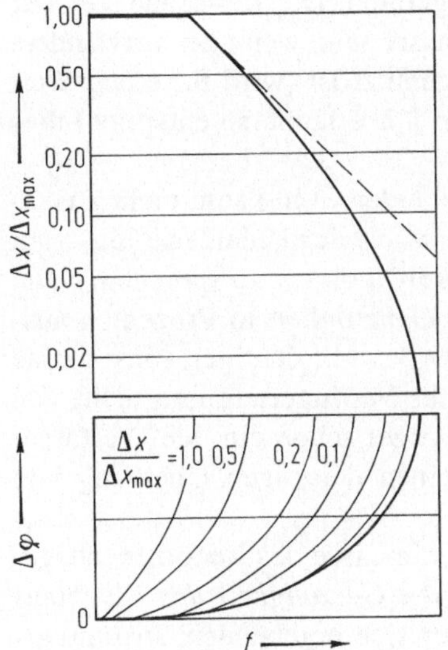

Abb. 189. Leistungsdiagramme eines Prüfsystems mit Servoantrieb bei Ermüdungsprüfung mit Sinuswellen. f = Frequenz; Δx = Pulsierhub; Δx_{max} = durch Zylindergeometrie gegebener maximaler Hub; Δφ = Phasenfehler zwischen Programmierung und Antrieb. Oben größtmöglicher Pulsierhub bei gegebener Frequenz (gestrichelt: theoretischer Pulsierhub bei konstantem Ölverbrauch). Unten Phasenfehler bei gegebenen Werten für Frequenz und Hub. Da die Kurven für kleine Prüfkräfte gelten, sind in gewissen Fällen mehrere Diagramme erforderlich. (Aus: Materials and Structures *16*, 117, Paris, 1983)

- Einbuße an Schwingbreite durch die hydraulischen Verbindungsleitungen bei größeren Abständen zwischen zentralen und peripheren Antriebsorganen (Pulsator und Prüfzylinder, vor allem in Prüfanlagen).

Naturgemäß spielt die Überprüfung der *Genauigkeit* eine zentrale Rolle im Rahmen von Abnahmeversuchen. Nicht umsonst bestehen zahlreiche Normen zu diesem Thema (eine Zusammenstellung findet sich in der RILEM-Empfehlung). Trotzdem werden gelegentlich Genauigkeitsangaben falsch gedeutet, weshalb hier wenigstens die wichtigsten Sprachregelungen in Erinnerung gerufen seien:

- *Meßfehler* = Differenz zwischen dem von der Datenausgabe signalisierten und dem tatsächlich vorliegenden Wert;
- *Regelungsfehler* = Differenz zwischen dem von der Datenausgabe signalisierten und dem von der Programmierung vorgeschriebenen Wert;
- *Relativfehler* = auf den jeweiligen Meßwert bezogener Fehler;
- *Absolutfehler* = in Maßeinheiten ausgedrückter, allenfalls auf den Maximalwert des verwendeten Meßbereichs bezogener Fehler.

Daß schon der Begriff des Regelungsfehlers nicht immer verstanden wird, wurde schon im Vorwort anhand des Beispiels einer ständig schwankenden Kraftanzeige zur Sprache gebracht.

Dem Anfänger bereitet aber die Unterscheidung zwischen Relativ- und Absolutfehlern wohl noch häufiger gewisse Schwierigkeiten. Die Konsequenzen der davon herrührenden Mißverständnisse können massiv sein, wenn der verwendete Meßbereich nur zu einem kleinen Bruchteil ausgenützt ist (wird für einen Wert von 10 % des Meßbereiches ein Relativfehler von 1 % erlaubt, so entspricht dies einem zulässigen Absolutfehler von nur 0,1 % !).

Eine sprachlich unkorrekte Gepflogenheit, die leider wohl kaum mehr auszumerzen sein wird, sei – auf die Gefahr eines Vorwurfs der Pedanterie hin – am Rande erwähnt. Es ist üblich, von einer „Genauigkeit“ von 1 % zu sprechen, wenn ein Fehler von 1 % zulässig ist. Wollte man die Genauigkeit in Prozenten ausdrücken, so wäre im genannten Fall die Angabe 99 % wohl richtiger, sonst müßte man beim Übergang auf 0,1 % Fehler ja von einer Verringerung und nicht von einer Erhöhung der Genauigkeit sprechen. Den Vogel schoß ein dem Verfasser bekannter Prüfmaschinenverkäufer ab, der für einen derartigen Übergang von einer „zehnmal größeren Genauigkeit“ sprach...

Bei konsequenter Anwendung einer auf die Bedürfnisse des Benützers ausgerichteten Abnahmemethodik ist es naheliegend, die *Genauigkeit des Fluchtens* (Unterabschnitt 3.4.2) von Prüfmaschinen aus der sich ergebenden Spannungsverteilung in geeigneten Kontrollproben zu bestimmen, wenn diese ohne besondere Maßnahmen wie normale Proben in die Maschine eingesetzt werden (Abb. 190). Dabei werden neben dem Rahmen auch die Krafteinleitungen samt ihren Befestigungen oder Führungen usw. auf einwandfreie Geometrie überprüft. Natürlich sind für eine wirklich umfassende Kontrolle gewisse Sorgfaltspflichten zu erfüllen. Genannt seien die Messung auf Umschlag (oder, bei runden Kontrollproben, in mehreren gegeneinander gedrehten Stellungen) sowie die Berücksichtigung der Arbeitskonfiguration durch Messungen bei verschiedenen Stellungen des Antriebes und einer allfälligen Lauftraverse.

Zulässige *Meßfehler der Prüfkräfte* sind in den bereits erwähnten Normen vorwiegend für zentrische Krafteinleitung an einer Probe definiert, deren elastische Achse mit derjenigen der Maschine übereinstimmt. Das ist unbedenklich für den Einsatz zur Prüfung von Normproben. Schwieriger sind die Verhältnisse bei Ausrichtung auf Bauteil- und Baugruppenprüfung, ganz besonders, wenn es sich nicht um eine Prüfmaschine, sondern um eine Prüfanlage handelt, bei der die Definition einer elastischen Achse Schwierigkeiten bereiten kann. Hier spielt die Unempfindlichkeit der Meßmittel auf exzentrische oder schräge Kräfte sowie auf

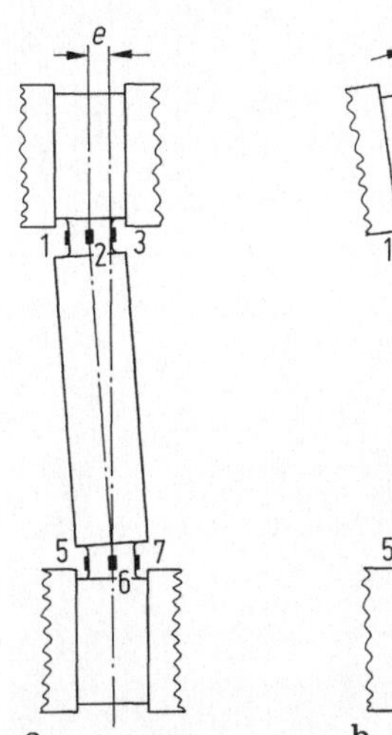

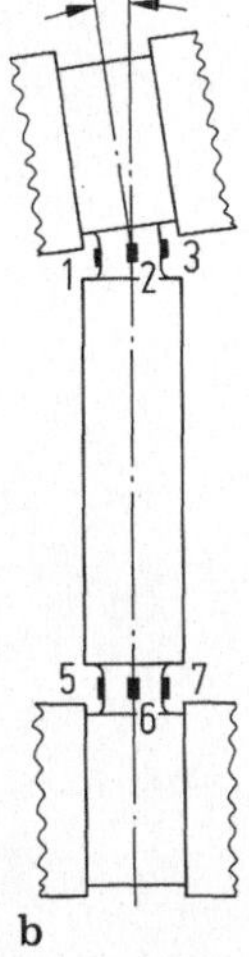

Streifen	Beanspruchung a	Beanspruchung b
1	Zug	Druck
2	–	–
3	Druck	Zug
4	–	–
5	Druck	–
6	–	–
7	Zug	–
8	–	–

Abb. 190a, b. Kontrollproben zur Überprüfung des Fluchtens. Situationen: **a** bei Parallelverschiebung zwischen den Krafteinleitungen; **b** bei Schrägstellung einer Krafteinleitung. 1 bis 8 = DMS (4 und 8 verdeckt). Die Auswertung ergibt sich aus den rechts angegebenen Vorzeichen der (allenfalls einer Prüfspannung überlagerten) Signale der einzelnen DMS. Die Einschnürungen in der Probe sollen im Vergleich mit deren Gesamtlänge kurz und im Vergleich mit deren Biegesteifigkeit nachgiebig sein

überlagerte Momente eine ausschlaggebende Rolle. Leider ist es aber angesichts der Vielfalt praktisch vorkommender Konfigurationen nicht möglich, dieses Gebiet mit einigen wenigen einfachen Ratschlägen erschöpfend abzudecken. Man halte sich daher neben der Wahl geeigneter Meßmittel an zwei Grundregeln: Erstens gelte ein gutes Abschneiden bei der normgerechten Kalibrierung eines Prüfsystems nicht als Garantie für eine unter allen Bedingungen perfekte Meß- und Regelgenauigkeit im praktischen Betrieb (etwa in kühlem Raum oder mit vertrackten Bauteilen). Zweitens überlege man sich bei Bauteil- und Baugruppenprüfung in jedem Fall die Verteilung des Kraftflusses und vermeide alles, was zu Unklarheiten (beispielsweise durch Reibung, Abschnitt 3.2) und zu großen parasitären Dynamen führen kann (Kommentare zu Abb. 3 und 23). Daß es aber immerhin Möglichkeiten gibt, Prüfmaschinen auch unter ungewöhnlichen Bedingungen zu überprüfen, zeigt das nachfolgende Beispiel.

Auf analoge Weise wie bei der Überprüfung des Fluchtens, jedoch mit bewußt exzentrisch oder schräg eingesetzten Kontrollproben, kann die Verformung einer Prüfmaschine auch unter gewissen *asymmetrischen Beanspruchungen* gemessen werden (Abb. 191). In diesem Fall dient die Kontrollprobe nicht nur zur Messung der Ungenauigkeiten der Maschinengeometrie, sondern gleichzeitig auch zur Erzeugung und Messung der asymmetrischen Anteile der unter dem Einfluß der Prüfkraft auftretenden Dyname. Es handelt sich allerdings um Untersuchungen, die ein beträchtliches Maß an Erfahrung voraussetzen, insbesondere für die sinnvolle Auswertung der Meßresultate.

Die Kontrolle von Verformungen durch *Verbiegen* an Druckplatten, Biegebalken und sogar Aufspannböden ist grundsätzlich problemlos. So genügt hier der

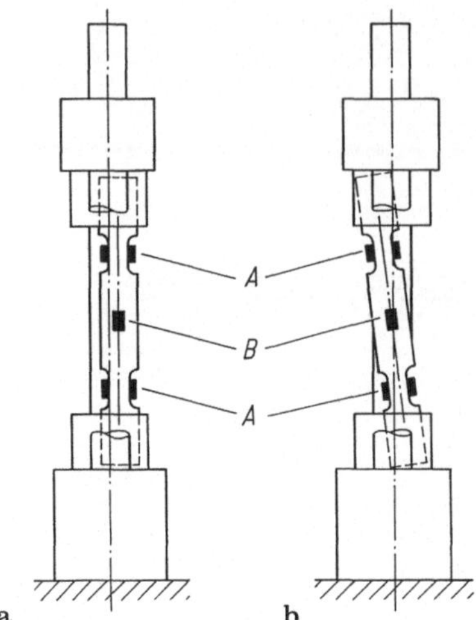

Abb. 191a, b. Asymmetrisches Einsetzen von Kontrollproben zur Überprüfung des Verhaltens einer Prüfmaschine, vor allem im Blick auf Bauteilprüfung: **a** unter außermittiger Beanspruchung; **b** unter schräger Beanspruchung. A = DMS zur Messung der Verformung der Maschine; B = DMS zur Überprüfung der Kraftmessung. Die Einschnürungen der Probe sollen nachgiebig genug sein, um zur Hauptsache als „Gelenke" dienen zu können. (Aus: Materials and Structures, *16*, 123, Paris, 1983)

Verweis auf die RILEM-Empfehlung. Einzig die Beschaffung einer genügend festen Kontrollprobe für einen großen Aufspannboden ist naturgemäß sehr aufwendig und in den meisten Fällen auch nicht sinnvoll.

Auf einfache Weise läßt sich die *Reibung einer Knickvorrichtung* bestimmen (Abb. 192), bekanntlich eine wesentliche Fehlerquelle (Abschnitt 3.2). Es genügt, bei der Beanspruchung einer leicht exzentrisch eingesetzten Kontrollprobe die Prüfkraft in Funktion der sich ergebenden Biege-Pfeilhöhe zu messen, um aus der entstehenden Hysterese auf das Reibungsmoment schließen zu können.

Während die Überprüfung von *Steuerungen* zur Einhaltung konstanter Kräfte in der Regel keine Schwierigkeiten bereitet, ist diejenige von servogesteuerten (namentlich servohydraulischen) Antrieben aus verschiedenen Gründen nicht einfach. Zum ersten muß man sich über die Zielsetzung klar werden, weil es nicht ein und dasselbe ist, ob die angestrebten Genauigkeiten sich nur auf die Spitzenwerte in Ermüdungsversuchen oder auch auf die getreue Wiedergabe der programmierten Wellenformen beziehen. Zum zweiten spielt die Arbeitskonfiguration eine sehr wesentliche Rolle, muß also bei der Deutung von Kontrollversuchen berücksichtigt werden. Zum dritten besitzen servogesteuerte Antriebe stets mehrere Eingriffsmöglichkeiten zur optimalen Justierung für diesen oder jenen Zweck, so daß die Qualität mehr von der richtigen Einstellung als von den inhärenten Eigenschaften des Systems abhängen kann. Immerhin läßt sich das regeltechnische Verhalten eines einigermaßen richtig justierten Systems mit zwei einfachen Versuchen summarisch abschätzen. Es handelt sich einerseits um die Feststellung des Überschwing-Verlaufes bei Eingabe einer Rechteckswelle, ande-

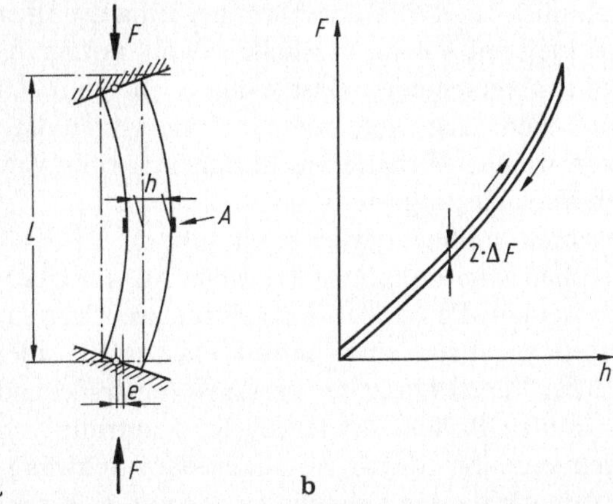

Abb. 192a, b. Kontrollprobe zur Überprüfung der Reibung einer Knickvorrichtung. **a** Versuch mit außermittig eingesetzter Probe; **b** Auswertung. A = DMS zur Messung der Biegespannung (als Maß für h); e = Exzentrizität; F = Prüfkraft; h = Ausbiegung (kann natürlich auch auf andere Weise gemessen werden); L = Länge der Probe. Die durch ΔF gegebene Hysterese ist ein Maß für die zu überprüfende Reibung der Knickvorrichtung. (Aus: Materials and Structures, *16*, 123, Paris, 1983)

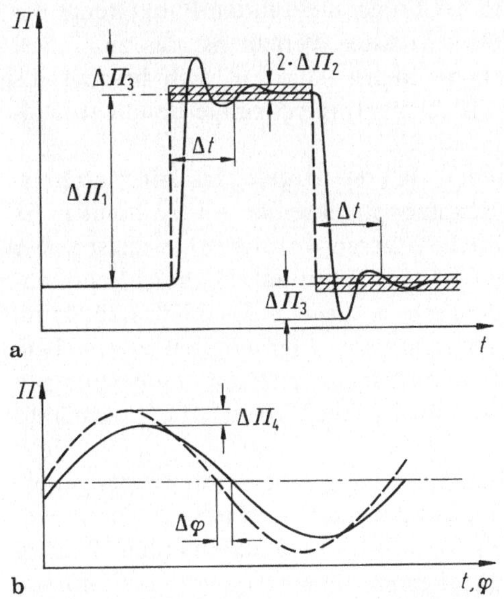

Abb. 193a, b. Überprüfung des Verhaltens eines Servoantriebes. Eingabe: **a** Rechteckswelle, **b** Sinuswelle. Ausgezogen = Istwert-Verlauf; gestrichelt = Sollwert-Verlauf; schraffiert = Toleranzband; t = Zeit; Δt = Zeitspanne bis zum Einschwingen in das Toleranzband; π = geregelter Parameter (Kraft, Weg, Verformung usw.); $\Delta\pi_1$ = Schwingbreite; $\Delta\pi_2$ = Fehlertoleranz nach Einschwingen; $\Delta\pi_3$ = Überschwingen; $\Delta\pi_4$ = Amplitudenfehler; φ = Phasenwinkel; Δφ = Phasenfehler. (Aus: Materials and Structures, *16*, 127, Paris, 1983)

rerseits um die Messung von Amplituden- und Phasenfehlern bei Eingabe einer Sinusschwingung (Abb. 193). Es ist klar, daß solche Versuche sowohl mit Kraft- wie mit Verformungssteuerung und mit verschieden elastischen Kontrollproben gefahren werden können (allenfalls auch ganz ohne solche). Eine vernünftige Anpassung an die in der Praxis angestrebten Verhältnisse ist daher zwecks Vermeidung eines allzu umfangreichen Versuchsprogramms zu empfehlen.

Neben den im vorliegenden Abschnitt kommentierten beschreibt die RILEM-Empfehlung noch einige ausgesprochen *ungewöhnliche Versuche* für die Überprüfung des Verhaltens von Prüfsystemen. Es handelt sich dabei um Untersuchungen bei konstanter Prüfkraft (entsprechend einer extrem elastischen, aber vorgespannten Probe), bei sprunghafter Veränderung der Prüfkraft (entsprechend dem Aufprallen auf einen vorgespannten Puffer) sowie bei der Kontrolle von Ermüdungsantrieben mit Energierekuperation (durch Resonanz oder Schwungrad) im Blockprogramm-Betrieb. Angesichts der Seltenheit dieser an sich sehr interessanten Versuche sei hier auf deren Darstellung verzichtet und einmal mehr auf den Originaltext der Empfehlung verwiesen.

4.3 Praktische Winke zur Beschaffung

Im vorliegenden Abschnitt sollen einige Fragen zur Sprache kommen, die auf den ersten Blick als unwesentlich abgetan werden könnten. Die praktische Erfahrung zeigt aber ein anderes Bild: Zu jedem in der Folge angeführten Punkt kennt der Verfasser aus seiner Erfahrung Beispiele verfehlten Verhaltens, das zumindest unnötigen Ärger, meistens aber erhebliche Mehrkosten mit sich brachte. Es erscheint ihm daher lohnend, auch diesen „Nebenfragen" einige Seiten zu widmen.

Man wird bei der Lektüre rasch erkennen, daß die dargelegten Unterlassungssünden bald dem Hersteller, bald dem Benützer angekreidet werden können. Es widerspräche aber dem Geiste dieses Buches, Verantwortlichkeiten dieser oder jener Seite zuzuweisen; vielmehr kommt es hier darauf an, mögliche Schwachstellen im Zuge einer Beschaffung erkenntlich zu machen. Letztlich liegt es im Interesse beider Partner, den Ablauf so problemlos wie nur möglich zu gestalten. Es sollten also auch beide zur Vermeidung von Pannen nach Kräften beizutragen suchen und sich im Zweifelsfall über die erforderliche Arbeitsteilung verständigen.

Schwierigkeiten kann es schon bei der *Aufstellung* eines Prüfsystems geben, wenn die dafür erforderlichen Angaben entweder nicht ausreichend waren oder nicht einer genügenden Aufmerksamkeit für würdig befunden wurden. Was im Unterabschnitt 3.4.3 anhand eines abschreckenden Beispiels über das Einführen sperriger Proben gesagt wurde, war bei der Ausstattung des dort erwähnten Laboratoriums auch für die Aufstellung einzelner größerer Prüfmaschinen gültig: Sie mußten ebenfalls durch einen relativ engen Gang eingebracht und anschließend über bereits fest montierte andere Maschinen hinweggehievt werden, wobei nur durch größte Sorgfalt (und entsprechenden Zeitaufwand) Schäden vermieden werden konnten. Auch das nachträgliche Erweitern von Maueröffnungen gehört nicht zu den Lieblingsaufgaben der Verantwortlichen, und das Anbohren einer unter Druck stehenden Wasserleitung beim Verlegen einer elektrischen Verbindung kommt nicht nur beim Bau von Einfamilienhäusern vor. Man sollte sich also vergewissern,

- ob ein vollständiger Aufstellungsplan mit sämtlichen erforderlichen Anschlüssen, Leitungen, Kanälen und Öffnungen besteht und ob er unter Berücksichtigung des bereits Bestehenden ausgeführt wurde;
- ob die Dimensionen der Transportkisten (oder ihnen entnommener großer Bauteile) nicht mit dem verfügbaren Lichtraum des vorgesehenen Transportweges kollidieren;
- ob für den Transport Vorschriften über die Lage der Kisten (nicht nur oben/unten, sondern in gewissen Fällen auch vorne/hinten oder rechts/links) zu beachten sind;
- ob spezielles und wie starkes Hebezeug erforderlich ist;
- ob für eine angemessene Fixierung loser oder teilweise loser Teile gesorgt wurde.

Die Liste könnte wohl noch verlängert werden. Sie soll aber nicht alle Möglichkeiten ausschöpfen, sondern vor allem dazu anregen, sich den Vorgang des Einbringens und der Aufstellung frühzeitig in allen Einzelheiten zu vergegenwärtigen, um dem Schicksal des Verantwortlichen zu entgehen, der mit großer Mühe eine lange horizontale Prüfmaschine in die dafür bestimmte Halle einbrachte, um erst dann der Tatsache inne zu werden, daß sie mit dem falschen Ende eingeführt worden war und die Halle für ein Wenden an Ort nicht die nötige Breite besaß...

Daß bei der Festlegung der elektrischen Anschlüsse für die *Energieversorgung* Hauptdaten (Leistung, Spannung, Frequenz, Phasenzahl, Schaltung in Stern oder Dreieck) vergessen werden könnten, ist doch wohl sehr unwahrscheinlich. Unterlassungen dieser Art sind schon eher denkbar bei speziellen Anforderungen wie beispielsweise Spannungskonstanz unter Last, Qualität des Leistungsfaktors, Toleranzen für zulässige Temperatur- und Feuchtigkeitsbedingungen. Und es könnte auch geschehen, daß zwar die Hauptanschlüsse vollständig spezifiziert sind, Nebenanschlüsse (die bei hochgezüchteter Elektronik eventuell besonderen Bedingungen genügen sollten) aber übersehen wurden. Ähnliches gilt für die gegenseitige Beeinflussung verschiedener Stromkreise durch induktive oder kapazitive Koppelung, wobei unter Umständen externe Leiter (etwa große Schalter oder Fahrleitungen) eine Rolle spielen können. Bei Systemen, die neben der Energiezufuhr auch einer *Energieentsorgung* bedürfen (was bei allen servohydraulischen Antrieben mit Ausnahme extrem kleiner Kaliber der Fall ist), müssen naturgemäß die erforderlichen Daten festgelegt werden (Leistung, Art des Kühlmediums, Temperaturen des Arbeits- und des Kühlmediums am Ein- und am Ausgang des Wärmeaustauschers usw.).

Eine gar nicht seltene Quelle von Meinungsverschiedenheiten bei der Inbetriebnahme eines Prüfsystems, der *dynamische Einfluß auf das Gebäude*, wurde im Unterabschnitt 3.4.5. bereits eingehend erörtert. Nicht minder lästig kann sich auch der *Lärm* auswirken, speziell bei Pumpengruppen (für Servohydraulik) und Resonanzantrieben. Darauf ist bei der Unterbringung dieser Aggregate gebührend zu achten.

Es gibt verschiedene Prüfsysteme, die zu einer befriedigenden Funktion einer gewissen *Anlaufzeit* bedürfen. Dies gilt vor allem für servohydraulische Antriebe, deren Öl auf eine bestimmte Arbeitstemperatur angewärmt werden muß (daher der häufig ebenfalls verwendete Ausdruck „Anwärmzeit"). Ein Benützer, der an sofort einsatzfähige Systeme gewöhnt ist, kann sich an dieser Eigenschaft stossen, wenn er nicht rechtzeitig darauf aufmerksam gemacht wurde.

Auf den ersten Blick mag es merkwürdig erscheinen, wenn hier die *Lebensdauer* von Prüfsystemen zur Sprache kommt. In der Tat werden die kraftführenden Teile stets auf eine praktisch unbegrenzte Lebensdauer ausgelegt, und der Bruch eines solchen Elementes kommt einer für den Hersteller kreditschädigenden Katastrophe gleich. Es gibt aber an den meisten Prüfsystemen verschiedene Teile, die keineswegs derart langlebig sind. Man denke nur an gewisse Lager und Kolbenringe. Für diese Teile sollten in der Unterhaltsanleitung die zum Ersatz erforderlichen Intervalle und Arbeitsgänge in klarer Form angegeben sein.

Damit ist das wichtige Kapitel der *Beschreibungen und Anleitungen* angeschnitten.

Inwieweit genaue Detailbeschreibungen (womöglich mit Schaltplänen und vermaßten Zeichnungen wichtiger Teile) mitzuliefern sind, hängt nicht nur von der Geschäftspolitik des Herstellers (Beispiel: Wahrung von Werkgeheimnissen) und vom gegenseitigen Vertrauen zwischen den Partnern ab, sondern auch von gewissen äußeren Umständen. Ein Benützer, der beispielsweise aus devisentechnischen Gründen Mühe hat, Original-Ersatzteile vom Hersteller zu beziehen, wird für solche Unterlagen gewiß dankbar sein. Es besteht aber unter Umständen die Gefahr eines nicht sachgemäßen Nachbaues mit unerfreulichen Folgen. Eine offene Aussprache über solche heiklen Punkte ist in derartigen Fällen das einzig richtige Vorgehen.

Anleitungen sollten sowohl den normalen Betrieb und Unterhalt als auch die Behebung gelegentlich vorkommender Pannen enthalten. Besonderes Gewicht ist auf die Vermeidung von Gefahren und auf Operationen zu legen, die den Spezialisten des Herstellers vorbehalten sind (auch hier müssen besonders gelagerte Fälle in offenem Gespräch geklärt werden). Es muß ferner Klarheit darüber bestehen,

- ob im Lande des Benützers Sicherheitsvorschriften bestehen, die dem Hersteller nicht geläufig sind;
- in welchem Maß Personal des Herstellers bei der Inbetriebnahme der Lieferung und bei der Ausbildung des Bedienungspersonals mitzuwirken hat (was auf den Umfang der mitzuliefernden Anleitungen einen erheblichen Einfluß haben kann);
- welche Ausbildung vom Personal auf Benützerseite erwartet wird;
- in welcher Sprache die schriftlichen Unterlagen abzufassen und die mündlichen Instruktionen zu erteilen sind;

– ob die Lieferung für Zwecke eingesetzt werden soll, für die sie ursprünglich nicht vorgesehen war.

Natürlich enthalten die obigen Darlegungen vieles, was als trivial empfunden werden könnte. Die Erfahrung zeigt aber, daß es kaum eine unbegreifliche Unterlassungssünde gibt, die nicht hie und da eben doch begangen würde. Auch wäre es leicht, Beispiele weiterer möglicher Fehler zu finden und damit die Unvollständigkeit der Aufzählung nachzuweisen. Damit würde die Absicht des Verfassers aber mißverstanden, die darin bestand, die Notwendigkeit einer gründlichen Vorbereitung auch auf dem Gebiet der schriftlichen Unterlagen erkenntlich zu machen. Das Streben nach einem erschöpfenden Sündenregister wäre schon darum nicht sinnvoll, weil die technische Vielfalt auf dem Prüfsektor schier unerschöpflich ist und mit jeder noch so perfekten Neuerung auch neue Möglichkeiten zu punktuellen Fehlleistungen geschaffen werden.

Zum Abschluß noch ein Tip zur Redaktion von Anleitungen: Diese Texte werden oft zu sehr aus der Schau ihres Verfassers geschrieben, dem das Objekt der Anleitung naturgemäß bestens vertraut ist, dem also vieles – vom nicht speziell definierten Fachausdruck bis zur Wechselwirkung zwischen mehreren Teilsystemen – selbstverständlich erscheint. Nur zu leicht wird vergessen, daß dem Benützer solche Vertrautheit mit der Materie erst nach längerer Übung zu eigen wird, im Zeitpunkt nämlich, wo er der Anleitung kaum mehr bedarf. Diese Kritik gilt nicht nur für Anleitungen zu Einzelanfertigungen, sondern gelegentlich auch für solche zu ausgesprochenen Serienprodukten (und selbst erstklassige Computerbauer tun sich auf diesem Sektor unrühmlich hervor). Ein intensives Sich-hinein-Denken in die Situation des Neulings ist wohl die sicherste Basis einer benützerfreundlichen Anleitung. Für einen als Instruktor eingesetzten Mitarbeiter des Herstellers ist es bemühend, beim Eintreffen mit Fragen nach dem Sinn zahlreicher Stellen in der Anleitung überschüttet zu werden. Auf der anderen Seite ist es ein erhebendes Gefühl für beide Seiten, wenn der Benützer dem kaum eingetroffenen Instruktor das Produkt in untadeliger Funktion vorführt – dank einer verständnisvoll redigierten und zweckmäßig illustrierten Anleitung.

Dank

Mit dem vorliegenden Buch kann kein Anspruch auf Vollständigkeit und absolute Objektivität erhoben werden. Angesichts der Fülle des verfügbaren Stoffes war eine Beschränkung auf das wesentlich Erscheinende unerläßlich, und die damit notwendig gewordene Auswahl mußte zu einer persönlichen Färbung führen, die durch eigene Erlebnisse und Erfahrungen mitgeprägt war.

Damit ist aber keineswegs gesagt, das Werk sei in der Abgeschiedenheit einer Studierstube geschrieben worden. Das Gegenteil ist der Fall: Es wäre gar nicht entstanden, wäre dem Verfasser nicht wirksame Hilfe von verschiedenen Seiten in reichem Maße zuteil geworden. Vor allem wäre die Suche nach Beschreibungen und Abbildungen seltener oder historisch wesentlicher Objekte ohne aktiven Beistand in weltweitem Maßstab aussichtslos gewesen.

Daß dieser Beistand in erster Linie von der Eidgenössischen Materialprüfungs- und Forschungsanstalt (EMPA) kam, der Prüfanstalt also, die der Verfasser während zweier Jahrzehnte leitete, ist naheliegend. Sein Amtsnachfolger als Direktionspräsident, Professor Dr. F. EGGIMANN, sowie die Professoren U. MEIER und P. FINK, Direktoren der Teilanstalten in Dübendorf und St. Gallen, ermöglichten eine großzügige Nutzung der Dokumentations- und Illustrationsdienste. Ein ebenso bereitwilliges Entgegenkommen fand der Verfasser bei so zahlreichen Mitgliedern des Kaders und des Mitarbeiterstabes, daß der Dank ohne Nennung der Namen ausgesprochen werden muß.

Zwei Ausnahmen sind aber unerläßlich: Ein langjähriger Weggefährte des Verfassers aus der Industrie, in den letzten Jahren Vorsteher der Abteilung Konstruktion/Werkstatt der EMPA, Herr W. LEUTERT, sowie sein Amtsnachfolger, Herr W. SENNHAUSER, beide hervorragende Kenner der Materie, hatten die Freundlichkeit, das Manuskript einer kritischen Durchsicht zu unterziehen, und trugen auch auf andere Weise viel zur Abrundung des Werkes bei.

Die Rückendeckung „im eigenen Haus“ hätte aber bei aller Effizienz für eine einigermaßen umfassende Gestaltung nicht ausgereicht. So hat der Verfasser zahlreichen *befreundeten Institutionen* in verschiedenen Ländern zu danken, bei denen er mit seinem Anliegen in keinem Fall auf taube Ohren stieß. Die wichtigsten seien in alphabetischer Folge genannt:

Bundesanstalt für Materialforschung und -Prüfung (BAM), Berlin, Deutschland
(Präsident Prof. Dr. G. W. BECKER, Dipl. Ing. W. MARKOWSKI)

Eidgenössisches Flugzeugwerk (F+W), Emmen, Schweiz
(Direktor Dipl. Ing. H.-J. KOBELT)

Museum zu Allerheiligen, Schaffhausen, Schweiz (Direktor Dr. G. SEITERLE)

National Engineering Laboratory (NEL), Glasgow, Großbritannien (D. M. WATERS)

Paul-Scherrer-Institut (PSI), Villigen, Schweiz (Direktor Prof. Dr. A. MENTH, Dr. G. BART)

Technische Universität Braunschweig, Institut für Stahlbau, Braunschweig, Deutschland (Direktor Prof. Dr. J. SCHEER, Prof. Dr. W. MAIER)

Technische Universität Karlsruhe, Institut für Baustofftechnologie, Karlsruhe, Deutschland (Direktor Prof. Dr. H. K. HILSDORF)

Technische Universität München, Institut für Bauingenieurwesen III, München, Deutschland (Direktor Prof. Dr. H. KUPFER)

Universität Stuttgart, Staatliche Materialprüfungsanstalt (MPA), Stuttgart, Deutschland (Direktor Prof. Dr. K. KUSSMAUL, Dr. D. STURM)

Valtion Teknillinen Tutkimuskeskus (VTT), Espoo, Finnland (Direktor Prof. Dr. M. MANNERKOSKI, J. HÄYRYNEN)

Nicht weniger als diese Benützer von Prüfmaschinen und Prüfanlagen, die sie in vielen Fällen selber zu entwickeln hatten, trugen zu einer angemessenen Ausstattung auch die zahlreichen *Herstellerfirmen* bei, die dem Verfasser Literatur und Abbildungen in großer Menge zur Verfügung stellten. Es muß in diesem Zusammenhang daran erinnert werden, daß aktuelle Unterlagen über Prüfsysteme zu einem erheblichen Teil nicht in der Fachliteratur, sondern nur in firmeneigenen Veröffentlichungen zu finden sind. Ohne engen Kontakt mit der Industrie ist daher eine auch nur einigermaßen umfassende Übersicht über den Stand der Technik nicht zu gewinnen. Es lag dem Verfasser im übrigen sehr daran, neben den auf dem Markt führenden Firmen auch verschiedene kleinere Unternehmen mit einzubeziehen, die auf einzelnen Gebieten Hervorragendes leisten. In der folgenden Aufzählung bezieht sich die alphabetische Folge auf die in der Branche üblichen Eigennamen (in KAPITÄLCHEN) oder Akronyme (in Großbuchstaben):

AMSLER Otto WOLPERT GmbH (Tochter der PROBAT-Werke von GIMBORN GmbH & Co. KG, Emmerich) und Albert von TARNOGROCKI GmbH, beide Industriestraße 19, D-6700 Ludwigshafen, Deutschland

DARTEC Limited, Balds Lane, Lye Stourbridge, West Midlands, DY9 8SH, England

Karl FRANK GmbH, Postfach 1320, D-6940 Weinheim, Deutschland

INSTRON Limited, 100 Royall Street, Canton, Massachusetts 02021, USA und Coronation Road, High Wycombe, Bucks, HP12 3SY, England

MAGEBA SA, Solistrasse 68, CH-8180 Bülach, Schweiz

MAITEC GmbH, Im Neusatz 5, D-7704 Gailingen, Deutschland

MOOG Control Limited, Ashchurch, Tewkessury, Gloster, Gl20 8NA, England

MTS Systems Corporation, Box 24012, Minneapolis, Minnesota 55424, USA

RDP-HOWDEN Limited, Althorpe Street, Leamington Spa, Warwickshire, CV31 2BA, England

ROELL Prüfsysteme GmbH mit den Unternehmen RK AMSLER GmbH, Zeppelinstraße 12, D-7702 Gottmadingen; RK MFL GmbH, Draisstraße 14, D-6720 Speyer; ROELL + KORTHAUS GmbH, Nordstraße 53, D-5657 Haan 1; RK TONI TECHNIK GmbH, Gustav Meyer-Allee, D-1000 Berlin.
Alle Deutschland

RUMUL Russenberger Prüfmaschinen AG, Gewerbestraße 10, CH-8212 Neuhausen, Schweiz

Carl SCHENCK AG, Landwehrstraße 55, D-6100 Darmstadt 1 und SCHENCK TREBEL GmbH, Postfach1715, D-4030 Ralingen. Beide Deutschland

UTS Testsysteme GmbH, Postfach 3809, D-7900 Ulm-Einsingen, Deutschland

WALTER + BAI AG Prüfmaschinen, Industriestraße 4, CH-8224 Löhningen, Schweiz

ZWICK GmbH & Co., Postfach 4350, D-7900 Ulm-Einsingen, Deutschland

Dank gebührt auch der in ihrer ursprünglichen Form nicht mehr existierenden Firma A. J. AMSLER & Co. Ihre Produkte sind in den Bildlegenden nur mit dem Namen „AMSLER“ bezeichnet; Produkte der Unternehmen, die als Nachfolgerinnen heute den gleichen Namen führen, sind wo nötig durch zusätzliche Kürzel davon unterschieden.

Der Verfasser dankt allen Genannten und zahlreichen nicht Genannten herzlich für die großzügig gewährte Unterstützung. Er dankt auch dem *Verlag*, auf dessen Verständnis er jederzeit zählen konnte. Und er dankt – last but not least – seiner *Gattin*, deren Geduld in der Entstehungszeit des Manuskriptes einer eigentlichen Ermüdungsprüfung ausgesetzt war.

Literatur

Ein Literaturverzeichnis zu einem in ständiger Weiterentwicklung stehenden Gebiet der Technik muß aus den unter dem Titel „Dank" erwähnten Gründen notwendigerweise unvollständig sein. Es sei daher auf die dort angegebene Adressliste der Unternehmen verwiesen, die nicht nur Bildmaterial zur Ausgestaltung dieses Buches beigesteuert, sondern auch durch die Zurverfügungstellung von Prospekten, firmeninternen Mitteilungen und anderem Material wesentliche textbezogene Beiträge geleistet haben. Daß unter den geschilderten Umständen im nachfolgenden Verzeichnis den älteren Publikationen eine besondere Bedeutung zukommt, versteht sich von selber. (Die Fußnotenhinweise stehen auf S. 266).

AMSLER, J.: Über die mechanische Bestimmung des Flächeninhaltes, der statischen Momente und der Trägheitsmomente ebener Figuren. A. Beck & Sohn, Schaffhausen, 1856

BALL, C. G.: Computer-controlled dynamic testing of railcar side frame and bolsters. Abstracts of RILEM International Conference on Destructive Testing Equipment (Ed. Erismann), 11-12, Dübendorf/Zürich, 1985[1]

BERRIAUD, CH. et al.: La machine d'essais dynamiques sur structures étudiée pour le Département des Etudes Mécaniques et Thermiques (C.E.A.). Abstracts of RILEM International Conference on Destructive Testing Equipment (Ed. Erismann), 39-41, Dübendorf/Zürich, 1985[1]

BORN, D. et al.: Experiences with the strain cylinder. Abstracts of RILEM International Conference on Destructive Testing Equipment (Ed. Erismann), 31-32, Dübendorf/Zürich, 1985[1]

BRANGER, J.: Life estimation and prediction of fighter aircraft. Conference on structural safety and reliability (Ed. Freudenthal), Pergamon Press, 1972

BURBACH, J.: Eine Zerreißmaschine mit besonders großer Federkonstante. Tech. Mitt. Krupp-Forschungsberichte, **24**, 3, 79 - 88, 1966.

CALDERALE, P. M.: Effetto della frequenza sulla resistenza dei materiali. Ingegneria meccanica, **12**, 12, 1963

DAHL, W. et al.: Verformungsverhalten bauteilähnlicher Großproben. Werkstoff- und Bauteilprüfung sowie Betriebslastensimulation (Ed. Jacoby), 25-35, Werkstofftechnische Verlagsgesellschaft m.b.H., Karlsruhe, 1981

DODDS, C. J.: The state of the art in simulation testing using computer technology. In Vorbereitung[2]

DOLL, W. et al.: 100-MN-Prüfmaschine. Zusatz zum Abschlußbericht „Dringlichkeitsprogramm 22NiMoCr37" (BMFT RS 101). Gesellschaft für Reaktorsicherheit, Köln, 1980

DOWLING, N. E.: Failure predictions for complicated stress-strain histories. Journal of Materials, **7**, 1, 71-87, ASM, Philadelphia, 1972

DRIPKE, M.: Eine ergonomisch gestaltete Universalprüfmaschine. Draht und Kabel Panorama, August/September 1985, 65-72, 1985

DRIPKE, M.: Ergonomic considerations in the development of a new electromechanical universal testing equipment. Abstracts of RILEM International Conference on Destructive Testing Equipment (Ed. Erismann), 25-26, Dübendorf/Zürich, 1985[1]

DURAND, M.: Evolution de la conception des machines d'essais vers un type dit „simplifié". Abstracts of RILEM International Conference on Destructive Testing Equipment (Ed. Erismann), 8, Dübendorf/Zürich, 1985

EMPA: Abteilungsbericht 211 (Textil-Physik), Jahresbericht 1986, 43-44, Dübendorf/St. Gallen, 1987

ERDOGAN, F.: Crack-propagation theories. Fracture (Ed. Liebowitz), II, 561-590, New York/London 1959

ERISMANN, T. H.: Die Sechskomponenten-Prüfmaschine. Unveröffentlichte Technische Notiz 1000.0056 der Firma Alfred J. Amsler & Co., Schaffhausen, 1968[3]

ERISMANN, T. H.: Ultimate strain and discontinuous length as basis for universal fracture prediction. Preliminary Proceedings of Japan-U. S. Seminar on Fracture Mechanics Applications (Ed. Yokobori), Vol. 1, 18.1-18.11, Sendai, 1974

ERISMANN, T. H.: Unkonventionelle Bemerkungen zur Bruchmechanik. Berichte der Deutschen Keramischen Gesellschaft, **54**, 12, 399 - 400, 1977

ERISMANN, T. H.: Sehr große und sehr kleine Prüfmaschinen. Baustoffe 85', Festschrift H. K. Wesche (Ed. Sasse/Schießl), 35-39, Aachen, 1985

ERISMANN, T. H.: The strongest cable testing machine in the world: design and experiments. International Journal of Materials & Product Technology, **4**, 3, 273 - 284, 1989

ERLINGER, E.: Eine neue Baureihe schwingender Zug-Druckmaschinen. Zeitschrift für Metallwirtschaft, **22**, 1/2, 12-17, 1943

FORREST, P. G.: Fatigue of metals. 24-39, Pergamon Press, London, 1962

FORSTEN, J. et al.: An advanced instrumented impact tester for the determination of dynamic fracture mechanics parameters. Abstracts of RILEM International Conference on Destructive Testing Equipment (Ed. Erismann), 33-34, Dübendorf/Zürich, 1985[1]

FREUDENTHAL, A. M. et al.: Physical and statistical aspects of fatigue. Adv. and Appl. Mech., **4**, 117-159, 1956

GALILEI, G.: Discorsi e dimostrazioni matematiche, intorno a due nuove scienze attenenti alla mecanica & i movimenti locali. 144, Elsevir, Leiden, 1638

GASSNER, E.: Festigkeitsversuche mit wiederholter Beanspruchung im Flugzeugbau. Deutsche Luftwacht, Ausgabe Luftwissen, **6**, 61-64, 1939

GASSNER, E. et al.: Betriebsfestigkeits-Versuche zur Ermittlung zulässiger Entwurfsspannungen für die Flügelunterseite eines Transportflugzeugs. Luftfahrttechnik-Raumfahrttechnik, **9**, 1, 6-19, 1964

GERHARDT, F. et al.: Computer controlled testing of large scale structures by servohydraulic equipment up to 20 MN. Abstracts of RILEM International Conference on Destructive Testing Equipment (Ed. Erismann), 3-4, Dübendorf/Zürich, 1985[1]

GIBBONS, C. H.: Load weighing and load indicating systems. ASTM Bulletin, 100, 7 -13, 1939

GOODMAN, J.: Mechanics applied to engineering. 635, Longmans, Greens and Co., London, 1914

GRIFFITH, A. A.: The phenomena of rupture and flow in solids. Phil. Trans. of the Royal Soc. **221**, Series A, 163-198, London 1920

HECKEL, K.: Einführung in die technische Anwendung der Bruchmechanik. Hanser, München, 1970

IRWIN, G. R.: Analysis of stresses and strains near the end of a crack traversing a plate. Journ. of Appl. Mech., **24**, 3, 361-364, 1957

IRWIN, G. R.: Fracture. Encyclopedia of Physics (Ed. Flügge), Vol. 6, 551. Springer, Berlin, Heidelberg, New York, 1958

JACOBY, G. et al.: Full digital control of servohydraulic control loops. In Vorbereitung[2]

JULISCH, P. et al.: Eine neuartige pulvergetriebene Schnellzerreißmaschine. Materialprüfung, **31**, 7/8, 219-224, 1989

JULISCH, P. et al.: Testing of large scale specimens under dynamic loading conditions. Abstracts of RILEM International Conference on Destructive Testing Equipment (Ed. Erismann), 42-43, Dübendorf/Zürich, 1985[1]

KAMINOSONO, T. et al.: Pseudo-dynamic test system at BRI large-scale test laboratory. Abstracts of RILEM International Conference on Destructive Testing Equipment (Ed. Erismann), 37-38, Dübendorf/Zürich, 1985[1]

KARRENBERG, D.: Beschreibung der Testschlittenanlage. Tätigkeitsbericht des Materialprüfungsamtes Nordrhein-Westfalen 1982-1983, 61, Dortmund, 1984

KARRENBERG, D.: Aufprallsimulation mit hydraulischem Katapult (Testschlitten). Jahresbericht des Materialprüfungsamtes Nordrhein-Westfalen, 113-115, Dortmund, 1987

KJELL, G.: Computer aided servohydraulic test rigs for earthquake simulation. Abstracts of RILEM International Conference on Destructive Testing Equipment (Ed. Erismann), 24, Dübendorf/Zürich, 1985

KREISKORTE, H. et al.: Die Simulation einer „harten“ Werkstoffprüfmaschine zur Lösung einiger Probleme bei Festigkeitsuntersuchungen. Materialprüfung, **12**, 1, 1-6, 1970

LAMBOTTE, H. et al.: L'équipement d'essais déstructifs du Laboratoire MAGNEL de l'Université de l'état de Gand, Belgique. Abstracts of RILEM International Conference on Destructive Testing Equipment (Ed. Erismann), 5-7, Dübendorf/Zürich, 1985[1]

LEUTERT, W. et al.: Neue Geräte der EMPA Dübendorf für die zerstörende Materialprüfung. Festschrift EMPA 1880 - 1980, 148-156, Dübendorf/St. Gallen, 1980

LOHR, R. D.: Recent technological developments and their consequences in material testing systems. Abstracts of RILEM International Conference on Destructive Testing Equipment (Ed. Erismann), 27-28, Dübendorf/Zürich, 1985[1]

MAIER, W.: Prüfvorrichtung für stabförmige Bauteile, insbesondere Tragwerksabschnitte des Ingenieurbaus. Deutsche Patentschrift DE 3425359 C2, 1986

MAIER, W. et al.: The BTM concept - an experimental method to simulate the behavior of substructures consisting of truss or beam members. Proceedings of Ninth World Conference on Earthquake Engineering, IV-23 - IV-28, Tokyo-Kyoto, 1988

MARKOWSKI, W.: Ein neues Prinzip der Werkstoffprüfmaschine. In Vorbereitung[4]

MASKREY, R. H. et al.: A brief history of electrohydraulic servomechanisms. ASME Journal of Dynamic Systems Measurement and Control, Juni 1976

MINER, M. A.: Cumulative damage in fatigue. Journ. Appl. Mech., **67**, 159-164, 1945

NEUBER, H.: Kerbspannungslehre, Berlin 1937/1958

PALMGREN, A.: Die Lebensdauer von Kugellagern. ZVDI, **68**, 339-341, 1924

PARIS, P. C. et al. : A rational analysis theory of fatigue. The Trend in Engineering, **13**, 1, 9-14, 1961

PETERS, R. W.: The NACA combined load testing machine. S.E.S.A. Proceedings, **13**, 1, Cambridge (Mass.), 1955

PLANK, A. et al.: The vertical, large space, 25 MN testing machine at BAM, Berlin. Abstracts of RILEM International Conference on Destructive Testing Equipment (Ed. Erismann), 35-36, Dübendorf/Zürich, 1985[1]

PRODAN, M.: Die Entwicklung eines neuen Probekörpers für bruchmechanische Untersuchungen. Nachdiplomarbeit ETH/EMPA, Zürich, 1975

PRODAN, M. et al.: Ein neuartiger Probekörper für bruchmechanische Untersuchungen. Materialprüfung, **17**, 1, 4-8, 1976

RILEM, TC 30-TE: Testing equipment. Materials and Structures, 16, 92 und 97-148, Paris, 1983

ROSSMANITH, H. P. (Ed.): Grundlagen der Bruchmechanik, Band 1: Finite Elemente in der Bruchmechanik. Springer, Wien, New York, 1982

RUSSENBERGER, M. E: Eine dynamische Zug-Druck-Prüfmaschine zur Bestimmung der Wechselfestigkeit und Dämpfung. Schweizer Archiv, **11**, 33-42, 1946

RUSSENBERGER, M. E: Neue Prinzipien beim Bau von Kraftmeßdosen mit Dehnungsmeßstreifen. Materialprüfung, **11**, 1, 7 - 11, 1969

SCHWANINGER, O.: A 2000-ton Compression testing machine. Proceedings Instn. Mech. Engrs., **180**, 3A, 380 - 387, 1966

SEBEK, M. L.: Trends and perspektives survey of developments in North America in mechanical testing during dekade of the „eighties“. In Vorbereitung[2]

STRUCHTRUP, H. H.: Building material testing - examples of modern testing systems. Abstracts of RILEM International Conference on Destructive Testing Equipment (Ed. Erismann), 15-16, Dübendorf/Zürich, 1985[1]

TETMAJER, L. v.: Zur Theorie der Knickfestigkeit. Schweizerische Bauzeitung,**10**, 16, 93-96, 1887

THAYER, W. J.: Transfer functions for MOOG Servovalves. Technical Bulletin, 103, MOOG Inc., East Aurora, N. Y., 14052, 1965

THUM, A. et al.: Die Gestaltfestigkeit. Stahl und Eisen, **55**, 1925-1929, 1929

TICHY, J. et al.: Piezoelektrische Meßtechnik. Springer, Berlin, Heidelberg, New York, 1980

TJABLIKOW, J. E.: Fasnoje variirovanie formy zykla pri vosbuschdenii peremennych nagrusok modifikazijami rotornogo gidropulsatora. Problemy protschnosti, **8**, 94 - 97, 1972

TJABLIKOW, J. E.: Problemy resursnych ispytanij materialow i isdelij v maschinostroenii. Maschinovedenie, **3**, 107 - 109, 1988

TJABLIKOW, J. E.: Trends in development and fields of application of hydrocommutational excitation. In Vorbereitung[2]

VAN STEKELENBURG, P. J.: Load transfer tests on cracks and joints submitted to biaxial repeated or alternating loads. Abstracts of RILEM International Conference on Destructive Testing Equipment (Ed. Erismann), 18-19, Dübendorf/Zürich, 1985[1]

VARGA, T.: Denkmodelle zur Beurteilung der Bruchsicherheit von Bauteilen aus ferritischen Baustählen unter statischer und schlagartiger Belastung. Habilitationsschrift ETHZ, Schweiz. Bauzeitung, 90/91, 1007-1024 und 125-132, Zürich 1972/1973

VARGA, T.: Kritische Werkstoffkennwerte bei teilplastischem Bruchverhalten. Material und Technik, **2**, 2, 59 ff, 1974

WEIBEL, K.-P.: Mehr als 10 Jahre Betriebsfestigkeitsprüfung mit den Mehrkomponenten-Prüfständen der BMW-AG. ATZ, **89**, 4, 2-7, 1987

WEISS, V.: Notch analysis of fracture. Fracture (Ed. Liebowitz), Vol. 3, 227, New York 1971

WITTMANN, F. H.: Herstellen und Eigenschaften des numerischen Betons. Baustoffe '85, Festschrift H. K. Wesche (Ed. Sasse/Schießl), 251-255, Aachen, 1985

WÖHLER, A.: Über die Festigkeitsversuche mit Eisen und Stahl. Zeitschr. f. Bauwesen, **20**, 73-106, 1870

---

1 Es handelt sich um die ein- bis zweiseitigen, größtenteils illustrierten Zusammenfassungen der Texte von Vorträgen, die an der erwähnten Tagung gehalten wurden.

2 Diese Beiträge sollen in der von der Internationalen Meßtechnischen Konföderation (IMEKO) herausgegebenen Zeitschrift „Measurement" veröffentlicht werden. Sie stammen von der Tagung über Prüfgeräte, die von der IMEKO 1989 in Moskau abgehalten wurde.

3 Hier wurde angesichts seines dokumentarischen Charakters ausnahmsweise ein unveröffentlichter Text erwähnt, von dem eine Kopie im Besitz des Verfassers ist.

4 Die Veröffentlichung ist in der Zeitschrift „Materialprüfung" vorgesehen.

Sach- und Namenverzeichnis

Da die Unterabschnitte und - wo solche nicht bestehen - die Abschnitte des vorliegenden Buches zumeist kurz sind, genügt deren Angabe für jedes Stichwort. Definition und/oder eingehende Behandlung ist durch **Fettdruck** hervorgehoben. Marginale Erwähnung ist nur bei Stichwörtern von einiger Bedeutung berücksichtigt. Eigennamen sind durch „KAPITÄLCHEN“ gekennzeichnet. Begriffe, die auf unterschiedliche Art ausgedrückt werden können (Beispiel: „Zugprüfung“ und „Prüfung auf Zug“), sind normalerweise nur in einer Formulierung vertreten; wo dies zu Schwierigkeiten führen könnte, ist mehr als ein Stichwort angeführt und das für die Suche maßgebende Wort mit einem Pfeil (Beispiel: „Rechner“ => „Computer“) signalisiert.

Abnahme geprüfter Produkte 2.5
Abnahme von Prüfsystemen **4.2**
–,Spielregeln für **4.2**
–, Umfang der 4.2
Abnützung 3.3.5
–, Geräte zur Prüfung der 1.2
Akkumulator, hydropneumatischer => Druckspeicher
AMAGAT 3.3.5
AMSLER (J. und A.) 3.3.5, 3.6.3
Anforderungsprofile für Prüfsysteme 2.1
Anlaufzeit, Anwärmzeit 4.3
Anleitung **4.3**
–, Benützerfreundlichkeit 4.3
Annahmen, idealisierende 2.3
Antrieb **3.1**, **3.3**
–, Bewegungsformen **3.3.1**
–, biohydraulischer 3.3.5
–, biomechanischer 3.3.3, 3.3.7
–, doppeltwirkender 3.3.1, 3.3.5
–, Eignung für Prüfanlagen 3.3.8
–, einfachwirkender 3.3.1
–, elektromagnetischer **3.3.4**, 3.3.8
–, elektromechanischer **3.3.3**, 3.3.8, 3.3.9
–, elektrostatischer 3.3.1
–, Ermüdungs- 3.3.2, 3.3.3, 3.3.4, 3.3.5, 3.3.6
–, Erreger- => Resonanz-
–, Feder- 3.3.2
–, gravitatorischer **3.3.1**, 3.3.8
–, großkalibriger 3.3.8
–, Hilfs- => Speicher-
–, Hybrid- **3.3.8**
–, hydraulischer 3.3.3, **3.3.5**
–, hydro-gravitatorischer 3.3.2
–, hydro-mechanischer 3.3.5, 3.3.7
–, hypothetische Konzepte 3.3.7
–, Kaskadenschaltung **3.3.8**
–, Kreisel- 3.3.3
–, luftpneumatischer **3.3.6**
–, manuell gesteuerter **3.3.3, 3.3.5**
–, mechanischer **3.3.2**
–, mehrachsiger **3.3.7**
–, mehrzylindriger 3.3.7
–, nicht-translatorischer **3.3.7**
–, partiell mechanischer **3.3.3**
–, passiver => Speicher-
–, piezoelektrische 3.3.1
–, pneumatischer **3.3.6**
–, pneumodynamischer 3.3.6
–, pneumostatischer 3.3.6
–, Pulver- = pyrotechnischer 3.3.6
–, Resonanz- 3.3.3, **3.3.4**, **3.3.5**, 3.3.6, 3.3.8
–, rotatorischer 3.3.1, 3.3.7
–, Schleuder- 3.3.3
–, Sechskomponenten- **3.3.7**
–, servohydraulischer **3.3.5**, 3.3.7, 3.3.8, 3.3.9
–, Speicher- **3.3.2, 3.3.4**, 3.3.6, 3.3.8
–, thermischer (Wärmedehnung) 3.3.1
–, translatorischer 3.3.1
–, Unwucht- 3.3.3
–, zweimotoriger 3.3.3
Antriebselemente 3.3.3
–, Einzelprüfzylinder **3.4.4**
–, Elektromotor **3.3.3**, 3.3.7
–, Erreger für Resonanz 3.3.3, 3.3.4, 3.3.5, 3.3.6

–, Getriebe 3.3.3
–, Handkurbel 3.3.7
–, Hydraulikmotor, rotierender 3.3.5, 3.3.7
–, Kolben als Zylinder 3.4.2
–, Kolben, eingeschliffener **3.3.5**
–, Kolbenring, schwebender **3.3.5**
–, Kurbeltrieb 3.3.3
–, Linearmotor, elektrischer 3.3.4
–, Mehrfachzylinder 3.3.5
–, Motor-Pumpe, rekuperierend 3.3.5
–, Mutter **3.3.3**
–, Scheibenläufer 3.3.3
–, Schrittmotor 3.3.3
–, Spindel **3.3.3**
–, Stabläufer 3.3.3
–, Zylinder, atmender 3.3.5
–, Zylinder-Kolben-System **3.3.5**
–, Zylinder, torusförmiger 3.3.7
Antriebshub, Arbeitshub **3.3.8**
–, Kombination mit Frequenz **3.3.8**
Arbeitskonfiguration 3.4.2, **4.1**, 4.2
Aufnehmer => Geber
Aufspannboden, Aufspannfeld 2.4, 3.2.5, 3.4.4
Aufstellung von Prüfsystemen g**3.4.5**, **4.3**
–, Dämpfung 3.4.5
–, Eigenfrequenz der Maschine 3.4.5
–, Entkoppelung, elastische 3.4.5
–, Plan 4.3
–, Schwachstellen 4.3
Auge 3.3.3, 3.3.5
Ausbildung **4.3**
Ausnützung von Materialien 2.1
Automation, Eignung für 3.3.8
–, Grad der 3.3.8
–, Tendenz zur 3.3.8
Automobilbau 2.4, **3.4.4**

BALL 3.3.7
Barometer 3.3.5
–, Quecksilber- **3.6.3**
Baukastensystem 2.5
Bauschäden, Prophylaxe 2.5
Bauteil-, Baugruppen-Prüfung 2.3, **2.4**, 2.5, 2.6, 3.3.7, 3.6.3
Beanspruchung **3.3.1**
–, dauernde (konstante) 3.3.1
–, einmalige 3.3.1
–, in Raum und Zeit **2.3**
–, stoßartige 3.3.1
–, wiederholte 3.3.1
–, zügige 3.3.1
Beanspruchungsfolge, unregelmäßige 2.3, 3.9
Beanspruchungsgeschichte, relevante 2.4
Bemessungsrelevanz einer Prüfung 2.3
Benützerfreundlichkeit **3.2.4**, 3.2.5
BERRIAUD 3.3.6
Beschaffung von Prüfsysteme **4**
–, Interessen der Beteiligten **4.1**
–, praktische Winke zur **4.3**
–, Verhaltensmaßregeln bei **4.1**
Beschickung **3.8**
–, mit sperrigen Proben **3.4.3**
Beschreibung **4.3**
Bestrahlung 2.3, **3.8**
–, radioaktive 3.8
–, ultraviolette 3.8
Betonwürfel 3.2.2
Betriebsfestigkeit 2.3
Betriebskosten **3.3.5**
Beurteilung von Materialien 2.6
Biegebalken 3.2.3
–, Massenkräfte 3.2.3
Biegelager (Federband-, Rollen-, Schneiden-) 3.2.3
Biegeprüfung **3.2.3**
Biegestützen 3.2.3
Biegevorrichtung 3.2.3
Bildschirm (Kathodenstrahl-Oszillograph) 3.6.2
Biologisch bedingte Prüfung 3.8
Blockprogramme 2.3, 3.9
BORN 3.2.2
BOURDON 3.6.3
BRANGER 2.3, 3.4.4
BRITISH AEROSPACE 3.3.6
Bruchmechanik 2.2, **2.3**, 2.4, 2.5, 3.9
–, Anschwingen 3.9
–, Kombination mit Finitelement-Rechnung 2.4
Brückenschaltung 3.6.2
BURBACH 3.4.2
Bürstenplatten **3.2.2**

CALDERALE 3.2.4
CAT => Computer aided testing
Chemismus der Umgebung 3.8
COMMISSION A L'ENERGIE ATOMIQUE 3.3.6
Computer (Rechner) **3.1**, 3.6.1, **3.9**
–, aided testing 3.7
–, analog 3.3.7, 3.9
–, Datenausgabe durch 3.9
–, Dialog mit **3.9**
–, digital 3.3.7, 3.9
–, Echtzeit– **3.3.9**
–, Einzweck- 3.7
–, für Mehrkomponenten-Prüfsystem 3.3.7, 3.9
–, für Regelung 3.9
–, für remote parameter control 3.9
–, für Roboter 3.8, 3.9
–, für Sicherheitsaufgaben 3.9
–, für Zusatzgeräte 3.9
–, Hardware 3.9
–, Hybrid- 3.3.9
–, infinitesimale Beziehungen 3.3.9
–, in Prüfsystem integrierter 3.7
–, Interfaces 3.9
–, Kompatibilität mit 3.3.8, **3.3.9**
–, komplizierte Funktionen 3.3.9

–, Kosten Hard- und Software 3.9
–, Leistungsfähigkeit und Preis 3.9
–, off line, on line **3.3.9**, 3.9
–, Operationsfolge im 3.8, 3.9
–, Personal (PC) 3.9
–, Programmierung des Prüfsystems 3.9
–, Prozessor 3.9
–, Randbedingungen 3.3.9
–, Remote parameter control **3.3.9**, 3.4.4, 3.9
–, Software 3.3.9, 3.9
–, Software für spezifische Anwendungen 3.9
–, Software, Prüfung der 3.9
–, Sonderstellung im Prüfsystem **3.9**
–, statistische Auswertung 3.8
–, Steuerung durch 3.9
–, Tischrechner 3.9
–, Umrechnung 3.3.9, 3.9
Computerbeton 2.4
Computersimulation 2.3, **2.4**, 2.6
–, Algorithmen, Rechenprogramme 2.4
–, Erfolgschancen, Grenzen 2.4
–, Größe der kritischen Teilbereiche 2.4
–, Risikohöhe 2.4
–, Sparpotential 2.4

DAHL 3.3.5
Datenausgabe **3.1**, **3.6**
–, analoge, digitale **3.6.4**
–, bezogener Daten 3.9
–, integriert in Prüfmaschine 3.6.4
–, mit genormtem elektrischem Eingang 3.6.4
–, optimale 3.6.1, **3.6.4**
–, Speicherung auf Datenträger 3.6.4
–, statistischer Daten 3.9
–, Übertragung zum Menschen 3.6.4
Datenträger 3.9
Datenverarbeitung => Computer
Dauerschwingfestigkeit 2.3, 3.2.4
Dauerstandprüfung => Standprüfung
DAVID 3.3.3
Definitionen **1.2**
Dehnmeßstreifen **3.6.2**
–, Drahtlänge 3.6.2
–, Meanderform 3.6.2
–, Nullpunktsdrift, Stabilität 3.6.2, 3.6.3
–, Temperatureinfluß 3.6.2
–, Vergleich mit Lineargeber **3.6.2**
Dehnungsmesser **3.6.2**
–, berührungsfreier 3.6.2
–, Fein- 3.6.2
–, Mehrkomponenten- 3.6.2
–, optischer 3.6.2
–, Setz- 3.6.2
Dehnungsmessung **3.6.2**
Dichtung 3.3.5
–, durch Einschleifen **3.3.5**
–, durch Ringe **3.3.5**
Dienstleistungs-Prüfstelle 2.5
Differential-Federmanometer 3.3.5
Diskontinuierliche Natur des Materials 2.4
DMS => Dehnmeßstreifen
DODDS 3.4.4
DOLL 3.4.3
Doppelklemmen 3.2.4
DOWLING 2.4
Drehmoment-Charakteristik 3.3.3
Dreipunkt-Biegung 3.2.3
DRIPKE 3.3.9
Druckbehälter, Innendruckprüfung **3.4.3**
Drucker 3.9
Druckhalter 3.3.5
Druck, hydraulischer, pneumatischer 3.3.6
Druckkraft, Sogkraft 3.4.4
Druckplatte 3.2.2
–, Verformbarkeit 3.2.2
Druckprüfung, Druckprüfmaschine **3.2.2**
Druckspeicher, hydraulischer **3.3.5**, 3.3.6, 3.3.8, 3.5
Druckstöße 3.3.8
Druckwandler, hydraulischer 3.6.3
DURAND 2.6
Dynamische Prüfung 3.4.1, 3.4.4
–, Grenzen 3.4.1

EDV => Computer
Eigenspannung 3.4.3
Einsatzspektrum 3.3.8
Einspannbacken 3.2.4
–, Anpreßkraft 3.2.4
–, Gleichlauf 3.2.4
–, Gleiten auf Probe 3.2.4
–, lamellierte 3.2.4
–, zentrierte Bewegung 3.2.4
Einspannkopf **3.2.4**
–, geschlossener, offener, halboffener 3.2.4
–, hydraulisch betätigter 3.2.4
–, mechanisch betätigter 3.2.4
–, pneumatisch betätigter 3.2.4
–, Schraubstock-Bauart 3.2.4
–, Spannfutter-Bauart 3 2.4
Einspannung, Einspannvorrichtung 2.4, 3.2.4
–, kardanisch aufgehängte 3.2.4
–, verspannte 3.2.4
Einspannzeit 3.2.4
Einspindelmaschine 3.3.3
Einzweck-Prüfsystem **2.5**, 2.6
EMERY 3.6.3
EMPA 2.4, 3.2.4, 3.3.5
ENDO 2.4
Energie, Entladung gespeicherter 3.3.6, **3.4.2**, **3.4.3**, 3.4.4, 3.4.5
–, -Bedarf 3.3.8
–, -Bedarf und Programmierbarkeit **3.3.8**
–, Entkoppelung vom Gebäude **3.4.5**, 4.3
–, Entsorgung **3.4.2**, **3.4.3**
–, Gefährlichkeit in Proben gespeicherter **3.4.3**
–, indifferentes System => Kniegelenkpulsator
–, Rekuperation 3.3.8
–, Schwingfundament 3.4.3
–, Speicher, Feder- 3.3.2

–, Speicher, hydropneumatischer 3.3.5
–, Wegwerf-Stoßdämpfer 3.4.3
–, Zerstörungs- (im Schlagversuch) 3.3.2
Energieversorgung **3.1**, 3.3.8, **3.5**, **4.3**
–, Druckregelung **3.5**
–, elektromechanischer Antriebe 3.5
–, hoher Leistung 3.5
–, hydraulischer Antriebe **3.5**
–, Kompressorgruppe 3.5
–, Kühlung bei 3.5
–, Lärmemission 3.5, 4.3
–, Line tamer 3.5
–, luftpneumatischer Antriebe 3.5
–, Öl–Temperatur 3.5
–, Öl-Verteilnetz 3.5
–, Öl-Viskosität 3.5
–, Pumpengruppe 3.3.5, 3.5
–, Schallisolation 3.5
–, Zapfstelle 3.5
Entkoppelung vom Gebäude **3.4.5**, **4.3**
Entsorgungskosten 3.3.5
Erdbeben, -Plattform 3.3.8
–, -Prüfung 3.3.8, **3.4.4**
Erdbeschleunigung 3.3.2
ERDOGAN 2.3
Ergonomie 2.6, 3.8
–, an Kleinprüfmaschinen 3.4.3
–, an Zusatzgeräten 3.8
ERISMANN 2.4, 3.3.5, 3.4.2, 3.4.3
ERLINGER 3.3.3
Ermüdungsprüfung **2.3**, 3.2.4, 3.3.3, 3.3.4, 3.3.5, 3.3.6, 3.3.8
–, blockprogrammierte 3.9
–, einstufige 3.3.8, 3.9
–, Frequenz 2.3, 3.3.3, 3.3.4, **3.3.8**
–, hochfrequente 3.3.4, 3.3.8
–, mittelfrequente 3.3.8
–, niederfrequente (langsame) 3.3.3, 3.3.8
Ersatzteile 4.3
–, Intervalle für Auswechseln 4.3
Erschütterungen, bei Bruch **3.4.5**
–, bei Ermüdungsprüfung **3.4.5**
EULER, Knickfälle 3.2.2, 3.3.7

Fallmaschine **3.3.2**
Fallmasse 3.3.2
Federkraftanzeiger 3.6.3
Fehler, Absolut- **4.2**
–, Amplituden- 4.2
–, bei asymmetrischer Beanspruchung 4.2
–, durch Reibung einer Knickvorrichtung 4.2
–, durch Verbiegen der Druckplatten 4.2
–, Meß- **4.2**
–, Phasen- 4.2
–, Regelungs- **4.2**
–, Relativ- **4.2**
–, Überschwing- 4.2
Fehlstellen der Materialstruktur 2.4
Feldstärke, magnetische 3.3.4
Fernbetätigung 3.8
Fernübertragung, dreiphasige 3.6.2
Festigkeitsnachweis, klassischer 2.4
Feuchtigkeit 3.8
Finitelement-Rechnung 2.2
–, Kombination mit Bruchmechanik 2.2
Fliehbeschleunigung 3.4.1
Fluchten 3.2.4, 3.3.5, **4.2**
Flugsimulator 3.3.7
Flugzeugbau 2.4, 3.3.7, **3.4.4**
FORD 2.3
FORREST 3.3.3
Forschung und Qualitätssicherung **2.5**
Forschungs- und entwicklungsbezogene Prüfung 2.5, 2.6
FORSTEN 2.3
Freiheitsgrad 3.3.7
Fretting => Reibungskorrosion
FREUDENTHAL 2.3
Fundierung von Prüfsystemen **3.4.5**
Funktionsgenerator **3.7**
–, digitaler 3.7
–, photoelektrischer 3.7

GALILEI 3.3.2
GASSNER 2.3
Gefahren, Vermeidung 4.3
Gebäude, Schwingungsverhalten 3.4.4
–, Wirkungen auf das **3.4.5**
Gelochte Probe 3.2.4
Genauigkeit => Fehler
GERHARDT 3.4.4
Gesamt- und Teilsysteme **3**
Geschwindigkeit, Bereich (Motor) 3.3.3
–, Dehn- 3.3.5
–, hohe Arbeits- **3.3.8**
–, Kolben- 3.3.5
–, Kraftänderungs- 3.3.5
Gestaltfestigkeit 2.3
Gewichtssteine 3.3.5
Gewindeprobe 3.2.4
GIBBONS 3.6.3
GOODMAN 2.3
GRIFFITH 2.2, 2.4
Großversuch 2.6

Hammer 3.3.2
HAMMURABI 3.3.2
Hand 3.3.3, 3.3.5
HECKEL 2.2
Heiße Zelle 3.8
Historische Gegebenheiten 2.1
Hochfrequenzpulsator 3.2.4, **3.3.4**
Hochtemperaturversuch 3.8

Idealisierende Annahme 2.3
Inneres einer Probe 2.4
In-situ-Prüfung 3.3.2
Invariante im historischen Wandel 2.1
IRWIN 2.2, 2.4

JACOBY 3.3.9
JULISCH 3.3.6

Kabel 3.2.4
Kalibriermaschine 3.3.2
Kalottenlagerung 3.2.2
–, hydraulische 3.2.2
KAMINOSONO 3.4.4
KARRENBERG 3.3.7
Käufer 4.1
Kaufmännische Probleme 4.1
Keilbacken 3.2.4
Kerbe 2.3
Kerbschlagprüfung **2.3**
–, instrumentierte 2.3, 3.2.5
–, Kraftmessung, Schwingungen bei 3.2.5
Kerbspannungslehre 2.4
KJELL 3.4.4
Klemmkraft 3.2.4
Klimakammer **3.8**
Klimatisierter Laborraum 3.8
Knicklänge, wirksame 3.2.2
Knickprüfung **3.2.2,** 3.3.7
Knickvorrichtung 3.2.2
Kolben, Kolbenring => Antriebselemente
Kolbenwegmessung 3.6.2
Kommutation 3.3.3
Kompaktprobe 3.2.4
Kompensationsschreiber 3.6.2
Konstante Spannung, überlagerte 2.3
Kontrollaufgabe der Prüfung 2.6
Kontrollierte Verformung **1.2**
Kontrollprobe **4.2**
Kopfprobe 3.2.4
Körperschall 3.4.5
Korrosion 2.3, 3.8
Kosten, Anschaffungs- 3.3.8
–, Anteil der Elektronik 3.3.7, 3.4.3
–, Betriebs- 3.3.8
–, Gesamt- 3.3.8
–, -Nutzen-Faktor 2.4
Kraftdichte 3.3.4
Krafteinleitung **3.1**, **3.2**
–, Biegeversuch **3.2.3**
–, Druckversuch **3.2.2**
–, Einfluß auf Resultate 3.2.1
–, formschlüssige 3.2.4
–, für Prüfanlagen 3.4.4
–, Knickversuch **3.2.2**
–, mehrachsige 3.2.1, 3.2.2
–, reibungsarme 3.4.4
–, reibungsschlüssige **3.2.4**
–, Schlagversuch 3.2.5
–, Schubversuch 3.2.5
–, Torsionsversuch 3.2.5
Kraftfluß => Reaktionsstruktur
Kraftmessung 3.6.1, **3.6.3**
–, an Groß- und Klein-Maschinen 3.6.3
–, bei Querkraft, Moment => Querkraft
–, Druck als Maß 3.3.5, 3.6.3
–, dynamische Fehler 3.6.3
–, Eichung bei schwingender Kraft 3.6.3
–, Einfluß auf Regelung 3.6.3
–, Federkörper für 3.6.3
–, Fehlerquellen => Querkraft, Reibung
–, gravitatorische 3.6.3
–, hydraulische 3.6.3
–, Längenänderung 3.6.1
–, Meßbereiche, Anpassung an 3.6.3
–, piezoelektrische 3.6.3
–. wegarme 3.6.3
Kraftnormal, metrologisches 3.3.2
Kraftrückführung => Reaktionsstruktur
Kraft-Verformungs-Schaubild 3.6.2, 3.6.4
KREISKORTE 3.4.2
Kriechen 3.3.2, 3.3.6
Kryotechnische Prüfung 3.8
Kühlung 3.3.5, 3.5

Laboratorium, industrielles 2.5
–, universitäres 2.5
Labor und Realität **2.4**
LAMBOTTE 3.4.4
Lärm 3.3.8, 3.4.5, 3.5, 4.3
Lebensdauer **4.3**
Leckverlust 3.3.5, 3.3.6
Leistung, Bedarf an 3.3.5, 3.3.8
–, Klemmen- 3.3.8
–, Kriterien 3.3.8
–, Schein- 3.3.8
–, Verhältnis zu Aufwand **3.3.8**
–, Wirk- 3.3.8
–, Zerstörungs- **3.3.8**
Leistungen eines Prüfsystems **4.1**
–, Überprüfbarkeit 4.1
–, Überprüfung des Gesamtsystems 4.2
–, Überprüfung mit ungewöhnlichen Versuchen 4.2
–, Überprüfung spezifizierter **4.2**
–, Umschreibung 4.1
–, Zusammenhang mit Arbeitskonfiguration 4.2
Leistungsdichte eines Antriebes 3.3.1
Leistungsfaktor 3.3.8
Leistungsparameter **4.2**
–, Fluchten **4.2**
–, Genauigkeit => Fehler
–, lichter Arbeitsraum **4.2**
–, statischer Antriebe **4.2**
–, von Ermüdungsantrieben **4.2**
–, von Steuerungen **4.2**
–, Zulässige Prüfkraft **4.2**
LEUTERT 3.2.4, 3.3.2, 3.3.6, 3.4.3, 3.4.4, 3.9
Lieferungseinheit **4.1**
–, zusätzliche **4.1**
Lineare Schadensakkumulation 2.3
Lineargeber, induktiver **3.6.2**
–, kapazitiver 3.6.2
–, Vergleich mit Dehnmeßstreifen 3.6.2
LOHR 3.3.9, 3.9
Lose => Spiel
Luftfahrzeug => Flugzeug
Luftspalt 3.3.4

MAIER 3.3.7
Manipulator 3.8
Manometer, BOURDON- 3.6.3
–, Feder- => Federkraftanzeiger
–, Pendel- **3.6.3**
Marketing 2.5
MARKOWSKI 3.4.2
MASKREY 3.3.9
Materialausnützung 2.1
Materialien, Beurteilung 2.6
Materialprüfung **1.2**
Materialveränderung, physikalisch-chemische bei Schädigung 2.4
MATSUISHI 2.4
Mehrkomponenten-Prüfmaschine 2.4, **3.3.7**, 3.4.2, 3.9
Mehrzweck-Prüfsystem **2.5**, 2.6, 3.3.5
Mengenregler **3.3.5**
Meßbügel 3.6.3
–, elektronisch abgetasteter 3.6.3
Meßdose, DMS- **3.6.3**
–, EMERY- **3.6.3**
–, Quecksilber- **3.6.3**
–, Spezialisierung 3.6.3
–, Zweikomponenten- 3.6.3
Meßgerät **3.1**, **3.6**
–, Ausgang, analoger, digitaler **3.6.1**
–, Ausgang, genormter elektrischer **3.6.1**
–, Entwicklungsphasen **3.6.1**
–, Meßwandler, mechanisch-elektrischer 3.6.3
Messung, Fehler, Genauigkeit 3.3.5, **4.2**
–, Temperatur- 3.8
–, Probenlängen- 3.8
MFL 3.3.5
Mikroprozesse, atomare und molekulare 2.4
MINER 2.3
MINER-Regel => PALMGREN-MINER-Regel
Mittlere Prüfkraft 3.3.4
Modellgesetze 2.4, 3.4.4
Modellgröße 2.4
Modell-Prüfung **2.4**
Modulation, bei Resonanz **3.3.4**
–, Amplituden- 3.3.4
–, Frequenz- 3.3.3
–, Kolbenhub- **3.3.5**
–, Phasen- **3.3.5**
–, Phasenschnitt- 3.3.4
Moment, als Fehlerquelle 3.2.4, 4.2
,– pulsierendes 3.3.3
,– rotierendes 3.3.3

NACA 3.3.7
Nachfahrversuch 2.3, 3.9
NASA 3.3.7
Nebenparameter 2.4
NEUBER 2.4
Null-Antrieb 3.3.2

Oberfläche der Probe, Bearbeitung 3.2.2
–, Schlüsse auf Inneres 2.4
–, Unebenheit 3.2.2
Offerten, Vergleichbarkeit 3.3.8
Ofen 3.8
Organisation der Prüfung, optimale **2.5**, 2.6

PALMGREN 2.3
PALMGREN-MINER-Regel 2.3
Panne 4.3
Parameter, -Explosion, -Flut 2.3, 2.4
–, relevante **3.6.1**
–, zu berücksichtigende 2.6
Parasitäre Spannung **3.2.4**
PARIS 2.3
PC => Computer
Pendelmanometer => Manometer, Pendel-
Pendelschlagwerk **3.3.2**, 3.4.1
PETERS 3.3.7
Personal, als Ausbildner 4.3
–, Ausbildung 4.3
Personal computer => Computer
Physiologische Gegebenheiten des Menschen 3.6.4
PLANK 3.4.3
Plastische Zone 2.4
Pleuellagerung 3.3.8
Plotter => X-Y-Schreiber
POISSON 3.6.2
Presse 3.2.2
Probe **1.2**
–, Bereitstellung 3.8
–, Einführen, Entfernen => Beschicken
–, Länge 3.4.2
–, prismatische 3.2.2
–, schwere, sperrige 3.4.3, 3.4.4
–, schwimmende 3.4.3
–, wohldefinierte **4.2**
PRODAN 4.1
Programm => Programmierung
Programmierbarkeit 3.3.5, 3.3.8
–, und Energiebedarf **3.3.8**
Programmierung 2.3, **3.1**, 3.3.3, 3.3.4, 3.3.5, **3.7**, 3.9
–, automatische 3.7
–, Block- 2.3, 3.3.4, 3.9
–, in Tabellenform 3.7
–, konstanter Geschwindigkeit 3.7
–, konstanter Parameter 3.7
–, Random- 2.3, 3.7, 3.9
–, synthetische 3.9
–, unregelmäßige => -, Random
–, Verflechtung mit Steuerung 3.9
–, von Rampen 3.7
–, zyklische 3.7
Protokoll 3.6.1, 3.6.4
Prüfanlage **1.2**, 2.4, 3.3.7, **3.4.4**
–, Antrieb für **3.4.4**
–, Aufbauten **3.4.4**
–, Beton-Aufbauten 3.4.4
–, dreidimensionale **3.4.4**
–, dynamische Prüfung 3.4.4

–, Einsatzbereich 3.4.4
–, Einzweck- **3.4.4**
–, Elemente ad hoc 3.4.4
–, Genauigkeit **3.4.4**
–, Krafteinleitung für 3.4.4
–, Mehrzweck- **3.4.4**
–, modulare Elemente 3.4.4
–, Reaktionsstruktur für **3.4.4**
–, Schwenkbewegungen 3.4.4
–, Verankerung der Aufbauten 3.4.4
–, vertikale Wand 3.4.4
–, zweidimensionale **3.4.4**
Prüfanstalt **2.5**
Prüffrequenz 2.3, 3.3.9
–, Beurteilung von Angaben 3.3.9
–, Einfluß auf Resultat 3.2.4
–, extreme **3.3.9**
Prüfgerät 1.2
Prüfkanone 3.3.6
Prüfmaschine **1.2**
–, große 3.3.8, **3.4.3**
–, kleine **3.4.3**
–, liegende, stehende 3.4.3
–, starke 3.3.8, 3.4.3
Prüfstellen, Arten von **2.5**
–, der öffentlichen Hand 2.5
–, fertigungsbezogene **2.5**
Prüfstrecke 3.2.4
–, Bruch in der **3.2.4**
Prüfsystem **1.2**
–, Anforderungsprofil 2.1
–, Einzweck-, Mehrzweck- 2.5, 2.6
–, improvisiertes 3.3.3
–, Zukunft von Bau und Einsatz 2.6
Prüfung **1.2**
–, dreiachsige **3.2.2**
–, dreiachsige Zug-Zug-Zug 2.4, 3.2.2
–, entwicklungs-, forschungsbezogene 2.5
–, mehrachsige **3.2.2**
–, Mehrkomponenten- **3.3.7**
–, Probleme der zerstörenden
–, umgebungsbedingte 3.8
Pulsator, digitaler **3.3.8**
–, Drehschieber- **3.3.8**
–, Hochfrequenz- **3.3.4**
–, hydraulischer **3.3.5,** 3.3.8
–, Kniegelenk- **3.3.8**
–, Kolbenhub-Steuerung **3.3.5**
–, Massenausgleich 3.3.5
–, Mittelfrequenz- 3.3.5
–, Niederfrequenz- 3.3.5, 3.3.8
–, Phasenmodulation 3.3.5
Pumpe 3.3.5

Qualitätskontrolle, laufende 2.5
Qualitätssicherung **2.5**, 2.6
Querdehnung 3.2.2
Querkraft, als Fehlerquelle 3.2.2, 3.2.3, 3.2.4, **3.6.3**, 4.2
–, schwerebedingte 3.4.3
Querzug 3.2.2

Rahmen von Prüfmaschinen **3.4.2**
–, Arbeitsplattform, Aufspannfläche 3.4.2
–, Beton- (Bett) **3.4.2**
–, Dreiraum- 3.4.2
–, dreisäuliger 3.4.2
–, Einfluß des Antriebs **3.4.2**
–, Einraum- 3.4.2
–, Einspindelbauart 3.4.2
–, Fluchten, Genauigkeit 3.4.2
–, Krafteinleitung in kraftführende Teile **3.4.2**
–, Traverse 3.4.2
–, viersäuliger 3.4.2
–, Zweiraum- 3.4.2
–, zweisäuliger 3.4.2
–, Zweispindelbauart 3.4.2
Rainflow-Methode 2.4
Random loading 2.3, 3.7, 3.9
Raster-Elektronenmikroskop 3.4.3
Rationalisierung der Prüfung **3.8**
Raum, Beanspruchung im **2.3**
Reaktionsstruktur **3.1, 3.4**
–, Dauerkraft bei offenem Kraftfluß 3.4.1
–, für Prüfanlage **3.4.4**
–, Kraftfluß, geschlossen, offen **3.4.1**
Realität und Labor **2.4**
Rechner => Computer
Regelung, Steuerung **3.1, 3.3, 3.3.9**
–, Abstimmung 3.3.5
–, bei konstanter Amplitude 3.3.9
–, Computereinsatz 3.9
–, Führungsgröße 3.3.9
–, Elektronik, analog, digital **3.3.9**
–, Genauigkeit 3.3.9
–, Integral- **3.3.9**
–, Istwert-Geber, -Signal 3.3.3, 3.3.5
–, Justierung 4.2
–, Proportional-, Integral-, Differential- **3.3.9**
–, Remote parameter control **3.3.9**
–, Rückkoppelung 3.3.9
–, Sollwert-Geber, -Signal 3.3.3, 3.3.5
–, Stabilität 3.3.9
–, Verflechtung mit Programmierung 3.9
–, Verstärker **3.3.3**, 3.3.5
–, Verstärker, Gleich-, Wechselstrom- 3.3.9
–, von Hand **3.3.3**
Registriergerät **3.6**
–, automatisches 3.6.4
–, Einzweck- 3.6.1
–, semidigitales 3.6.2
–, servogetriebenes 3.6.2
Reibung 2.4, 3.2.5
–, als Fehlerquelle 3.2.2, 3.2.3, 3.3.5, 4.2
–, Erwärmung durch 3.3.5
–, Schwingungen der Kraftmessung 3.2.5
Reibungskorrosion (Fretting) 3.2.4
Relaxationsprüfung 2.3, 3.3.2
Reproduzierbarkeit 3.2.2
Resonanzprüfmaschine 3.2.3, 3.3.2,-3.3.5

Revisionsintervall 3.3.5
RILEM-Empfehlung **3.1**, 4.1, 4.2
Ringversuch 3.2.1
Roboter **3.1**, **3.8**
–, als übergeordnetes Ganzes **3.8**
–, Operationen im **3.8**
–, Operationsfolge, komplexe 3.8
–, vollautomatische Funktion durch 3.8
Röhrenelektronik 3.3.4
Rossmanith 2.2
Rüsch 3.2.2
Russenberger 3.2.4, 3.3.4, 3.4.5

Saint Venant, Prinzip von 3.2.2
Schadensakkumulation, lineare 2.3
Schadensuntersuchung 2.1
Schadensvermeidung 2.1, 2.5
Schädigung auf kleinem Raum 2.4
Schaltgetriebe 3.3.3
Schaltplan 4.3
Schlagprüfmaschine **3.3.2**
Schlagprüfung 3.2.5, 3.3.3, 3.3.6
–, instrumentierte 3.2.5
Schubmagnet 3.3.4
Schubprüfung 3.2.5
Schubspannung 3.2.4
Schulterprobe 3.2.4
Schwaninger 3.4.3
Schwingung höherer Ordnung 3.3.4
Schwungrad 3.3.8
Sebek 3.3.9
Sechskomponenten-Prüfmaschine => Mehrkomponenten-Prüfmaschine
Servo, -Hydraulik 2.3, **3.3.5**, 3.3.7, 3.3.8. 3.3.9
–, Motor 3.6.2
–, Steuerung **3.3.3**, **3.3.5**, 3.3.9, 4.2
Sicherheitskoeffizient 2.1
Sicherheitsvorkehrung 3.2.4
–, bei Bruchreaktionen => Energie-Entsorgung
–, Schutzbrille 3.4.3
–, Verschalung 3.4.3
Sogkraft, Druckkraft 3.4.4
Spannung, Konzentration 2.2, 2.3, 3.2.3
–, parasitäre **3.2.4**, 3.2.5
–, Zustand Zug-Zug-Zug 2.4
Spektrum 2.3
Spezifikation, technische **4.1**
–, Zweck der 4.1
Spezifikationseinheit = specification set => Lieferungseinheit
Spiegeltensometer 3.3.4, 3.6.2
–, photoelektrisches 3.3.4
Spiel, Lose 3.3.3, 3.4.2
Sprache für Anleitung und Ausbildung 4.3
Standprüfmaschine **3.3.2**
Standprüfung **2.3**, 3.3.3, 3.3.5, 3.3.6
Statistik 3.8. 3.9
Stehende Welle 3.3.4
Steifigkeit **3.4.2**
–, Aspekt der Bauteilprüfung 3.4.2
–, bruchmechanischer Aspekt **3.4.2**
–, Ermüdungs-Aspekt **3.4.2**
–, Rolle des Hydrauliköls **3.4.2**
–, seitliche 3.4.2
–, Sicherheits-Aspekt 3.4.2
–, Simulation durch Regelung 3.4.2
–, Torsions- 3.4.2
Steuerung => Regelung
Strahlung 2.3, **3.8**
Straßenfahrzeug => Automobil
Streuung 3.2.2, 3.9
Struchtrup 3.4.4
Supraleitung 3.3.4

Tauchspule 3.3.4
Tauglichkeit zum Gebrauch 1.1, 1.2
Technische Entwicklung, Einfluß auf Prüfmethodik 2.3
Technischer Überwachungsverein 2.5
Teilsystem **1.2**, **3.1**
Teil- und Gesamtsysteme **3**
Temperatur 2.3, **3.8**
Tensometer 3.6.2
Test piece => Kontrollprobe
Tetmajer 3.3.5
Thayer 3.3.9
Thum 2.3
Tichy 3.6.3
Tjablikow 3.3.8
Torsionsprüfmaschine **3.3.7**
Torsionsprüfung **3.2.5**
–, Kombination mit Zug-Druck 3.2.5
–, Probe für 3.2.5
–, Zusatzgerät für 3.3.7
Totlast 3.3.2
Trägheit 3.3.3
Transistor 3.3.4
Transport **4.3**
–, Hebezeug 4.3
–, Kiste 4.3
–, lose Teile 4.3
–, -Weg 4.3
Traversenwegmessung 3.6.2

Überwachungsverein, technischer 2.5
Umgebung, Bedingungen, Faktoren 2.3
–, Einfluß der 3.8
–, Simulation **3.8**
Umkehr-Spanne, -Zeit (Motor) 3.3.3
Umlaufbiegemaschine 3.3.2, **3.3.3**, 3.3.8
Umlaufspindel 3.3.3
Ungewöhnliche Versuche 4.2
Universalprüfmaschine => Mehrzweck-Prüfsystem
Unterteilung von Prüfsystemen **3.1**, **3.4.1**

Van Stekelenburg 3.2.5
Varga 2.3
Variometer 3.3.5

Ventil 3.3.5
–, Ansteuerung 3.3.5
–, manuell betätigtes Regel- 3.3.5
–, mehrstufiges **3.3.9**
–, Regel- **3.3.9**
–, Rückschlag- 3.3.8
–, Überdeckung der Steuerkanten 3.3.5
–, zwangsbetätigtes 3.3.8
Verformung, gesamte 3.6.2
–, kontrollierte **1.2**
–, lokale 3.6.2
Verformungs-Kraft- Diagramm => Kraft-Verformungs-Schaubild
Verformungsmessung 3.6, **3.6.2**
–, mechanische, optisch-mechanische 3.6.2
–, mit Schnurzug 3.6.2, 3.6.4
Verkäufer 4.1
Versagen **1.2**
–, maßgebende Materialveränderung 2.4
Versetzung 2.4
Versuchsobjekt => Probe, wohldefinierte
Vierpunkt-Biegung 3.2.3
Viskosität 3.3.5, 3.5
Vorbereitung eines Versuches, Aufwand 3.2.4, 3.3.7
–, außerhalb des Prüfsystems 3.4.3
–, Einführen der Probe => Beschickung

Waagebalken 3.3.5, 3.6.3
Wälzlager, spezielle 3.3.7
Wandlung von Meßwerten 3.6.2
Wärmebrücke 3.8
Wechsellast 3.2.4
–, umlaufende 3.3.3
WEIBEL 3.4.4
WEISS 2.4
Weltraumrakete 2.4
–, Simulation der Luftkräfte 3.4.4
WERDER 3.3.5, 3.6.3, 3.6.4
Werkstoffprüfung 1.2
Widerstand, hydraulischer 3.3.5
Wirkleistung, mechanische 3.3.4
Wirkungsgrad 3.3.8
WITTMANN 2.4
WÖHLER 2.3, 3.3.3, 3.9
–, -Kurve 2.3
Würfelprüfung **3.2.2**

X-Y-Schreiber 3.6.2, 3.9

Zeichnung 4.3
Zeit, Beanspruchung in der **2.3**
Zeitdauer, Ersatz durch andere Mittel 2.3
Zeitfestigkeit 2.3
Zeitraffung 2.3, **2.4**
Zentralnervensystem 3.3.3, 3.3.5
Zerreißmaschine 3.2.4
Zerstörende Prüfung **1.2**, **2.2**
–, als Kreuzprobe 2.6
–, relevante Probleme **2.1**
–, Vor- und Nachteile 2.2
–, Zusammenwirken mit zerstörungsfreier 2.2
Zerstörungsfreie Prüfung **2.2**
Zufallsfolge 3.9
Zugänglichkeit zur Probe 3.4.3
Zuganker 3.2.4
Zug-Druck-Prüfung **3.2.4**
Zügige Beanspruchung 3.2.4, 3.9
Zugprüfmaschine 3.2.4
Zugprüfung **3.2.4**
–, Einsatz von Druckprüfmaschinen 3.2.4
Zukunft der Prüfsysteme, Bau und Einsatz 2.6
Zusatzgerät **3.1**, **3.8**
Zweck des Prüfens **1.1**
Zweikomponenten-Prüfmaschine => Mehrkomponenten-Prüfmaschine
Zweimassenschwinger 3.3.4
Zweispindelmaschine 3.3.3
Zwischenhändler 4.1

Springer-Verlag und Umwelt

Als internationaler wissenschaftlicher Verlag sind wir uns unserer besonderen Verpflichtung der Umwelt gegenüber bewußt und beziehen umweltorientierte Grundsätze in Unternehmensentscheidungen mit ein.

Von unseren Geschäftspartnern (Druckereien, Papierfabriken, Verpackungsherstellern usw.) verlangen wir, daß sie sowohl beim Herstellungsprozeß selbst als auch beim Einsatz der zur Verwendung kommenden Materialien ökologische Gesichtspunkte berücksichtigen.

Das für dieses Buch verwendete Papier ist aus chlorfrei bzw. chlorarm hergestelltem Zellstoff gefertigt und im ph-Wert neutral.

WFT Werkstoff-Forschung und -Technik

Herausgeber: **B. Ilschner**

Band 1: **E. Sommer**

Bruchmechanische Bewertung von Oberflächenrissen

Grundlagen, Experimente, Anwendungen

1984. XIII, 176 S. 81 Abb. Brosch. DM 88,– ISBN 3-540-13422-0

Band 2: **M. Schlimmer**

Zeitabhängiges mechanisches Werkstoffverhalten

Grundlagen, Experimente, Rechenverfahren für die Praxis

1984. XI, 283 S. 112 Abb. Brosch. DM 78,– ISBN 3-540-13648-7

Band 3: **G. Wranglén**

Korrosion und Korrosionsschutz

Grundlagen, Vorgänge, Schmutzmaßnahmen, Prüfung

Übersetzt aus dem Englischen von B. Weh-Langer

1985. XIV, 301 S. 151 Abb. Brosch. DM 84,– ISBN 3-540-13741-6

Band 4: **K. Pöhlandt**

Werkstoffprüfung für die Umformtechnik

Grundlagen, Prüfmethoden, Anwendungen

1986. XI, 207 S. 80 Abb. Brosch. DM 84,– ISBN 3-540-16722-6

WFT Werkstoff-Forschung und -Technik

Herausgeber: **B. Ilschner**

Band 5: **R. A. Haefer**

Oberflächen- und Dünnschicht-Technologie

Teil I: ***Beschichtungen von Oberflächen***

1987. XVIII, 334 S. 114 Abb. 23 Tab. Brosch. DM 138,–
ISBN 3-540-16723-4

Band 6: **R. A. Haefer**

Oberflächen- und Dünnschicht-Technologie

Teil II: ***Oberflächenmodifikation durch Teilchen und Quanten***

1991. XV, 286 S. 120 Abb. 12 Tab. Brosch. DM 168,–
ISBN 3-540-53012-6

Band 7: **R. Prümmer**

Explosivverdichtung pulvriger Substanzen

Grundlagen, Verfahren, Ergebnisse

1987. X, 100 S. 64 Abb. Brosch. DM 98,–
ISBN 3-540-17029-4

Band 8: **D. Munz, T. Fett**

Mechanisches Verhalten keramischer Werkstoffe

Versagensablauf, Werkstoffauswahl, Dimensionierung

1989. XIII, 224 S. 149 Abb.
Brosch. DM 78,– ISBN 3-540-51508-9